浙江省重点教材建设项目

高等学校网络工程系列教材

网络互连技术

张纯容　施晓秋　刘　军　等编著

电子工业出版社.

Publishing House of Electronics Industry

北京 · BEIJING

内 容 简 介

本教材是浙江省重点建设教材。全书分为 12 章，内容包括网络互连概述、路由器基础、路由基础、RIP、OSPF、路由策略与优化、BGP、以太网交换机基础、虚拟局域网、交换网络中的链路冗余、网关冗余技术和网络地址转换。本书既注重理论基础的系统性，同时又具备工程实践性，书中设计了多个来源于真实项目的工程案例，可以有效培养学生的工程实践能力，充分体现应用型网络人才的培养目标与特色。

本教材既可作为网络工程、计算机科技与技术等电气信息类专业的教材，也可作为网络工程从业人员和准备参加网络工程相关职业认证的专业人员的参考书。

图书在版编目（CIP）数据

网络互连技术 / 张纯容等编著. —北京：电子工业出版社，2015.2
（高等学校网络工程系列教材）
ISBN 978-7-121-25447-5

Ⅰ. ①网… Ⅱ. ①张… Ⅲ. ①计算机网络—高等学校—教材 Ⅳ. ①TP393

中国版本图书馆 CIP 数据核字（2015）第 012349 号

策划编辑：宋　梅
责任编辑：宋　梅
印　　刷：三河市华成印务有限公司
装　　订：三河市华成印务有限公司
出版发行：电子工业出版社
　　　　　北京市海淀区万寿路 173 信箱　邮编　100036
开　　本：787×1 092　1/16　印张：23.5　字数：602 千字
版　　次：2015 年 2 月第 1 版
印　　次：2020 年 8 月第 7 次印刷
定　　价：59.80 元

凡所购买电子工业出版社图书有缺损问题，请向购买书店调换。若书店售缺，请与本社发行部联系，联系及邮购电话：（010）88254888。

质量投诉请发邮件至 zlts@phei.com.cn，盗版侵权举报请发邮件至 dbqq@phei.com.cn。

服务热线：（010）88258888。

前　　言

　　本教材是编著者结合"网络工程"重点专业、浙江省新世纪教学改革项目"面向应用型人才培养的计算机网络实践教学体系的改革与创新"等所申请的浙江省重点教材建设项目。编著者不仅长期从事网络专业技术的教学工作，同时与业内知名公司和研究机构保持密切往来，在对面向应用型人才培养的网络工程实践教学体系进行深入研究与教学改革实践的基础上，作为项目研究成果，本教材旨在提供一本能充分体现网络工程应用型人才培养目标与特色的教材。

　　本教材对网络互连概述、路由器基础、路由基础、RIP、OSPF、路由策略与优化、BGP、以太网交换机基础、虚拟局域网、交换网络中的链路冗余、网关冗余技术和网络地址转换的相关概念、技术特性及实际工程应用案例等方面做了详细介绍。这些内容既体现了网络互连的基础知识与理论，又对主流技术及其应用给予了充分的重视，具有很强的理论性与实践应用性。

　　本教材主要特色如下：

　　（1）人才培养目标定位的准确性

　　以网络工程师、网络架构师、网络测试工程师等网络应用型专业人员为人才培养目标，通过深入的人才需求分析与技术调研，形成了对上述人才培养目标与培养规格的准确定位，明确了此类人才在网络互连知识、技能及工程素质方面的要求，并以此为基础确立了本教材的教学框架。

　　（2）教学内容的系统性与针对性

　　以人才培养目标为基础，以培养人才所需的网络互连知识与技能为核心，系统并有针对性地进行教学内容的选择。教学内容不仅重视网络互连基础知识与理论，而且关注与工程实际对接的主流技术及其应用，两者相辅相成，做到理论与技术应用对接，系统性与工程性兼顾，具有鲜明的工科专业教材特色。

　　（3）与工程实际的良好对接

　　作为计算机网络核心技术，以路由与交换为核心的网络互连技术在实际工程中应用非常广泛，为了体现与工程实际接轨，教材中专门引入了工程案例研讨机制，在章节中配有大量相关的工程案例，通过案例教学，既能使学生进一步理解所学的技术知识，又有助于学生了解并掌握相关技术在实际工程中是如何应用的。

（4）教材开发模式的创新

本教材理论性与工程性并重，采用高校教师与业界工程师共同开发的模式，以本校教师为主，业界资深工程师参与，共同组成合作开发团队，有效保障了教材既能很好体现高校课程教学的特点、特色与规律，又能充分与网络主流技术和工程实际接轨。

本教材第 2、3、4 章由施晓秋、张纯容撰稿，第 7 章由刘军撰稿，第 12 章由张纯容、林川撰稿，其他各章由张纯容撰稿，全书由张纯容修改定稿。本教材的编写得到了浙江省新世纪教学改革项目、浙江省高校重点建设教材、温州大学重点建设教材项目的立项资助；思科系统（Cisco System）的宁琛、涂怀年工程师为教材开发提供了建议与部分参考资料，在此谨表由衷的谢意。

本教材立足于应用型网络工程人才的培养，在涉及教学内容的选择、编排及教学方法设计等方面做了一些改革创新尝试，我们非常欢迎并希望广大读者对本教材提出指正和建议。我们的联系方式：289302109@qq.om 或 sxq@wzu.edu.cn。

本教材配套有教学资源 PPT 课件，如有需要，请登录电子工业出版社华信教育资源网（www.hxedu.com.cn），注册后免费下载。

编著者

2015 年 2 月

目　　录

第1章　网络互连概述 ··· 1
　　1.1　概述 ··· 1
　　　　1.1.1　简介 ··· 1
　　　　1.1.2　TCP/IP 模型 ··· 2
　　1.2　IPv4 协议与地址 ··· 4
　　　　1.2.1　IPv4 分组报头 ··· 4
　　　　1.2.2　IPv4 地址 ··· 6
　　1.3　IPv4 地址危机及解决方案 ·· 12
　　　　1.3.1　VLSM ··· 12
　　　　1.3.2　无类别域间路由 ··· 14
　　　　1.3.3　私有 IP 和 NAT ··· 16
　　　　1.3.4　代理服务器 ·· 17
　　1.4　IPv6 协议与地址 ··· 17
　　　　1.4.1　IPv6 分组报头 ··· 18
　　　　1.4.2　IPv6 地址 ··· 19
　　本章习题 ··· 23
第2章　路由器基础 ··· 25
　　2.1　路由器的发展演变 ·· 25
　　　　2.1.1　第一代路由器 ··· 25
　　　　2.1.2　第二代路由器 ··· 26
　　　　2.1.3　第三代路由器 ··· 26
　　　　2.1.4　第四代路由器 ··· 27
　　　　2.1.5　第五代路由器 ··· 28
　　2.2　路由器的发展趋势 ·· 29
　　2.3　路由器的组成 ··· 30
　　　　2.3.1　中央处理器 ·· 30
　　　　2.3.2　存储资源 ··· 31
　　　　2.3.3　物理接口 ··· 33
　　　　2.3.4　路由器接口的命名 ··· 33
　　2.4　路由器的基本配置与管理 ·· 34
　　　　2.4.1　路由器的启动过程 ··· 34

2.4.2　路由器的访问方法 ··· 35

2.4.3　路由器的工作模式 ··· 38

2.4.4　路由器基本命令 ·· 39

2.4.5　路由器的基本配置 ··· 41

2.4.6　路由器的管理 ·· 44

本章习题 ·· 48

第 3 章　路由基础 ·· 50

3.1　路由表 ·· 50

3.1.1　直接路由与间接路由 ··· 51

3.1.2　路由表的构建 ·· 52

3.1.3　管理距离 ·· 53

3.1.4　路由的度量值 ·· 54

3.1.5　路由表插入原则 ·· 55

3.2　路由与数据转发过程 ·· 57

3.2.1　路由与数据转发的实现 ··· 57

3.2.2　路由与数据转发的实例 ··· 57

3.3　静态路由与默认路由 ·· 59

3.3.1　静态路由的典型应用 ··· 59

3.3.2　默认路由 ·· 60

3.3.4　静态路由与默认路由规划部署要点 ·· 61

3.4　动态路由协议 ·· 63

3.4.1　动态路由协议的分类 ··· 64

3.4.2　距离矢量路由算法 ·· 66

3.4.3　链路状态路由算法 ·· 66

3.4.4　路由环路 ·· 68

3.4.5　静态路由与动态路由的比较 ·· 70

3.5　工程案例——静态路由与默认路由的规划与配置 ······································ 71

3.5.1　工程案例背景及需求 ··· 71

3.5.2　静态路由与默认路由的规划与设计 ·· 72

3.5.3　静态路由与默认路由的部署与实施 ·· 73

本章习题 ·· 76

第 4 章　RIP ·· 78

4.1　RIP 协议概述 ·· 78

4.1.1　RIP 协议的发展背景 ·· 78

4.1.2　RIP 的工作原理 ·· 78

4.1.3　RIP 中的定时器 ·· 81

4.1.4　RIP 的特性 ·· 82

4.2　RIPv1 ·· 85

    4.2.1 RIPv1 报文格式······85

    4.2.2 RIPv1 消息的交换处理工作过程······87

    4.2.3 RIPv1 的规划与部署要点······89

    4.2.4 RIPv1 的不足与限制······91

  4.3 RIPv2······93

    4.3.1 RIPv2 的报文格式······93

    4.3.2 RIPv2 对 RIPv1 的兼容性······95

    4.3.3 RIPv2 的规划与配置······96

  4.4 工程案例——RIP 的规划与配置······99

    4.4.1 工程案例背景及需求······99

    4.4.2 RIP 的规划与设计······100

    4.4.3 RIP 的部署与实施······101

  本章习题······103

第 5 章 OSPF······106

  5.1 OSPF 协议概述······106

    5.1.1 OSPF 基本原理······107

    5.1.2 OSPF 术语······107

    5.1.3 OSPF 网络类型······108

    5.1.4 OSPF 路由器 ID······109

    5.1.5 DR 与 BDR······110

  5.2 OSPF 报文类型与封装······113

    5.2.1 OSPF 分组类型······113

    5.2.2 OSPF 消息封装······114

    5.2.3 HELLO 协议······116

  5.3 OSPF 分层结构······117

    5.3.1 单域 OSPF 与多域 OSPF······117

    5.3.2 OSPF 路由器类型······118

    5.3.3 LSA 分组及类型······119

    5.3.4 OSPF 区域类型······121

  5.4 OSPF 工作过程······124

    5.4.1 LSDB 同步······124

    5.4.2 LSDB 更新······126

    5.4.3 OSPF 路由的计算······127

  5.5 OSPF 的规划与部署······128

    5.5.1 单域 OSPF 的规划与配置要点······128

    5.5.2 多域 OSPF 的规划与配置要点······132

  5.6 工程案例——OSPF 的规划与配置······139

    5.6.1 工程案例背景及需求······139

　　　　5.6.2　OSPF 的规划与设计 ··· 140

　　　　5.6.3　OSPF 的部署与实施 ··· 143

　　本章习题 ··· 150

第 6 章　路由策略与优化 ··· 152

　6.1　路由策略与优化概述 ··· 152

　6.2　路由重分发 ·· 154

　　　　6.2.1　多协议网络 ··· 154

　　　　6.2.2　路由重分发技术 ·· 154

　　　　6.2.3　种子度量值 ··· 157

　　　　6.2.4　重分发的规划与部署要点 ·· 158

　6.3　路由过滤 ·· 163

　　　　6.3.1　路由过滤概述 ·· 163

　　　　6.3.2　被动接口 ··· 163

　　　　6.3.3　分发列表 ··· 164

　　　　6.3.4　分发列表的规划与部署要点 ·· 166

　6.4　策略路由 ·· 169

　　　　6.4.1　策略路由概述 ·· 169

　　　　6.4.2　路由策略的规划与部署 ··· 170

　　本章习题 ··· 173

第 7 章　BGP ·· 175

　7.1　BGP 协议概述 ··· 175

　　　　7.1.1　BGP 基本术语 ·· 176

　　　　7.1.2　BGP 的应用场景 ·· 177

　　　　7.1.3　BGP 的特点 ··· 180

　7.2　BGP 工作原理 ··· 180

　　　　7.2.1　BGP 消息 ··· 180

　　　　7.2.2　邻居关系 ··· 183

　　　　7.2.3　同步 ·· 187

　　　　7.2.4　路由更新 ··· 190

　7.3　BGP 路径选择 ··· 193

　　　　7.3.1　BGP 路径属性的类型 ·· 193

　　　　7.3.2　常用路径属性 ·· 194

　　　　7.3.3　BGP 路径选择过程 ·· 199

　7.4　BGP 的规划部署 ·· 199

　　　　7.4.1　IBGP 的规划部署 ··· 200

　　　　7.4.2　EBGP 的规划部署要点 ·· 202

　7.5　工程案例——中小型企业网络的 ISP 接入 ··· 205

　　　　7.5.1　工程案例背景及需求 ·· 205

7.5.2　路由协议的规划 ……………………………………………………………206

7.5.3　路由过滤的规划 ……………………………………………………………208

7.5.4　策略路由的规划 ……………………………………………………………208

7.5.5　BGP 协议部署 ………………………………………………………………209

7.6　工程案例——大型企业网络的 ISP 接入 ………………………………………211

7.6.1　工程案例背景与需求 ………………………………………………………211

7.6.2　BGP 邻居关系的规划 ………………………………………………………211

7.6.3　BGP 邻居关系的部署 ………………………………………………………213

本章习题 …………………………………………………………………………………217

第 8 章　以太网交换机基础 …………………………………………………………………219

8.1　以太网技术简介 ……………………………………………………………………219

8.2　以太网交换机 ………………………………………………………………………221

8.2.1　以太网交换机的工作原理 …………………………………………………221

8.2.2　以太网交换机的转发方式 …………………………………………………222

8.2.3　以太网交换机的分类 ………………………………………………………223

8.2.4　以太网交换机体系结构 ……………………………………………………226

8.3　交换机的基本配置 …………………………………………………………………228

8.3.1　交换机的启动过程 …………………………………………………………228

8.3.2　交换机的基本配置 …………………………………………………………228

8.3.3　端口镜像的配置 ……………………………………………………………234

8.3.4　交换机端口安全配置 ………………………………………………………235

8.4　交换机的管理 ………………………………………………………………………238

8.4.1　配置文件和操作系统的管理 ………………………………………………238

8.4.2　交换机灾难性恢复 …………………………………………………………239

本章习题 …………………………………………………………………………………243

第 9 章　虚拟局域网 …………………………………………………………………………245

9.1　VLAN 简介 …………………………………………………………………………245

9.1.1　VLAN 概述 …………………………………………………………………245

9.1.2　VLAN 的优点 ………………………………………………………………246

9.1.3　VLAN 的分类 ………………………………………………………………247

9.2　VLAN 技术原理 ……………………………………………………………………249

9.2.1　中继概述 ……………………………………………………………………249

9.2.2　中继协议 ……………………………………………………………………250

9.2.3　VLAN 链路的类型 …………………………………………………………251

9.2.4　VLAN 标签工作过程 ………………………………………………………252

9.2.5　VLAN 的规划与部署要点 …………………………………………………254

9.3　VLAN 之间的通信 …………………………………………………………………257

9.3.1　VLAN 之间的通信概述 ……………………………………………………257

  9.3.2 单臂路由的规划与部署实施要点 ·················· 259

  9.3.3 三层交换实现 VLAN 之间通信的规划与部署实施要点 ········ 261

 9.4 工程案例——VLAN 的规划与配置 ······················· 263

  9.4.1 工程案例背景及需求 ························· 263

  9.4.2 VLAN 及 VLAN 间通信的规划与设计 ················ 264

  9.4.3 VLAN 及 VLAN 间通信的部署与实施 ················ 266

 本章习题 ·································· 271

第 10 章 交换网络中的链路冗余 ························· 273

 10.1 冗余拓扑 ································ 273

  10.1.1 冗余概述 ····························· 273

  10.1.2 链路冗余导致的问题 ························ 274

 10.2 STP ································· 277

  10.2.1 生成树协议概述 ·························· 277

  10.2.2 STP 的基本概念 ························· 278

  10.2.3 STP 的工作过程 ························· 282

  10.2.4 STP 端口状态 ·························· 287

  10.2.5 STP 拓扑改变的处理 ······················ 288

  10.2.6 PVST 与 PVST+ ························ 290

  10.2.7 STP 的规划与部署要点 ····················· 291

 10.3 RSTP ································ 294

  10.3.1 RSTP 概述 ··························· 294

  10.3.2 端口状态 ···························· 295

  10.3.3 端口角色 ···························· 295

  10.3.4 RSTP BPDU ·························· 297

  10.3.5 RSTP 快速收敛机制 ······················ 298

  10.3.6 RSTP 的规划与部署要点 ···················· 299

 10.4 MSTP ································ 301

  10.4.1 MSTP 概述 ·························· 301

  10.4.2 MSTP 的基本概念 ······················· 302

  10.4.3 MSTP 的规划与部署要点 ···················· 303

 10.5 链路聚合技术 ······························ 305

  10.5.1 链路聚合技术概述 ························ 305

  10.5.2 动态链路聚合管理协议 ······················ 306

  10.5.3 EtherChannel 的规划与部署要点 ················· 309

 本章习题 ·································· 312

第 11 章 网关冗余技术 ······························ 314

 11.1 网关冗余概述 ······························ 314

 11.2 VRRP ································ 316

      11.2.1 VRRP 概述 ··· 316

      11.2.2 VRRP 的工作原理 ····································· 318

      11.2.3 VRRP 规划部署要点 ································· 321

  11.3 HSRP ··· 325

      11.3.1 HSRP 概述 ··· 325

      11.3.2 HSRP 的工作原理 ····································· 326

      11.3.3 HSRP 规划部署要点 ································· 327

  11.4 工程案例——高可靠园区网的规划与配置 ············· 330

      11.4.1 工程案例背景及需求 ································· 330

      11.4.2 高可靠园区网的规划与设计 ····················· 331

      11.4.3 高可靠园区网的部署与实施 ····················· 332

  本章习题 ·· 337

第 12 章　网络地址转换 ······································· 339

  12.1 NAT 概述 ··· 339

      12.1.1 NAT 概述 ··· 339

      12.1.2 NAT 的基本概念 ····································· 340

      12.1.3 NAT 的应用 ··· 341

      12.1.4 NAT 的局限性 ··· 346

  12.2 NAT 工作原理 ··· 347

      12.2.1 内部地址 NAT 转换 ································· 347

      12.2.2 外部地址 NAT 转换 ································· 348

      12.2.3 静态 NAT ··· 349

      12.2.4 动态 NAT ··· 350

      12.2.5 端口复用地址转换 ····································· 351

  12.3 NAT 规划部署 ··· 353

      12.3.1 静态 NAT 规划部署要点 ··························· 353

      12.3.2 动态 NAT 规划部署要点 ··························· 355

      12.3.3 静态端口地址转换规划部署要点 ················ 356

      12.3.4 动态端口地址转换规划部署要点 ················ 358

  12.4 工程案例——NAT 的规划与配置 ···························· 361

      12.4.1 工程案例背景及需求 ································· 361

      12.4.2 NAT 的规划与设计 ··································· 362

      12.4.3 NAT 的部署与实施 ··································· 363

  本章习题 ·· 364

第 1 章　网络互连概述

网络互连是指使用网络互连设备将位于不同地理位置的网络相互连接起来构成更大的互连网络系统，实现网络资源的共享。当前，最为主流的网络互连协议是 IP 协议，它是 TCP/IP 网络层的核心协议，也是整个 TCP/IP 模型中的核心协议之一。

本章首先介绍网络互连概念与 TCP/IP 模型及各层主要协议，然后详细介绍 IPv4 协议与 IPv4 地址、IPv6 协议与 IPv6 地址。

1.1　概　　述

1.1.1　简介

随着网络技术的发展，需要将多个已存在的网络用网络互连设备连接在一起，形成一个规模更大的互连网络以实现网络资源的共享，或者基于网络性能、安全和管理等方面的考虑，需要把一个较大规模网络划分为多个子网络，以实现多个子网络之间的相互连通以及资源共享。这些现实需求导致了网络互连技术的产生和发展，尤其是 Internet 的广泛使用，网络互连技术成为实现如 Internet 这样的大规模网络通信和资源共享的关键技术。

从软件角度看，网络互连就是使用网际协议实现同构与异构网络之间的互连、互通与互操作。互连是指实现互连网络的各个子网之间物理与逻辑上的相互连接；互通是指保证互连网络的各个子网之间可以交换数据；互操作是指互连网络中不同计算机系统之间具有透明访问对方资源的能力。从硬件角度看，网络互连需要使用各种网络互连设备将多个同构或异构网络相互连接起来，形成规模更大的互连网络。常见的网络互连设备，物理层网络设备有中继器（Repeater）与集线器（Hub），数据链路层有网桥与交换机；网络层有路由器等。

网络互连包括 LAN-LAN（Local Area Network，局域网）、同种 LAN、异种 LAN、LAN-WAN（Wide Area Network，广域网）和 WAN-WAN 等多种互连类型。图 1.1 给出了网络互连的一个示例，在该网络互连示例中，两个距离相隔较远的 LAN 通过路由器相互连接构成一个规模更大的互连网络。

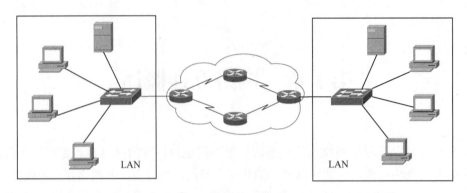

图 1.1　网络互连示例

1.1.2　TCP/IP 模型

TCP/IP 模型于 20 世纪 70 年代建立。由于 TCP/IP 协议簇对于 Internet 发送与接收数据来讲是不可或缺的，因此 TCP/IP 模型也称为 Internet 模型。TCP/IP 模型分为四层，由上而下分别为应用层、传输层、网际层、网络接入层，如图 1.2 所示。

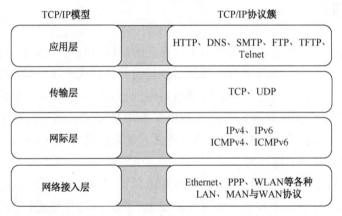

图 1.2　TCP/IP 模型及对应的协议簇

1. TCP/IP 模型各层功能简介

在 TCP/IP 模型中，应用层是 TCP/IP 模型的最高层，它通过使用传输层所提供的服务直接向用户提供服务，是 TCP/IP 网络与用户之间的界面或接口。该层由若干面向用户提供服务的应用协议和支持这些应用的支撑协议组成。

TCP/IP 模型传输层的主要功能是在源主机和目标主机的两个对等应用进程之间提供端到端的数据通信。为了适应不同的网络应用，TCP/IP 模型的传输层提供了面向连接的可靠传输与无连接的不可靠传输两类服务。

TCP/IP 模型的网际层，也称 Internet 层，其主要功能是为分组选择到达目标主机的最佳路径，并将该分组根据选好的最佳路径转发出去。TCP/IP 模型中的网际层在功能上相当于 OSI 参考模型中的网络层。TCP/IP 模型的网际层提供的是基于无连接的数据传输服务。

TCP/IP 模型的网络接入层是 TCP/IP 模型的最底层，它负责将从网际层接收的 IP 分组通过底层物理网络发送出去，或者从底层物理网络上接收物理帧，并分离出 IP 分组，将其交给网际层。

2. TCP/IP 模型各层主要协议

TCP/IP 模型是一种开放式标准模型，它并不由某家公司来控制模型的定义。TCP/IP 协议簇中的协议一般由请求注解（Request For Comments，RFC）文件定义。RFC 于 1969 年创建，最早用于高级研究计划署网络（Advanced Research Projects Agency Network，ARPANET）发展中帮助记录注释，后来演化成备忘录官方集，现由 Internet 工程任务组（Internet Engineering Task Force，IETF）负责维护。目前，有 7 000 多个 RFC，RFC 的完整列表在网址 "http://www.ietf.org/download/rfc-index.txt" 中可查询。

TCP/IP 协议簇中的主要协议如图 1.2 所示。TCP/IP 模型的应用层包括了众多应用与应用支撑协议，TCP/IP 应用层上的典型应用包括 Web 浏览、域名服务、电子邮件、文件传输和远程登录等，与这些应用相关的协议如下所述。

- 超文本传输协议（Hypertext Transfer Protocol，HTTP）：用来在浏览器和 WWW 服务器之间传送超文本的协议。
- 域名系统（Domain Name System，DNS）：用于实现域名和 IP 地址之间的相互转换。
- 简单邮件传输协议（Simple Mail Transfer Protocol，SMTP）：用于实现电子邮件传输的应用协议。
- 文件传输协议（File Transfer Protocol，FTP）：用于实现文件传输服务的协议。通过 FTP，用户可以方便地连接到远程服务器上，可以进行查看、删除、移动、复制、更名远程服务器上的文件内容等操作，同时还可以进行文件上传和下载等操作。
- 简单文件传输协议（Trivial File Transfer Protocol，TFTP）：用于提供小而简单的文件传输服务。从某种意义上来说，TFTP 是对 FTP 的一种补充，特别是在文件较小并且只有传输需求的时候该协议显得更加有效率，通常用于路由器与交换机的配置文件和操作系统的备份与还原。
- 虚拟终端协议（Telnet）：实现虚拟或仿真终端的服务，允许用户把自己的计算机当作远程主机上的一个终端连接到远程计算机，并使用基于文本界面的命令控制和管理远程主机上的文件及其他资源。

TCP/IP 模型的传输层主要有传输控制协议（Transport Control Protocol，TCP）

和用户数据报协议（User Datagram Protocol，UDP）两个协议。TCP 提供的是面向连接的可靠传输服务，它使用序列号、确认号、滑动窗口和差错控制等机制保证数据端到端的可靠传输，常用于基于大批量数据传输的网络应用。UDP 提供的是面向无连接的不可靠传输服务，主要用于不要求数据顺序和可靠到达的网络应用。

　　TCP/IP 模型的网际层主要有互联网络协议（Internet Protocol，IP 协议）、地址解释协议（Address Resolution Protocol，ARP）、因特网控制消息协议（Internet Control Message Protocol，ICMP）和互联网组管理协议（Internet Group Management Protocol，IGMP）四个协议，它们的功能作用如下所述。

- IP 协议是其中最核心的协议，有 IPv4 与 IPv6 两个版本。它规定了网际层数据分组的格式，提供的是不可靠、无连接的数据报传递服务。
- ARP 的功能是根据已知的 IP 地址查到对应的 MAC 地址。
- ICMP 的功能是实现网络控制和消息传递。
- IGMP 是一个组播协议，用于 IP 主机向任意一个直接相邻的路由器报告它们组成员情况。它规定了处于不同网段的主机如何进行多播通信，其前提条件是路由器本身要支持多播。

　　TCP/IP 模型的网络接入层实际上并不是 TCP/IP 协议簇中的一部分，它是数据包从一个设备的网络层传输到另外一个设备的网络层的方法。TCP/IP 模型的网络接入层包括各种现有的主流物理网协议与技术，例如，以太网、无线局域网和 PPP 等。

1.2　IPv4 协议与地址

1.2.1　IPv4 分组报头

　　IPv4 协议是一个不可靠的、面向无连接的数据分组传输协议，是一个支持异构网络互连的网络层协议。

　　IPv4 分组由 IPv4 协议来定义。由于 IPv4 协议实现的是面向无连接的数据报服务，故 IPv4 分组又被称为 IPv4 数据报，IPv4 分组传输服务也被称为 IPv4 数据报服务。IPv4 数据报的长度是可变的，它分为报头和数据两大部分。图 1.3 给出了 IPv4 分组报头的格式，其最早在 RFC791 中定义。IPv4 数据报头中的有关字段说明如下。

- 版本：长度为 4 位，表示 IP 分组头部的版本。在 IPv4 分组中，此字段始终设为 "0100"。
- 头部长度：长度为 4 位，表示 IPv4 分组头部的长度。分组头部长度以 32 位（相当于 4 字节）为一个单位。报头的最小长度为 5（当 IPv4 数据报头中无可选项时），相当于 20 字节；若一个报头有 IP 选项与填充字段，则报头长度要大于 5；报头长度的最大值为 15，即 60 字节。

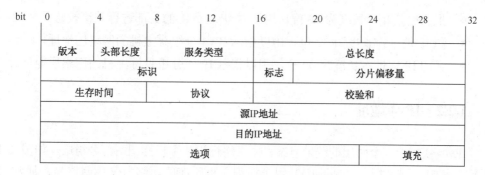

图 1.3　IPv4 分组报头

- 服务类型：长度为 8 位，表示主机要求通信子网所提供的服务类型。8 位中包括 3 位长度的优先级和 3 位长度的服务类型，另有 2 位保留未用。3 位的优先级可将优先级分为从 0 到 7 的 8 个级别，数值越大表示优先级越高。IPv4 数据报的优先级主要被路由器用于决定哪个数据报需要优先处理。当路由器发生拥塞时，路由器将只处理优先级高的数据报，而丢弃优先级低的数据报。通常，网络管理信息数据的优先级要设得比普通数据高。3 位的服务类型分别标志为 D、T 和 R，"D"表示延迟（Delay），"T"表示吞吐量（Throughput），"R"表示可靠性（Reliability）。通常，文件传输更注重可靠性，而声音或图象的传输更注重延迟。

- 总长度：长度为 16 位，表示 IPv4 分组的总长度，包括 IPv4 分组的头部和数据。总长以字节为单位。由于总长字段的长度为 16 位，所以 IPv4 分组的最大长度为 $(2^{16}-1)$ 字节，即 65 535 字节。这个长度对大多数主机和网络来说太长了，因此需要对分组进行分片。

- 标识：长度为 16 位，是发送端用来帮助接收端对分片后的数据分组进行重装的标识。

- 标志：长度为 3 位，用以指出分组是否可分片。最高位为"0"；次高位"DF"，该位的值若为"1"，表示不可分片；第三位"MF"，其值若为"1"，代表还有进一步的分片，其值为"0"，表示接收的是最后一个分片。分片的基本单位为 8 字节。

- 分片偏移量：当有分片时，用以指出该分片在原始分组中的位置。

- 生存时间（TTL）：长度为 8 位，包含用于限制数据包寿命的一个 8 位二进制值。它的单位为秒，但通常称为跳数。数据包发送方设置初始生存时间（TTL）值，数据包每经过一次路由器，数值就减少 1。如果 TTL 字段的值减为零，则路由器将丢弃该数据包并向源 IP 地址发送 ICMP 超时消息。

- 协议：长度为 8 位，用以指示使用该分组的高层协议类型。例如，其值为"06"，表示上层协议为 TCP；值为"17"，表示上层协议为 UDP。

- 报头校验和：长度为 16 位，用于对 IPv4 分组的头部进行差错校验。
- 源 IP 地址：长度为 32 位，用以指示 IPv4 分组源主机的网络层地址。
- 目的 IP 地址：长度为 32 位，用以指示 IPv4 分组目标主机的网络层地址。

1.2.2　IPv4 地址

IPv4 依赖于一个两层的编址方案，由网络标识和主机标识两部分组成，如图 1.4 所示。其中，网络标识（Net ID）用于标识主机所在的网络，又称网络号，通常将 IP 地址网络部分的比特位数称为前缀长度；主机标识（Host ID）则表示该主机在相应网络中的序号，又称主机号。IPv4 定义的 IP 地址长 32 位，人们常常用点分十进制来表示 IP 地址，即将 32 位每 8 位一组，共分为 4 组，并将每组 8 位二进制转换为十进制，组与组之间用小数点分隔开。

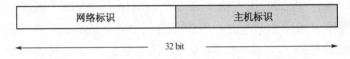

图 1.4　IPv4 地址的组成

图 1.5 给出了将一个用 32 比特二进制表示的 IPv4 地址 "11000000 10101000 00000000 00000001" 转化为用点分十进制表示的 IPv4 地址 "192.168.0.1" 的过程示例。

```
11000000 10101000 00000000 10101000
   192   ·  168  ·  0  ·  1
```

图 1.5　将二进制表示的 IPv4 地址转换为用点分十进制表示的 IPv4 地址过程示例

1. IP 地址分类

在 TCP/IP 的早期，使用标准的分类来定义地址的网络标识和主机标识，IPv4 根据地址的第一个字节的前面几比特的值将 IP 地址划分为 A、B、C、D 和 E 五个类别，IP 地址的类别划分如图 1.6 所示。尽管这种分类方式仍然可以应用到 IP 地址中，但现在的网络经常忽略这种标准的分类规则，而是采用后面介绍的无类别 IP 编址方案。

在 A、B、C、D、E 五个类别的 IP 地址中，只有 A、B 、C 三类地址可分配给主机，D 类地址与 E 类地址不能分配给主机。其中，D 类地址用于组播，E 类地址保留给实验使用。

（1）A 类地址

A 类地址中前 8 位为网络标识，后 24 位为主机标识。A 类地址中的第一字节的第一比特为"0"，因此第一个 8 位组的范围为"00000000"（即十进制的"0"）到"01111111"（即十进制的"127"）。第一个十进制的值为"0"到"127"的 IP 地址均为 A 类地址。由于 A 类地址的最高位为"0"，网络标识剩余 7 位，其中的"0"和"127"保留，用作其他用途，不能分配给主机，因此一共有 126 个 A 类网络。一个 A 类网络可容纳的最大主机数为（$2^{24}-2$）个（主机位全"0"和全"1"保留，作为特殊用途）。A 类地址用于大型网络。

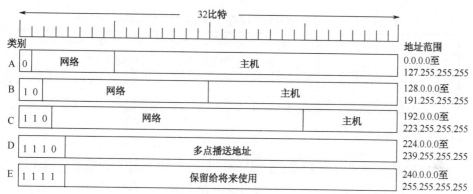

图 1.6　IP 地址的分类

（2）B 类地址

B 类地址前 16 位表示网络标识，后 16 位表示主机标识。B 类地址的第一字节的前两比特的值为"10"，因此第一个 8 位组的范围为"10000000"（即十进制的"128"）到"10111111"（即十进制的"191"）。第一个十进制的值为"128"到"191"的 IP 地址均为 B 类地址。由于 B 类地址的前两位以"10"开始，网络标识剩余 14 位，因此一共有 2^{14} 个 B 类网络，一个 B 类网络可容纳的最大主机数为（$2^{16}-2$）个。B 类地址用于中型网络。

（3）C 类地址

C 类地址前 24 位表示网络标识，后 8 位表示主机标识。C 类地址的第一个字节的前三比特的值为"110"，因此第一个 8 位组的范围为"11000000"（即十进制的"192"）到"11011111"（即十进制的"223"）。第一个十进制的值为"192"到"223"的 IP 地址均为 C 类地址。由于 C 类地址的前三位以"110"开始，网络标识剩余 21 位，因此一共有 2^{21} 个 C 类网络，一个 C 类网络可容纳的最大主机数为（$2^{8}-2$）个。C 类地址用于小型网络。

（4）D 类地址

D 类地址最高四位的值为"1110"，因此 D 类地址的第一个十进制的值的范围为"224"到"239"，D 类地址为组播地址，它用来代表一组主机。例如，在运行 OSPF 路由协议的网络中，组播地址"224.0.0.6"则代表所有的 OSPF DR（指定路由器）和 BDR（备份指定路由器）。D 类地址不能分配给主机。

（5）E 类地址

E 类地址最高四位的值为"1111"，因此 E 类地址的第一个十进制的值为"240"到"255"。E 类地址保留用于实验用途，不能分配给主机。

A、B、C 类的最大网络数、可容纳的主机数和适用范围如表 1.1 所示。

表 1.1　A、B、C 类的最大网络数、可容纳的主机数和适用范围

网络类	最大网络数	每个网络可容纳的最大主机数目	适用范围
A	$2^7 - 2 = 126$	$2^{24} - 2 = 16\ 777\ 214$	大量主机的大型网络
B	$2^{14} = 16\ 384$	$2^{16} - 2 = 65\ 534$	中等主机规模的公司或组织
C	$2^{21} = 2\ 097\ 152$	$2^8 - 2 = 254$	少量主机的小公司或组织

2. 保留 IP 地址

在 A 类地址、B 类地址和 C 类地址中，有一些 IP 地址被保留用作特殊用途，这些保留地址也不能分配给主机。典型的保留 IP 地址如下所述。

（1）网络标识地址

网络标识地址也叫网络地址。每个网络都需要一个网络号，当建立路由表时，网络号用来代表整个主机范围的一个 ID 号。主机号位为全"0"的 IP 地址被用作网络号。例如，"102.0.0.0"是一个 A 类网络的网络号，"191.3.0.0"是一个 B 类网络的网络号，"192.168.1.0"是一个 C 类网络的网络号。在一个物理网上，两台使用 TCP/IP 协议连接的主机只有网络号相同，才可以直接相互通信，否则不能直接进行相互通信，必须经过第三层网络设备进行转发才能相互通信。

（2）定向广播地址

定向广播地址也称为直接广播。每个网络中都需要一个广播地址，用来将消息传输到这个网络中的每台主机上。主机号位为全"1"的地址表示定向广播地址。例如，网络"102.0.0.0"的定向广播地址为"102.255.255.255"。

（3）本地广播地址

本地广播地址用 32 位全"1"表示，即"255.255.255.255"。如果一个 IPv4 分组的目的 IP 地址为"255.255.255.255"，则表示本地物理网上所有的主机（不管其 IP 地址所属网络号是多少）都要接收该 IPv4 分组。

（4）回送地址

回送地址也称测试地址。在 A 类网络中，网络号为"127"、主机部分为任意值的地址被称为回送地址。该地址用于网络软件测试以及本地进程之间的通信测试。

例如，在网络测试中常用的"ping 127.0.0.1"用以测试本地 TCP/IP 协议栈是否正常、网卡是否存在物理故障。

3. 子网划分

对于有类别的 IP 地址来说，适合于大规模网络的 A 类地址，其主机位有 24 位，可容纳的最大主机数为（$2^{24}-2$）台，但是这种网络中所有主机不可能都作为一个逻辑组的成员，因为如果有这样大的一个逻辑组，则可能发生广播风暴，因此管理员需要更小的逻辑分组来控制广播。1985 年，RFC950 引入了子网的概念，即把主机地址部分再划分成子网地址和主机地址，形成三级寻址的格局，即"网络标识＋子网络标识＋主机标识"形式（子网络简称子网），如图 1.7 所示，这种三级寻址方式需要子网掩码的支持。

网络标识	子网络标识	主机标识

图 1.7　子网划分后的 IP 地址结构

（1）子网掩码

子网掩码（Subnet Masking）的功能是告知主机或路由设备，IP 地址中哪些位是网络标识位，哪些位是主机标识位。子网掩码与 IP 地址具有相同的编址格式，也采用 32 位二进制。子网掩码一般高位为"1"，低位为"0"，并且与 IP 地址成对使用。子网掩码中二进制"1"所对应的 IP 地址相应二进制位为网络标识位，子网掩码中二进制"0"所对应的 IP 地址相应二进制位为主机标识位。

子网掩码可用点分十进制表示，也可用"前缀／数字"表示，其中"数字"值为多少表示子网掩码中有多少个"1"，就是表明 IP 地址中前多少位为网络标识位。例如，A 类地址默认前 8 位是网络标识，子网掩码用二进制表示为"11111111 00000000 00000000 00000000"，用点分十进制表示则是"255.0.0.0"，用"前缀／数字"表示，则为"/8"，数字"8"表示 IP 地址中前 8 位为网络标识部分。A 类 IP 地址对应的默认子网掩码为"255.0.0.0"，B 类 IP 地址对应的默认子网掩码为"255.255.0.0"，C 类 IP 地址对应的默认子网掩码为"255.255.255.0"。

自从有了子网掩码，就可以使用子网掩码来决定 IP 地址中的哪些比特是网络标识，哪些比特是主机标识。通过将子网掩码与 IP 地址进行逻辑"与"操作，可确定所给定 IP 地址的网络号。例如，IP 地址／子网掩码对"191.168.1.33/255.255.255.0"，说明该地址属于 B 类，但其前三个点分十进制为网络标识，即该 IP 地址所属的网络号为"192.168.1.0"。在 IP 协议中规定，两台主机只有网络号相同，才可以中间不经过路由设备直接通信，即使有两台主机物理上位于同一个网段，但如果两台主机的 IP 地址网络号不相同，也不能直接通信。IP 网络中的每一个主机在进行 IP 分组发送前，均要用本机的子网掩码对源 IP 地址和目标 IP 地址进行逻辑"与"操作，提取源和目标网络号以判断两者是否位于同一网段中。

（2）定长子网的划分

定长子网划分是指由网络管理员将一个给定的网络分为若干个更小的子网（Subnet），每个子网的掩码一样，即每个子网的网络规模一样。当子网中的主机总数未超出所给定的某类网络可容纳的最大主机数，但内部又要划分成若干个网段进行管理时，就可以采用子网划分的方法。

为了创建子网，网络管理员需要从原有 IP 地址的主机位中借出连续的若干高位作为子网的标识，IP 地址形成了三层"网络标识＋子网络标识＋主机标识"的结构形式，如图 1.8 所示。

在确定从原主机位借多少位作为子网标识位时，需要考虑两个因素：子网的个数和每个子网中能够容纳的最大主机数。在满足基本需求的前提下，要尽可能提供子网数量和主机数的冗余，以便为未来网络扩充提供支持。

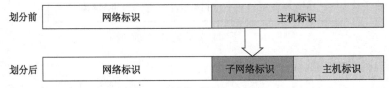

图 1.8 划分子网的示意图

在进行定长子网划分时，子网标识位全"0"和全"1"均不可用，因而在进行定长子网划分时，要想有可用的子网至少要从主机位的高位中选择两位作为子网络标识位。因为在划分子网后，主机位全"0"和全"1"均不可用，因此最小的子网只能容纳两台主机。A、B、C 类网络最多可借出的子网络位是不同的，A 类默认主机位为 24 位，因此最多可借 22 位；B 类默认主机位为 16 位，因此最多可借 14 位；C 类默认主机位为 8 位，因此最多可借 6 位。表 1.2 给出了子网位数、划分的子网数量和可用子网数量之间的对应关系。

表 1.2 定长子网划分时子网位数与子网数量、可用子网数量的对应关系

子网标识位数	子网数量	可用的子网数量
1	$2^1=2$	2−2=0
2	$2^2=4$	4−2=2
3	$2^3=8$	8−2=6
4	$2^4=16$	16−2=14
5	$2^5=32$	32−2=30
6	$2^6=64$	64−2=62
7	$2^7=128$	128−2=126
8	$2^8=256$	256−2=254
9	$2^9=512$	512−2=510
…	….	…

下面用一个具体的子网划分示例来说明定长子网的划分方法。如图 1.9 所示，

某个网络使用路由器将三个独立的物理网段连接起来，每个网段的主机数均不超过 14 台，现企业申请到一个 C 类地址"202.5.50.0/24"，使用定长子网划分方法进行子网划分，为网络分配相应的 IP 地址。

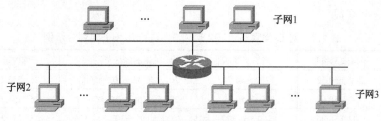

图 1.9　定长子网划分示例拓扑图

在进行子网划分时，首先根据需要划分的子网个数计算需借用的主机位数。由于网络中有三个独立的物理网段，至少要划分为 3 个可用的子网，因此向主机位至少需要借 3 位才能满足子网数的需求，即子网位大于等于 3 位。其次，根据每个子网的主机数计算子网所需的主机位数，由于每个网段主机数均不超过 14 台，即每个子网的主机位大于等于 4 位即可。最后，子网络标识位数加上每个子网的主机位数等于没有划分子网之前的主机位数（即 8 位）。

因此该网络有两种子网划分方案：一种是向主机位借 3 位作为子网位，一共有 6 个可用的子网，每个子网最多可容纳 30 台主机，选择这 6 个可用子网中的任何 3 个，将其分配给网络中的 3 个物理网段，并留下 3 个可用子网作为未来网络扩充之用；另一种方案是向主机位借 4 位作为子网位，一共有 14 个可用的子网，每个子网最多可容纳 14 台主机，选择这 14 个可用子网中的任何 3 个，将其分配为 3 个物理网段，并留下 11 个可用子网作为未来网络扩充之用。具体选择哪种方案为佳，取决于企业网络未来的发展。

假设现在采用借 3 位作为子网位来进行子网的划分，C 类地址"202.5.50.0"最后一个点分十进制，即最后 8 位二进制为其主机位，现从这 8 位中借高 3 位作为子网位，如图 1.10 所示，一共可分为 8 个子网。

子网名		子网位	主机位
子网0	202.5.50.	0 0 0	H H H H H
子网1	202.5.50.	0 0 1	H H H H H
子网2	202.5.50.	0 1 0	H H H H H
子网3	202.5.50.	0 1 1	H H H H H
子网4	202.5.50.	1 0 0	H H H H H
子网5	202.5.50.	1 0 1	H H H H H
子网6	202.5.50.	1 1 0	H H H H H
子网7	202.5.50.	1 1 1	H H H H H

图 1.10　划分子网借位情况

在划分的 8 个子网中，由于子网位全"0"（即子网 0）和子网位全"1"（即子网 7）不可用，因此借 3 位作为子网位得到 6 个可用的子网，从 6 个可用的子网中任选三个分配给三个网段，表 1.3 选择了子网 1 到子网 3 共 3 个可用的子网号分别分配给了三个网段。

表 1.3　对 C 类网络"202.5.50.0"进行定长子网划分示例

网络名	子网的网络号	子网的广播地址	可用的地址范围	子网的子网掩码
子网 1	202.5.50.32	202.5.50.63	202.5.50.33～202.5.50.62	255.255.255.224
子网 2	202.5.50.64	202.5.50.95	202.5.50.65～202.5.50.94	255.255.255.224
子网 3	202.5.50.96	202.5.50.127	202.5.50.97～202.5.50.126	255.255.255.224

1.3　IPv4 地址危机及解决方案

在 IPv4 的编址方案中，A 类和 B 类地址占了 IP 地址的 75%，但 A 类和 B 类地址的网络个数一共只有 $126+2^{14}$ 个，因此只有少数组织或公司能够分配到一个 A 类或 B 类网络号。C 类地址的网络数比 A 类和 B 类网络数要多得多，然而它们只占了 IP 地址的 12.5%，并且一个 C 类地址只能容纳 254 台主机，不能满足大公司或组织的需要。如图 1.11 所示，即使有了更多的 A、B、C 类地址，太多的网络地址也会使得 Internet 网络路由器的路由表过于庞大而导致瘫痪。

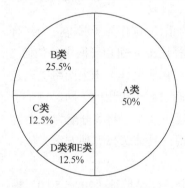

图 1.11　ABCDE 类地址所占 IP 地址的比例图

1992 年，IETF 就开始考虑有关 IP 的两个问题：一是剩余的 IP 地址耗尽的问题，尤其是在当时 B 类地址正处于耗尽的边缘；二是随着 Internet 网络数目的增加，Internet 上路由器的路由表大小在迅速增加，尤其是更多的 C 类地址加入到 Internet 上后，新网络带来的路由信息量严重威胁到 Internet 路由器的处理能力。

IETF 认为在短期内可以采用一系列的解决方案使得 IPv4 维持足够长的时间，从而使工程师们能设计和部署一个新的 Internet 协议（即 IPv6）来解决这个问题。目前可以通过变长子网掩码（Variable Length Subnetwork Mask，VLSM）和无类别域间路由（Classless Inter-Domain Routing，CIDR）、私有 IP 和 NAT 转换等扩展方案来解决 IP 地址危机，最终的解决方案是采用下一代 IP 协议，即 IPv6。

1.3.1　VLSM

虽然前面介绍的定长子网编码是对 IP 地址的有益补充，但仍然存在一些缺陷，例如，对部分子网主机数过多或部分子网主机数过少的网络来说，在使用定长子网划分并进行 IP 地址分配时，主机数少的子网就会浪费许多 IP 地址；另外在定长子网划分中，由于子网号 "0" 和 "1" 均不可用（在有的网络设备中子网号全 "0" 可用），这就导致了 IP 地址的浪费，为了解决这些问题，避免任何可能的地址浪费，后来出现了 VLSM 的编址方案。

VLSM 使得公司或组织能够在同一个网络地址空间内使用一个以上的子网掩码，即划分的每个子网的子网掩码可以不相同。实施 VLSM 的做法实际上就是 "子网再划分子网"，使得编址效率最大化。为避免子网地址重叠，在进行子网划分时按子网规模由大到小的顺序进行 IP 网络号的分配。

图 1.12 是一个企业网的拓扑结构，现企业申请到一个 C 类地址 "218.5.16.0/24"。以下是使用 VLSM 对该企业网络进行 IP 分配的过程。

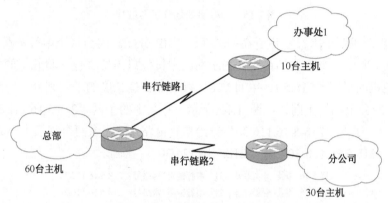

图 1.12　VLSM 划分示例拓扑

第一步：对子网规模最大的总部进行 IP 分配。总部共有 60 台主机，为满足总部网络规模的要求，总部子网的主机位需要 6 位，可以借用网络 "218.5.16.0/24" 中两位主机位进行子网划分，共得到四个规模大小为 62 台主机的子网，如图 1.13 所示。将其中的第一个子网 "218.5.16.0/26" 分配给公司总部，还冗余三个规模大小为 62 台主机的子网。

218.5.16. 0 0 HHHHHH　**总部网络号**：218.5.16.0/26

218.5.16. 0 1 HHHHHH　网络号：218.5.16.64/26

218.5.16. 1 0 HHHHHH　网络号：218.5.16.128/26

218.5.16. 1 1 HHHHHH　网络号：218.5.16.192/26

图 1.13　为总部分配的 IP

第二步：对子网规模次大的分公司进行 IP 分配。分公司共有 30 台主机，为满足分公司网络规模的要求，分公司子网的主机位需要 5 位，因此可以将冗余的 3 个规模大小为 62 台主机的子网 "218.5.16.64/26" 再进行 1 位长度的子网划分，得到 2 个规模大小为 30 台主机的子网，如图 1.14 所示。将其中的子网 "218.5.16.64/27" 分配给分公司，冗余一个规模大小为 30 台主机的子网 "218.5.16.96/27"。

218.5.16. `0 1 0` HHHHH　　**分公司网络号**：218.5.16.64/27

218.5.16. `0 1 1` HHHHH　　**网络号**：218.5.16.96/27

图 1.14　为分公司划分子网过程

　　第三步：对子网规模第三大的办事处进行 IP 分配。办事处共有 10 台主机，为满足其网络规模的要求，办事处子网的主机位需要 4 位，因此可以将冗余的规模大小为 30 台主机的子网"218.5.16.96/27"再进行 1 位长度的子网划分，得到 2 个规模大小为 14 台主机的子网，如图 1.15 所示。将其中的子网"218.5.16.96/28"分配给办事处，冗余一个规模大小为 14 台主机的子网"218.5.16.112/28"。

218.5.16. `0 1 1 0` HHHH　　**办事处网络号**：218.5.16.96/28

218.5.16. `0 1 1 1` HHHH　　**网络号**：218.5.16.112/28

图 1.15　为办事处划分子网过程

　　第四步：对两个串行链路所在的子网进行 IP 分配。因为每个串行链路只需要 2 个 IP 地址，所以每个串行链路所在的子网的主机位只需要 2 位，将冗余的规模大小为 14 台主机的子网"218.5.16.96.112/28"再进行 2 位长度的子网划分，得到 4 个规模大小为 2 台主机的子网，如图 1.16 所示。将其中的子网"218.5.16.112/30"分给串行链路 1，子网"218.5.16.116/30"分给串行链路 2，冗余两个规模大小为 2 台主机的子网"218.5.16.120/30"和"218.5.16.124/30"。

218.5.16. `0 1 1 1 0 0` HH　　**串行链路1网络号**：218.5.16.112/30

218.5.16. `0 1 1 1 0 1` HH　　**串行链路2网络号**：218.5.16.116/30

218.5.16. `0 1 1 1 1 0` HH　　**网络号**：218.5.16.120/30

218.5.16. `0 1 1 1 1 1` HH　　**网络号**：218.5.16.124/30

图 1.16　为串行链路所在子网进行网络号分配过程

　　完成对所有子网 IP 地址的分配后，企业还有冗余子网"218.5.16.128/26"、"218.5.16.192/26"、"218.5.16.120/30"、"218.5.16.124/30"可用作以后的扩展。

　　在利用 VLSM 进行子网划分时，可以充分使用 IP 地址，但是在使用 VLSM 时必须要求路由协议支持才行。

1.3.2　无类别域间路由

　　CIDR 技术用来解决路由缩放问题。路由缩放问题包含两层含义：一是对大多数中等规模的组织没有适合的地址空间，例如，某公司有 1 000 台主机，需要为它们分配 IP 地址，在传统的有类别编址系统下，需要申请一个 B 类地址，这样分配给 1 000 台主机会浪费数以万计的 IP 地址；二是路由表增长太快，例如，拥有 1 000 台主机的公司如果申请不到 B 类地址，而是申请到 4 个 C 类地址，则可用的 IP 地址共 1 016（254×4）个，但这样的话，Internet 上的路由器必须为这个公司的网络维护 4 条路由条目，增大了路由表的容量，尤其是所有的 C 类地址都分配出去并且每个 C 类地址都在路由表中单独占一行，这样的路由表就太大了，并会导致路由崩溃。

CIDR 通过用子网掩码代替地址类别来判定 IP 地址的网络标识，它可以把若干个类别规模较小的网络（如 C 类地址）分配给一个组织，并且使路由器能够汇聚路由信息，从而使得这若干个规模较小的网络在路由表中只占据更少的行，这是一种将大块的地址空间合并为少量路由信息的策略。

在具体运用 CIDR 时必须遵守下列两个规则：

● 网络号的范围必须是 2 的幂次方，如 2、4、8、16 等。

● 网络地址最好是连续的。

我们用一个实例来说明 CIDR 的原理，如图 1.17 所示，有一个网络服务提供商为企业 A 提供了 4 个 C 类地址，网络号分别是"210.33.44.0/24"、"210.33.45.0/24"、"210.33.46.0/24"、"210.33.47.0/24"，这个网络服务提供商为企业 B 也提供了 4 个 C 类地址，网络号分别是"210.33.40.0/24"、"210.33.41.0/24"、"210.33.42.0/24"、"210.33.43.0/24"。

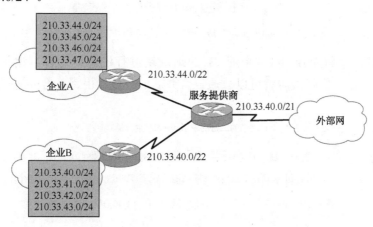

图 1.17　CIDR 实例

由于企业 A 被分配了 4 个 C 类地址，从图 1.18 可以看出，这 4 个 C 类地址的前 22 比特相同，后面 10 位可从全"0"到全"1"，因此，可用 22 比特的前缀来汇总这 4 个 C 类网络的路由，用前面 22 位作为合并超网的网络标识，后 10 位表示合并超网的主机标识，因此合并超网后其网络号为"210.33.44.0/22"。服务提供商只需在路由表中保存一条路由就可包含到企业 A 的所有网络，企业 A 也只需要向服务提供商通告一条关于"210.33.44.0/22"路由即可。

企业 B 也分被分配了 4 个 C 类地址，从图 1.19 可以看出，这 4 个 C 类地址的前 22 比特相同，后面 10 位可从全"0"到全"1"，因此，可用 22 比特的前缀来汇总这 4 个 C 类网络的路由，用前面 22 位作为合并超网的网络标识，后 10 位表示合并超网的主机标识，因此合并超网后其网络号为"210.33.40.0/22"。服务提供商只需在路由表中保存一条路由就可包含到企业 B 的所有网络，企业 B 也只需要向服务提供商通告一条关于路由"210.33.40.0/22"即可。

网络号	IP地址的二进制表示（H表示主机位）
210.33.44.0/24	11010010 00100001 00101100 HHHHHHHH
210.33.45.0/24	11010010 00100001 00101101 HHHHHHHH
210.33.46.0/24	11010010 00100001 00101110 HHHHHHHH
210.33.47.0/24	11010010 00100001 00101111 HHHHHHHH

图 1.18　企业 A 合并成超网"210.33.44.0/22"的过程

网络号	IP地址的二进制表示（H表示主机位）
210.33.40.0/24	11010010 00100001 00101000 HHHHHHHH
210.33.41.0/24	11010010 00100001 00101001 HHHHHHHH
210.33.42.0/24	11010010 00100001 00101010 HHHHHHHH
210.33.43.0/24	11010010 00100001 00101011 HHHHHHHH

图 1.19　企业 B 合并成超网"210.33.40.0/22"的过程

可以进一步将企业 A 与企业 B 的地址块进行汇总，这样网络提供商在向 Internet 路由器通告路由时就可以只通告合并后的一条路由，其合并过程如图 1.20 所示。

网络号	IP地址的二进制表示（H表示主机位）
210.33.40.0/22	11010010 00100001 001010 0HH HHHHHHHH
210.33.44.0/22	11010010 00100001 001011 HH HHHHHHHH

图 1.20　网络提供商合并成超网"210.33.40.0/21"的过程

1.3.3　私有 IP 和 NAT

在 TCP/IP 网络中，所有的主机都要被分配一个唯一的 IP 地址。以全球最大的 IP 网络 Internet 为例，就要求每台主机具有全球唯一的 IP 地址。但是，对于不与 Internet 连接的 IP 网络，则只要主机 IP 地址在全网中保持唯一就行了。因此，从理论上讲，不与 Internet 连接的 TCP/IP 网络中的私有主机可以使用任何有效的主机 IP 地址，只要它在该私有网络中是唯一的就可以了。

现实中很难保证这些私有网络中的主机永远都不连接到 Internet 上，所以不鼓励在私有网络中使用"任何有效的主机 IP 地址"。RFC1918 专门为私有内部使用留出 3 个 IP 地址块，包括 A 类、B 类、C 类地址范围各一块，以满足不同规模私有网络的需要。当这些网络由于发展需要，要连接到 Internet 时，只需在网络的出口上做 NAT 转换，把私有地址转换为公有地址即可。表 1.4 给出了这些私有地址块的范围。

表 1.4　私有 IP 地址

类别	RFC 1918 内部地址范围	CIDR 前缀
A	10.0.0.0 到 10.255.255.255	10.0.0.0/8
B	172.16.0.0 到 172.31.255.255	172.16.0.0/16
C	192.168.0.0 到 192.168.255.255	192.168.0.0/16

根据定义私有地址时的规定，所有这些私有地址将不可能被路由器路由到 Internet 上。即所有以私有地址为目标地址的 IP 包将会在 Internet 路由器上被丢弃，这些私有地址的数据包想要在 Internet 上被路由，必须使用 NAT，将其转换成公有 IP 地址。NAT 的原理及部署实施过程详见第 12 章。

1.3.4　代理服务器

代理服务器是为了节约 IP 地址资源，降低 Internet 接入成本而常采用的一种技术。在局域网中实现代理服务器接入时，必须有一台专门的设备作为代理服务器，通常可以采用一台主机作为代理服务器。作为代理服务器的主机须安装两张网卡：一张网卡作为外网卡与 Internet 相连，通常可以采用 Cable Modem、ADSL 和 LAN+FTTX 等方式接入 Internet，另一张网卡作为内网卡与局域网相连，如图 1.21 所示。

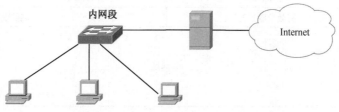

图 1.21　采用代理服务器接入 Internet 示意图

常用的代理服务器实现方式有 Internet 连接共享（ICS）、SyGate、Wingate 等多种。

1.4　IPv6 协议与地址

随着世界上越来越多的国家与地区使用 Internet，互联网地址指派机构（The Internet Assigned Numbers Authority，IANA）2011 年 1 月 31 日将最后两个 "/8" 的 IPv4 地址块分配给了地区级 Internet 注册管理机构（RIR），IPv4 地址已经不能满足互联网的需要了。种种迹象表明，IPv4 地址将在接下来几年内耗尽。解决 IPv4 地址空间耗尽的最终方案是将互联网迁移到 IPv6 上。与 IPv4 相比，IPv6 具有更大的地址空间、更小的路由表、更高的安全性等优势。

1.4.1 IPv6 分组报头

IPv6 分组由 IPv6 报头、扩展报头和上层协议数据单元（Protocol Data Unit，PDU）三部分构成。如图 1.22 所示。

图 1.22 IPv6 分组结构

IPv6 分组的扩展报头长度不固定，可以没有扩展报头，也可以有一个或多个扩展报头。在 RFC2460 中定义了 Hop-by-Hop、目的地选项、路由、分段、认证和 ESP 协议共 6 个 IPv6 扩展报头。由于大多数 IPv6 扩展报头不受中转路由器检查，因此可以有效提高路由器的转发效率。IPv6 分组的报头包含的字段少，同时报头的长度为 64 位的整数倍，以便于可以使用硬件对其进行加速、高效地处理。IPv6 分组报头长 40 字节，图 1.23 给出了 IPv6 分组报头的格式。

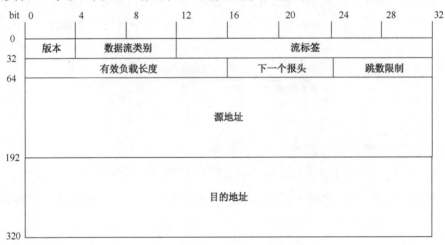

图 1.23 IPv6 分组报头

IPv6 分组头各字段的含义如下所述。

- 版本（Version）：长度为 4 位，表示 IP 分组头的版本。在 IPv6 分组中，此字段始终设为 "1100"。
- 数据流类别（Traffic Class）：长度为 8 位，作用与 IPv4 中的服务类型（ToS）字段类似。该字段指定 IPv6 数据流通信类别或优先级，供区分服务

（DiffServ）服务质量（QoS）使用。

- 流标签（Flow Label）：长度为 20 位，是 IPv6 中新增的。该字段用于对连接服务质量有特殊要求的音频或视频实时数据传输等通信。信源使用流标签来标记分组属于特定的流，让多层交换机和路由器能够基于每个流而不是分组对数据流进行处理，从而获得更高的分组交换性能。

- 有效负载长度（Payload Length）：长度为 16 位，允许有效负载最长 64 KB，作用与 IPv4 中的总长字段类似。有效负载长度包括扩展头和上层 PDU，如果超过这 64 KB 的负载，该字段值置为“0”，使用扩展头逐个跳段（Hop-by-Hop）选项中的巨量负载（Jumbo Payload）选项。

- 下一个报头（Next Header）：长度为 8 位，用以识别紧跟在基本 IPv6 报头后面的信息类型。可以是传输层分组，如传输控制协议或用户数据报协议分组，也可以是扩展报头，该字段类似于 IPv4 的协议字段。表 1.5 给出了常见的下一个报头字段值及其描述。

- 跳数限制（Hop Limit）：长度为 8 位，指定了 IP 分组可传输的最大跳数。IPv6 分组每经过路由器的一次转发，该字段减 1，减到 0 时就把这个分组丢弃。

- 源地址（Source Address）：长度为 128 位，用于标识 IPv6 分组的信源。

- 目标地址（Destination Address）：长度为 128 位，用于标识 IPv6 分组的目的地址。

表 1.5 常见的下一个报头字段值及描述

下一个报头字段值	描述
0	Hop-by-Hop（扩展报头）
6	TCP
17	UDP
43	路由（扩展报头）
44	分段（扩展报头）
50	ESP 协议（扩展报头）
51	认证（扩展报头）
60	目的地选项（扩展报头）

1.4.2 IPv6 地址

IPv6 地址长 128 位，其地址容量可达 2^{128} 个，能够提供海量的地址空间，可以有效地解决 IP 地址资源不足的问题。IPv6 采用了层次化、结构化地址编址方案，以便于路由汇聚和简化网络管理、配置工作。IPv6 地址组成如图 1.24 所示。IPv6 地址由 64 位前缀（也称为网络标识符）和 64 位接口标识（也称为主机标识）组成，64 位前缀又进一步分为全局路由前缀和子网标识符，通常全局路由前缀占 48 位，子网标识符占 16 位。接口标识通常根据物理地址（即 MAC 地址）自动生成，叫作 EUI-64。

1．IPv6 地址的表示

IPv6 地址通常用冒号分隔的十六进制表示。即将 IPv6 地址每 16 位为一组，一共分为 8 组，每组之间用冒号分隔开，由于 4 位二进制相当于 1 位十六进制，因此每组以 4 个十六进制表示，十六进制中的字母 A、B、C、D、E、F 不区分大小写。例如，地址"2001:0AB3:0001:10AB:2003:0000:000B:083A"是一个合法的 IPv6 地址。地址"2001:GAB3:0001:10AB:2003:0000:000B:083A"中由于出现了非法字符"G"，因此是一个非法的 IPv6 地址。

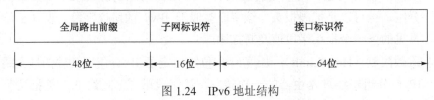

图 1.24　IPv6 地址结构

为了方便书写，IPv6 地址可以采用以下方法压缩 IPv6 地址：

- 每组 4 个十六进制前导零（高位的零）可以省略。
- 可以用双冒号"::"表示一组 0 或多组连续的 0，但一个 IPv6 地址中双冒号只能出现一次。

下面是一些 IPv6 地址及其合法简写：

- 2001:0003:0001:10AB:2003:0000:000B:0083 可简写为 2001:3:1:10AB:2003::B:83。
- FF01:0:0:0:0:0:0:000A"可简写为 FF01::A。
- 0:0:0:0:0:0:0:0 可简写为::。
- 2001:0:0:10AB:2003:0000:000B:0001 可简写为 2001::10AB:2003:0:B:1，或简写为 2001:0:0:10AB:2003::B:1，但不能简写为 2001::10AB:2003::B:1，因为这种写法中双冒号出现两次，所以这种表示是非法的。

2．IPv6 地址分类

IPv6 地址主要有单播地址、组播地址与任意播地址三种主要类型，如图 1.25 所示。其中单播地址、组播地址与 IPv4 中的单播地址、组播地址类似。IPv6 中没有广播地址，它使用组播地址来完成 IPv4 广播地址的功能。

- 单播（Unicast）地址：表示单个网络接口。如果 IPv6 分组的目的地址为单播地址，则该分组由该地址标识的接口接收。在 IPv6 分组中源地址必须是单播地址。IPv6 单播地址空间包含了除"FF00::/8"外的整个 IPv6 地址空间。IPv6 单播地址又可分为全局单播地址、链路本地地址、环回地址、未指定地址、唯一本地地址与嵌入的 IPv4 地址共 6 种。表 1.6 给出了 6 种单播地址及其描述。

- 组播（Multicast）地址：在功能上与 IPv4 中的组播类似，用于将单个 IPv6 数据包发送到多个目的地。IPv6 组播地址的前缀为"FF00::/8"。
- 任意播（Anycast）地址：任意播地址就是一个可以绑定到一个或多个网络接口的 IP 地址。如果一个主机被赋予一个任意播地址，这个主机就称为一个任意播成员。任意播成员信息必须被发布到网络中相关的路由器，而不相关的路由器则不需要知道这些信息。如果一个 IPv6 分组的目的地址是任意播地址，则该 IPv6 分组被转发到"最近的"拥有该地址的设备上，而不像组播那样转给组播成员中的每一个。任意播技术被更多地用于 DNS 域名解析技术上。

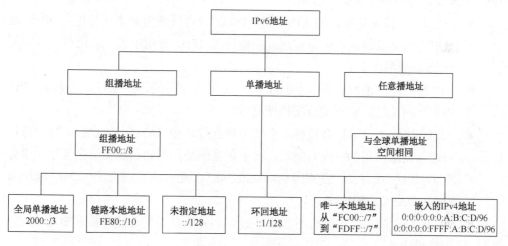

图 1.25 IPv6 地址类别

表 1.6 6 种单播地址及其描述

单播地址种类	描 述
全局单播地址	类似于公有 IPv4 地址。全局单播地址具有全局唯一性，是 Internet 可路由的地址。全局单播地址可以静态分配，也可以动态分配。当前分配的全局地址的地址前缀是"2000::/3"
链路本地地址	链路本地地址用于与同一链路中的其他设备通信。链路本地地址只限于直连链路。路由器不会转发源地址或目的地址是链路本地地址的数据包。链路本地地址的前缀为"FE80::/10"
环回地址	类似于 IPv4 中的环回地址。主机使用环回地址发送数据包到其自身，用以测试本地主机的 TCP/IP 配置。IPv6 环回地址除最后一位为"1"外，其余位全为"0"，使用压缩格式表示为"::1/128"或"::1"。环回地址不能分配给物理接口
未指定地址	类似于 IPv4 中 0.0.0.0 地址。在设备尚无永久 IPv6 地址时或数据包的源地址与目的地址不相关时，源地址为未指定地址。未指定地址 128 位全为 0，使用压缩格式表示为"::/128"或"::"。未指定地址不能分配给接口

续表

单播地址种类	描　述
唯一本地地址	与 IPv4 的私有地址有相似之处，但是也有着重大差异。唯一本地地址在一个站点内或有限站点数之间作本地址。唯一本地地址在全局 IPv6 中不具有可路由性。唯一本地地址的范围从"FC00::/7"到"FDFF::/7"
嵌入的 IPv4 地址	嵌入的 IPv4 地址有助于从 IPv4 向 IPv6 的过渡

3．常见的 IPv6 地址及其前缀

IPv6 不再像 IPv4 那样分为 A、B、C、D、E 类地址，而是用前缀来表示网络地址空间，类似于 IPv4 的 CIDR。例如，"2001:251:e000::/48"表示一个 48 位前缀的地址空间。IPv6 的组播地址（前缀为"FF00::/8"）不能分配给网络接口。典型的 IPv6 地址及其前缀的分配如下所述。

- ::/128：未指定地址，即"0:0:0:0:0:0:0:0"，它只能为尚未获得正式 IPv6 地址的主机的源地址，未指定地址不能作为 IPv6 分组中的目的地址，也不能分配给网络接口。
- ::1/128：环回地址，即"0:0:0:0:0:0:0:1"，也可表示为"::1"。类似于 IPv4 中的环回地址，它不能分配给网络接口。
- 2001::/16：全球可聚合地址。全球可聚合地址由 IANA 按地域和 ISP 进行分配，是最常用的 IPv6 地址，属于单播地址。例如，我们国家清华大学分配的 IPv6 地址为"2001:DA8:0200::/48"，北京大学分配的 IPv6 地址为"2001:DA8:0201::/48"。
- 2002::/16：6-to-4 过渡机制地址，用于 6-to-4 自动构造隧道技术的地址，属于单播地址。
- fe80::/10：链路本地地址，用于单一链路，适用于自动配置、邻居发现等，以 fe80 开头的 IPv6 地址分组路由器不能转发。
- ::A.B.C.D：兼容 IPv4 的 IPv6 地址，其中"A.B.C.D"代表 IPv4 地址。
- ::FFFF:A.B.C.D：是 IPv4 映射过来的 IPv6 地址，其中"A.B.C.D"代表 IPv4 地址。

4．IPv6 地址与 IPv4 地址的比较

IPv6 与 IPv4 地址虽有很多不同之处，但它们也有许多类似的地方，为了帮助学习理解 IPv6 地址，表 1.7 给出了 IPv6 与 IPv4 地址的对应关系及区别。

表 1.7　IPv6 与 IPv4 地址的对应关系及区别

IPv6	IPv4
地址长度：128 位	地址长度：32 位
表示方法：带零压缩的冒号分隔十六进制	表示方法：点分十进制

续表

IPv6	IPv4
没有对应类别地址划分	按 A、B、C、D、E 五类划分总的 IP 地址
子网掩码表示法：用网络前缀长度格式表示	子网掩码表示法：用网络前缀长度格式或点分十进制的子网掩码表示
组播地址为"FF00::/8"	组播地址为"224.0.0.0/4"
无广播地址，只有任意播地址	有本地广播"255.255.255.255"和定向广播地址
未指定地址为"::"	未指定地址为"0.0.0.0"
环回地址为"::1"	环回地址为"127.0.0.1"
可汇聚全球单播地址	公有地址
链路本地地址"FE80::/64"	Microsoft 自动配置的地址"169.254.0.0/16"

本 章 习 题

1.1　选择题：

① 一个用二进制表示的 IPv4 地址为 11000001 10101111 00000001 10000001，则它的点分十进制表示是下面哪个（　　　）？

A. 193.175.1.129　　　　　　　　B. 193.177.1.129

C. 192.175.1.129　　　　　　　　D. 193.175.2.129

② 下面哪个 IP 地址可以分配给 Internet 上的路由器接口（　　　）？

A. 192.168.1.129　　　　　　　　B. 10.177.1.129

C. 172.17.1.129　　　　　　　　D. 172.15.2.129

③ 下面哪个 IP 地址不能分配给主机（　　　）？

A. 192.168.1.129/27　　　　　　　B. 10.177.0.0/8

C. 172.17.1.31/27　　　　　　　　D. 172.15.2.62/28

④ 某个网络的网络地址为 202.168.7.128/26，则该网络的广播地址是（　　　）？

A. 202.168.7.255　　　　　　　　B. 202.168.7.129

C. 202.168.7.191　　　　　　　　D. 202.168.7.252

⑤ 使用 CIDR 技术把 4 个 C 类网络 210.24.16.0/24、210.24.17.0/24、210.24.18.0/24 和 210.24.19.0/24 汇聚成一个超网，汇聚后的超网地址是（　　　）？

A. 210.24.16.0/23　　　　　　　　B. 210.24.16.0/22

C. 210.24.16.0/21　　　　　　　　D. 210.24.18.0/22，

⑥ IPv6 地址"2001:00C3:0000:0000:0029:EC00:0000:EC72"的合法简写是哪个（　　　）？

A. 2001: C3::0029:EC00::EC72　　　B. 2001: C3::29:EC00:0:EC72

C. 2001: C3::29:EC:0:EC72　　　　　D. 2001: C3::29:EC::EC72

⑦ 下面哪个是一个合法的 IPv6 地址（　　　　）？

A. 2001:3:130F::099a::12a　　　　　　　B. 2002:7654:A1AD:61:81AF:CCC1

C. FEC0:ABCD:WXAA:0067::234　　D. 2004:1:25A4:886F::1

⑧ 下面哪个是 IPv6 任意播的特点（　　　　）？

A. 多对多通信模型　　　　　　　　B. 同组中多个接口共用同一个地址

C. 一对多的通信模型　　　D. 同组中每个节点拥有一个唯一的 IPv6 地址。

⑨ 下面哪个是 IPv6 链路本地地址（　　　　）？

A. FE08::680e:6a11:a:f14f:3d69　　　　B. FE80::680e:6a11:e14f:3d69

C. FE81::680e:5a11:a:e14f:3d69　　　　D. EFE:0345:5f1b::e14d:3d69

1.2　请描述 TCP/IP 模型每层的功能。

1.3　请写出 TCP/IP 模型各层主要的协议。

1.4　如图 1.26 所示的某企业网络，其中路由器 A 和路由器 B 经广域网串行链路相互连接，企业网络申请到一个 C 类地址"202.101.1.0/24"。路由器 A 的 F0/0 端口所连网段有 60 台主机，路由器 A 的 F0/1 端口所连网段有 39 台主机，路由器 B 的 F0/0 端口所连网段有 28 台服务器，路由器 B 的 F0/1 端口所连网段有 12 台主机。请你完成以下工作：

① 采用 VLSM 进行子网的划分，然后分别为网段 1、网段 2、网段 3、网段 4 和网段 5 分配一个子网络号，并指明其子网掩码的值。

② 为路由器 A 和路由器 B 的每个接口分配一个 IP 地址。

③ 为位于网段 5 中的主机 D 分配一个 IP 地址，并指定明其默认网关的 IP 地址。

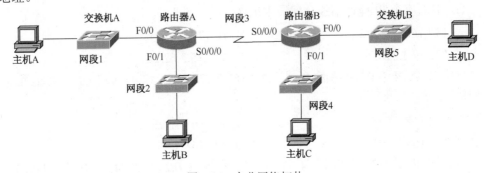

图 1.26　企业网络拓扑

第 2 章　路由器基础

路由器是互连网中使用最为广泛的设备，它可以把多个逻辑上分开的网络相互连接起来。路由器可以提供多种网络接口，实现同构网络或异构网络的互连，具有路径选择与交换的功能，是网络层的互连设备。

本章首先介绍路由器的发展演变过程以及发展趋势，然后详细介绍路由器的组成和路由器的基本配置与管理。

2.1　路由器的发展演变

路由器是 TCP/IP 网络中最主要的联网设备，它问世于 20 世纪 60 年代末。多年来，其在功能、性能等方面都得到了快速发展。按照路由器的技术体系，其发展演变大致经历了五个阶段。性能和业务这两个因素在路由器技术的发展历程中始终发挥着关键作用。一方面，带宽和网络规模的增长推动着路由器在性能、容量方面不断提升；另一方面，业务的发展驱动路由器不断走向智能化，并具备更强、更丰富的业务提供能力。在这两项关键因素中，性能因素在路由器发展的前期起到主导作用，随着 IP 网络和业务的迅猛发展，业务因素在网络中的价值变得越来越重要。

就网络的发展现状与趋势来看，路由器不单是解决了某项功能或业务"有"或"无"的问题，更是网络服务品质的保证。路由器的高性能不仅仅是指转发的高性能，还包括业务的高性能。路由器既被要求在处理各种业务时游刃有余，同时也要求它的转发性能不能出现明显的下降。基于"业务与性能并重，业务平滑演进"的设计理念，业务高性能、集成化、业务智能化、高可靠、高安全、易使用正成为路由器的发展趋势。

2.1.1　第一代路由器

第一代路由器连接的 IP 网络规模不大，路由器所需连接的设备及其需要处理的负载也很小，这一时期的路由器基本上可以用一台计算机插上多块网络接口卡的方式来实现。接口卡与 CPU 之间通过内部总线相连，CPU 负责所有的事务处理，包括路由收集、转发处理、设备管理等。网络接口在收到报文后，通过内部总线传递给 CPU，由 CPU 完成所有处理后再从另一个网络接口传递出去。

这个阶段的路由器主要用于企业或科研机构连接到 Internet，其特点就是集中交互、总线交换。随着网络用户的增多，网络流量不断增大，而每个报文又要经过总线送交 CPU 处理，这就使得接口数量、总线带宽和 CPU 的瓶颈效应越来越突出。为了解决这些日益尖锐的矛盾，必须对路由器进行改进，以提高网络接口数量，降低 CPU 以及总线的负担等。对这些问题的解决导致了第二代路由器的产生。

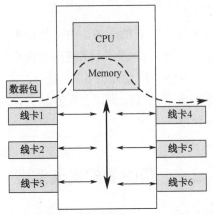

图 2.1　总线交换、CPU 转发数据包的路由器结构

2.1.2　第二代路由器

与第一代路由器相比，第二代路由器在网络接口卡上进行了一些智能化处理。鉴于网络用户通常只访问少数几个目标网络或节点，因此在业务接口卡上采用了高速缓冲存储器（Cache）技术，通过将少数常用的路由信息保留在 Cache 中，使得大多数报文直接通过业务接口卡 Cache 中所保留的路由信息进行转发，仅仅对 Cache 中找不到相应路由信息的报文才送交 CPU 处理，从而大大减少了对总线和 CPU 的请求数量。另外，第二代路由器在接口上采用了模块化设计，实现了一定程度的分布转发，路由器的转发性能得到了较大提升。

为了适应互联网和企业网发展的需要，第二代路由器提供了更加丰富的连接方式和更大的接口密度，因此很快在互联网和企业网中都获得了广泛应用。

2.1.3　第三代路由器

20 世纪 90 年代出现的 Web 技术使 IP 网络得到了迅猛发展，用户的访问量获得了极大的拓展，访问的对象也不再像过去那样固定，于是经常出现了从 Cache 找不到相应路由的现象，总线、CPU 的瓶颈效应再次显现。另外，由于用户的增加和网络互连规模的增大，路由器接口数量不足的问题也再次暴露出来。

为了解决这些问题，第三代路由器应运而生。在体系结构上，第三代路由器采用全分布式结构，包括了一个集中的主控模块和分布在各接口上的多个独立业务模块，如图 2.2 所示，除了主控模块有自己的 CPU 和存储之外，各业务模块也拥有各自的 CPU 和存储资源。与这种分布式体系结构对应，第三代路由器实现了路由与转发功能的分离，即控制层面与数据层面的分离。主控板负责整个设备的管理和路由的收集、计算功能，并将计算出的转发表下发到各业务板，而各业务板则根据所保存的转发表独立地进行路由转发。此外，总线技术也得到了较大的发展，业务板之间的数据包交换通过总线进行，完全独立于主控板，实现了并行高速处理。

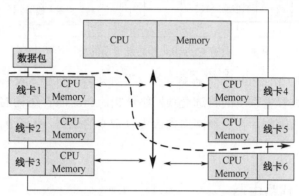

图 2.2　总线交换、分布式处理的路由器结构

　　与第二代路由器相比，第三代路由器的全分布式结构不仅将转发性能提高了数倍，还增加了功能或业务扩展的灵活性。第三代路由器在 20 世纪 90 年代中后期取代了第二代路由器成为 Internet 的主流骨干设备。

2.1.4　第四代路由器

　　20 世纪 90 年代中后期，随着 IP 网络的商业化与产业化，Internet 得到空前的发展，用户数目迅猛增加，网络流量特别是核心网络的流量以指数级速度增长，传统的基于软件的 IP 路由器再也无法满足网络的发展需要。以常见的主干节点 2.5GPOS（POS 为 Packet Over SONET/SDH）端口为例，按照 IP 最小报文 40 字节计算，2.5GPOS 端口的线速流量约为 6.5 Mpps（packet per second），在应对大负荷的流量之外，报文处理中还包含了诸如 QoS 保证、路由查找、二层帧的拆封与封装等功能，传统路由器在实现这些功能时遇到了很大的性能瓶颈。

　　一些厂商开始引入特定用途集成电路（Application Specific Integrated Circuits，ASIC）实现方式，将转发过程的所有细节全部通过硬件的方式来实现，此外还在交换网上采用了 CrossBar 或共享内存的方式，解决内部交换的问题，使路由器的性能达到千兆比特，即早期的千兆交换式路由器 GSR（Gigabit Switch Router）。

　　总之，这一代路由器采用了 ASIC 进行分布式转发，交换网也开始采用 CrossBar 的方式，极大地提高了系统的性能。

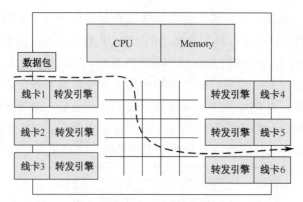

图 2.3　具有 CrossBar 和转发引擎的路由器结构

Crossbar（即 CrossPoint）又被称为交叉开关矩阵或纵横式交换矩阵，它是业界公认的用于构建大容量系统的首选交换网络结构。Crossbar 结构的交换网完全突破了共享带宽方式的限制，在交换网络内部没有带宽的瓶颈，不会因为带宽资源不够而产生阻塞。

2.1.5　第五代路由器

从上面的发展过程可以看到，每一次技术进步都伴随着业务的发展，从而导致对路由器有新的需求。不过，互联网泡沫时代的发展焦点集中在路由器的转发性能上，前四代路由器的最大进步均在速度的提升方面。在带宽迅速发展的同时，IP 网络技术的缺陷也越来越充分地暴露出来：网络无管理问题、IP 地址缺乏问题、IP 业务服务质量问题以及 IP 安全等问题，这些问题都严重地阻碍着网络的进一步发展。随着宽带互联网泡沫的破灭，人们经过深刻的反醒后意识到，业务才是网络的真正价值所在，一切技术都必须围绕着业务。于是，网络管理、用户管理、业务管理、多协议标签交换（Multi-Protocol Label Switching，MPLS）、虚拟专有网（Virtual Private Network，VPN）、可控组播、IP-QoS（Quality of Service，服务质量）和流量工程等各种新技术纷纷出现。IP 标准也逐步修改成熟。新技术的出现和标准化的进展对高速路由器的业务功能提出了越来越高的要求。

基于这些问题，第四代路由器 ASIC 技术的不灵活性、业务提供周期长等缺陷也不可避免地显现出来。第五代路由器在硬件体系结构上继承了第四代路由器的成果，在关键的 IP 业务流程处理上则采用了可编程的、专为 IP 网络设计的网络处理器技术。网络处理器（Network Processor，NP）通常由若干微处理器和一些硬件协处理器组成，多个微处理器并行工作，通过软件来控制处理流程。对于一些复杂的标准操作（如内存操作、路由表查找算法、QoS 拥塞控制算法、流量调度算法等）可采用硬件协处理器来提高处理性能，实现业务灵活性与高性能的有机结合。综合上述分析，五代路由器的体系结构对照如表 2.1 所示。

表 2.1　各种路由器的体系结构对照表

体系结构	技术特点	应用环境
第一代路由器	集中转发，总线交换	Soho 数据业务
第二代路由器	集中+分布转发，接口模块化，总线交换	中小企业网数据、少量语音业务
第三代路由器	分布转发，总线交换	大中型企业网，城域网数据、少量语音业务
第四代路由器	ASIC 分布转发，网络交换	业务骨干网 / 大型城域网数据类业务
第五代路由器	网络处理器分布转发，网络交换	行业骨干网 / 大型城域网 MPLS、VPN、语音、视频等高质量 QoS 业务

2.2　路由器的发展趋势

基于"业务与性能并重，业务平滑演进"的设计理念，业务高性能、集成化、业务智能化、高可靠、高安全、易使用是路由器发展的主要趋势。

1. 业务高性能

高性能不仅指转发的高性能，还包括业务的高性能和高品质服务，路由器在处理各种业务时应游刃有余，而转发性能则不应出现明显的下降。路由器提供的业务能力不是解决"有"或"无"的问题，而是如何提供高品质的业务保证。

2. 集成化

为了灵活应对多样化的业务环境，新一代路由器必须支持全面的 IP 业务能力，包括完善的路由、MPLS、VPN、组播、语音、安全、QoS、IPv6、宽带接入等，并进行优化设计，使各种业务流程融合无间。同时，为了满足集成一体化组网的需求，路由器还需要融合防火墙、入侵防御、VPN 网关、语音网关、宽带接入、以太网交换机、无线网关等功能。

早期的路由器在设计硬件结构和网络操作系统时，对后期可能会出现的业务考虑较少，只是不断地在原有的系统中进行叠加或修补，体系结构和效率都存在着较大问题。新一代路由器在产品设计阶段，必须考虑对全能业务的支持，采用更优化的软硬件体系，使各种业务实现高效融合，并具有良好的扩展能力，实现业务的平滑演进。这里需要强调的是，业务的集成不是简单的叠加，而是一种有机的融合。

3. 业务智能化

新一代路由器应该更加智能化，具备更加灵活的业务感知和处理能力。例如，业务部署的灵活性要求路由器必须根据不同的应用环境，灵活地进行业务组合，并可根据需求的变化进行灵活的调整；业务感知的灵活性要求路由器能够实时感知网络中业务和流量的变化，并灵活生成相应的 QoS 策略，要求路由器能感知网络受到的或潜在的威胁，并及时调整安全策略。

4. 高可靠性

随着网络关键业务的增多，网络的可靠性已经变得非常重要。从美国电网瘫痪事件可以看出，网络故障将导致巨大的经济损失，甚至造成政治危机，因此无论是电信行业或企业应用环境，新一代路由器都必须具备更高的可靠性。

5. 高安全性

网络的安全问题不可能通过某种技术就能一劳永逸地解决，而是必须跟随环境状态的变化而发展，综合考虑时间、空间和网络层次因素，不断调整安全策略。路由器作为网络互连的主要设备，首先应该保证硬件体系和网络操作系统层次的安全，同时具备全面的安全特性，可灵活调整。

"安全路由器"的概念已经提出多年，只是由于近年来 IP 网络环境发生了急剧变化，还没有形成较为完整的体系结构，但安全路由器仍是路由器技术发展的重要方向。

6. 易使用

随着网络不断地向行业、企业甚至家庭环境延伸，路由器的设计应更多地考虑人性化操作界面，屏蔽掉那些复杂的技术细节，使路由器真正平民化，包括简单的路由器配置方法、友好直观的人机界面和业务管理系统、简单高效的故障定位手段等。

2.3　路由器的组成

路由器本质上是一种特殊功能的计算机，因此有着与普通计算机相同的组成部件。路由器主要由主板、中央处理器（CPU）、闪存（Flash）、随机访问存储器（Random-Access Memory，RAM）、只读存储器（Read-Only Memory，ROM）、操作系统（Operating System，OS）、电源、底板、金属机壳和网络接口等组成。图 2.4 给出了路由器的基本组成结构。图 2.5 给出了 Cisco 2811 路由器的内部组件。

2.3.1　中央处理器

路由器和计算机一样，都包含了一个中央处理单元 CPU。不同型号的路由器，其 CPU 也不尽相同。CPU 是路由器的处理中心，CPU 在路由器中负责配置管理、数据包的转发和进行路由运算等工作。路由器对数据包的处理速度很大程度上都取决于 CPU 的类型和性能。路由器 CPU 的性能直接影响到路由器的硬件性能，如果路由器的 CPU 性能不好，即使其他组件配置较高，路由器的性能也不能得到充分的发挥。

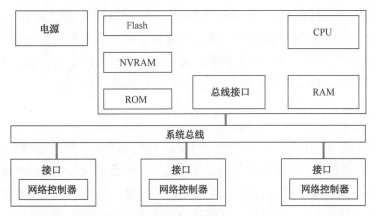

图 2.4　路由器的基本组成结构

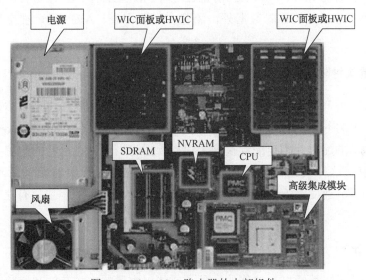

图 2.5　Cisco 2811 路由器的内部组件

2.3.2　存储资源

路由器中的存储资源包括 ROM、Flash、RAM、NVRAM 等多种类型，各种存储资源以不同方式协助路由器工作。

1. ROM

ROM 是一种只能读取的永久性存储器，ROM 中所保存的内容在路由器断电或重启后不会丢失。ROM 所存储的信息主要用于路由器的系统初始化，包括：

● 基本诊断软件——用于检测路由器中各硬件部分是否完好。

- 系统引导区代码——用于启动路由器并载入操作系统。
- 简化版的操作系统——作为正常操作系统软件的一个子集，简化版操作系统缺乏完整操作系统软件所需的协议、属性和配置，而且由于 ROM 的只读特性，简化版操作系统不可能被升级或更新，它一直保留着设备出厂时的软件装载状态。简化版操作系统通常在路由器密码丢失、路由器操作系统软件被误删除后引起的路由器崩溃或灾难等故障时使用。

2. RAM

和计算机的 RAM 类似，路由器的 RAM 中的内容在任何时候都可以进行读写操作，但其内容在路由器断电或重启后就会丢失。因此路由器中的 RAM 通常只被作为临时的存储介质，在运行期间暂时用来存放操作系统、正在运行的配置文件"running-config"、路由表等信息，以便路由器能迅速地访问这些信息。

通常路由器的 RAM 中除了当前正在运行的配置文件、正在执行的代码、操作系统程序和一些相关的临时数据外，还包含了路由表、ARP 表、缓存待发送的数据包。

3. 非易失性随机存储器（Nonvolatile Random Access Memory，NVRAM）

NVRAM 是可读可写的永久性存储器，其内容在路由器断电或重启后也不会丢失。路由器中的 NVRAM 仅用于保存路由器的备份配置文件"startup-config"。通常在完成路由器的配置并确定配置正确无误后，需将当前正在运行的配置文件备份到 NVRAM 中，这样当路由器断电或重启后，对路由器所做的配置就不会丢失。NVRAM 的读取速度比较快、容量比较小，通常 NVRAM 的容量只有几十 KB 到几千 KB。

4. Flash

闪存是非易失性随机存储器的一种，它能以电子的方式存储和擦除。在路由器中，闪存通常作为路由器操作系统备份的永久性存储器。如果路由器的 Flash 容量足够大，则可以存放多个不同版本的操作系统。表 2.2 给出了路由器主要存储资源的简单对比。

表 2.2　路由器的主要存储资源

存储设备名	存储信息
ROM	简化的操作系统、基本诊断软件、系统引导区代码
RAM/DRAM（Dynamic Random Access Memory，动态随机存取存储器)	路由表、地址解析协议的高速缓存、快速交换的高速缓存、报文缓冲、报文队列、正在运行的配置文件
NVRAM	备份的配置文件
Flash	操作系统

2.3.3 物理接口

路由器的物理接口可分为网络接口与管理接口两大类。网络接口主要用于不同网络的接入或互连，管理接口主要用于路由器的配置与管理。

1. 网络接口

为实现异构网络的互连，路由器提供局域网、城域网、广域网等不同类别的网络接口，以支持基于不同局域网技术、城域网技术或广域网技术的网络之间的互连。

由于目前主流的局域网技术是以太网系列技术，因此路由器上常提供有十兆以太网接口、快速以太网接口、千兆以太网接口和万兆以太网接口。此外，路由器也可以提供如 FDDI 等其他局域网接口。常见的广域网接口主要有高速同步串口、同步／异步串口、ISDN 接口以及支持 SDH 的光接口等。其中：

- 高速同步串口可连接 DDN、帧中继（Frame Relay）、X.25、PSTN（模拟电话线路）。
- 同步／异步串口可用软件将端口设置为同步工作方式。
- ISDN 端口可以连接 ISDN 网络，可作为局域网接入 Internet 之用。

2. 管理接口

路由器没有自己专门的键盘、鼠标与显示器等输入／输出设备用于管理员或用户访问路由器，为了对路由器进行初始化配置和管理，路由器通常提供两个用于管理的物理接口，它们是控制端口（Console 端口）和辅助端口（AUX 端口）。当对路由器进行初始化配置时，必须使用这两个管理接口中的一个，一般来说，Console 端口用得更多些。几乎所有的路由器都有 Console 端口，但不是所有的路由器上都有 AUX 端口。

当然，路由器型号不同，其提供的接口数量和类型也不尽相同。路由器的接口可以是固定的，也可以根据用户的需求提供模块化选择，通常低端路由器采用固定方式，高端路由器则提供模块选择。图 2.6 为 Cisco 2911 路由器的物理接口示意图，该路由器配有 2 个高速串口模块，3 个固定的千兆以太网端口，1 个辅助口与 1 个控制端口。

2.3.4 路由器接口的命名

为了区别路由器上不同的物理接口，引入了路由器接口的命名规则，为路由器上的每个物理接口赋予唯一的标识，以便于对路由器接口进行识别。

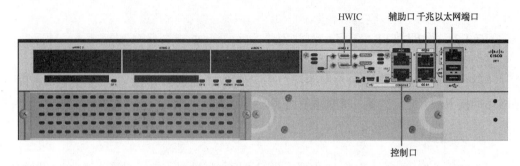

图 2.6　Cisco 2911 路由器的物理接口示意图

路由器接口的命名格式为"接口类型 插槽编号 / 模块编号 / 端口编号"。其中插槽编号、模块编号和端口编号一般从"0"开始，第一个编号为"0"，第二个编号为"1"，以此类推。

对于固定接口的路由器，其接口名称中的数字只包括端口编号，例如，"Ethernet0（可缩写为 E0）"表示第 1 个以太网接口，"Serial1（可缩写为 S1）"表示第 1 个串口。

对于支持"在线插拔和删除"或具有动态更改物理接口配置功能的路由器，其接口名称的数字中至少包含插槽编号与端口编号两个数字。例如，在 Cisco 2911 系列路由中，"gigabitEthernet 0/1（可缩写为 g0/1）"代表位于"0"号插槽上的"1"号千兆位以太网端口。

对于在线卡上插有模块的路由器，其接口名称的数字中要包含插槽编号、模块编号和端口编号。例如，在 Cisco 7500 系列路由器中，"gigabitEthernet 0/0/1（可缩写为 g0/0/1）"指"0"号插槽上"0"号模块的"1"号千兆以太网端口。

2.4　路由器的基本配置与管理

2.4.1　路由器的启动过程

路由器的开机启动过程与普通计算机类似，也包括系统硬件自检、装载操作系统和运行配置文件等工作。当系统加电时，路由器首先进行开机自检（Power On Self Test，POST），即从 ROM 中运行诊断程序，对包括 CPU、存储器和网络接口在内的硬件进行基本检测。当硬件检测通过后，从 ROM 中调用和运行引导程序（bootstrap），再由默认或指定的途径加载路由器操作系统软件。通常，路由器操作系统软件可能装载的途径包括 Flash、网络方式和 ROM。默认操作系统定位顺序为先从 Flash 中查找，如果 Flash 中没有对应的操作系统，则从网络的 TFTP 服务器查找；如果 TFTP 服务器上也没有，则装载 ROM 中简化的操作系统，即路由器会进入灾难恢复模式。一旦操作系统被装载并运行，就可以发现所有的系统硬件与软

件，并在控制终端上显示出来。最后，由路由器的操作系统软件去定位路由器配置
文件的路径并装载与应用配置文件。路由器从路由器 NVRAM 中查找备份的配置文
件 "startup-config"，将其加载到 RAM 作为正在运行的配置文件 "running-config"，
并执行该配置文件文件中的配置命令，如果在 NVRAM 中查找不到 "startup-
config" 文件，则进入 "SETUP" 对话框模式。但如果装载的为 ROM 中简化的操作
系统，则不会运行任何配置文件。路由器正常的启动过程如图 2.7 所示。

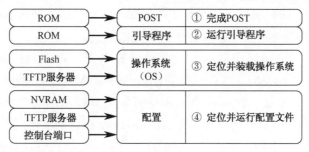

图 2.7　路由器正常的启动过程

2.4.2　路由器的访问方法

在使用路由器之前，要根据拟采用的配置访问方法，进行必要的物理连接。路
由器的配置方法主要有两种：一种是将控制台与路由器的管理端口相连对路由器进
行配置，这种方法使用路由器的 Console 和 AUX 端口完成，但最为常见的是使用
Console 端口；另一种是通过网络远程登录到路由器对其进行配置，包括使用
Telnet、SSH 终端或 SNMP 网络管理工作站，如图 2.8 所示。

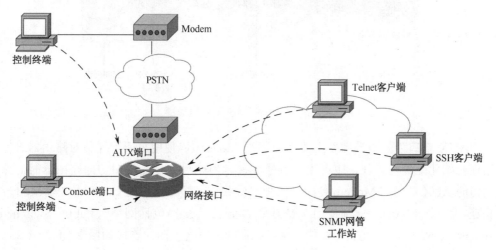

图 2.8　路由器访问方法示意图

1. 使用管理端口访问路由器

一般来说，Console 端口主要用来进行路由器的初始化配置、对路由器状态进行监控和一些灾难性恢复工作，或在物理可达情况下对路由器进行本地化配置；AUX 端口主要用于连接 Modem 以使用户或管理员对路由器进行远程管理。在对路由器进行初始化配置时，必须使用 Console 与 AUX 两个管理端口中的一个，最常见的是采用 Console 端口对路由器进行初始化配置。在使用管理端口对路由器进行初始化配置时，路由器本身并不需要有任何配置。

使用管理端口访问路由器需要一台计算机来充当路由器控制终端。在使用 Console 端口访问路由器时，将控制终端计算机的 COM 端口与路由器的 Console 端口使用一条控制线相连，控制终端上需要安装诸如微软的超级终端或 PUTTY、SecureCRT 等仿真软件。控制台与路由器的 Console 端口物理连接如图 2.9 所示。在由笔记本电脑充当路由器控制台时，由于许多笔记本电脑没有 COM 端口，需要另外购买一条 USB 转串口线，将该线 USB 端插入笔记本电脑 USB 端口，另一端连接控制线，再将控制线插入到路由器的 Console 端口。

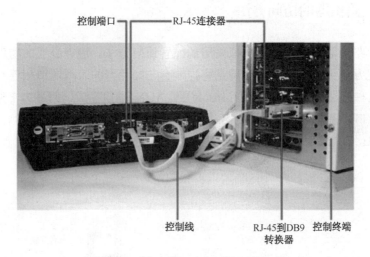

图 2.9　路由器 Console 端口连接

AUX 端口为异步端口，主要用于连接 Modem 以使用户或管理员对路由器进行远程初始化配置与管理，也可用于拨号连接。当使用 AUX 端口访问路由器时，路由器的 AUX 端口与 Modem 使用一条控制线相连，控制终端的 COM 端口与 Modem 相连，两个 Modem 分别使用电话线连接到公共交换电话网络（Public Switched Telephone Network，PSTN）。使用 AUX 端口访问路由器的连接如图 2.10 所示。

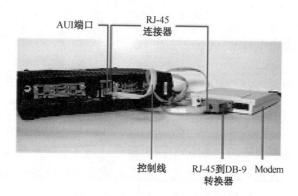

图 2.10　路由器 AUX 端口连接

2. 通过 Telnet 或 SSH 访问路由器

通过 Telnet 或 SSH（Secure SHell）访问路由器是一种远程访问路由器的方法，也是网络管理员常用的一种方法。Telnet 与 SSH 是 TCP/IP 模型中的应用层协议，需要用户主机与路由器之间具有 IP 连通性，使用 Telnet 或 SSH 访问路由器需要完成以下一些基本配置。

① 配置路由器的接口：必要时需要启动路由协议，使得远程 Telnet 或 SSH 客户端主机与被访问的路由器具有 IP 连通性。

② 在路由器上需要启用并配置 Telnet 或 SSH 服务。

③ 远程 Telnet 或 SSH 客户端主机需要安装有 Telnet 或 SSH 客户端软件，一般来说，微软的 Windows 系列操作系统都自带 Telnet 客户端软件，但不支持 SSH，常见的支持 Telnet 与 SSH 协议的软件有 SecureCRT 与 PUTTY 等。路由器初始化的配置不能使用 Telnet 或 SSH 访问路由器的方法来完成。

使用 Telnet 与 SSH 访问路由器都属于远程访问方法。然而，使用 Telnet 访问路由器会有许多的安全问题。其中最为突出的是 Telnet 身份验证所需密码在线路上传输时是以明文的方式传输的，很容易让网络入侵者使用捕获包软件轻松地看到在线路上传输的 Telnet 用户名与密码，Telnet 非常容易受到"中间人"（Man-In-The-Middle）方式的攻击。因此，Telnet 通常建议在安全要求不高的环境下使用。

SSH 是目前较为可靠、专为远程登录和其他网络服务提供安全性的协议。在使用 SSH 访问路由器时，使用数字证书认证 SSH 客户端和路由器之间的连接，并加密传输的身份认证密码，这样可以有效防止欺骗、"中间人"和数据包监听等攻击。SSH 协议有 SSH1 和 SSH2 两个版本，这两个版本使用不同的协议实现，相互之间不兼容，SSH2 在安全、功能上和性能上都比 SSH1 有优势，目前广泛使用的是 SSH2。

2.4.3　路由器的工作模式

一般路由器操作系统都会被设计成多种工作模式，每种模式用于完成相应的特定任务，并具有在该模式下使用的相关命令集。不同厂商的路由器的操作系统工作模式不完全相同。在思科的 IOS（Cisco Internetwork Operating System，思科网络互连操作系统）路由器和锐捷的 RGNOS 路由器中，通常有用户模式、特权模式、全局配置模式以及子配置模式等访问模式，表 2.3 给出了路由器的工作模式、工作模式提示符以及如何进行工作模式的切换。

- 用户模式（User EXEC）：用户模式是路由器启动时的默认模式，提供有限的路由器访问权限，允许执行一些非改动性或破坏性的操作，如查看路由器的配置参数、测试路由器的连通性等，但不能对路由器配置做任何改动。

- 特权模式（Privileged EXEC）：特权模式有时也叫使能（Enable）模式，可对路由器进行更多的操作。相应地，所提供的命令集比用户模式多，可对路由器进行更高级的测试。

- 全局配置模式（Global Configuration）：全局配置模式是路由器的最高操作模式。在该配置模式下，可以设置与路由器全局运行相关的配置与参数，如可配置接口、路由协议和广域网协议，设置用户和访问密码等。

- 子配置模式：子配置模式是为提供一些特定或局部的配置与管理功能而设置的。通常包括接口配置子模式、路由配置子模式、线路配置子模式等。路由配置子模式通常还会根据路由器所支持的路由协议，提供各自对应的配置子模式。

- RXBOOT 模式：RXBOOT 模式也叫灾难恢复模式，用于路由器的灾难恢复。常见的灾难包括路由器密码丢失、操作系统软件被误删除后引起的路由器崩溃。例如，在思科路由器电源开启后 60 秒内按下 Ctrl＋break 就进入灾难恢复模式，该模式下路由器不能完成正常的路由与交换等网络功能，只能进行软件升级和手工引导。

表 2.3　路由器的工作模式

工作模式	提示符	模式切换示例
用户模式	Router>	路由器启动时后自动进入
特权模式	Router#	Router>enable
全局配置模式	Router(config)#	Router#config terminal
接口子配置模式	Router(config-if)#	Router(config)#interface f0/0
路由配置模式	Router(config-router)#	Router(config)#router rip
线路配置模式	Router(config-line)#	Router(config)#line vty 0 4

2.4.4　路由器基本命令

在路由器工作模式下，使用命令来完成路由器的查看、调试以及配置工作。路由器的命令格式一般为"命令关键字+空格+一个或多个关键字与参数"。不同厂商的路由器产品在命令的具体表达上可能会有所不同。例如，同样是查看路由器的路由表内容，思科路由器使用命令"show ip route"，H3C 路由器上使用的命令为"display ip routing-table"。

图 2.11 给出了路由器命令的基本结构，图中"Router#"表示当前工作模式为特权模式，"show"命令的作用是查看路由器相关信息，参数"running-config"表示查看的是路由器正在运行的配置文件。

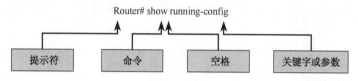

图 2.11　路由器命令的基本结构

表 2.4 给出了路由器的一些基本命令。一般来说，完成路由器的配置与调试工作需要使用大量的路由器命令，不同模式下可用的命令也不尽相同。

表 2.4　路由器的基本命令

命令	功能描述
enable	用户模式进入特权模式
disable	退出特权模式返回到用户模式
config terminal	由特权模式进入到全局配置模式
hostname	配置路由器的主机名
exit	回到上一级模式
no ip domain-lookup	禁用路由器上的域名查询功能
clock	配置系统时钟频率
end	直接返回到特权模式
terminal history size	设定历史缓存命令数目
banner motd	配置 banner 信息

1. 路由器帮助命令

为实现路由器多种不同的功能，路由器操作系统不仅提供一个庞大的命令集，而且一个单一命令还可能有许多不同的使用参数，完全依靠用户的记忆进行命令的使用几乎是不可能的。为此，路由器操作系统提供了路由器命令使用的在线帮助功能，帮助用户完成相关的配置命令。不论处在路由器的任何状态以及在任何模式下，都可以输入"?"得到系统的帮助。帮助命令"?"主要有以下几种用法。

- 在任何模式下使用"?"可查看路由器当前模式下所有可用的命令集。
- 以某字符串开始加上"?"，可以查看以字符串打头的所有命令集，例如，使用帮助命令"h?"表示查看当前模式下以字母"h"打头的所有命令集。
- 输入特定的命令后加上空格，然后加上"?"可以查看所有特定命令的子命令或相关参数，如命令"show ?"用来查看所有"show"命令的子命令。

图 2.12 给出了帮助命令几种用法的示例。图中第一行输入帮助命令"e?"后，在线帮助列出了当前工作模式下所有以字母"e"开始的命令，图中第三行输入帮助命令"enable ?"后，在线帮助列出了当前工作模式下"enable"命令的所有子命令，图中第六行输入帮助命令"?"后，在线帮助列出了当前工作模式下所有可用的命令。

```
Router(config)#e?
enable  end  exit
Router(config)#enable ?
  password  Assign the privileged level password
  secret    Assign the privileged level secret
Router(config)#?
Configure commands:
  aaa             Authentication, Authorization and Accounting.
  access-list     Add an access list entry
  banner          Define a login banner
  boot            Modify system boot parameters
  cdp             Global CDP configuration subcommands
  class-map       Configure Class Map
  clock           Configure time-of-day clock
```

图 2.12 路由器帮助命令使用示例

2. 路由器的快捷键

除了使用帮助命令外，为了方便路由器的配置、监控和排除故障，路由器操作系统还提供了相关的快捷键。表 2.5 列出了路由器的快捷键。

表 2.5 路由器的快捷键

命令	功能描述
Tab	用以把部分输入的命令项补全
向上箭头（或 Ctrl+P）	在前面用过的命令列表中向后翻
向下箭头（或 Ctrl+N）	在前面用过的命令列表中向前翻
Ctrl+C	放弃当前命令并退出
Ctrl+Z	直接返回到特权模式
Ctrl+Shift+6	用于中断诸如 ping 或 traceroute 之类进程

在使用快捷键 Tab 时，要求输入的缩写命令或缩写参数包含足够字母使之可以和当前可用的任何其他命令或参数区分开，才可用 Tab 快捷方式自动补充该缩写命令或缩写参数剩下的部分。

3. 路由器的查看命令

在对路由器进行配置或配置更改之前，在对路由器进行配置效果的检查验证以及对路由器进行故障排除时，都需要提供路由器工作状态的检查功能。为此，所有的路由器都提供了系列用于查看路由器状态的命令。表 2.6 给出了思科与锐捷路由器常用的查看命令。

表 2.6　路由器常用的查看命令

查看命令	功能描述
show version	查看版本及引导信息
show running-config	查看正在运行的配置文件内容
show startup-config	查看备份的配置文件内容
show interface	查看端口信息
show ip interface brief	显示包括 IP 地址和接口状态在内的简要的接口配置信息
show ip route	查看路由表信息
show flash	查看 Flash 中的内容
show protocol	显示路由协议信息

2.4.5　路由器的基本配置

购买路由器后，首先使用 Console 端口访问路由器，并对路由器进行主机名、各种密码、路由器端口等配置工作后，路由器才能正常工作。

1. 路由器的初始化配置

在第一次对路由器进行初始化配置时只能使用管理接口访问路由器，通常是使用 Console 端口访问路由器。路由器的初始化配置步骤如下所述。

① 使用控制线连接控制终端与路由器。将控制线的 RJ-45 水晶头插到路由器的 Console 端口，另一端 DB-9 插头连接到充当控制终端的计算机 COM 端口上。

② 在控制终端上运行超级终端（也可以使用 PUTTY、SecureCRT 等）程序，在出现的"连接到"对话框中，选择控制线所连的控制终端对应 COM 端口，单击"确定"按钮，如图 2.13 所示。

③ 在弹出的"端口属性"的配置对话框中，需要设置终端会话的参数，包括波特率（每秒位数）、数据位等。一般路由器的初始化配置中要求还原为默认值，即波特率为"9600"，数据位为 8 位，无奇偶校验，1 位停止位，无数据流控制，如图 2.14 所示。在设置"端口属性"时注意控制终端的端口属性波特率与路由器 Console 端口的波特率必须相同，如果双方波特率不相同，那么超级终端不能正确显示路由器的相关信息。例如，网络管理员修改了路由器 Console 端口的波特率，

但超级终端没有进行相应的配置修改,那么超级终端进去后可能出现乱码,不能正常显示路由器的信息。

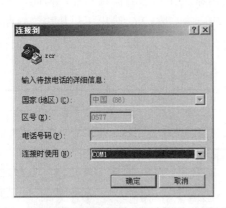

图 2.13　控制终端连接端口的选择

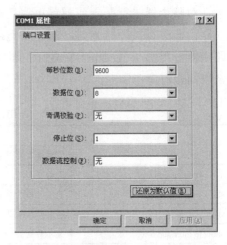

图 2.14　控制终端端口属性的设置

单击图 2.14 中的"确定"按钮,在出现的"连接描述"对话框中,输入连接的名称,选择连接的图标,单击"确定"按钮就进入终端会话模式。在终端会话模式下,如果路由器电源已开启,则单击"回车"键就可以进入路由器的用户模式,如图 2.15 所示。

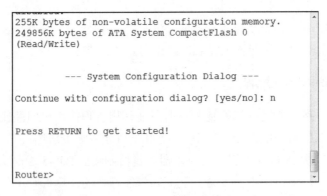

图 2.15　路由器的用户模式

2. 路由器的密码配置

在路由器中,通常使用密码加强路由器设备本身的安全,路由器的密码主要有特权模式密码、控制终端密码、Telnet 密码。

特权模式密码在用户模式进入特权模式时使用,如图 2.16 所示。由于用户只要进入了特权模式就拥有对路由器的完全控制权限,因此路由器购买后必须配置该密码确保路由器的安全。特权模式密码也称使能密码,可以使用命令"enable password"或命令"enable secret"配置特权模式密码。两个命令之间的区别在于:

- 命令 "enable password" 所配置的密码在配置文件中以明文方式显示，使用 "show running-config" 或 "show startup-config" 命令显示配置文件内容，就可以看到 "enable password" 命令所配置的密码；
- 命令 "enable secret" 所配置的密码在配置文件中以密文的形式出现，即使使用 "show running-config" 或 "show startup-config" 命令显示配置文件内容，也看不明白 "enable secret" 密码是什么。

通常情况下只需配置 "enable password" 和 "enable secret" 中的一个就可以了，由 "enable secret" 所配置的密码比 "enable password" 所配置的密码更安全，通常建议使用 "enable secret" 命令配置特权密码。但如果使用了两个命令同时配置了特权密码，则由用户模式进入特权模式时生效的特权密码为 "enable secret" 命令所配置的密码。

```
Router>enable
password:
```

图 2.16　特权模式密码用途

控制终端密码在使用控制台连接到路由器 Console 端口访问路由器时用，图 2.17 中输入的密码即为控制终端密码。

Telnet 密码也称虚拟终端密码，在远程登录（VTY）到路由器时使用，图 2.18 中的密码即为虚拟终端密码。当用户通过远程登录（Telnet）方式访问路由器时，只有用户输入的密码与路由器上所配置的虚拟终端密码一致时才被允许访问；如果路由器并没有配置虚拟终端密码，则用户不能通过远程方式访问路由器。

```
Press RETURN to get started.


User Access Verification
Password:
Router>
```

图 2.17　控制终端密码

```
PC>telnet 192.168.1.1
Trying 192.168.1.1 ...Open


User Access Verification

Password:
```

图 2.18　虚拟终端密码

以 Cisco 路由器为例，配置路由器的特权密码、控制终端密码和 Telnet 密码的配置命令如下：

- router(config)#enable secret *password*　　　　//配置路由器的特权密码
- router (config)#line console 0　　　//进入 Console 0 端口的控制线路子模式
- router (config-line)#password *password*　　　　//设置控制终端密码
- router (config-line)#login　　　　　　　　//登录时需验证密码
- router (config)#line vty 0 4　　　　　　//进入 VTY 线路 0 到 4 的子模式
- router (config-line)#password *password*　　　　//设置 VTY 线路 0 到 4 的密码
- router (config-line)#login　　　　　　　　//登录时需验证密码

图 2.19 给出了配置路由器的特权密码为 "netlab"、控制终端密码为 "con_netlab" 和 Telnet 密码为 "telnet_netlab" 的详细配置步骤。

```
router(config)# enable secret netlab
router (config)#line console 0
router (config-line)#password con_ netlab
router (config-line)#login
router (config)#line vty 0 4
router (config-line)#password telnet_ netlab
router (config-line)#login
```

图 2.19　路由器各种密码配置示例

3. 路由器接口的配置

路由器的接口配置包括接口 IP 地址和子网掩码、接口描述、接口物理工作特性、激活或关闭接口等内容。在 IP 网络中，路由器的每个接口都要有一个 IP 地址，并且该 IP 地址与该接口直接相连的网络必须具有相同的网络号和子网掩码。由于路由器的不同接口属于不同的网络，因此路由器不同接口的 IP 网络号必须不同。

在进行串行接口配置时，除了上述的配置内容外，还要对充当 DCE 端的路由器串行接口进行时钟频率的配置。

一般路由器对接口配置的主要步骤有进入接口配置模式、设置接口参数以及激活接口。

以 Cisco 路由器为例，配置路由器的端口配置命令如下：

- router(config)#interface *interface-name*　　//进入接口子配置模式
- router (config-if)#ip address *ip-address subnet-mask* //配置接口的 IP 地址与子网掩码
- router (config-if)#clock rate　　//配置接口的时钟频率，该命令只在 DCE 端使用
- router (config-if)#no shutdown　　　　　　//激活接口

图 2.20 给出了配置路由器 F0/0 端口的 IP 地址为"192.168.1.1"、子网掩码为"255.255.255.0"以及激活 F0/0 端口的详细配置步骤。

```
router#configure terminal
router(config)#interface f0/0
router (config-if)#ip address 192.168.1.1 255.255.255.0
router (config-if)#no shutdown
router (config-if)#end
router#
```

图 2.20　路由器接口配置示例

2.4.6　路由器的管理

路由器必须有操作系统和配置文件才能正常工作，网络管理员通过创建配置来定义路由器的功能，配置以配置文件的形式保存。路由器配置文件中包含操作系统软件命令，操作系统软件解释并执行配置文件中的命令。

要管理维护好路由器，最主要的工作是管理路由器的配置文件与路由器的操作系统，以及对路由器进行灾难性恢复工作。路由器的配置文件与操作系统管理工作经常需要借助 TFTP（Trial File Transport Protocol，简单文件传输协议）服务器完成，TFTP 是 TCP/IP 协议族中用来在客户机与服务器之间进行简单文件传输的一个协议，它常用于文件数据量较小的文件传输，在传输层使用面向无连接的协议 UDP，默认的端口号为 69。

TFTP 服务器对硬件平台没有特殊要求，TFTP 服务器的硬件平台可以是文件服务器、PC 工作站等，在计算机上安装并运行 TFTP 服务器软件，该计算机就是一台 TFTP 服务器，常用的 TFTP 服务器软件有 3COM 3Cdaemon、CISCO-TFTP-SERVER 等。

1. 路由器配置文件的管理

路由器的配置信息以配置文件的形式存在，配置文件的典型大小为几十 KB 到几千 KB。路由器配置文件可以保存在路由器的 RAM、路由器的 NVRAM 与 TFTP 服务器上，也可以以文本的方式保存在任何存储介质上。

- 路由器 RAM 中保存的是路由器当前正在运行的配置文件（running-config），该配置文件的内容是路由器开机启动时将 NVRAM 中的配置文件或 TFTP 服务器的配置装载到 RAM 中生成的，此外，还可以通过使用虚拟终端、Modem 连接或 Console 终端的配置命令进行配置产生。然而，RAM 的特点决定了当路由器掉电或重启时其保存的配置信息会丢失。
- 路由器 NVRAM 中保存的配置文件是路由器备份的配置文件（startup-config），路由器每次开机或重新启动时都会把 NVRAM 中的备份配置文件调用到 RAM 中运行。NVRAM 中保存的配置文件在路由器掉电或重启时不会丢失。
- 配置文件除了用上述两种配置文件保存外，还可将其保存在诸如 TFTP 的网络服务器上，或者以文本文件的形式保存在可靠的磁盘上。

配置文件的管理主要涉及两个方面：一是在完成路由器配置后将 RAM 中正在运行的配置文件进行备份；二是在路由器进行新的配置发生错误或重启时，将备份的配置文件进行还原。

把路由器 RAM 中正在运行的配置文件保存起来作为备份通常有以下三种方法。

① 在特权模式下使用"copy"命令将正在运行的配置文件保存到 NVRAM 中。

② 在特权模式下使用"copy"命令将正在运行的配置文件保存到 TFTP 服务器上。注意，在使用该方法备份配置文件前，确保 TFTP 服务器与路由器具有 IP 的连通性。

③ 使用超级终端"传送"菜单中的"捕获文字"功能捕获"show running-config”命令显示在超级终端屏幕上的内容，并把捕获的内容保存在一个文本文件中，对捕获的文本文件进行编辑，如去掉除配置之外的额外信息，再将此文本文件保存在安全的地方。

路由器将配置文件还原到 RAM 中也有以下三种方法。

① 在特权模式下使用“copy”命令将 NVRAM 中备份的配置文件复制到 RAM 中。

② 使用“copy”命令将 TFTP 服务器上备份的配置文件复制到 RAM 中。

③ 选择超级终端“发送”菜单中的“发送文本文件”功能，把保存的文本配置文件发送到 RAM 中。

路由器配置文件备份与还原的相关命令如下：

- route#copy running-config startup-config 　　//把 RAM 中正在运行的配置文件备份到 NVRAM 中
- router#copy running-config tftp 　　//把 RAM 中正在运行的配置文件备份到 TFTP 服务器上
- router#copy tftp running-config //把 TFTP 服务器上的配置文件运行到 RAM 中
- router#configure memory 　　//把 NVRAM 中备份的配置文件运行到 RAM 中
- router#show running-config 　//显示 RAM 中正在运行的配置文件内容
- router#show startup-config 　//显示 NVRAM 中备份的配置文件内容
- router#erase startup-config 　　//删除 NVRAM 中备份的配置文件

图 2.21 给出了实施配置文件的备份与还原过程中控制台、RAM、ROM 和 TFTP 服务器之间配置文件的流动过程及对应的配置命令。

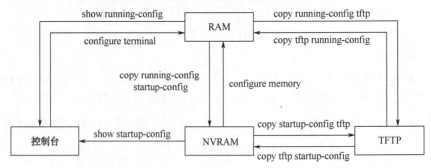

图 2.21　配置文件的流动过程

2. 路由器操作系统的管理

路由器的操作系统通常可以保存在 Flash、TFTP 服务器与 ROM 中，Flash 与 TFTP 服务器上保存的操作系统为完整的操作系统，而 ROM 中的操作系统为简化的操作系统。通常，对操作系统的管理主要涉及如下三个方面：

① 将路由器 Flash 中的操作系统备份到 TFTP 服务器。

② 对路由器进行操作系统更新。

③ 在路由器的操作系统出现误删除后对路由器操作系统进行灾难性恢复。

在进行路由器的操作系统备份时，首先检查 TFTP 服务器与路由器之间是否具有 IP 的连通性；接着使用"show flash"命令查看需要备份的操作系统文件名；最后在路由器特权模式下使用"copy flash: tftp"命令将操作系统备份到 TFTP 服务器上。图 2.22 给出了把路由器 Flash 中的操作系统备份到 TFTP 服务器上的过程，图中 TFTP 服务器的 IP 地址为"192.168.0.254"。

```
Router#ping 192.168.0.254
Type escape sequence to abort
Sending 5, 100-byte ICMP Echos to 192.168.0.254, timeout is 2 seconds:
!!!!!
Success rate is 100 percent (5/5), round-trip min/avg/max = 0/0/1 ms
Router#show flash:
System flash directory:
File  Length  Name/status
  3   33591768 c2900-universalk9-mz.SPA.151-4.M4.bin
  2   28282   sigdef-category.xml
  1   227537  sigdef-default.xml
[33847587 bytes used, 221896413 available, 255744000 total]
249856 K bytes of processor board System flash (Read/Write)
Router#copy flash: tftp
Source filename []? c2900-universalk9-mz.SPA.151-4.M4.bin
Address or name of remote host []? 192.168.0.254
Destination filename [c2900-universalk9-mz.SPA.151-4.M4.bin]?
Writing c2900-universalk9-mz.SPA.151-
4.M4.bin...!!!!!!!!!!!!!!!!!!!!!!!!!!!!!!!!!!!!!!!!!!!!!!!!!!!!!!!!!!!!!!!!!!!!!!!!!!!!!!!!!!!!!!!!!!!!!!!!!!!!!!!!!!!!!!!!!!!!!!!!!!
!!!!!!!!!!!!!!!!!!!!!!!!!!!!!!!!!!!!!!!!!!!!!!!!!!!!!!!!!!!!!!!!!!!!!!!!!!!!!!!!!!!!!!!!!!!!!!!!!!!!!!!!!!!!!!!!!!!!!!!!!!
!!!!!!!!!!!!!!!!!!!!!!!!!!!!!!!!!!!!!!!!!!!!!!!!!!!!!!!!!!!!!!!!!!!!!!!!!!!!!!!!!!!!!!!!!!!!!!!
[OK - 33591768 bytes]
```

图 2.22　把 Flash 中的操作系统备份到 TFTP 服务器上示例

在进行路由器操作系统升级时，注意事先要做好当前操作系统的备份，即先使用"copy flash:tftp"命令将当前路由器 Flash 中的操作系统备份到 TFTP 服务器上，然后直接从厂商指定的网上下载一个新的操作系统保存到 TFTP 服务器上，最后在路由器特权模式下输入"copy tftp flash:"命令即可将新版本操作系统装载到路由器的 Flash 中。

当路由器由于 Flash 中的操作系统崩溃而导致系统不能正常运行时，则无法使用正常的 TFTP 服务装载操作系统，只能先进入灾难恢复模式（即 Rommon 模式）进行路由器操作系统的恢复。在使用 TFTP 服务恢复操作系统时，TFTP 服务器需要连接到路由器的第一个以太网端口，由于灾难恢复模式只用于进行操作系统恢复与密码恢复之类的灾难性恢复，不能进行接口配置及其他所有配置，因此在恢复前需要先进行 IP 地址、子网掩码、默认网关、TFTP 服务器 IP 地址以及 TFTP 服务器可用的操作系统名称等环境变量的设置。

Rommon 模式下设置环境变量的命令格式为"变量名＝变量的值"，且变量名必须大写。在设置好环境变量后，使用"tftpdnld"命令把 TFTP 上的备份操作系统下载到 Flash 中，最后使用"reset"命令重启路由器。图 2.23 给出了使用 TFTP 服务进行路由器操作系统灾难恢复示例。

```
rommon 3 > IP_ADDRESS=192.168.0.1
rommon 4 > IP_SUBNET_MASK=255.255.255.0
rommon 5 > DEFAULT_GATEWAY=192.168.0.1
rommon 6 > TFTP_SERVER=192.168.0.254
rommon 7 > TFTP_FILE=c2800nm-advipservicesk9-mz.124-15.T1.bin
rommon 8 > tftpdnld

     IP_ADDRESS: 192.168.0.1
  IP_SUBNET_MASK: 255.255.255.0
 DEFAULT_GATEWAY: 192.168.0.1
   TFTP_SERVER: 192.168.0.254
    TFTP_FILE: c2800nm-advipservicesk9-mz.124-15.T1.bin
Invoke this command for disaster recovery only.
WARNING: all existing data in all partitions on flash will be lost!

Do you wish to continue? y/n:  [n]: y
```

图 2.23　使用 TFTP 服务进行路由器操作系统灾难恢复示例

本 章 习 题

2.1　选择题：

① 下面哪个存储设备内容断电或重启后会丢失（　　　　）？

A. RAM　　　　　　　B. ROM　　　　　C. NVRAM　　　　D. Flash

② 配置路由器的主机名应该在哪种提示符下进行（　　　　）？

A. router(config-if)#　　B. router(config)#　C. router#　　　D. router>

③ 下面哪个命令能够显示路由器备份的配置文件（　　　　）？

A. show running-config　B. show startup　C. show version　D. show protocol

④ 路由器命令"show interface"的作用是（　　　　）。

A. 检查端口配置参数和统计数据　　　　B. 配置接口

C. 检查是否建立连接　　　　　　　　　D. 进入接口配置模式

⑤ 路由器的初始化配置使用下面哪种访问路由器方法（　　　　）？

A. Telnet　　　　　　B. SSH　　　　　C. SNMP　　　　D. Console

⑥ 下面哪个不是 ROM 中保存的内容（　　　）？

A. 简化版的操作系统　　　　　　　　　B. 基本诊断软件

C. 系统引导区代码　　　　　　　　　　D. 配置文件

⑦ 路由器完整的操作系统通常保存在下面哪个存储资源上（　　　）？

A. RAM　　　　　　　B. ROM　　　　　C. NVRAM　　　　D. Flash

2.2　请描述路由器的启动过程。

2.3　请查询华为、思科、H3C、锐捷路由产品信息，比较它们的 CPU、内存、

Flash 等参数指标。

2.4 在如图 2.24 所示的某企业网络拓扑结构中，总部共有 160 台主机，分公司 1 有 80 台主机，分公司 2 有 70 台主机，企业网内部采用私有地址进行编址。请你对该网络完成以下工作：

① 对网络进行 IP 地址分配。

② 根据 IP 地址的分配完成主机的 IP 配置。

③ 对网络中所有路由器进行初始化配置，包括完成路由器的主机名、各种密码、接口的配置工作，使得直接相邻的路由器之间、所有主机与其网关之间具有 IP 的连通性。

④ 配置完成后将正在运行的配置文件备份到 NARAM 与 TFTP 服务器上。

⑤ 完成所有路由器操作系统的备份工作。

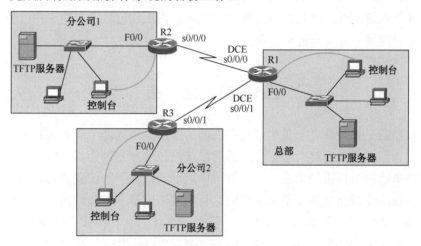

图 2.24 某企业网络拓扑结构

第3章 路由基础

实现路由器为分组选择最佳路径并将分组传送到目标节点的关键技术是路由技术。路由器将获得的最佳路径信息保存在路由表中，路由表中的路由条目来源可以是直连路由、静态路由与动态路由。路由器直接获得与其直接相连网络的路由信息，远程网络的路由信息通过静态或动态路由协议获取。

本章首先介绍路由表的构建、路由与数据转发过程、动态路由协议分类、路由协议算法及性能评价，然后对静态路由与默认路由工作过程及典型应用、静态路由与默认路由的规划与部署进行详细介绍。

3.1 路 由 表

路由器的主要功能之一是为经过路由器的数据分组选择一条到达目的地的最佳路径。路由器之所以能够为数据分组进行最佳路径选择是因为其保存了到达不同目标网络或节点的最佳路径信息。路由器可以通过管理员手工配置或者通过动态路由协议与其他路由器交换路由信息获得到达目标网络或节点的最佳路径，并将所获得的最佳路径信息以表的形式保存在路由器的 RAM 中，该表称为路由表。在网络中，每个路由器根据其自身路由表中的选路信息对数据分组独立做出转发决定。图 3.1 给出了路由表的一个示例，图中有下划线的路由条目每个字段的含义如图 3.2 所示。

```
Codes: C -connected, S -static, I -IGRP, R -RIP, M -mobile, B -BGP
       D -EIGRP, EX -EIGRP external, O -OSPF, IA -OSPF inter area
       N1 -OSPF NSSA external type 1, N2 -OSPF NSSA external type 2
       E1 -OSPF external type 1, E2 -OSPF external type 2, E -EGP
       i -IS-IS, L1 -IS-IS level-1, L2 -IS-IS level-2, ia -IS-IS inter area
       * -candidate default, U -per-user static route, o -ODR
       P -periodic downloaded static route

Gateway of last resort is 172.17.0.2 to network 0.0.0.0

C    192.168.0.0/24 is directly connected, FastEthernet0/0
C    192.168.1.0/24 is directly connected, Serial0/0/0
R    192.168.2.0/24 [120/1] via 192.168.1.2, 00:00:19, Serial0/0/0
S    192.168.3.0/24 [1/0] via 192.168.0.2
S*   0.0.0.0/0 [1/0] via 172.17.0.2
```

图 3.1　路由表示例

在图 3.1 路由表示例中，每个路由条目的第一个字段是代码字段，代码表示路由表中的路由信息是通过什么方法学习到的，例如，代码"C"表示路由为直连路由；代码"R"表示路由是通过动态路由协议 RIP 学习到的。图 3.1 所示路由表的最后五行为 5 个目标网络的 5 条路由信息，每一条路由描述了目标网络所需要经过的路由器接口或下一跳（Next Hop）地址信息。如果目标网络是与路由器直接相连的网络，其路由条目的格式为<代码，目标网络号／子网掩码，本地路由器转发出口>；如果目标网络为远程路由，则路由条目的格式为<代码，目标网络号／子网掩码，[度量值／管理距离]，下一跳，更新时间，本地路由器转发出口>。

图 3.2 以图 3.1 所示的路由表中有下划线的路由条目为例，给出了动态路由各字段值的解释，其中下一跳是指到达目标网络所经过的与本地路由器直接相连的下一个路由器接口的 IP 地址。

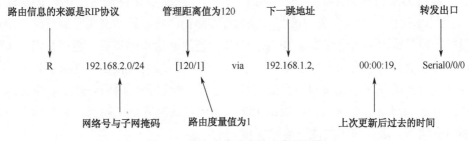

图 3.2　路由表中动态路由条目示例

3.1.1　直接路由与间接路由

对给定路由器而言，网络可被划分为直连网络与远程网络。直连网络是指路由器接口直接相连的网络，路由器接口非直接相连的网络统称为该路由器的远程网络。图 3.3 中网络"192.168.0.0/24"、"192.168.1.0/24"和"192.168.2.0/24"与路由器 R1 直接相连，这三个网络是路由器 R1 的直连网络。网络"192.168.3.0/24"没有与路由器 R1 直接相连，它是路由器 R1 的远程网络。

路由器收到某个 IP 分组后，如果发现 IP 分组的目的地址属于路由器直接相连的某个网络，路由器就直接查找该目标 IP 地址所对应的 MAC 地址信息，并利用该地址信息将 IP 分组封装成目标网络所对应的帧格式发送出去，这个转发过程称为直接投递。如果 IP 分组的目的地址不在路由器直接相连的任何一个网络中，但路由器从路由表中找到了一条与目的地址匹配的最佳路径，路由器就将 IP 分组封装成转发出口所对应的帧格式并转发给下一跳路由器，这个转发过程称为间接投递。图 3.3 中路由器 R1 收到主机 A 发给主机 C 的 IP 分组，对分组进行直接投递，如果收到的为主机 A 发给主机 D 的 IP 分组，就需要间接投递，把 IP 分组交给下一个路由器，即交给路由器 R2。

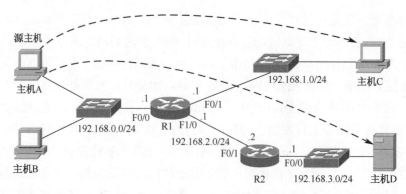

图 3.3　　直连路由与间接路由示例

直连路由是指到路由器直连网络的路由，直连路由在路由表中的代码字段为"C"，图 3.1 路由表的第 1 条与第 2 条即为直连路由。直连路由是由数据链路层协议发现的，当对路由器接口配置了 IP 地址与子网掩码并启用接口后，也就是当路由器接口物理与链路状态均为"UP"时，其接口所在的网络会直接插入到路由表中，不需要其他额外的配置。如果对路由器的接口进行了配置并启用后，路由表中并未显示该接口所在网络的直接路由，则说明路由器接口或配置出现问题，需要检查路由器端口的状态，进行相关的故障排除操作。

事实上，路由器最初只知道与之直连的网络，直连网络是静态路由与动态路由的基础，如果路由器的路由表中没有任何直连路由，则路由器无法实现任何网络连通性，也无法实现任何路由信息交换，其路由表中也不可能有静态路由和动态路由的路由条目存在。

对于没与路由器接口直接相连的远程网络，路由器不能直接学习到其路由信息，需要依赖外部信息才能获取到，路由器可以通过静态路由与动态路由两种方法获得远程网络的路由信息。

3.1.2　路由表的构建

路由器的路由表保存在 RAM 中，路由表中路由条目来源有直连路由、静态路由与动态路由。路由器知道与其接口直连相连的网络，它会根据接口配置的地址和子网掩码确定直连路由。对于没与路由器接口直接相连的远程网络，路由器可以通过静态路由与动态路由两种方法获取其路由信息。但注意，静态路由和动态路由都是建立在直连路由基础上的，如果路由器到目标网络的出口所在网络不在路由表中，则所配置的静态路由与动态路由也不会存在于路由表中。

1. 静态路由

静态路由（Static Routing）是指由网络管理员根据其所掌握的网络拓扑与连通

性信息，在路由器上手工配置的路由。静态路由在路由表中的代码为" S "。图 3.1 中第 4 条路由即为静态路由。静态路由虽然实现简单，并且用于维护路由信息的通信与计算开销较小，但是技术上要求网络管理员对网络拓扑与连通性必须要有足够的了解，并且能够做到针对每一个远程网络进行逐条配置。当网络发生变化时，管理网络管理员需要手工修改静态路由的配置去适应网络的变化，因此，静态路由也称为非自适应路由。静态路由通常用于拓扑比较简单和变化较少的网络，本章 3.3 节会详细介绍静态路由。

2. 动态路由

动态路由是指依赖路由协议（Routing Protocol）在路由器之间交换路由信息，自主学习到的路由，也称为自适应路由。图 3.1 路由表示例中有下划线的路由条目即为一条使用路由协议 RIP 学习到的动态路由，不同的路由协议所学习到的路由在路由表中的代码不同，例如，代码"R"表示使用 RIP 协议学习到的路由；代码"O"表示使用 OSPF 协议学到的路由。

3.1.3　管理距离

在构建路由表的过程中，当路由器可通过不同的来源（如各种动态路由协议、静态路由或直连路由）获取到关于同一目标网络的多条路由信息时，路由器使用管理距离（Administrative Distance，AD）来标识不同路由源的可信度，并选择可信度最高的路由条目插入路由表中。

管理距离被定义成"0～255"之间的整数值。管理距离值越小，表示路由来源的可信度越高，被插入到路由表中的优先级也就越高。默认情况下，直连路由的管理距离值最小，通常被设置为"0"，直连路由的管理值不能手工更改，静态路由的管理距离与动态路由协议均高于直连网络，它们被赋予不同的管理距离值。

不同厂商的路由设备为每种路由协议指定的默认管理距离可能不一样。表 3.1 中给出思科部分路由协议的管理距离。表 3.2 给出了 H3C 部分路由协议的管理距离。根据网络管理的需要，静态路由和各种动态路由协议的管理距离值都可以进行手工修改。

表 3.1　Cisco 默认管理距离值

路由来源	管理距离
直连路由	0
静态路由	1
RIP	120
OSPF	110
ISIS	115

表 3.2　H3C 默认管理距离值

路由来源	管理距离
直连路由	0
静态路由	60
RIP	100
OSPF	10
ISIS	15

3.1.4　路由的度量值

很多时候，网络中会存在通过多条路径都可以到达目标网络的情况，路由器需要评估所有可以到达目标网络的路径，并选择一条它认为最佳的路径。路由度量值（Metric）就是衡量路径好坏的一个数值，路由度量值数值越小，表示该路径越好，路由器会选择一条到目标网络路由度量值最小的路径。在 IP 网络中常用的路由度量值通常根据跳数、带宽、延迟、负载和可靠性等因素计算出来，以下为各度量因子的解释。

- 跳数（Hop Count）：数据包到达目的网络所经过的路由器的数量。跳数越少表示路径越好。
- 带宽（Bandwith）：链路的数据容量。带宽越宽，表示路径越好。
- 延迟（Delay）：数据包从源到达目的端所花费的时间。延迟越小表示路径越好。
- 负载（Reload）：链路上的活动量。负载越小表示路径越好。
- 可靠性（Reliability）：数据链路的出错率。可靠性越高表示路径越好。
- 开销（Cost）：数据包在链路上的开销，一般默认由带宽计算而得，也可以由网络管理员根据带宽、金钱的花销或以其他衡量标准为基础进行手工确定。开销越小表示路径越好。

不同的路由协议计算到目标网络的最佳路径时路由度量值的依据不一样，选择到目标网络的最佳路径也就有可能不一样。有的路由协议在计算到目的地最佳路径时只考虑一种度量因子，而有的路由协议则可能考虑了多个度量因子。例如，在 RIP 路由协议中使用"跳数"来计算到目标网络的度量值，路由器到目标网络经过的路由器个数越少，则表明该路径越好，而 EIGRP 路由协议根据带宽、负载、可靠性和延迟四个因子综合计算到目标网络的度量值。

路由度量值只在同一种路由协议内比较才有意义，不同的路由协议之间的路由度量值没有可比性，也不存在换算关系。例如，一个路由器到目的地采用 RIP 协议计算出来的度量值与采用 OSPF 计算出来的度量值就无法去比较它们哪个更好。

在网络中，到同一目标网络可能会存在多条具有相同度量值的路由，这时路由器会在相同度量值的路径之间进行"负载均衡"，即数据分组会使用所有路由开销相同的路径转发出去。

3.1.5　路由表插入原则

一个路由器可能会通过多种途径获得到达目的网络的路由信息，而获得的这些路由信息并不一定全部插入路由表中作为数据包转发的依据，路由信息被插入路由表中的原则如下所述。

① 判断路由信息的来源，管理距离值最小的路由来源所获得的路由优先插入路由表中。

② 如果管理距离值相同，就判断与其关联的路由度量值，将路由度量值小的路径插入路由表中。

下面以图 3.4 中路由器 R1 路由表的生成来说明路由信息插入路由表的原则。图中所有的路由器均是 Cisco 设备，管理距离值均为默认值。路由器 R1、R2 和 R3 上都启用了动态路由协议 RIP，RIP 协议的度量因子为"跳数"。路由器 R1 上除了启用动态路由协议 RIP 外，还配置了两条静态路由：一条静态路由目的网络为"192.168.6.0/24"，其下一跳为"192.168.5.2"；另一条静态路由目的网络为"192.168.7.0/24"，其下一跳为"192.168.3.2"。

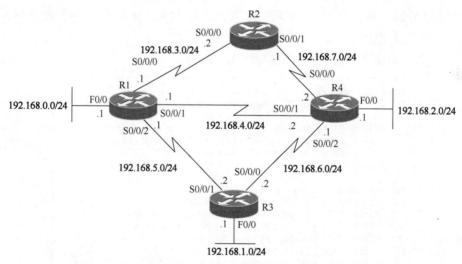

图 3.4　路由表插入原则示例拓扑图

路由器 R1 把路由信息插入其路由表的规则如下所述。

① 目标网络"192.168.0.0/24"、"192.168.3.0/24"、"192.168.4.0/24"、"192.168.5.0/24"与路由器 R1 直接相连，由于直连网络的管理距离默认为 0，该路由来源最为可信，因此这四个目标网络的路由信息会作为直连路由插入路由器 R1 的路由表中。

② 目标网络"192.168.6.0/24"、"192.168.7.0/24"是路由器 R1 的远程网络，在路由器 R1 上既配置了到这两个目标网络的静态路由，同时还配置了动态路由协议 RIP，这两种路由源均可以学习到这两个目标网络的路由信息，但由于 Cisco 设备中静态路由的默认管理距离值"1"比 RIP 的默认管理距离值"120"小，因此路由器 R1 会将管理距离值更小的来源插入路由表中，即路由表中目标网络"192.168.6.0/24"和"192.168.7.0/24"的路径为静态路由所配置的路由。

③ 目标网络"192.168.1.0/24"与路由器 R1 间接相连，路由器 R1 只能通过动态路由协议 RIP 学习到这个目标网络的路由。在路由器 R1 上通过 RIP 进程有三条路径可到达目标网络"192.168.1.0/24"：一条为"R1→R3"，其路由度量值为 1 跳；一条为"R1→R4→R3"，其路由度量值为 2 跳；另一条为"R1→R2→R4→R3"，其路由度量值为 3 跳。这三条路径中"R1→R3"的路由度量值最小，因此会将到目标网络"192.168.1.0/24"路径为"R1→R3"（即下一跳为"192.168.5.2"）、路由度量值为"1"跳的路由插入表路由表中。

④ 目标网络"192.168.2.0/24"与路由器 R1 间接相连，路由器 R1 只能通过动态路由协议 RIP 学习到这个目标网络的路由。在路由器 R1 上通过 RIP 进程有三条路径可到达目标网络"192.168.2.0/24"：一条为"R1→R2→R4"，其路由度量值为 2 跳；一条为"R1→R4"，其路由度量值为 1 跳；另一条为"R1→R3→R4"，其路由度量值为 2 跳。这三条路径中"R1→R4"的路由度量值最小，因此会将到目标网络"192.168.2.0/24"路径为"R1→R4"（即下一跳为"192.168.4.2"）、路由度量值为 1 跳的路由插入表路由表中。

网络收敛后路由器 R1 的路由表如图 3.5 所示。

```
Codes: C - connected, S - static, I - IGRP, R - RIP, M - mobile, B - BGP
       D - EIGRP, EX - EIGRP external, O - OSPF, IA - OSPF inter area
       N1 - OSPF NSSA external type 1, N2 - OSPF NSSA external type 2
       E1 - OSPF external type 1, E2 - OSPF external type 2, E - EGP
       i - IS-IS, L1 - IS-IS level-1, L2 - IS-IS level-2, ia - IS-IS inter area
       * - candidate default, U - per-user static route, o - ODR
       P - periodic downloaded static route

Gateway of last resort is not set
C    192.168.0.0/24 is directly connected, FastEthernet0/0
R    192.168.1.0/24 [120/1] via 192.168.5.2, 00:00:00, Serial0/0/2
R    192.168.2.0/24 [120/1] via 192.168.4.2, 00:00:06, Serial0/0/1
C    192.168.3.0/24 is directly connected, Serial0/0/0
C    192.168.4.0/24 is directly connected, Serial0/0/1
C    192.168.5.0/24 is directly connected, Serial0/0/2
S    192.168.6.0/24 [1/0] via 192.168.5.2
S    192.168.7.0/24 [1/0] via 192.168.3.2
```

图 3.5　网络收敛后路由器 R1 的路由表

3.2　路由与数据转发过程

3.2.1　路由与数据转发的实现

数据包转发涉及两个过程，即"路由选择"与"交换"，其中"路由选择"是指为经过路由器的数据包选择一条到目的地的最佳路径；"交换"是指路由器从一个接口接收数据包并将其从另一个接口转发出去的过程。路由器的路由选择信息存放在路由表中。除了路由表外，在路由器中还有一个与路由直接相关的路由选择功能模块。当路由器得到一个 IP 分组时，路由模块将根据路由表完成路由查询工作。图 3.6 给出了路由选择实现流程。

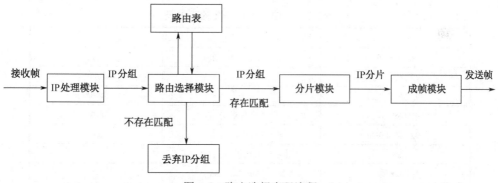

图 3.6　路由选择实现流程

当路由器从一个接口收到一个需要到达另一个网络的数据包后，路由器路由与数据转发过程为：

① 路由器根据数据帧的目的地址判断是否应该接收该数据帧，如果接收，路由器把它交给 IP 处理模块进行帧拆封，从中分离出相应的 IP 分组并交给路由模块。

② 路由模块通过目标地址与子网掩码的"与"运算从 IP 分组中提取出目标网络号，并将目标网络号与路由表的路由条目进行匹配，在匹配过程中采用最长匹配原则，即如果路由表中有多条路由条目都与目标网络号匹配，则选择路由表中与数据包的目的 IP 地址从最左侧开始存在最多匹配位数的路由作为首选路由。如果路由表中所有的路由条目与目标网络号都不匹配，路由器就将相应的 IP 分组丢弃。如果存在匹配，路由器便根据首选路由确定的出口将数据包封装成出口所需的数据帧格式并从该端口转发出去。

3.2.2　路由与数据转发的实例

下面我们列举一个例子来学习路由与数据转发的具体过程。在图 3.7 所示的网络拓扑结构中，路由器 R1 与 R2 之间串行链路帧封装类型为 HDLC，路由器 R1 与 R2 的路由表如表 3.3 所示。

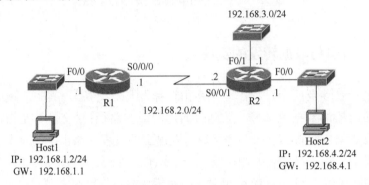

图 3.7　路由与数据的转发过程示例拓扑图

表 3.3　路由器 R1、R2 的路由表

路由器 R1 的路由表		
目标网络	Next Hop（下一跳）	出口
192.168.1.0/24	—	F0/0
192.168.2.0/24	—	S0/0/0
192.168.3.0/24	192.168.2.2	S0/0/0
192.168.4.0/24	192.168.2.2	S0/0/0
路由器 R2 的路由表		
目标网络	Next Hop（下一跳）	出口
192.168.1.0/24	192.168.2.1	S0/0/1
192.168.2.0/24	—	S0/0/1
192.168.3.0/24	—	F0/1
192.168.4.0/24	—	F0/0

当主机 Host1 向主机 Host2 发送一个 IP 分组时，该 IP 分组的路由转发过程如下所述。

① 主机 Host1 在网络层封装分组，其 IP 分组中的源 IP 地址为主机 Host1 的 IP 地址，目的 IP 地址为主机 Host2 的 IP 地址。主机 Host1 判断出 IP 分组中的源 IP 地址与目标 IP 地址不在同一网段，需要把该数据分组发给网关（192.168.1.1），即路由器 R1 的 F0/0 端口，因此封装的数据帧中的源 MAC 地址为主机 Host1 的 MAC 地址，目的 MAC 地址为 R1 的 F0/0 端口的 MAC 地址。

② 路由器 R1 收到主机 Host1 发送的数据帧后，根据数据帧的目的地址判断应该接收该数据帧，在进行帧的拆封后得到 IP 分组，从 IP 分组中提取出目标网络号 "192.168.4.0/24"，并查找路由器 R1 的路由表，由于路由表中有路由条目（表 3.3 中路由器 R1 的路由表中第 4 条路由条目）与目标网络号匹配，该路由条目的下一跳为 "192.168.2.2"，出口为 "S0/0/0" 端口，因此路由器 R1 需要将该 IP 分组转发给

路由器 R2，于是路由器 R1 将 IP 分组封装成"S0/0/0"端口所需的 HDLC 帧，并从
"S0/0/0"端口转发出去。

③ 路由器 R2 从"S0/0/1"端口接到路由器 R1 转发的数据帧后，提取出 IP 分
组以及目标网络号"192.168.4.0/24"，然后查找其路由表，路由表中有路由条目
（表 3.3 中路由器 R2 的路由表第 4 条路由）与目标网络号匹配，该路由为直连路
由，因此路由器 R2 把 IP 分组封装成"F0/0"端口所需的以太网帧，并从 F0/0 端口
转发给主机 Host2，该帧的源 MAC 地址为路由器 R2 的 F0/0 端口的 MAC 地址，目
的 MAC 地址为主机 Host2 的 MAC 地址。

从上述路由转发过程中可以看出，IP 分组中的源 IP 地址与目标 IP 在转发过程
中不会发生变化，但数据帧中的源 MAC 地址与目的 MAC 地址会发生改变。

3.3 静态路由与默认路由

静态路由是指由网络管理员手工配置与管理的路由信息。静态路由要求网络管
理员根据网络拓扑选择最佳路径，并且将选择好的路由进行手工配置。当网络的拓
扑结构或链路的状态发生变化，路由信息需要更新时，网络管理员必须手工更改相
关的静态路由条目。

默认情况下，在一个路由器上配置的静态路由信息不会传递给其他路由器。不
过，在必要的情况下，可以通过路由重发布机制（详见第 6 章）使静态路由信息搭
载在动态路由协议中传递给其他路由器。

3.3.1 静态路由的典型应用

静态路由有三种典型的应用：① 网络环境比较简单，网络管理员可以很清楚
地了解其网络拓扑结构；② 由于安全的原因，希望隐藏网络中的一部分；③ 用于
访问末节网络（STUB）。只有一条路径可以到达的网络叫末节网络，也称为孤岛网
络，如图 3.8 所示。路由器 R_ISP 在为末节网络"218.8.17.0/24"进行选路时，就常
常使用静态路由。

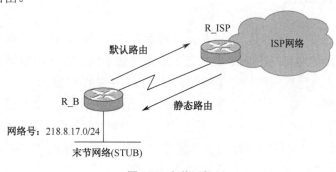

图 3.8 末节网络

静态路由通常不适合大型和复杂的网络环境，原因有两方面：一是网络管理员很难做到对大型和复杂的网络进行全面了解；二是当网络的拓扑结构和链路状态发生变化时，路由器中的静态路由信息需要大范围地修改，修改的难度和复杂程度非常高，如果配置错误还容易引起路由环路。

为了增加静态路由的适应能力，可以引入浮动静态路由的做法。浮动静态路由是作为备份路由存在的一种静态路由。在路由器上配置了一条或多条普通路由之后，浮动静态路由被配置成比某条或多条主路由具有更大管理距离的静态路由，由于浮动静态路由的管理距离比主路由的管理距离大，这样当并只有当主路由失效后，浮动静态路由才会被插入路由表中。

下面以一个示例说明浮动路由的作用。在图 3.9 所示的网络中，为了保证网络的冗余性，分公司的路由器 R_C 使用两条物理链路连接到总部，一条链路通过100 Mbps 光纤连接到总部的路由器 R_A，另一条使用 ISDN 线路连接到总部的路由器 R_B。路由需求为：在两条链路都是正常的情况下，分公司到总部的数据包通过链路 100 Mbps 光纤转发给总部的路由器 R_A，在 100 Mbps 光纤失效的情况下，分公司到总部的数据包通过 ISDN 链路转发给路由器 R_B。要完成这个路由需求，可以在路由器 R_C 上配置一条到总部的下一跳为路由器 R_A 的静态路由，同时配置了一条到总部的下一跳为路由器 R_B 的浮动静态路由（将其管理距离值修改为比静态路由的管理距离"1"大的值，如"30"）。

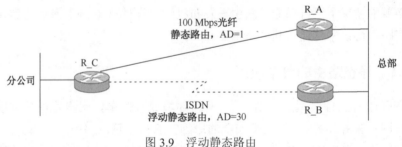

图 3.9　浮动静态路由

3.3.2　默认路由

在网络互连规模增大时，无论是采用静态路由还是动态路由，都难以实现对所有远程网络路由的穷尽。限制主要来自于路由存储空间、路由更新维护成本、路由查找速度，以及对远程网络的不了解等。以图 3.8 中的路由器 R_B 为例，作为某企业网络的边界路由器，企业中主机到 Internet 的数据包均需要通过路由器 R_B 转发，如果路由器 R_B 为 Internet 上百万个以上的目标网络都保存其选路信息的话，路由器 R_B 也会产生所谓的路由表"爆炸"，不仅需要大量的 RAM 存储空间和路由更新维护的成本，路由表的查找速度也会急剧下降。

为了解决上述问题，引入了默认路由（Default Static Route）。默认路由也叫缺省路由。作为一种特殊的静态路由，默认路由给出了那些目的地址没有明确列在路由表中的数据包所对应的路由器转发接口或下一跳信息。对于一个路由器来说，在进行路由表查找时，首先要根据转发分组中的目标地址，在路由表中逐条进行查找，若找不到任何明确的匹配项，默认路由所指定的路由就是最后的选择，即当路由器从当前路由表中找不到与数据包目标地址匹配的路由条目时，就把数据包送到默认路由所指定的路由器接口或下一跳路由器。

引入默认路由可以有效地减少路由表的规模并降低路由表的维护开销。以图 3.8 中的路由器 R_B 为例。使用默认路由后，路由器可以用非常小的路由开销将分组转发到互联网上的任何主机上，而不必为每个可能的远程目标网络维护数量庞大的路由条目。

3.3.4 静态路由与默认路由规划部署要点

在使用静态路由为目标网络进行路径选择时，有可能会出现多个目标网络选择的路径一样，为了减少路由表的大小，提高路由表查找的效率，可以用一条静态路由代替多条静态路由，这条代表多条静态路由的静态路由称为汇总静态路由。在将多条静态路由汇总为一条静态路由时，需要注意多条静态路由的目标网络可以汇总成一个网络地址（详见第 1 章 CIDR 技术），并且多条静态路由选择的路径一样，即它们有相同的转发出口或下一跳地址。例如，在图 3.10 所示的网络中，路由器 R2 为网络"192.168.2.0/24"和"192.168.3.0/24"选择的路径一样，下一跳都为"192.168.254.5"，因此可以把这两条路由汇总成一条到网络"192.168.2.0/23"的静态路由。

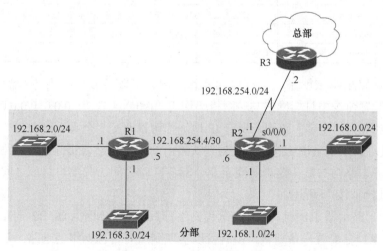

图 3.10　汇总静态路由示例

1. 静态路由与默认路由的规划要点

默认路由、静态路由和汇总静态路由的规划过程如下所述。

① 确定网络中每个路由器是否需要配置默认路由。

② 确定网络中每个路由器需要对哪些远程目标网络使用静态路由选路。

③ 根据所掌握的网络状态信息，人工为目标网络选定最佳路径，确定最佳路径是用下一跳进行配置，还是使用本地路由器的转发出口进行配置（注意，如果出口是串行链路，最佳路径可以用下一跳来表示，也可以使用本地路由器的出口来表示。但如果出口是以太网系列端口，则其最佳路径只能用下一跳来表示）。

④ 确定是否存在多条静态路由可以汇总为一条静态路由的情况。

2. 静态路由与默认路由的配置要点

完成静态路由与默认路由的配置只需要根据规划在全局配置模式下使用"ip route"命令手工配置。Cisco 路由器上静态路由的语法为：

- router(config)#ip route *destination-prefix destination-prefix-mask address* [*distance*]   //配置使用下一跳的静态路由
- router(config)#ip route *destination-prefix destination-prefix-mask interface* [*distance*]   //配置使用转发出口的静态路由

其参数说明见表 3.4。

表 3.4　静态路由配置参数的说明

参数	说明
destination-prefix	目标网络前缀，即目标网络号
destination-prefix-mask	目标网络前缀对应的子网掩码
address	下一跳地址（值为与本地路由器相连的下一个路由器接口的 IP 地址）
interface	出口（本地路由器的转发出口）
distance	管理距离（可选项）

而默认路由本来就是一种特殊的静态路由，其配置步骤与命令与静态路由相同，只是配置命令中目标网络与子网掩码均为"0.0.0.0"，"0.0.0.0 0.0.0.0"网络地址和掩码也称为"全零"路由，所有 IP 地址都可以匹配"全零"路由。

下面以图 3.10 来说明静态路由与默认路由的规划与部署实施过程。路由具体要求为使用静态路由与默认路由实现企业分部各网段之间、分部与总部之间的互连互通，其规划步骤如下所述。

① 分部路由器 R1 到其他任何远程网络都只有一条到路由器 R2 的路径，因此在路由器 R1 上配置一条默认路由就可以实现到所有目标网络的选路。该默认路由的转发出口是以太网端口，因此只能使用下一跳的方法配置默认路由，下一跳地址为"192.168.254.6"。

② 分部路由器 R2 需要对总部网络的"192.168.2.0/24"、"192.168.3.0/24"两个网络选路。由于总部网络目标地址不清楚，可以在路由器 R2 上配置一条转发出口为"s0/0/0"端口的默认路由实现到总部的访问，配置该默认路由可以使用下一跳也可以使用转发出口完成（注释：当转发出口是串口时，使用下一跳与使用转发出口均可）。路由器 R2 还需要配置两条到"192.168.2.0/24"和"192.168.3.0/24"的静态路由，该路由只能采用下一跳的方法配置，下一跳地址为"192.168.254.5"，由于从路由器 R2 到这两个网络路由的下一跳地址相同，因此可以进行汇总，采用一条汇总静态路由来实现，汇总后的目标网络为"192.168.2.0/23"。

③ 总部路由器 R3 到分部 5 个网段都只有一条路径，可以将到分部网络"192.168.0.0/24"、"192.168.1.0/24""192.168.2.0/24"和"192.168.3.0/24"的四条路由进行汇总，采用一条汇总静态路由来实现，汇总后的目标网络为"192.168.0.0/22"。因此在路由器 R3 上配置一条静态路由与一条汇总静态路由即可，它们可以使用下一跳也可以使用转发出口完成，具体规划如表 3.5 所示。

表 3.5 静态路由默认路由示例的路由规划

设备	路由类型	目标网络号	子网掩码	下一跳或出口
路由器 R1	默认路由	0.0.0.0	0.0.0.0	192.168.254.6
路由器 R2	汇总静态路由	192.168.2.0	255.255.254.0	192.168.254.5
	默认路由	0.0.0.0	0.0.0.0	S0/0/0
路由器 R3	静态路由	192.168.254.4	255.255.255.252	192.168.254.1
	汇总静态路由	192.168.0.0	255.255.252.0	192.168.254.1

图 3.11 给出了使用静态路由与默认路由实现上述规划部署的详细配置步骤。

```
R1(config)#ip route 0.0.0.0 0.0.0.0 192.168.254.6
R2(config)#ip route 192.168.2.0 255.255.254.0 192.168.254.5
R2(config)#ip route 0.0.0.0 0.0.0.0 s0/0/0
R3(config)#ip route 192.168.254.4 255.255.255.252 192.168.254.1
R3(config)#ip route 192.168.0.0 255.255.252.0 192.168.254.1
```

图 3.11 静态路由与默认路由示例

3.4 动态路由协议

动态路由协议是用于路由器之间交换路由信息的协议，通过动态路由协议，路由器可以动态共享有关远程网络的路由信息。1982 年发布的 RIP（Routing Information Protocol）协议第一版是最早的路由协议，随着网络规模不断扩大以及网络持续复杂化，又陆续出现了 OSPF、IS-IS、BGP 等路由协议。20 世纪末，随着 IPv6 的出现，相应诞生了可支持 IPv6 的动态路由协议版本，包括 RIPng、BGPv6、OSPFv3 以及 IS-ISv6。图 3.12 显示了动态路由协议的发展历程。

动态路由协议可以确定到达各个网络的最佳路径，然后将路径添加到路由表中。使用动态路由协议的一个主要的好处是，路由器通过相互交换路由协议信息包，并经过必要的计算，能够自动获得到达远程网络的最佳路径信息。通过这种信息交换，路由器能够自动、及时地获知网络拓扑或连通性的变化，并在最佳路径的更新上及时做出响应。正因为这样，基于路由协议实现的动态路由又被称为自适应的路由。

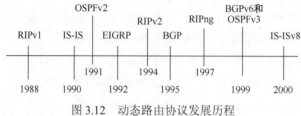

图 3.12　动态路由协议发展历程

3.4.1　动态路由协议的分类

动态路由协议的分类方法很多，常见的路由协议分类方法有：① 按所在范围可分为内部网关协议（Interior Gateway Protocols，IGP）与外部网关协议（Exterior Gateway Protocols，EGP）；② 按是否支持 VLSM 可分为有类别路由协议与无类别路由协议；③ 按路由的算法可分为距离矢量（Distance_Vector，D_V）路由算法与链路状态（Link_State，L_S）路由算法。

1．内部网关路由协议与外部网关路由协议

在互连网中引入自治系统的概念，就可以将其复杂的网络分成两部分，一是自治系统的内部网络，二是将自治系统互连在一起的骨干网络。自治系统（Autonomous System，AS）是指网络中那些由同一个机构操纵或管理、对外表现出相同的路由视图的路由器所组成的网络系统，例如，一所大学、一家公司的网络都可以构成自己的自治系统。自治系统由一个长度为 16 位的自治系统号进行标识，该标识由网络信息中心指定并具有唯一性。

根据路由协议作用范围和目标的不同，它可被分为内部网关协议和外部网关协议。内部网关协议是指作用于自治系统内的路由协议；外部网关协议是指作用于不同自治系统之间的路由协议。

图 3.13 给出了关于内部网关协议和外部网关协议作用的简单示意。图中 RIP、OSPF、IS-IS、EIGRP 为常见的内部网关路由协议，而边界网关协议（Border Gateway Protocol，BGP）则是目前在因特网上广为使用的外部网关协议。

2．有类别路由协议与无类别路由协议

不支持 VLSM（可变长子网掩码）的路由协议被称为有类别的（Classful）路由

协议。有类别路由协议发送的路由更新信息中不包含子网掩码信息，它在使用时会有一些限制，比如，当网络中使用多个不同的子网掩码划分子网或者网络中有不连续的子网时，就不能使用有类路由协议。典型的有类别路由协议有 RIPv1 与 IGRP。

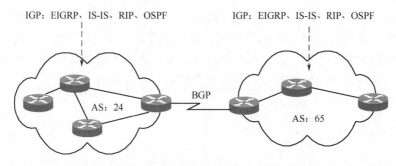

图 3.13　内部网关路由协议与外部网关路由协议示意图

支持 VLSM 的路由协议称为无类别（Classless）路由协议。无类别路由协议发送的路由更新信息中含有子网掩码。如今的大部分网络都需要使用无类别路由协议，典型的无类别路由协议有 RIPv2、OSPF、IS-IS、EIGRP 等。

3. 距离矢量路由协议与链路状态路由协议

距离矢量路由协议基于贝尔曼-福特（Bellman-Ford）算法，简称为 D_V 算法。运行距离矢量路由协议的路由器需要周期性地向邻居路由器发送它的完整或部分路由表，每个路由器接收到相邻路由器发送的路由信息后，将该路由信息与它当前的路由表进行比较，根据 D_V 算法计算出到目标网络的路由。由于运行距离矢量路由协议的路由器仅了解从邻近路由器接收到的路由信息，却无法了解全部网络的确切拓扑结构，因此使用距离矢量路由协议可能会导致网络中出现路由环。RIPv1、RIPv2 和 IGRP 是典型的距离矢量路由协议。

链路状态路由协议基于 Dijkstra 算法（也叫作最短路径优先算法），简称 L_S 算法，运行链路状态路由协议的路由器向该区域中的所有其他路由器通告它们的链路状态，以使每个路由器都能够建立一个完整的链路状态数据库，从而知道整个网络的拓扑结构。然后，每个路由器以自己为根，运行 SPF 算法计算到每个目标网络的最佳路径。运行链路状态路由协议的网络在网络收敛后，如果网络拓扑没有发生变化，路由器只要周期性地将没有更新的路由表进行刷新就可以了；一旦网络拓扑发生了变化，路由器将立刻发送一个部分更新信息，该更新信息会通知所有的链路状态路由器，从而使其他路由器知道网络发生了变化。因此链接状态协议收敛速度相对于距离矢量路由协议更快，但它需要消耗路由器更多的 CPU 和内存资源。

距离矢量路由协议与链路状态路由协议虽然有差异，但这两种算法类型在多数环境中都可以工作得很好，下面将详细介绍这两种算法。

3.4.2 距离矢量路由算法

距离矢量路由算法的名称来自更新消息中所包含的信息，距离矢量路由算法的更新消息是由若干（V，D）组成的序列表。（V，D）中的 V 代表"向量"，用来标识目的地址，即目标网络；D 代表距离，表示路由器与目的地之间的距离，距离 D 通常用所经路由器的个数（即跳数）来计算。邻居路由器收到某路由器的（V，D）更新报文后，会按照最短路径原则对各自的路由表进行刷新。

距离矢量路由算法如下所述。

（1）*初始化*

路由器刚启动时，对其 V-D 路由表进行初始化，初始化的路由表中只包含所有与本路由器直接相连的网络的路由信息，路由器到这些网络的路径距离均为 0。

（2）*各路由器（用 Rj 表示）周期性地向外广播其 V-D 路由表内容*

邻居路由器（用 Ri 表示）收到路由器 Rj 发送的路由表更新报文后，会逐项检查其 V-D 报文，并根据以下规划对本地路由表进行刷新。

① 如果路由器 Rj 发送的路由更新报文中的某路由条目在路由器 Ri 的路由表中没有。则 Ri 路由表增加相应路由条目，该路由条目的"距离"为 Rj 路由表目中的距离加上路由器 Ri 到路由器 Rj 的距离，"下一跳"为"Rj "。

② 如果路由器 Rj 发送的路由更新报文中的某路由条目在路由器 Ri 的路由表中存在，但 Rj 去往某目的地的距离加上路由器 Ri 到路由器 Rj 的距离后比 Ri 去往某目的地的距离还小。则 Ri 修改路由表中相应的路由条目，该路由条目的"距离"为 Rj 路由表目中的距离加上路由器 Ri 到路由器 Rj 的距离，"下一跳"为"Rj "。

③ 如果路由器 Rj 发送的路由更新报文中的某路由条目在路由器 Ri 的路由表中存在，但 Rj 去往某目的地的距离加上路由器 Ri 到路由器 Rj 的距离后比 Ri 去往某目的地的距离要大。则 Ri 的路由表保持原状。

从算法本身讲，距离矢量路由算法简单，易于实现，但由于它需要路由器周期性地发送路由更新信息，因此在网络规模大或者网络拓扑变化剧烈的网络中，不适合使用。此外，距离矢量路由算法会导致无穷计数以及路由环等问题。

3.4.3 链路状态路由算法

链路状态路由算法也称为链路状态最短路径优先（Link-state Shortest Path First，SPF）算法，SPF 算法要求每个路由器通告它们的链路状态给其他路由器，从而使每个路由器都知道整个网络的拓扑结构，然后每个路由器以自己为根，采用 Dijkstra 算法计算到每个目标网络的最佳路由。下面以一个详细的实例说明采用

Dijkstra 算法计算 SPF 树的计算过程。

在图 3.14 中共有 5 个节点，图中已经标出了各个链路的"距离"，不同的链路状态路由协议其计算"距离"的依据不一样，例如，在 OSPF 中，其"距离"为链路开销。下面以节点 A 为根，使用 SPF 算法计算出它的 SPF 树。为了表示方便，SPF（A）用来记录以节点 A 为根的 SPF 树，D（N）表示根节点 A 到节点 N 的距离值，如果节点 N 到根节点还不知道怎么达到，则距离值为"∞"。例如，SPF（A）=｛B（5），…｝表示 B 节点在以节点 A 为根的 SPF 树中，且 B 节点到根节点 A 的最短距离为 5，Nbr（SPF（A））=｛F（3），…｝表示节点 F 是 SPF 树的邻居，从节点 F 到根节点 A 的临时最短距离为 3，Nbr（G）=｛D（2），…｝，表示节点 D 是节点 G 的邻居，它们之间的距离为 2。

在图 3.14 中，以节点 A 为根结点计算
SPF 树的步骤如下所述。

① 首先将根节点 A 加到入 SPF 树中，由于节点 A 到自己的距离为 0，因此 SPF（A）=｛A（0）｝，此时 SPF 树的邻居有节点 B、节点 C 和节点 E，即 Nbr（SPF）=｛B（2），C（5），E（6）｝。

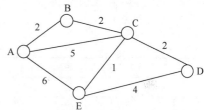

图 3.14　有 5 个节点的图

② 从当前的 Nbr（SPF）中选出具有最小临时距离的节点 B，将节点 B 加入到 SPF 树中，此时 SPF（A）=｛A（0），B（2）｝，Nbr（SPF）为把 Nbr（B）中的节点加入到除去 B 节点后的 Nbr（SPF）中。当节点 B 加入到 SPF 树中后，原来 Nbr（SPF）中还余下节点 C 和节点 E 两个邻居，即 Nbr（SPF）=｛C（5），E（6）｝。新加入 SPF（A）中的节点 B 有一个邻居节点，有 Nbr（B）=｛C（2）｝。由于节点 C 已经在 Nbr（SPF）中了，但节点 C 到根节点 A 之间原来的临时距离为 5，而节点 A 到节点 B 的距离加上节点 B 到节点 C 的距离为 4，即 Dist（A，B）+ Dist（B，C）=4，即节点 A 到节点 C 的的路径为"A→B→C"时距离更小，因此更新节点 C 的临时距离为 4，从而得到 Nbr（SPF）=｛C（4）、E（6）｝。

③ 从当前的 Nbr（SPF）中选出最小临时距离的节点 C，将节点 C 加入到 SPF 树中，此时 SPF（A）=｛A（0），B（2），C（4）｝，Nbr（SPF）为把 Nbr（C）中的节点加入到除去 C 节点后的 Nbr（SPF）中。当节点 C 加入到 SPF 树中后，原来 Nbr（SPF）中还余下节点 E 一个邻居，Nbr（SPF）=｛E（6）｝。新加入 SPF（A）中的节点 C 有两个邻居节点，Nbr（C）=｛D（2），E（1）｝。节点 D 不在 Nbr（SPF）中，只需要把它直接加到 Nbr（SPF）中即可，其临时距离值为 Dist（A，C）+ Dist（C，D），其值为 6，由于节点 E 已经在 Nbr（SPF）中了，但节点 E 到根结点 A 之间原来的临时距离为 6，而 Dist（A，C）+ Dist（C，E）=5，即节点 A 到节点 E 的的路径为"A→B→C→E"时距离更小，因此更新节点 E 的临时距离为 5，从而得到 Nbr（SPF）=｛D（6），E（5）｝。

④ 从当前的 Nbr（SPF）中选出最小临时距离的节点 E，将节点 E 加入到 SPF 树中，此时 SPF（A）={A（0），B（2），C（4），E（5）}，Nbr（SPF）为把 Nbr（E）中的节点加入到除去 E 节点后的 Nbr（SPF）中。当节点 E 加入到 SPF 树中后，Nbr（SPF）={ D（6）}，节点 E 没有其他直接相连的邻居，因此 Nbr（SPF）={ D（6）}。

⑤ 把节点 D 加入到 SPF 树中，最终得到如图 3.15 所示的 SPF 树。

表 3.6 中列出了根据图 3.14 采用 SPF 算法计算 SPF 树的过程中 SPF 树以及各节点到根的最小距离变化过程。

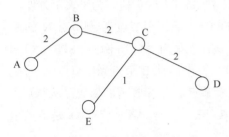

图 3.15　计算出的 SPF 树

表 3.6　SPF 计算的示意图

步骤	已计算出的 SPF 树中节点	D（B）	D（C）	D（D）	D（E）
1	{A}	2	5	∞	6
2	{A、B}	②	4	∞	6
3	{A、B、C}	2	④	6	5
4	{A、B、C、E}	2	4	6	⑤
5	{A、B、C、D、E}	2	4	⑥	5

3.4.4　路由环路

路由环路是指数据包在一系列路由器之间不断传输却始终无法到达其预期目的网络的现象。图 3.16 给出一个路由环路的示例，拓扑中目标网络"192.168.2.0/24"原来是可达的，但由于线路或其他故障导致该网络不可访问。然而，由于路由配置或路由协议的原因导致路由器 R1 与路由器 R2 的路由表中保存了错误的路由信息，路由器 R1 的路由表保存的路由信息认为将发给网络"192.168.2.0/24"的数据包转发给路由器 R2 可到达目的网络，路由器 R2 的路由表保存的路由信息认为把发给网络"192.168.2.0/24"的数据包转发给路由器 R1 可达目的网络。当有数据包从网段"192.168.0.0/24"发送给网络"192.168.2.0/24"时，路由器 R1 收到数据包后，根据路由表中路由转发信息将其转发给路由器 R2，路由器 R2 根据路由表中路由转发信息再将数据包转发给路由器 R1，依次类推，数据包就在路由器 R1 与路由器 R2 之间相互转发，而始终不能到达目的网络，这样就形成了一个路由环路。

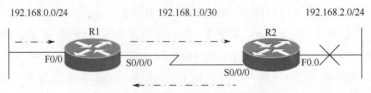

图 3.16　路由路环示例

当网络中有两台或两台以上路由器的路由表中保存有原本不可到达目的网络的有效路径时，就有可能发生路由环路。通常导致路由信息错误而产生路由环路的原因有：

① 静态路由配置错误，如在图 3.16 中，管理员在配置静态路由实现网络互连时，在路由器 R1 上为目标网络"192.168.2.0/24"选择转发出口为 S0/0/0 端口，在路由器 R2 上错误地为目标网络"192.168.2.0/24"选择转发出口为 S0/0/0 端口，此时就会产生路由环路。

② 路由重发布配置错误，导致当网络发生变化时网络收敛速度缓慢，网络中路由器对网络的认识不一致而产生路由环路。

③ 距离矢量路由协议在网络发生变化时易产生路由环路。距离矢量路由算法中路由器只是在收到的路由更新信息基础上计算到目标网络的最佳路径，路由器并不知道整个网络的拓扑结构，就导致路由器容易学习到错误的路由信息而形成路由环路。

如果网络中存在路由环路，会导致路由环路中的链路带宽被循环重复发送的流量占用、路由环路中路由器的 CPU 等资源被无用的数据包转发工作所占用等问题，甚至有可能导致路由环路中链路带宽以及路由器资源被耗尽，最终导致网络缓慢甚至瘫痪。因此需要有相关技术来消除路由环路。目前，有定义最大度量值、水平分割、抑制计时器、路由毒化或毒性反转和触发更新等机制可以消除路由环路。

（1）定义最大度量值

当网络中有路由环路时，不正确的路由更新会不停地累加不可达网络的度量值，会出现"计数至无穷大"的情况。为了消除路由环路，可以设置一个最大度量值来表示"无穷大"。一旦路由器计数达到该"无穷大"度量值，该路由就会被标记为不可达，数据包就会被路由器丢弃，从而打破了路由环路。例如，RIP 协议定义 16 跳为"无穷大"，当跳数大于 15 跳时就被认为"不可达"。

（2）水平分割

水平分割是指不把路由信息从接收到此路由信息的接口上发送出去，这样可以避免由于路由器 R_i 将从路由器 R_j 学到的到某目标网络路由信息又通告给路由器 R_j（路由器 R_j 到某目标网络以前可达，现在不可达），路由器 R_j 认为通过路由器 R_i 可以到达该目标而产生的路由环路。

（3）抑制计时器

抑制计时器用于将那些可能会影响路由的改变保持一段特定的时间，以阻止路由器学习到不正确的路由。当路由器从邻居接收到以前能够访问的目标网络现在不能访问的路由更新信息后，将该目标网络的路由标记为不可访问，并启动一个抑制计时器。在抑制计时器超时之前，所有从邻居路由器收到的具有更大度量值的该路由更新信息都将被忽略，如果收到具有更小度量值的该路由更新信息，路由器立即更新关于该目标网络的路由并关闭抑制定时器。抑制计时器可以在一定时间间隔内忽略比以前更差的路由更新信息，有更多的时间来把网络不可达信息传遍整个网络。通常，抑制计时器时间设置成一个比路由更新信息发送到整个网络时间更大的值。例如，在 RIP 协议中抑制计时器的默认值为 180 秒。

（4）路由毒化或毒性反转

路由毒化是距离矢量路由协议用来防止路由环路的一种方法。当路由器意识到某目标网络的路由失效时，就将该目标网络路由的度量值设置为最大（如 RIP 中 16 跳表最不可达）使该路由毒化，表示目标网络不可达，并将路由标记为不可达的路由信息采用触发更新的方式发给其他路由器，接收到此条路由信息的路由器在其中路由表中也将该路由标记为无效，并将毒性更新信息发送给其他路由器。

（5）触发更新

触发更新就是路由器知道网络发生变化后不需要等待发送周期到来而立刻发送路由更新信息。触发更新可以使网络上的所有路由器在最短的时间内收到更新信息，从而快速了解整个网络的变化，加速网络的收敛，一定程度上解决了路由环路的问题。

3.4.5　静态路由与动态路由的比较

静态路由由管理员手工配置，因此它具有占用路由器 CPU 处理时间少、不耗费网络链路带宽、便于管理员了解路由等优点。但对于大型网络，使用静态路由配置和维护会耗费大量时间且配置容易出错，并且随着网络的增长与扩展，其维护会越来越麻烦。

动态路由与静态路由相比，它具有自动适应网络变化的能力，但运行动态路由协议需要占用路由器的 CPU 资源、内存以及链路带宽等资源。

表 3.7 对静态路由和动态路由的功能做了直观的比较。

表 3.7　静态路由与动态路由的比较

	静态路由	动态路由
配置复杂性	随着网络规模的增大，配置越复杂	与网络规模无关
适应拓扑变化的能力	需管理员重新配置	根据网络变化自动调整
可扩展性	适合简单的网络	简单与复杂的网络均适合
资源消耗情况	不需要消耗额外的资源	需占用路由器的 CPU、内存以及链路带宽
安全性	不交换路由信息，更安全	需要交换路由信息，不够安全
可预测性	总是通过同一路径到达目标网络	根据当前网络拓扑自动选择路径

3.5 工程案例——静态路由与默认路由的规划与配置

3.5.1 工程案例背景及需求

某企业网络拓扑结构如图 3.17 所示，企业网内部采用公有地址进行编址，所申请到的公有地址为"210.33.44.0/24"、"210.33.45.0/24"、"210.33.46.0/24"与"210.33.47.0/24"。企业内部网的 IP 地址编址如图 3.17 及表 3.8 所示。为了实现企业各网段之间、企业网络与 Internet 之间的相互访问，需要在各路由器上完成路由的配置，路由规划要求如下。

① 采用静态路由、浮动路由与默认路由实现企业各网段之间、企业网络与 Internet 之间的相互访问。

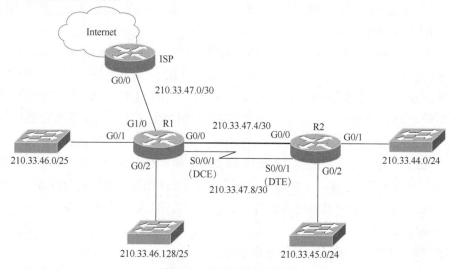

图 3.17 工程案例拓扑图

表 3.8 路由设备接口 IP 地址分配表

设备名	接口	IP 地址及子网掩码
路由器 R1	G1/0	210.33.47.2/30
	S0/0/1	210.33.47.9/30
	G0/0	210.33.47.5/30
	G0/1	210.33.46.1/25
	G0/2	210.33.46.129/25
路由器 R2	S0/0/1	210.33.47.10/30
	G0/0	210.33.47.6/30
	G0/1	210.33.44.1/24
	G0/2	210.33.45.1/24
路由器 ISP	G0/0	210.33.47.1/30

② 路由器 R1 与路由器 R2 有两条链路，在两条链路都是正常的情况下，路由器 R1 到目标网络 "210.33.44.0/24" 和 "210.33.45.0/24" 的数据包通过千兆以太网链路转发给路由器 R2，路由器 R2 到 Internet 及网络 "210.33.46.0/25"、"210.33.46.128/25" 和 "210.33.47.0/30" 的数据包通过千兆以太网链路转发给路由器 R1，当千兆以太网链路失效的情况下，使用串行链路进行转发。

③ 在满足路由需求的基础上，尽量减少每个路由器路由表的大小。

④ 路由设计不能出现路由环路。

3.5.2　静态路由与默认路由的规划与设计

根据企业网络路由的需求，路由器 R1 的静态路由与默认路由规划为：

① 网络 "210.33.46.0/25"、210.33.46.128/25"、"210.33.47.0/30"、"210.33.47.4/30" 和 "210.33.47.8/30" 为直连网络，这 5 个目标网络的路由信息会作为直连路由插入路由器 R1 的路由表中。

② 路由器 R1 在对远程网络 "210.33.44.0/24" 和 "210.33.45.0/24" 选路时需要使用浮动静态路由，以实现在路由器 R1 与路由器 R2 之间两条链路都是正常的情况下，路由器 R1 到目标网络 "210.33.44.0/24" 和 "210.33.45.0/24" 通过千兆以太网链路转发给路由器 R2，而在千兆以太网链路失效的情况下，使用串行链路进行转发。

③ 路由器 R1 对远程网络 "210.33.44.0/24" 和 "210.33.45.0/24" 选择的最佳路径一样，目标网络可汇总，可以使用一条汇总的静态路由实现对这两个网络的访问。

④ 由于 Internet 中目标网络数目众多，路由器 R1 需要配置一条默认路由实现到 Internet 的访问。

路由器 R2 的静态路由与默认路由规划为：

① 网络 "210.33.44.0/24"、210.33.45.0/24"、"210.33.47.4/30" 和 "210.33.47.8/30" 为直连网络，这 4 个目标网络的路由信息会作为直连路由插入路由器 R2 的路由表中。

② 路由器 R2 对远程网络 Internet 以及其他所有网段所选路径一样，因此可以配置一条默认路由实现到其他任何网络的访问。

③ 路由器在实现默认路由时需要使用浮动默认路由，在路由器 R2 与路由器 R1 之间两条链路都是正常的情况下，路由器 R2 到其他所有远程网络通过千兆以太网链路转发给路由器 R1，而在千兆以太网链路失效的情况下，使用串行链路进行转发。

路由器 ISP 的静态路由与默认路由规划为：由于企业申请到 4 个 C 类的公有地址 "210.33.44.0/24"、"210.33.45.0/24"、"210.33.46.0/24" 和 "210.33.47.0/24"，且这 4 个可汇总为一条，因此只需要配置一条汇总的静态路由就可以实现到企业所有网段的访问。

具体静态路由与默认路由规划如表 3.9 所示。

表 3.9　静态路由与默认路由规划表

设备	路由类型	目标网络号	子网掩码	下一跳或出口	管理距离
路由器 R1	汇总静态路由	210.33.44.0	255.255.254.0	210.33.47.6	1
	浮动汇总静态路由	210.33.44.0	255.255.254.0	S0/0/1	20
	默认路由	0.0.0.0	0.0.0.0	210.33.47.1	1
路由器 R2	默认路由	0.0.0.0	0.0.0.0	210.33.47.5	1
	浮动默认路由	0.0.0.0	0.0.0.0	S0/0/1	20
路由器 ISP	汇总静态路由	210.33.44.0	255.255.252.0	210.33.47.2	1

3.5.3　静态路由与默认路由的部署与实施

网络拓扑中各路由器的具体部署与实施步骤如下所述。

1. 路由器主机名与接口的配置

（1）路由器 R1 主机名与接口的配置

```
router#config t                        //进入全局配置模式
router (config)#hostname R1            //配置路由器的主机名为 R1
R1(config)#interface   g1/0            //进入接口配置模式，对 g1/0 端口进行配置
R1(config-if)#ip address 210.33.47.2 255.255.255.252
//配置接口的 IP 地址与掩码为 210.33.47.2/30
R1 (config-if)#description link-to-internet   //配置接口的描述为 "link-to-internet"
R1 (config-if)#no shutdown             //激活接口
R1 (config-if)#interface   s0/0/1      //进入接口配置模式，对 s0/0/1 端口进行配置
R1(config-if)#ip address 210.33.47.9 255.255.255.252
//配置接口的 IP 地址与掩码为 210.33.47.9/30
R1 (config-if)#clock rate 56000        //配置时钟频率为 56000
R1 (config-if)#no shutdown             //激活接口
R1 (config-if)#interface   g0/0        //进入接口配置模式，对 g0/0 端口进行配置
R1(config-if)#ip address 210.33.47.5 255.255.255.252
//配置接口的 IP 地址与掩码为 210.33.47.5/30
R1 (config-if)#no shutdown             //激活接口
R1 (config-if)#interface   g0/1        //进入接口配置模式，对 g0/1 端口进行配置
R1(config-if)#ip address 210.33.46.1 255.255.255.128
//配置接口的 IP 地址与掩码为 210.33.46.1/25
```

```
R1(config-if)#no shutdown                 //激活接口
R1(config-if)#interface  g0/2             //进入接口配置模式，对 g0/2 端口进行配置
R1(config-if)#ip address 210.33.46.129 255.255.255.128
//配置接口的 IP 地址与掩码为 210.33.46.129/25
R1(config-if)#no shutdown                 //激活接口
R1(config-if)#exit                        //返回上一级全局配置模式模式
```

（2）路由器 R2 主机名与接口的配置

```
router#config t                           //进入全局配置模式
router (config)#hostname R2               //配置路由器的主机名为 R2
R2(config-if)#interface  s0/0/1           //进入接口配置模式，对 s0/0/1 端口进行配置
R2(config-if)#ip address 210.33.47.10 255.255.255.252
//配置接口的 IP 地址与掩码为 210.33.47.10/30
R2(config-if)#no shutdown                 //激活接口
R2(config-if)#interface  g0/0             //进入接口配置模式，对 g0/0 端口进行配置
R2(config-if)#ip address 210.33.47.6 255.255.255.252
//配置接口的 IP 地址与掩码为 210.33.47.6/30
R2(config-if)#no shutdown                 //激活接口
R2(config-if)#interface  g0/1             //进入接口配置模式，对 g0/1 端口进行配置
R2(config-if)#ip address 210.33.44.1 255.255.255.0
//配置接口的 IP 地址与掩码为 210.33.44.1/24
R2(config-if)#no shutdown                 //激活接口
R2(config-if)#interface  g0/2             //进入接口配置模式，对 g0/2 端口进行配置
R2(config-if)#ip address 210.33.45.1 255.255.255.0
//配置接口的 IP 地址与掩码为 210.33.45.1/24
R2(config-if)#no shutdown                 //激活接口
R2(config-if)#exit                        //返回上一级全局配置模式模式
```

（3）路由器 ISP 主机名与接口的配置

```
router#config t                           //进入全局配置模式
router (config)#hostname ISP              //配置路由器的主机名为 ISP
ISP (config)#interface  g0/0              //进入接口配置模式，对 g0/0 端口进行配置
ISP (config-if)#ip address 210.33.47.1 255.255.255.252
//配置接口的 IP 地址与掩码为 210.33.47.1/30
ISP (config-if)#description link-to-enterprise1 //配置接口的描述为 "link-to- enterprise1"
ISP (config-if)#no shutdown                //激活接口
ISP (config-if)#exit                       //返回上一级全局配置模式模式
```

2. 路由的配置

（1）路由器 R1 上路由的配置

R1(config)#ip route 210.33.44.0 255.255.254.0 210.33.47.6

//配置到"210.33.44.0/23"的汇总静态路由，下一跳为"210.33.47.6"

R1(config)#ip route 210.33.44.0 255.255.254.0 s0/0/1 20

//配置到"210.33.44.0/23"的浮动汇总静态路由，转发出口为 s0/0/1 端口，管理距离值为 20

R1(config)#ip route 0.0.0.0 0.0.0.0 210.33.47.1

//配置默认路由，下一跳为"210.33.47.1"

（2）路由器 R2 上路由的配置

R2(config)#ip route 0.0.0.0 0.0.0.0 210.33.47.5 //配置默认路由，下一跳为"210.33.47.5"

R2(config)#ip route 0.0.0.0 0.0.0.0 s0/0/0 20 　//配置浮动默认路由，转发出口为 s0/0/0 端口

（3）路由器 R3 上路由的配置

ISP (config)#ip route 210.33.44.0 255.255.252.0 210.33.47.2

//配置到"210.33.44.0/22"的汇总静态路由，下一跳为"210.33.47.2"

3. 路由的测试

① 在网络所有链路都正常的情况下，在路由器 R1、路由器 R2 以及路由器 ISP 上使用"show ip route"命令查看路由表，路由器 R1、路由器 R2、路由器 ISP 的路由表内容分别如图 3.18 和图 3.19 所示。路由满足案例需求，可使用"ping"命令测试网络的连通性。

```
R1#show ip route
Codes: C - connected, S - static, I - IGRP, R - RIP, M - mobile, B - BGP
       D - EIGRP, EX - EIGRP external, O - OSPF, IA - OSPF inter area
       N1 - OSPF NSSA external type 1, N2 - OSPF NSSA external type 2
       E1 - OSPF external type 1, E2 - OSPF external type 2, E - EGP
       i - IS-IS, L1 - IS-IS level-1, L2 - IS-IS level-2, ia - IS-IS inter area
       * - candidate default, U - per-user static route, o - ODR
       P - periodic downloaded static route

Gateway of last resort is 210.33.47.1 to network 0.0.0.0

S    210.33.44.0/23 [1/0] via 210.33.47.6
     210.33.46.0/25 is subnetted, 2 subnets
C    210.33.46.0 is directly connected, GigabitEthernet0/1
C    210.33.46.128 is directly connected, GigabitEthernet0/2
     210.33.47.0/30 is subnetted, 3 subnets
C    210.33.47.0 is directly connected, GigabitEthernet1/0
C    210.33.47.4 is directly connected, GigabitEthernet0/0
C    210.33.47.8 is directly connected, Serial0/0/1
S*   0.0.0.0/0 [1/0] via 210.33.47.1
```

```
R2#show ip route
Codes: C - connected, S - static, I - IGRP, R - RIP, M - mobile, B - BGP
       D - EIGRP, EX - EIGRP external, O - OSPF, IA - OSPF inter area
       N1 - OSPF NSSA external type 1, N2 - OSPF NSSA external type 2
       E1 - OSPF external type 1, E2 - OSPF external type 2, E - EGP
       i - IS-IS, L1 - IS-IS level-1, L2 - IS-IS level-2, ia - IS-IS inter area
       * - candidate default, U - per-user static route, o - ODR
       P - periodic downloaded static route

Gateway of last resort is 210.33.47.5 to network 0.0.0.0

C    210.33.44.0/24 is directly connected, GigabitEthernet0/1
C    210.33.45.0/24 is directly connected, GigabitEthernet0/2
     210.33.47.0/30 is subnetted, 2 subnets
C    210.33.47.4 is directly connected,GigabitEthernett0/0
C    210.33.47.8 is directly connected, Serial0/0/1
S*   0.0.0.0/0 [1/0] via 210.33.47.5
```

图 3.18　网络所有链路都正常情况下路由器 R1 和 R2 的路由表

② 当路由器 R1 与路由器 R2 的千兆以太网链路失效后，路由器 R1 到目标网络"210.33.44.0/24"与"210.33.45.0/24"的路由为浮动静态路由所选路径（即通过串行链路转发给路由器 R2），路由器 R2 到 Internet 与远程网络的路由也为浮动默认

路由所选路径（通过串行链路转发给路由器 R1）。图 3.20 给出了路由器 R1 与路由器 R2 之间的千兆以太网链路失效后路由器 R1 与路由器 R2 的路由表内容。可以看出路由测试结果满足了案例对路由的需求。

```
ISP#show ip route
Codes: C - connected, S - static, I - IGRP, R - RIP, M - mobile, B - BGP
       D - EIGRP, EX - EIGRP external, O - OSPF, IA - OSPF inter area
       N1 - OSPF NSSA external type 1, N2 - OSPF NSSA external type 2
       E1 - OSPF external type 1, E2 - OSPF external type 2, E - EGP
       i - IS-IS, L1 - IS-IS level-1, L2 - IS-IS level-2, ia - IS-IS inter area
       * - candidate default, U - per-user static route, o - ODR
       P - periodic downloaded static route

Gateway of last resort is not set

S    210.33.44.0/22 [1/0] via 210.33.47.2
     210.33.47.0/30 is subnetted, 1 subnets
C       210.33.47.0 is directly connected, GigabitEthernet0/1
```

图 3.19 网络所有链路都正常情况下路由器 ISP 路由表

```
R1#show ip route
Codes: C - connected, S - static, I - IGRP, R - RIP, M - mobile, B - BGP
       D - EIGRP, EX - EIGRP external, O - OSPF, IA - OSPF inter area
       N1 - OSPF NSSA external type 1, N2 - OSPF NSSA external type 2
       E1 - OSPF external type 1, E2 - OSPF external type 2, E - EGP
       i - IS-IS, L1 - IS-IS level-1, L2 - IS-IS level-2, ia - IS-IS inter area
       * - candidate default, U - per-user static route, o - ODR
       P - periodic downloaded static route

Gateway of last resort is 210.33.47.1 to network 0.0.0.0

S    210.33.44.0/23 is directly connected, Serial0/0/1
     210.33.46.0/25 is subnetted, 2 subnets
C       210.33.46.0 is directly connected, GigabitEthernet0/1
C       210.33.46.128 is directly connected, GigabitEthernet0/2
     210.33.47.0/30 is subnetted, 3 subnets
C       210.33.47.0 is directly connected, GigabitEthernet1/0
C       210.33.47.8 is directly connected, Serial0/0/1
S*   0.0.0.0/0 [1/0] via 210.33.47.1
```

```
R2#show ip route
Codes: C - connected, S - static, I - IGRP, R - RIP, M - mobile, B - BGP
       D - EIGRP, EX - EIGRP external, O - OSPF, IA - OSPF inter area
       N1 - OSPF NSSA external type 1, N2 - OSPF NSSA external type 2
       E1 - OSPF external type 1, E2 - OSPF external type 2, E - EGP
       i - IS-IS, L1 - IS-IS level-1, L2 - IS-IS level-2, ia - IS-IS inter area
       * - candidate default, U - per-user static route, o - ODR
       P - periodic downloaded static route

Gateway of last resort is 210.33.47.5 to network 0.0.0.0

C    210.33.44.0/24 is directly connected, GigabitEthernet0/1
C    210.33.45.0/24 is directly connected, GigabitEthernet0/2
     210.33.47.0/30 is subnetted, 2 subnets
C       210.33.47.8 is directly connected, Serial0/0/1
S*   0.0.0.0/0 is directly connected, Serial0/0/1
```

图 3.20 路由器 R1 与 R2 之间的千兆以太网链路失效后路由器 R1 和 R2 的路由表内容

本 章 习 题

3.1 选择题：

① 下面哪个路由协议不支持变长子网掩码（   ）？

A. RIPv1   B. RIPv2   C. OSPF   D. BGP4

② 配置静态路由应该在哪种提示符下进行（   ）？

A. router(config-if)#   B. router(config)#   C. router#   D. router>

③ 下面哪个不是静态路由的优点？

A. 由于静态路由不通过网络进行通告，因此比较安全。

B. 静态路由适用于大型复杂的网络。

C. 静态路由不需要消耗路由器额外的资源。

D. 静态路由不需要消耗链路带宽。

④ 下面哪个不是距离矢量路由算法的特点（　　　）？

A. 算法简单　　　　B. 快速收敛　　　C. 易于实现　　　　D. 周期性发送路由更新

⑤ 下面哪种类型的路由给出了那些目的地址没有明确列在路由表中的数据包所对应的路由器转发接口或下一跳信息（　　　）？

A. 静态路由　　　　B. 浮动路由　　　C. 动态路由　　　　D. 默认路由

⑥ 当用静态路由为目标网络所选路径的转发接口不可用时，路由表中的静态路由条目有何变化（　　　）？

A. 该静态路由将从路由表中删除

B. 路由表中依然存在该路由，但最大跳数为 16 跳

C. 该静态路由依然保持在路由表中

D. 路由器将重定向该静态路由

⑦ 下面哪个动态路由协议是外部网关协议（　　　）？

A. OSPF　　　　　　B. IS-IS　　　　　C. BGP4　　　　　　D. RIP

⑧ 路由器使用下面哪个来标识不同路由源的可信度，并选择可信度最高的路由条目插入到路由表中（　　　）？

A. 度量值　　　　　B. 跳数　　　　　C. 管理距离　　　　D. 带宽

3.2　消除路由环路的机制有哪些？

3.3　请说明当路由器为目标网络选择的路径其转发出口为以太网系列端口时，不能使用转发出口的静态路由来进行配置的原因。

3.4　如图 3.21 所示图中，请写出使用 Dijkstra 算法计算出以 R1 为根节点的 SPF 树，并写出计算过程。

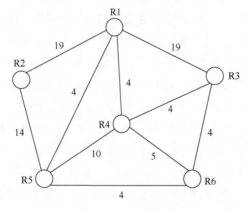

图 3.21　有 6 个节点的图

第4章 RIP

RIP 是一种基于距离矢量路由算法的动态路由协议，也是最早使用的内部网关协议。RIP 具有算法实现简单、路由器开销较小等优点，同时也存在网络收敛慢、易产生路由环路、网络直径不超过 15 跳等不足。RIP 不能用于大规模的网络，目前主要用于小规模的网络中。

本章首先介绍 RIP 协议的发展历程，然后介绍 RIP 的工作原理、RIP 使用的定时器以及 RIP 的特性，最后对 RIPv1 与 RIPv2 报文格式及规划与部署进行详细介绍。

4.1 RIP 协议概述

4.1.1 RIP 协议的发展背景

RIP 是因特网最早的路由协议，其全称为路由信息协议（Routing Information Protocol，RIP）。前身是施乐（Xerox）的网关信息协议，随着 Xerox 网络系统（Xerox Network System，XNS）的发展，网关信息协议逐渐演变成 RIP。

RIP 协议作为一种专门为小型网络设计的内部网关路由协议（Interior Gateway Protocol），只能用于在自治系统内实现路由的动态学习。RIP 协议是一种基于距离矢量路由算法的动态路由协议，协议实现简单，路由更新与维护所需要网络带宽以及路由器 CPU 与内存等资源开销相对于链路状态路由协议的开销要小很多。

RIP 有三个版本，1988 年 6 月，正式发布的 RFC1058 定义了 RIP 的第一版，即 RIPv1；1994 年，正式发布的 RFC1723 定义了 RIP 增强版，即 RIPv2；1997 年，正式发布的 RFC2080 定义了支持 IPv6 的 RIP，即为 RIPng，其中"ng"是"next generation"的缩写，意指"下一代"互联网。本章所讲的 RIP 只涉及用于 IPv4 的 RIP，即 RIPv1 与 RIPv2，不涉及 RIPng，本章后面如无特殊说明，"RIP"通指 RIPv1 或 RIPv2。

4.1.2 RIP 的工作原理

RIP 协议是矢量距离路由协议，它采用跳数（Hop Count）作为度量因子（Metric），规定最大的跳数为"15"跳，即凡是到目的网络超出了 15 跳，RIP 协议就认为目的网络不可达。运行 RIP 协议的路由器周期性地发出路由更新报文，它的邻居路由器收到路由更新报文后，采用第 3 章所讲的矢量距离算法来更新其路由表。

运行 RIP 协议的路由器（用 R_i 表示）在收到邻居路由器（用 R_j 表示）发送的路由更新报文后，其更新规则如下所述。

① 如果路由更新报文中某目标网络的路由条目在路由器 R_i 的路由表中没有，则路由器 R_i 在路由表中增加一条关于该目标网络的路由条目，增加的路由条目"跳数"为路由器 R_j 中该路由的"跳数"加上"1"，下一跳为"路由器 R_j"。

② 如果路由更新报文中某目标网络的路由条目在路由器 R_i 的路由表中存在，但将路由器 R_j 中该路由的"跳数"加上"1"后，得到的"跳数"比路由器 R_i 路由表中该目标网络的路由的"跳数"要小，则修改关于该目标网络的路由，"跳数"修改为路由器 R_j 中该路由的"跳数"加上 1 跳，下一跳修改为"路由器 R_j"。

③ 如果路由更新报文中某目标网络的路由在路由器 R_i 的路由表中存在，但将路由器 R_j 中该路由的"跳数"加上"1"后，得到的"跳数"比路由器 R_i 路由表中该目标网络的路由的"跳数"要大，则路由器的路由表不变。

下面以一个示例说明 RIP 协议更新路由的具体工作过程。如图 4.1 所示的网络拓扑，路由器 R1 与 R2 均只运行 RIP 协议，且已经完成相应的配置。现假设路由器 R1 的路由更新周期时间先到，路由器 R2 的路由更新周期时间后到。

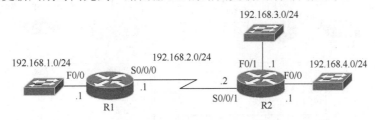

图 4.1　RIP 工作原理拓扑图

① 初始时刻，在路由器 R1 与 R2 的所有接口启动之后，RIP 协议配置之前，路由器首先将与之直接相连的网络插入路由表中，此时，路由器 R1 与 R2 的路由表中只有直连路由，如图 4.2 所示。

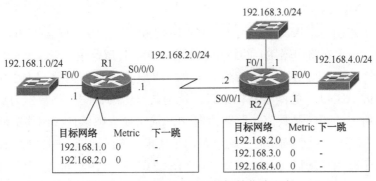

图 4.2　路由器 R1 与 R2 的初始化路由表

② 配置了 RIP 协议后，路由器 R1 的路由更新周期先到，它将路由更新报文发送给邻居路由器，邻居路由器 R2 收到路由器 R1 的路由更新报文后，根据距离矢量路由算法规则更新自己的路由表：

- 对于路由更新报文中网络为"192.168.1.0"的路由条目，由于在路由器 R2 的路由表中不存在，因此路由器 R2 增加一条关于网络"192.168.1.0"的路由条目，路由条目的"跳数"在收到的路由更新报文所给出的"跳数"基础上加"1"。由于该路由更新报文的发送源地址为"192.168.2.1 "，因此"下一跳"指向发送该路由更新报文的源地址，即"192.168.2.1 "。
- 对于路由更新报文中网络为"192.168.2.0"的路由条目，由于在路由器 R2 的路由表中已存在，但将路由更新报文中该路由的"跳数"加上"1"后，得到的跳数值为"1"，比路由器 R2 路由表中到目标网络"192.168.2.0"的跳数"0"要大，因此路由器 R2 保持该目标网络"192.168.2.0"路由条目不变。

路由器 R2 收到路由器 R1 的路由更新报文更新后的路由表如图 4.3 所示。

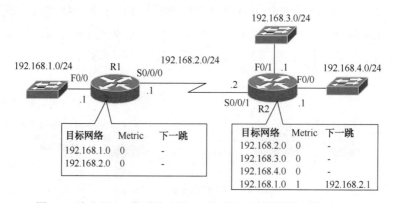

图 4.3　路由器 R2 收到路由器 R1 的路由更新并计算后的路由表

③ 接着，路由器 R2 的路由更新周期到了，它将路由更新报文发送给邻居路由器，邻居路由器 R1 收到路由器 R2 的路由更新报文后，同样采用距离矢量算法规则更新自己的路由表：

- 对于路由更新报文中网络为"192.168.3.0"和"192.168.4.0"的两条路由条目，由于在路由器 R1 的路由表中不存在，且该路由更新报文的发送源地址为"192.168.2.2"，因此路由器 R2 增加关于目标网络"192.168.3.0"和"192.168.4.0"的两条路由条目，这两条路由条目的"跳数"为更新报文中所给出的相应跳数值（即路由器 R2 的路由表中该目标网络的跳数）加上"1"，"下一跳"均指向发送该路由更新报文的源地址，即"192.168.2.2"。
- 对于路由更新报文中网络为"192.168.2.0"和"192.168.1.0"的两条路由条目，由于这两条路由在路由器 R1 的路由表中已存在，且路由更新报文中这两条路由的"跳数"加上"1"后，得到的"跳数"比路由器 R1 路由表中到目标网络路由的"跳数"还要大，因此路由器 R1 关于该目标网络"192.168.2.0" 和"192.168.1.0"的两条路由条目不变。

路由器 R1 收到路由器 R2 的路由更新报文执行距离算法后其路由表结果如图 4.4 所示。此时，我们可以观察到，尽管路由器 R1 和 R2 的路由表路由条目内容有所不同，但它们对于全网的认识是完全一致的，我们将网络中这种所有路由器对网络全局状态与路由有一致认识的情形称为路由收敛。运行动态路由协议的路由器达到对全网认识一致所花费的时间称为收敛时间，不同的路由协议收敛时间不一样。RIP 的收敛时间较慢。

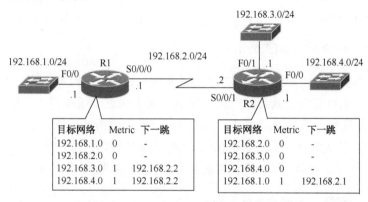

图 4.4　路由器 R1 收到路由器 R2 所发路由更新并计算后的路由表

④ 接下来，路由器 R2 与 R1 相互在各自的更新周期到来时持续发送路由更新信息。只要网络拓扑没有发生变化，路由器 R1 与 R2 计算出来的路由表都不会再变化。但是，若网络拓扑或连通性有所变化，则路由器需要一定的时间来重新达到对网络新状态的一致性认识，也就是重新实现路由的收敛。

4.1.3　RIP 中的定时器

RIP 通过向直接相连的邻居设备发送路由表来交换路由信息。为了有效实现路由信息的交换，RIP 使用了更新定时器、无效定时器、清除定时器、抑制定时器和触发定时器五个计时器。

1. 更新定时器（Update Timer）

RIP 路由器每隔一定的时间间隔向网络中发送自己的路由表，用于实现该时间间隔的计时器被称为更新计时器。每台路由器都有更新定时器，RIP 默认发送路由更新的时间间隔为 30 秒。为了防止网络中参与路由信息交换的路由器同时发送更新给网络带来拥挤，RIP 规定更新定时器在默认值 30 秒基础上有一个随机变化量。

2. 无效定时器（Invalid Timer.）

RIP 规定，若路由器在足够长的规定时间间隔内还没有收到路由表中某个 RIP 路由条目的更新信息，则将该路由条目定义为"无效（Invalid）"，即该路由条目在路由表中的度量值（跳数）被置为"16"，以表示该路由条目所对应的目标网络不可达，用于实现该时间间隔的计时器被称为无效定时器。RIP 路由表中的每个条目都有一个无效定时器，它是在路由条目创建时启动的，并在该路由条目得到更新时随之进行重置。RIP 协议规定无效定时器的默认值为 180 秒，相当于 6 个默认路由更新周期，即当路由器在 180 秒内没有收到关于某路由条目的更新信息时，该路由条目就被置为"无效"。

3. 清除定时器（Flush Timer.）

RIP 路由表中的某条路由条目具体的清除时间由清除定时器决定。当 RIP 路由表中某个路由条目变为无效后，将仍然在路由表中保留一段时间才会被清除，这样就能够有时间通知其邻居该路由条目的改变。清除计时器默认值为 240 秒（8 个路由更新周期），比无效计时器长 60 秒，即当路由条目被标记为无效后过 60 秒内仍然没有收到更新信息，也就是清除定时器也超时了，那么这条路由将从路由表中被删除。

4. 抑制计时器（Hold Down Timer）

抑制计时器用于将那些可能会影响路由的改变保持一段特定的时间，有助于防止在由于网络拓扑发生改变而导致路由重新收敛的过程中产生路由环路。在 RIP 协议中抑制计时器的默认值为 180 秒，相当于 6 个默认的路由更新周期。抑制计时器防止路由环路产生的过程详见 3.4.4 节。

5. 触发定时器（Triggered Update Timer）

触发更新是在路由器的路由度量发生改变时立即将改变的信息通知给邻居，RIP 协议在点到点链路上可以开启触发更新。但是，过度的触发更新会引起更新风暴。为了限制触发更新的频率，在每次触发更新后就启动一个定时器，即触发更新定时器。当该定时器到时后才允许下一次触发更新。RIP 协议规定，触发更新定时器的时间为 1～5 秒内的一个随机值，以避免网络内路由器的同步更新。

4.1.4　RIP 的特性

RIP 协议的路由算法为距离矢量路由算法，它具有算法实现简单，不需要耗费路由器太多 CPU 与内存等资源，但它同时也具有自动汇总、网络收敛速率慢，容易产生路由环路等特性。在 RIP 协议中使用水平分割、计数到无穷大、抑制计时器和路由毒化或毒性反转机制来消除路由环路。

1. 自动汇总

IPv4 中所定义的 A、B 和 C 三类网络又被称为主类网络。在主类网络的边界路由器上，RIP 协议可以对来自同一主类网络的路由进行自动汇总。以图 4.5 的网络为例，该网络中阴影部分的 IP 地址来自于主类网络"10.0.0.0/8"的子网划分，路由器 R2 的 F0/0 和 S0/0/0 端口的 IP 地址均属于主类网络"10.0.0.0/8"，然而路由器 R2 的 F0/1 端口的 IP 地址属于另一个主类网络"192.168.0.0/24"，因此路由器 R2 为主类网络"10.0.0.0/8"和"192.168.0.0/24"之间的边界路由器。在该网络中，如果采用 RIP 协议，在路由器 R2 上默认就会将主类网络进行自动汇总。也就是说，当 R2 通过 F0/1 端口向路由器 R3 发送 RIP 路由更新时，由主类网络"10.0.0.0/8"划分而来的四个子网"10.0.0.0/24"、"10.0.1.0/24"、"10.0.2.0/24"和"10.0.3.0/24"将自动汇总为主类网络"10.0.0.0/8"。路由汇总可以减少不必要的路由表项，提高路由更新的效率。但是，在一些具有非连续子网的网络环境中采用该功能，可能会导致路由信息的丢失或者不准确。

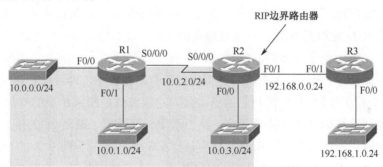

图 4.5　边界路由器的路由自动汇总

2. 网络收敛慢

所谓网络收敛慢，就是当网络出现变化时，网络中的路由器要经过较长的时间才能达到对网络状态的一致性认识。在网络未收敛期间，路由器保存的路由信息可能是错误的。网络收敛时间越短，路由协议的性能也就越好。

RIP 对于好消息，例如，某邻居路由器报告了到某网络的一条更短的路径，该消息将很快传递出去，但对于某一网络故障、设备宕机等坏消息，将会传递得比较慢。下面举例说明该问题。

以图 4.6 为例，网络 A 与路由器 R1 直接相连，在初始状态，所有路由器都运行了 RIP 协议，但 R1 和 R2 之间的连接处于断开状态，其他路由器也知道该链路断开。此时，由于网络 A 为直连路由，因此路由器 R1 到网络 A 的距离为 0，即为 (A，0)，其他路由器到网络 A 不可达，因此距离设置为 16，即为 (A，16)，如

图 4.6 中的"初始状态"行所示。

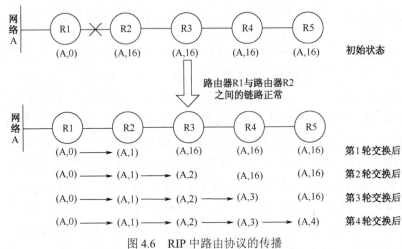

图 4.6　RIP 中路由协议的传播

当路由器 R1 与路由器 R2 之间的链路正常启用并进行了第一次 RIP 消息交换后，R2 从 R1 得知：R1 到网络 A 的距离为 0。因此，R2 就将到网络 A 的距离更新为 1，下一跳为 R1。但此时其他路由器还不知道网络 A 已经接进来了，因此，它们的仍然认为到 A 的距离为 16。这就是图 4.6 中的"第 1 轮交换后"行。

在第二轮路由信息交换后，R3 得知 R2 有一条到网络 A 的路由，其距离比其本身维护的距离要小，因此，R3 将其更新到自己的路由表中，即（A,2），此时 R4 和 R5 还没有获得关于网络 A 的相关信息，此时的状态就是图 4.6 中的"第 2 轮交换后"行。按照这样的方式，到第四轮，路由器 R5 就获得了网络 A 的信息，并更新到了自己的路由表中。至此，所有的路由器都正常学到了关于网络 A 的路由信息。

由此可见，在运行 RIP 协议的网络环境中，好消息每经过一次路由信息交换，传播范围就更大一些。在图 4.6 给出的示例中，一共经过四轮的信息交换，关于网络 A 的路由信息就传播到了路由器 R5。

接下来看坏消息的传播过程。如图 4.7 中，所有路由器都运行了 RIP 协议，并且已实现了网络的收敛，即所有路由器都知道到网络 A 的正确路由信息，即图中的"初始状态"行。

由于某种原因路由器 R1 与路由器 R2 之间的链路断开了，在经过了第一轮路由信息交换后，R2 没有从 R1 处获得关于网络 A 的信息。但从 R3 处获得关于 A 的信息，路由器 R3 告诉 R2，从路由器 R3 可到达网络 A，路由器 R3 到网络 A 的距离为 2。但 R2 并不知道 R3 到网络 A 的路径还需要经过自己，因此，R2 更新了到网络 A 的路由，距离为路由器 R3 到网络 A 的跳数"2"再加上"1"，即跳数为"3"，即图 4.7 中的"第 1 轮交换后"行。

第二轮交换时，R3 了解到从两个邻居 R2 和 R4 到网络 A 的距离都为 4，其中来自 R2 的信息发生了改变。R3 根据这些信息修正了去网络 A 的路由，比如选择

R2 作为下一跳，距离为 4，这就是图 4.7 中的"第 2 轮交换后"行。按照这样方式继续，最终经过 14 轮的交换，R2、R3、R4 和 R5 才都知道到网络 A 不可达。

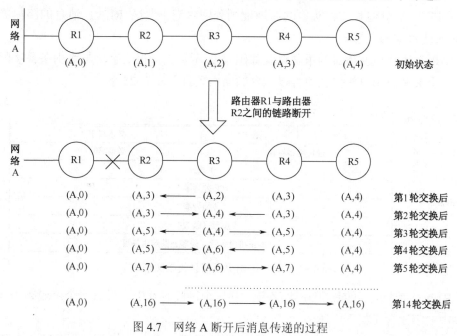

图 4.7　网络 A 断开后消息传递的过程

通过上述过程，我们不难看出，坏消息的传递是通过距离的不断增加来完成的。当路由器知道到网络 A 的距离为 16 时，坏消息才真正传递过来。因此，坏消息的传递时间和协议中关于不可达跳数值（也称无穷大值）的设置有关系，RIP 协议中取无穷大值为 16。

4.2　RIPv1

4.2.1　RIPv1 报文格式

RIP 消息的数据部分封装在 UDP 数据段报中，采用的 UDP 源端口号和目的端口号均为"520"。封装了 RIP 消息的 UDP 数据报在被从配置了 RIP 的路由器接口发送出去之前，还需要对相应的网络层与数据链路层进行封装，即分别加上相应的 IP 分组头以及数据链路层的帧头和帧尾部分，如图 4.8 所示。

			512字节，最多包含25条路由	
数据链路层帧头	IP分组头	UDP分段头	RIP消息	数据链路层帧尾

图 4.8　RIP 消息的封装

由于 RIPv1 采用广播发送路由更新信息，因此在 IP 分组头和数据链路层帧头中，目的地址均使用广播地址，其地址分别为"255.255.255.255"和"FF-FF-FF-FF-FF-FF"。而分组头与帧头中的源地址则分别对应于发送 RIPv1 消息的路由器接口 IP 地址和 MAC 地址。

RIPv1 路由更新信息的报文格式如图 4.9 所示。由报头字段与路由条目字段组成。一个 RIP 路由更新报文中可以包含的路由条目至多为 25 条。

图 4.9　RIPv1 路由更新信息的报文格式

RIPv1 消息报头的长度为 4 字节，共三个字段。其中，最后一个字段须为 0。报头中的字段含义如下所述。

- 命令字段（Command）：指定消息的类型，取值为"1"或"2"。当值为"1"时，表示请求部分或全部的路由信息，当值为"2"时，表示应答发送方的全部或部分路由信息。
- 版本字段（Version）：表示 RIP 的版本，RIPv1 的版本字段值为"1"。

每个路由条目部分包含三个字段，分别为地址类型标识字段、IP 地址字段和度量字段，其具体含义如下所述。

- 地址类型标识字段（Address Family Identifier）：用于设置路由条目中的地址类型，当其值为"2"时，表示 IP 地址，当其值为"0"时，表示请求完整的路由表。
- IP 地址（IP Address）：路由条目所对应的目标地址，通常为网络地址或子网地址，但也可以是主机地址。
- 度量（Metric）：其值为"1"到"16"，当地址类型字段值为"2"时，该字段值对应到目的网络的跳数；当地址类型字段值为"0"时，该字段值被设置为"16"。

图 4.10 给出了一个包含两条路由条目的 RIPv1 路由更新信息示例。在该示例中，命令字段值为"2"，表示该路由消息是一个应答消息；版本字段为"1"，表示是 RIPv1；第一条路由的 IP 地址为"192.168.1.0"，度量值为"1"跳，地址类型字段值为"2"；第二条路由的 IP 地址为"192.168.2.0"，度量值为"1"跳，地址类型字段值为"2"。

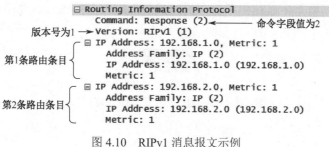

图 4.10　RIPv1 消息报文示例

4.2.2　RIPv1 消息的交换处理工作过程

路由器只会从配置了 RIPv1 的接口发送和接收 RIPv1 路由更新信息。RIPv1 的路由更新信息以广播的方式发送，路由器不会转发广播数据包，因此，RIPv1 路由更新信息交换只在直接相邻的 RIP 邻居路由器之间进行。RIPv1 路由更新信息的交换处理工作过程如下所述。

首先，路由器每个配置了 RIPv1 的接口在启动时都会发送 RIPv1 请求报文，请求报文中的命令字段值和地址类型字段值分别为"1"和"0"，以请求这些接口所连的 RIPv1 邻居路由器发送其完整的路由表。邻居路由器在收到 RIPv1 请求报文后，将根据请求发出应答消息，应答报文中的命令字段值为"2"，地址类型字段为"2"。发出请求报文的路由器在收到应答报文后，它将对每个路由条目运用 D-V 算法计算到目的地的最佳路由。即：如果路由条目是新的，接收方路由器便将该路由条目添加到路由表中；如果该路由已经包含在路由表中，则只有当新条目的跳数比现有条目的跳数小时，才会将现有条目替换成新条目。最后，启动路由器，从所有启用了 RIP 的接口发出包含其自身路由表的触发更新，以便 RIP 邻居能够获知所有新路由。

在图 4.11 所示的网络拓扑中，每个路由器的所有接口都配置为参与 RIPv1 更新，图中给出了路由器 R1 启动 RIPv1 后的工作过程。

① 路由器 R1 从 F0/0、F0/1 和 F1/0 接口发送 RIPv1 请求消息，请求邻居路由器发送其完整的路由表。

② 当路由器 R2 和路由器 R3 从自己的 F0/1 接口收到 R1 的 RIPv1 请求消息后，向路由器 R1 发出响应消息，路由器 R1 收到响应消息后使用 D-V 算法计算到目的地的最佳路由。

③ 路由器 R1 从接口 F0/0、F0/1 和 F1/0 发送触发更新信息，以便 RIP 邻居路由器 R2 和路由器 R3 能够获知所有新路由。

从 RIPv1 的报文格式可以知道 RIPv1 的路由信息中有网络 IP 地址，但并没有携带子网掩码信息，那么，当路由器从邻居路由器收到路由更新信息后，它是如何判断出路由更新信息中某路由条目中的网络前缀呢？一般来说，使用以下两条规则来决定。

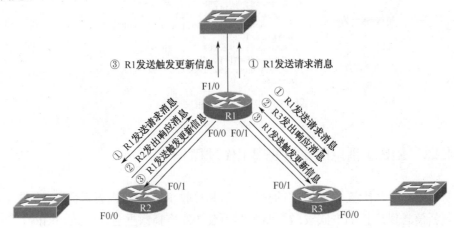

图 4.11　RIPv1 的工作过程

① 如果接收接口的 IP 地址与某路由条目的目标网络的 IP 地址属于同一个主类网络，但属于不同的子网，则路由器使用配置在该接收接口上的子网掩码作为该目标网络的子网掩码。

② 如果接收接口的 IP 地址与某路由条目的目标网络的 IP 地址属于不同的主类网络，则路由器使用默认的、基于类别的子网掩码作为该地址的子网掩码。

在图 4.12 所示的网络拓扑结构中，每个路由器的所有接口都配置为参与 RIPv1 更新。当路由器 R1 通过 S0/0/0 接收到路由器 R2 所发的关于网络“10.0.1.0”的路由更新信息后，由于网络“10.0.1.0”与路由器 R1 的接口 S0/0/0 所在网络“10.0.2.0”属于同一个主类网络（即 A 类网络“10.0.0.0/8”），但属于不同的子网，因此路由器 R1 使用收到该路由更新信息的接口 S0/0/0 的子网掩码“/24”作为网络“10.0.1.0”的子网掩码。当路由器 R3 通过 S0/0/0 接收到路由器 R1 所发的关于网络“10.0.0.0”的路由更新信息后，由于路由器 R3 接收该路由更新信息的接口 S0/0/0

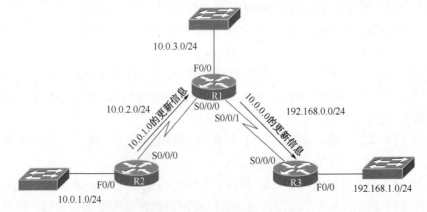

图 4.12　RIPv1 判断网络 IP 地址的前缀示意图

所在网络"192.168.0.0"与网络"10.0.0.0"属于不同的主类网络（网络"10.0.0.0"属于 A 类，主类网络号为"10.0.0.0/8"；网络"192.168.0.0"属于 C 类，主类网络号为"192.168.0.0/24"），因此路由器 R3 使用网络"10.0.0.0"所属主类网络类别的默认子网掩码"/8"作为网络"10.0.0.0"的子网掩码。

4.2.3　RIPv1 的规划与部署要点

RIPv1 作为一种有类别的路由协议，在路由更新信息中不携带子网掩码信息，同时又限定了最大跳数为"15"，并且收敛慢，因此其适用性受到较大限制，它不能支持：① VLSM 或 CIDR；② 不连续的子网；③ 规模庞大复杂的网络。另外，RIPv1 基于 D-V 算法实现，需要周期性发送路由更新信息，因此也不适合于状态多变的网络。它只能用于那些没有使用 VLSM 或 CIDR，不存在不连续子网，网络规模较小、变化不太频繁的网络。

1. RIPv1 的规划要点

对于每个需要运行 RIPv1 的路由器来说，首先，需要考虑该路由器有哪些直接相连的网络需要参与到 RIPv1 的路由更新中。其次，要考虑是否将某些接口设置为被动接口。RIPv1 以广播的形式发送路由更新信息，但也可能存在这样的情况，对于路由器某些接口所连接的网络，例如，图 4.12 中路由器 R1 的 F0/0 端口、路由器 R2 的 F0/0 端口和路由器 R3 的 F0/0 端口，这些接口所在网络不存在别的路由器，通过这些接口发送路由更新是没有意义的，为了减少网络开销、优化网络性能，可以不需要向这些网络发送路由更新信息，因此需要将这些网络接口配置成被动接口。注意，当路由器的某接口被设置为被动接口时，接口所在网络的信息仍然包含在路由器所发送的路由更新信息中，但这些接口本身不向所在网络发送路由报文。

2. RIPv1 的配置要点

RIPv1 的配置通常需要三个步骤：首先，在路由器上启用 RIPv1 路由协议；其次，指定需要参与 RIPv1 路由更新的直连网络；第三步，根据网络实际情况，决定是否需要配置被动接口优化路由。第三步是一个可选步骤。

对应于上述步骤，Cisco 路由器给出的配置与调试查看命令为：

- Router(config)#router rip　　　　　　　　//启用 RIP 路由协议
- Router(config-router)#version 1

注释：使用该命令指定 RIP 版本为 RIPv1 后，直连网络端口默认值为只发送和接收 RIPv1 的路由更新信息。如果不指定 RIP 版本，默认为运行 RIPv1，但直连网络端口默认值为发送 RIPv1 的路由更新信息、接收 RIPv1 和 RIPv2 的路由更新信息。

● Router(config-router)#network directly-connected-classful-network-address

注释：该命令用以指定参与 RIPv1 路由更新的直连网络，该命令有两重含义：一是指定通过哪些直接相连的网络与其他路由器通信；二是需要向其他路由器通告哪些直连的网络。其中 "*directly-connected-classful-network-addres*" 表示直连的有类别网络号。

● Router(config-router)#passive-interface *interface-type interface-number*

注释：该命令用以指定哪些接口为被动接口，"*interface-type interface-number*" 为被动接口的接口标识。指定为 "被动接口" 的接口不需要发送和接收消息更新报文，但从其他接口发出的路由更新信息中仍将包含对被动接口所属网络的通告。

● Router(config-router)# default-information originate

注释：该命令用以把配置的默认路由重发布到 RIP 协议中。路由重分发技术也称为路由引入或路由重分布，默认路由获得的路由需要通过重发布才能传播到动态路由协议中。关于路由重发布的详细介绍见 6.2 节。

● Router#show ip route　　　　　　　//查看路由表
● Router#show ip protocols　　　　　//查看配置的路由协议信息
● Router#debug ip rip　　　　　　　　//跟踪调试 RIP 运行
● Router#show ip rip database　　　　//查看 RIP 本地数据库

3. RIPv1 规划与配置实例

某一网络拓扑结构以及 IP 编址方案如图 4.13 所示。分析该网络可知：首先，网络的直径没有超过 15 跳；其次，在该网络中划分子网时没有采用 VLSM；第三，该网络中也不存在不连续的子网。因此可以使用 RIPv1 协议实现网络的相互连通。

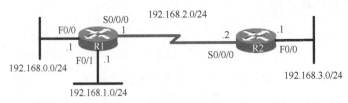

图 4.13　RIPv1 实例拓扑结构图

在路由器 R1 上，参与 RIPv1 路由更新的直连网络有三个："192.168.0.0/24"、"192.168.1.0/24" 和 "192.168.2.0/24"，由于 "F0/0" 与 "F0/1" 端口所连网络中不存在别的路由器，可以将这两个端口设置为 "被动接口" 以优化网络性能，其部署需要完成三个配置步骤：① 启用 RIPv1 协议；② 配置三个直连网络参与到 RIPv1 路由更新中；③ 设置 "F0/0" 与 "F0/1" 接口为被动接口。图 4.14 为路由器 R1 上

RIPv1 路由配置步骤。

在路由器 R2 上，参与 RIPv1 路由更新的直连网络有两个："192.168.2.0/24" 和 "192.168.3.0/24"。由于 F0/0 接口所连网络不存在别的路由器，该接口可以指定为 "被动接口" 以优化网络性能，图 4.15 给出了路由器 R2 上的 RIPv1 路由配置步骤。

```
R1(config)#router rip
R1(config-router)#version 1
R1(config-router)#network 192.168.0.0
R1(config-router)#network 192.168.1.0
R1(config-router)#network 192.168.2.0
R1(config-router)#passive-interface f0/0
R1(config-router)#passive-interface f0/1
```

```
R2(config)#router rip
R2(config-router)#version 1
R2(config-router)#network 192.168.2.0
R2(config-router)#network 192.168.3.0
R2(config-router)#passive-interface f0/0
```

图 4.14　路由器 R1 的 RIPv1 配置示例　　　　图 4.15　路由器 R2 的 RIPv1 配置示例

4.2.4　RIPv1 的不足与限制

由于在 RIPv1 的消息报文中没有携带子网掩码，并且没有验证功能字段，因此 RIPv1 既不支持 VLSM 也不支持 CIDR，如果在网络中需要使用 VLSM 划分子网，或者网络中划分的子网不连续，则不能使用 RIPv1。

1. 不支持变长子网掩码与 CIDR

RIPv1 为有类别路由协议，它不支持 VLSM 与 CIDR。如果在进行网络 IP 地址分配时，采用了 VLSM，则该网络不能使用 RIPv1 作为路由协议。如图 4.16 所示，该网络中有四个子网，这四个子网分配的 IP 地址是主类网络 "192.168.0.0/24" 划分的子网，每个子网规模大小不一样，即子网掩码不一样，是采用 VLSM 划分的子网，在这种网络中不能启用 RIPv1 协议。

假设在该网络中使用了 RIPv1 协议，以路由器 R1 为例，由于路由器 R1 的 S0/0/0 端口与两个以太网接口的网络号是由同一主类网络 "192.168.0.0" 使用 VLSM 划分而成的，且 RIPv1 协议不支持 VLSM，那么路由器 R1 就不能构建 "192.168.0.0" 相关路由更新条目，路由器 R2 也就学不到关于 "192.168.0.0/26" 和 "192.168.0.64/27" 的路由信息。同样，路由器 R1 也学不到关于 "192.168.0.128/26" 的路由信息。

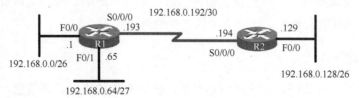

图 4.16　采用 VLSM 的网络

2. 不支持不连续子网

RIP 协议属于有类路由协议，它的路由更新信息中不包含子网掩码，由于接收路由器无法确定路由条目中目标网络的子网掩码，网络会在主网边界自动汇总为主类网络的子网掩码。RIPv1 不能禁用自动汇总功能，因此在网络中进行 IP 地址的规划与分配时，如果划分的子网不连续，会导致某些路由信息不能正确学习到。

下面以一个示例来进行说明，如图 4.17 所示，路由器 R1 和 R2 的 LAN 是由主类网络"192.168.0.0/24"所划分的三个子网，然而这三个子网之间被另一个主类网络"192.168.1.0/24"分开，该网络中子网划分不连续。

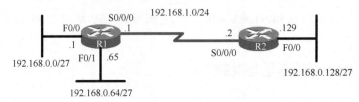

图 4.17　不连续的子网

如果在该网络中使用 RIPv1 协议，路由器 R1 在向路由器 R2 发送路由更新信息时，会自动把网络"192.168.0.0/27"和"192.168.0.64/27"汇总为主类网络"192.168.0.0"，路由器 R2 从 S0/0/0 端口收到路由器 R1 所发的"192.168.0.0"路由更新信息后，根据 RIPv1 对路由消息的处理工作过程，由于路由器 R2 的 S0/0/0 端口与网络"192.168.0.0"不属于同一个主类网，因此路由器 R2 会使用默认的掩码去匹配该路由的目标网络，而且路由器 R2 已有"192.168.0.128/27"与之直接相连，比收到的路由条目的跳数少，因此路由器 R2 会忽略该路由信息，从而学不到路由器 R1 上两个 LAN 的路由。同样，路由器 R1 也学不到路由器 R2 上 LAN 的路由。

3. 以广播发送路由更新信息

RIPv1 以广播方式周期性向邻居发送其路由更新信息，广播包的路由更新信息会被其他设备接收并处理，直到更新报文发送到上层时才知道是 RIPv1，这样会耗费其他没有运行 RIPv1 的设备的资源。如图 4.18 所示，路由器 R1 与 R2 在发送 RIPv1 更新信息时，网络"192.168.0.64 中的所有主机设备数据链路层与网络层均需要接收并处理该数据包，直到发送输传层后，才能根据端口号判定该数据包自己不需要处理，这样就会耗费了该网络主机设备的资源。

4. 不支持认证

RIPv1 不支持认证，因此路由器可能接收到非法的路由更新信息，网络攻击者甚至还可能会企图通过欺骗路由器发送分组到错误的目的地址，并捕获这些分组以进行网络攻击。例如，在图 4.18 所示的网络中，网络攻击者在主机 A 上安装

wireshark 或其他捕获包软件，由于 RIPv1 更新信息以广播方式发送，攻击者可捕获到路由器 R1 与路由器 R2 所发的 RIPv1 更新信息，在捕获到 RIPv1 更新信息后，将更新信息中的路由条目进行撰写，然后再把撰写后的 RIPv1 更新信息发送出去，导致路由器 R1 与路由器 R2 学到错误的路由信息。

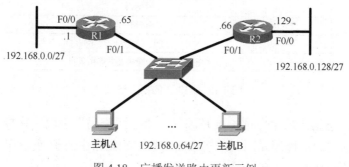

图 4.18　广播发送路由更新示例

4.3　RIPv2

RIPv2 继承了 RIPv1 的所有功能，并在此基础上进行改进，改进的主要内容包括对 VLSM 和认证的支持，表 4.1 列出了两个版本之间的对比。

表 4.1　RIPv1 和 RIPv2 的比较

RIPv1	RIPv2
无身份验证功能	有身份验证功能
报文中不携带子网掩码信息，不支持 VLSM	报文中携带子网掩码信息，支持 VLSM
报文中无下一跳 IP 地址信息	报文中有下一跳 IP 地址信息
采用广播方式传递信息	采用组播方式传递信息
无路由标记	采用了路由标记
	具有 RIPv1 的所有功能

4.3.1　RIPv2 的报文格式

尽管与 RIPv1 一样，RIPv2 也封装在使用 520 端口的 UDP 数据段中，最多可包含 25 条路由，但为了与协议的改进相适应，RIPv2 在报文上也做了一些调整，图 4.19 给出了 RIPv2 的报文格式。与 RIPv1 采用广播发送路由更新信息不同，RIPv2 采用组播发送路由更新信息，其目的 IP 地址为组播地址"224.0.0.9"；在报文格式上，虽然 RIPv2 与 RIPv1 的基本消息格式相同，但 RIPv2 添加了两项重要扩展。

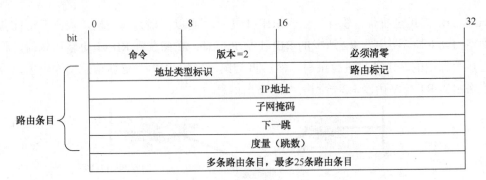

图 4.19 RIPv2 的报文格式

RIPv2 消息格式的第一项扩展是添加了"子网掩码"字段，这样 RIP 路由条目中就能包含 32 位掩码。因此，接收路由器在确定路由的子网掩码时，不再依赖于入站接口的子网掩码或有类别掩码。

RIPv2 消息格式的第二项重要扩展是添加了"下一跳地址"字段。该字段用于标识一个比通告路由器地址更好的下一跳。也就是说它指出的下一跳地址，其度量值比在同一个子网上的通告路由器更靠近目的网络。它的作用和 ICMP 重定向报文类似，都是为了避免广播环境下产生额外的转发跳数。如果此字段被设为全零 (0.0.0.0)，则发送消息的路由器地址便是最佳的下一跳地址。

图 4.20 给出了一个包含两条路由条目的 RIPv2 路由更新报文示例。在该示例中，命令字段值为"2"，表示该路由消息是一个应答消息；版本字段为"2"，表示是 RIPv2；第一条路由的地址类型字段值为"2"，IP 地址为"192.168.1.0"，子网掩码为"255.255.255.0"，下一跳地址为全零，度量值为"1"跳；第二条路由的地址类型字段值为"2"，IP 地址为"192.168.2.0"，子网掩码为"255.255.255.0"，下一跳地址为全零，度量值为"1"跳。

```
⊟ Routing Information Protocol
    Command: Response (2)
    Version: RIPv2 (2)
⊟ IP Address: 192.168.1.0, Metric: 1
    Address Family: IP (2)
    Route Tag: 0
    IP Address: 192.168.1.0 (192.168.1.0)
    Netmask: 255.255.255.0 (255.255.255.0)
    Next Hop: 0.0.0.0 (0.0.0.0)
    Metric: 1
⊟ IP Address: 192.168.2.0, Metric: 1
    Address Family: IP (2)
    Route Tag: 0
    IP Address: 192.168.2.0 (192.168.2.0)
    Netmask: 255.255.255.0 (255.255.255.0)
    Next Hop: 0.0.0.0 (0.0.0.0)
    Metric: 1
```

图 4.20 RIPv2 的报文格式

4.3.2　RIPv2 对 RIPv1 的兼容性

RIPv1 协议在设计时就对协议的未来发展预留了空间，从而保证了 RIPv2 对 RIPv1 具有良好的向下兼容性。RIPv1 协议规定：对于运行 RIPv1 的路由器，若收到的 RIP 报文版本号为 "0"，则抛弃该报文；若收到的报文版本号为 "1"，但所有必须为 "0" 的字段值如果出现了非 "0"，则该报文也要被抛弃；若收到的报文版本大于 "1"，则不将该报文抛弃，而是接收该报文。由于 RIPv2 发送的更新报文的版本为 "2"，所以如果 RIPv1 路由器收到 RIPv2 的报文，就不会被抛弃，换句话说，RIPv2 兼容 RIPv1 的协议。

在 RIPv2 的 RFC2453 中，则进一步定义了如何配置 RIPv1 和 RIPv2 之间的兼容性，使得它们之间可以共同工作。在一个 RIPv1 与 RIPv2 共存的网络环境中，RFC2453 建议，在运行 RIPv2 路由器上，每个 RIP 接口要根据实际需求进行设置，但任何一个接口只能被设置为这些类型中的一种：① RIPv1 接口——只传递 RIPv1 报文；② RIPv2 接口——只在 RIPv2 间传递路由信息，即通过组播地址 "224.0.0.9" 来发送报文；③ RIPv2 兼容性接口——RIPv2 以广播而非组播方式来传送报文，以便 RIPv1 能够接收到；④ None 接口——不发送任何 RIP 报文。

默认情况下，运行 RIPv2 的的路由器接口默认设置为只发送与接收 RIPv2 路由更新信息。我们根据不同的网络运行需要，对接口进行 RIP 类型的设置。

以图 4.21 的网络为例，图中路由器 R1、路由器 R2 和路由器 R3 使用命令 "version 1" 配置为运行 RIPv1 协议，这些路由器的接口默认值为只发送与接收 RIPv1 路由更新信息。路由器 R4、路由器 R5 和路由器 R6 使用命令 "version 2" 配置为运行 RIPv2 协议，这些路由器的接口默认值为只发送与接收 RIPv2 路由更新信息。因此，路由器 R3 会忽略路由器 5 所发送的 RIPv2 路由更新信息，学习不到关于 "RIPv2 区域" 的路由信息。同样，路由器 R5 也会忽略路由器 3 所发送的 RIPv1

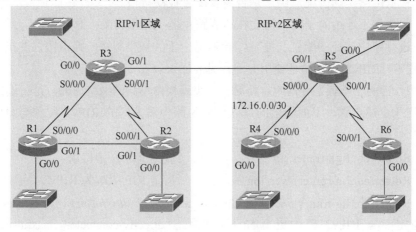

图 4.21　工程案例拓扑图

路由更新信息，学习不到关于"RIPv1 区域"的路由信息，整个网络不具备网络互连互通。这时，需要对路由器 R5 的 G0/1 接口进行设置，将其设置为"发送 RIPv1 路由更新信息"与"接收 RIPv1 路由更新信息"类型，才能实现全网的互通。

4.3.3 RIPv2 的规划与配置

作为对 RIPv1 的改进版本，RIPv2 在网络适用性上得到了较大的提高，它可以支持 VLSM、不连续的子网。但是，由于 RIPv2 仍然继承了 RIPv1 的核心算法思想，以及关于最大跳数为"15"的限定，因此，它仍然不能适用于规模庞大且复杂的网络，也不适用于状态多变的网络。

1. RIPv2 的规划要点

对于每个需要运行 RIPv2 的路由器来说，在规划时需要考虑以下四个因素：
① 需要考虑该路由器有哪些直接相连的网络需要参与到 RIPv2 的路由更新中。
② 要考虑是否将某些接口设置为被动接口，以减少不必要的网络开销。
③ 是否存在不连续的子网，若存在的话，需要在边界路由器上禁用自动汇总功能，以防止子网路由更新信息的丢失。
④ 根据网络安全的需要，决定是否需要配置认证以增加路由更新的安全性。
其中，前两点与 RIPv1 是类似的，而后两点则是 RIPv2 规划新增的内容。

2. RIPv2 的配置要点

与上述规划相对应，在进行 RIPv2 的配置时一般需要以下五个步骤：
① 在路由器上启用 RIPv2 路由协议。
② 指定哪些直接相连的网络需要参与到 RIPv2 的路由更新中。
③ 根据网络实际情况，决定是否需要配置被动接口。
④ 如果有不连续的子网，需要在边界路由器上禁用自动汇总功能。
⑤ 进行路由认证的配置（注意，随着适合于大规模网络的路由协议的出现，在实际工程中，RIPv2 身份验证使用并不常见）。
其中，前两个步骤是必需的，而后三个步骤根据不同的网络需求，是可选的。
对应于上述步骤，下面给出的是以 Cisco 路由器为例的 RIPv2 配置与路由验证命令：
● Router(config)#router rip   //启用 RIP 路由协议
● Router(config-router)#version 2   //指定 RIP 版本为 RIPv2
● Router(config-router)#network *directly-connected-classful-network-address*
//指定参与 RIPv2 路由更新的直连网络，"directly-connected-classful-network-address"表示直接相连网络的主类网络号

- Router(config-router)# no auto-summary　　　//禁用自动汇总功能
- Router(config-router)#passive-interface *interface-type interface-number*　//配置被动接口
- Router(config-router)# default-information originate　　//把默认路由重发布到 RIP 中
- Router(config-if)#ip rip send version *version-number*　　//配置端口发送的 RIP 路由更新报文版本，"version-number"可以是"1"，也可以是"2"
- Router(config-if)#ip rip receive version *version-number*　//配置端口接收的 RIP 路由更新报文版本，"version-number"可以是"1"，也可以是"2"
- Router(config-if)#ip rip v2-broadcast　　//配置接口以广播的形式发送 RIPv2 的路由更新信息
- Router(config-if)#ip summary-address rip *ip-address subnet-mask*　//地址汇总，其中，"*ip-address*"表示汇总后的网络号，"*subnet-mask*"表示汇总后的子网掩码。注意：汇总后的网络前缀长度不能超过主类网络的网络前缀长度

> **注意**：从严格意义上讲，RIPv2 并不支持 CIDR，它只能将子网进行汇总，并不能将主类网汇总成超网，例如，它不能将网络"192.168.0.0/24"和"192.168.0.1/24"汇总成超网"192.168.0.0/23"。此外，对于多数的路由设备来说，若在启动 RIP 协议时没有指定 RIP 版本号，其默认情况是只能发送 RIPv1 的消息报文，但可以接收 RIPv1 和 RIPv2 的消息报文。

- Router(config)#key chain *key-chain-name*　　　　//配置密钥链名称，"*key-chain-name*"表示密钥链名称
- Router(config-keychain)#key *key-ID*　　//配置 key-ID 值，"*key-ID*"值为一个"0"到"2147483647"的数值
- Router(config-keychain-key)#key-string *password*　　　//配置 key-ID 的密码，"*password*"表示密码值
- Router(config-if)#ip rip authentication mode md5|text　　//配置接口认证模式为 MD5 认证或明文认证
- Router(config-if)#ip rip authentication key-chain *key-chain-name*　　　　//为接口配置认证使用的密钥链
- Router#show ip route　　　　　　　　//查看路由表
- Router#show ip protocols　　　　　　　//查看配置的路由协议信息
- Router#debug ip rip　　　　　　　//跟踪调试 RIP 运行
- Router#show ip rip database　　　　　　//查看 RIP 本地数据库

3. RIPv2 规划与配置实例

某一网络拓扑结构以及 IP 编址方案如图 4.22 所示。分析该网络可知：① 网络

的直径没有超过 15 跳；② 该网络使用 VLSM 划分子网；③ 该网络中存在不连续的子网。因此，该网不能使用 RIPv1 协议实现网络的相互连通，但可以使用 RIPv2 协议实现网络的相互连通。

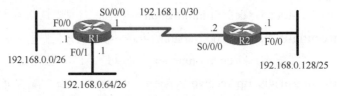

图 4.22　RIPv2 实例拓扑结构图

在路由器 R1 上，参与 RIPv2 路由更新的直连网络有三个："192.168.0.0/26"、"192.168.0.64/26" 和 "192.168.1.0/30"；路由器 R1 的 "F0/0" 与 "F0/1" 端口所连网络中不存在别的路由器，可以将这两个端口设置为 "被动接口" 以优化网络性能；该网络中有不连续的子网，即路由器 R1 的 F0/0 端口和 F0/1 端口所连接的子网和路由器 R2 的 F0/0 端口所连接的子网为同一主类网络 "192.168.0.0/24" 所划分的子网，而路由器 R1 和 R2 之间的链路属于另一个主类网络 "192.168.1.0/24"，因此路由器 R1 为边界路由器，边界路由器上默认启动了自动汇总功能，需要禁用自动汇总功能。其部署需要完成四个配置步骤：① 启用 RIPv2 协议；② 配置三个直连网络参与到 RIPv2 路由更新中；③ 配置 "F0/0" 与 "F0/1" 端口为被动接口；④ 该网络中有不连续的子网，路由器 R1 为边界路由器，边界路由器上默认启动了自动汇总功能，需要在 R1 上禁用自动汇总功能。图 4.23 为路由器 R1 上 RIPv2 路由配置步骤。

在路由器 R2 上，参与 RIPv2 路由更新的直连网络有两个："192.168.0.128/25" 和 "192.168.1.0/30"；"F0/0" 端口所连网络中不存在别的路由器，可以将这个端口设置为 "被动接口" 以优化路由；网络中存在不连续子网，路由器 R2 为边界路由器，需要禁用自动汇总功能。其部署需要完成四个配置步骤：① 启用 RIPv2 协议；② 配置两个直连网络参与到 RIPv2 路由更新中；③ 配置 "F0/0" 端口为被动接口；④ 路由器 R2 为边界路由器，需要禁用自动汇总功能。图 4.24 为路由器 R2 上 RIPv2 路由配置步骤。

```
R1(config)#router rip
R1(config-router)#version 2
R1(config-router)#network 192.168.0.0
R1(config-router)#network 192.168.1.0
R1(config-router)#no auto-summary
R1(config-router)#passive-interface f0/0
R1(config-router)#passive-interface f0/1
```

```
R2(config)#router rip
R2(config-router)#version 2
R2(config-router)#network 192.168.0.0
R2(config-router)#network 192.168.1.0
R2(config-router)#no auto-summary
R2(config-router)#passive-interface f0/0
```

图 4.23　路由器 R1 的 RIPv2 配置示例　　　　图 4.24　路由器 R2 的 RIPv2 配置示例

4.4　工程案例——RIP 的规划与配置

4.4.1　工程案例背景及需求

　　某企业内部网络拓扑结构如图 4.25 所示，企业网内部采用私有地址进行编址。这是一类非常典型的企业网络架构。这里的"企业"作为一个泛指的词，除了普通意义上的企业之外，还可以是学校、机构和政府等。这类网络的共同特点是：由一个总部和若干个远程的分支连接组成相对独立的企业内部网络。企业网络的 IP 地址编址如图 4.25 及表 4.2 所示。为了实现企业各网段之间、企业网络与 Internet 之间的相互访问，需要在各路由器上完成路由配置，要求如下所述。

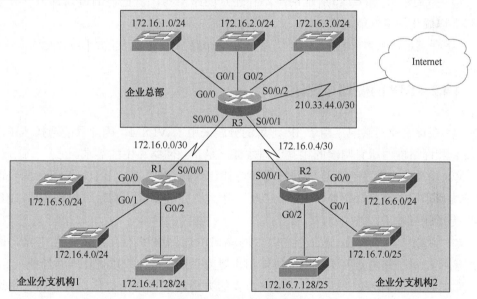

图 4.25　工程案例拓扑图

表 4.2　路由设备接口 IP 地址分配表

设备名	接口	IP 地址及子网掩码
路由器 R1	S0/0/0	172.16.0.2/30
	G0/0	172.16.5.1/24
	G0/1	172.16.4.1/25
	G0/2	172.16.4.129/25
路由器 R2	S0/0/1	192.168.0.6/30
	G0/0	172.16.6.1/24
	G0/1	172.16.7.1/25
	G0/2	172.16.7.129/25

续表

设备名	接口	IP 地址及子网掩码
路由器 R3	S0/0/0	172.16.0.1/30
	S0/0/1	172.16.0.5/30
	S0/0/2	210.33.44.1/30
	G0/0	172.16.1.1/24
	G0/1	172.16.2.1/24
	G0/2	172.16.3.1/24

① 由于网络规模不大，受企业路由器 CPU、内存资源的限制，需要使用 RIP 协议实现企业内部网络所有网段的互连互通。

② 在连接 Internet 的路由器 R1 上配置到 Internet 的默认路由，并把该默认路由重发布到 RIP 路由协议中，使企业网络中所有路由器都学到 Internet 的默认路由。

③ 如果路由器的端口所连网络不存在别的路由器，需把该端口设置为"被动接口"以优化网络性能。

④ 在满足路由需求的基础上，尽量减少每个路由器路由表的大小以优化路由。

4.4.2　RIP 的规划与设计

① 在该企业网络中，由于 IP 地址的分配采用了 VLSM，因此只能选择 RIPv2 实现企业网络内网所有网段的相互连通才能满足企业网络路由的需求。

② 每个路由器所有直连的网络均参与 RIP 的路由更新，由于每个路由器直连网络均属于同一个主类网络"172.16.0.0"，因此只需要指定"172.16.0.0"参与 RIP 路由更新就可以了。

③ 网络中每个路由器的千兆以太网端口所连网络中不存在别的路由器，因此，需要把每个路由器的千兆以太网端口设置为"被动接口"以优化网络性能。

④ 为了尽可能减少每个路由器路由表的大小，实现路由优化，可以将子网进行网络汇总，根据 CIDR 原则（网络地址是连续的以及网络号的范围必须是 2 的幂次方），进行如下汇总。

- 在路由器 R1 上，可以把"172.16.5.0/24"、"172.16.4.0/25"和"172.16.4.128/25"三个子网汇总为一个网络前缀更短的网络"172.16.4.0/23"。

- 在路由器 R2 上，根据 CIDR 原则，可以把"172.16.6.0/24"、"172.16.7.0/25"和"172.16.7.128/25"三个子网汇总为一个网络前缀更短的网络"172.16.6.0/23"。

- 在路由器 R3 上，根据 CIDR 原则，可以把"172.16.0.0/30"、"172.16.0.4/30"、"172.16.1.0/24"、"172.16.2.0/24"和"172.16.3.0/25"五个子网汇总为一个网络前缀更短的网络"172.16.0.0/22"。在进行该条汇总路

由时需注意，如果有"172.16.0.0/24"划分的其他子网是路由器 R3 的远程网络，则只能将"172.16.2.0/24"和"172.16.3.0/25"汇总为一条路由。

- 最后，在路由器 R3 上配置默认路由，并把默认路由重发布到 RIPv2 中。

RIP 详细路由规划如表 4.3 所示。

表 4.3 RIP 路由规划表

设备	路由协议	参与 RIP 路由更新的直连网络	被动接口	需汇总的子网	汇总后的网络前缀以及发送汇总路由的接口
R1	RIPv2	172.16.0.0	G0/0、G0/1 和 G0/2	172.16.5.0/24 172.16.4.0/25 172.16.4.128/25	172.16.4.0/23，S0/0/0
R2	RIPv2	172.16.0.0	G0/0、G0/1 和 G0/2	172.16.6.0/24 172.16.7.0/25 172.16.7.128/25	172.16.6.0/23，S0/0/1
R3	RIPv2	172.16.0.0	G0/0、G0/1 和 G0/2	172.16.1.0/24 172.16.2.0/24 172.16.3.0/24 172.16.0.0/30 172.16.0.4/30	172.16.0.0/22，S0/0/0 和 S0/0/1

4.4.3 RIP 的部署与实施

网络拓扑中各路由器的具体部署与实施步骤如下所述。

1. 路由器主机名与接口的配置

在企业内网中，在所有路由器上根据表 4.1 的规划，参考第 3 章的工程案例步骤完成路由设备主机名与端口 IP 地址等的配置。

2. 路由的配置

（1）路由器 R1 上路由的配置

```
R1(config)#router rip                    //进入路由器配置模式进行 RIP 配置
R1(config-router)#version 2              //指定版本为 RIPv2
R1(config-router)#network network 172.16.0.0   //指定网络"172.16.0.0"参与 RIPv 路由更新
R1(config-router)# no auto-summary       //禁用自动汇总功能
R1(config-router)#passive-interface g0/0 //指定接口"g0/0"为被动接口
R1(config-router)#passive-interface g0/1 //指定接口"g0/1"为被动接口
R1(config-router)#passive-interface g0/2 //指定接口"g0/1"为被动接口
R1(config-router)#exit                   //回到上一级模式
```

```
R1(config)#interface s0/0/0              //进入接口配置模式，对 s0/0/0 端口进行配置
R1(config-if)# ip summary-address rip 172.16.4.0 255.255.254.0
//进行地址汇总，汇总后的网络前缀为 172.16.4.0/23
```

（2）路由器 R2 上路由的配置

```
R2(config)#router rip                    //进入路由器配置模式进行 RIP 配置
R2(config-router)#version 2              //指定版本为 RIPv2
R2(config-router)#network network 172.16.0.0
//指定网络 "172.16.0.0" 参与 RIPv 路由更新
R2(config-router)# no auto-summary       //禁用自动汇总功能
R2(config-router)#passive-interface g0/0 //指定接口 "g0/0" 为被动接口
R2(config-router)#passive-interface g0/1 //指定接口 "g0/1" 为被动接口
R2(config-router)#passive-interface g0/2 //指定接口 "g0/1" 为被动接口
R2(config-router)#exit                   //回到上一级模式
R2(config)#interface s0/0/1              //进入接口配置模式，对 s0/0/1 端口进行配置
R2(config-if)# ip summary-address rip 172.16.6.0 255.255.254.0
//进行地址汇总，汇总后的网络前缀为 172.16.6.0/23
```

（3）路由器 R3 上路由的配置

```
R3(config)#ip route 0.0.0.0 0.0.0.0 s0/0/2   //配置默认路由
R3(config)#router rip                        //进入路由器配置模式进行 RIP 配置
R3(config-router)#version 2                  //指定版本为 RIPv2
R3(config-router)#network network 172.16.0.0
//指定网络 "172.16.0.0" 参与 RIPv2 路由更新
R3(config-router)# no auto-summary           //禁用自动汇总功能
R3(config-router)# default-information originate   //把默认路由重发布 RIPv2 中
R3(config-router)#passive-interface g0/0     //指定接口 "g0/0" 为被动接口
R3(config-router)#passive-interface g0/1     //指定接口 "g0/1" 为被动接口
R3(config-router)#passive-interface g0/2     //指定接口 "g0/1" 为被动接口
R3(config-router)#exit                       //回到上一级模式
R3(config)#interface s0/0/0                  //进入接口配置模式，对 s0/0/01 端口进行配置
R3(config-if)# ip summary-address rip 172.16.0.0 255.255.252.0
//进行地址汇总，汇总后的网络前缀为 172.16.0.0/22
R3(config)#interface s0/0/1                  //进入接口配置模式，对 s0/0/1 端口进行配置
R3(config-if)# ip summary-address rip 172.16.0.0 255.255.252.0
//进行地址汇总，汇总后的网络前缀为 172.16.0.0/22
```

3. 路由的测试

在网络所有链路都正常的情况下，在路由器 R1、路由器 R2 以及路由器 R3 上

使用 "show ip route" 命令查看路由表，路由器 R1、路由器 R2、路由器 3 的路由表内容分别如图 4.26、图 4.27 和图 4.28 所示，可以看出路由测试结果满足了案例对路由的需求。

```
R1#show ip route
Codes: C - connected, S - static, I - IGRP, R - RIP, M - mobile, B - BGP
       D - EIGRP, EX - EIGRP external, O - OSPF, IA - OSPF inter area
       N1 - OSPF NSSA external type 1, N2 - OSPF NSSA external type 2
       E1 - OSPF external type 1, E2 - OSPF external type 2, E - EGP
       i - IS-IS, L1 - IS-IS level-1, L2 - IS-IS level-2, ia - IS-IS inter area
       * - candidate default, U - per-user static route, o - ODR
       P - periodic downloaded static route

Gateway of last resort is not set

     172.16.0.0/16 is variably subnetted, 6 subnets, 5 masks
C       172.16.4.128/25 is directly connected,GigabitEthernett0/2
C       172.16.4.0/25 is directly connected,GigabitEthernett0/1
C       172.16.5.0/24 is directly connected,GigabitEthernett0/0
R       172.16.6.0/23 [120/2] via 172.16.0.1, 00:00:01, Serial0/0/0
C       172.16.0.0/30 is directly connected, Serial0/0/0
R       172.16.0.0/22 [120/1] via 172.16.0.1, 00:00:01, Serial0/0/0
R*      0.0.0.0/0 [120/1] via 172.16.0.1, 00:00:01
```

图 4.26　网络收敛后路由器 R1 的路由表

```
R2#show ip route
Codes: C - connected, S - static, I - IGRP, R - RIP, M - mobile, B - BGP
       D - EIGRP, EX - EIGRP external, O - OSPF, IA - OSPF inter area
       N1 - OSPF NSSA external type 1, N2 - OSPF NSSA external type 2
       E1 - OSPF external type 1, E2 - OSPF external type 2, E - EGP
       i - IS-IS, L1 - IS-IS level-1, L2 - IS-IS level-2, ia - IS-IS inter area
       * - candidate default, U - per-user static route, o - ODR
       P - periodic downloaded static route

Gateway of last resort is not set

     172.16.0.0/16 is variably subnetted, 6 subnets,5 masks
C       172.16.7.128/25 is directly connected,GigabitEthernett0/2
R       172.16.4.0/23 [120/2] via 172.16.0.5, 00:00:01, Serial0/0/1
C       172.16.0.4/30 is directly connected, Serial0/0/1
C       172.16.6.0/23 is directly connected,GigabitEthernett0/0
C       172.16.7.0/25 is directly connected,GigabitEthernett0/1
R       172.16.0.0/22 [120/1] via 172.16.0.5, 00:00:01, Serial0/0/1
R*      0.0.0.0/0 [120/1] via 172.16.0.5, 00:00:01
```

图 4.27　网络收敛后路由器 R2 的路由表

```
R3#show ip route
Codes: C - connected, S - static, I - IGRP, R - RIP, M - mobile, B - BGP
       D - EIGRP, EX - EIGRP external, O - OSPF, IA - OSPF inter area
       N1 - OSPF NSSA external type 1, N2 - OSPF NSSA external type 2
       E1 - OSPF external type 1, E2 - OSPF external type 2, E - EGP
       i - IS-IS, L1 - IS-IS level-1, L2 - IS-IS level-2, ia - IS-IS inter area
       * - candidate default, U - per-user static route, o - ODR
       P - periodic downloaded static route

Gateway of last resort is not set

     172.16.0.0/16 is variably subnetted, 7 subnets, 3 masks
R       172.16.4.0/23 [120/1] via 172.16.0.2, 00:00:03, Serial0/0/0
C       172.16.0.4/30 is directly connected, Serial0/0/1
R       172.16.6.0/23 [120/1] via 172.16.0.6, 00:00:24, Serial0/0/1
C       172.16.0.0/30 is directly connected, Serial0/0/0
C       172.16.1.0/24 is directly connected,GigabitEthernett0/0
C       172.16.2.0/24 is directly connected,GigabitEthernett0/1
C       172.16.3.0/24 is directly connected,GigabitEthernett0/2
S*      0.0.0.0/0 is directly connected, Serial0/0/2
```

图 4.28　网络收敛后路由器 R3 的路由表

本 章 习 题

4.1　选择题：

① RIP 默认路由更新的周期为多少（　　　）？

A. 5 秒　　　　B. 10 秒　　　　C. 20 秒　　　　D. 30 秒

② 在 Cisco 设备中，RIP 协议默认的管理距离值为多少（　　　）？

A. 100　　　　B. 110　　　　C. 120　　　　D. 90

③ 关于 RIP，以下选项中错误的是（　　　）？

A. RIP 使用距离矢量算法计算最佳路由

B. RIP 规定的最大跳数为 16。

C. RIP 需要周期性的发送路由更新。

D. RIP 是一种内部网关协议。

④ RIP 使用的计算到目标网络的度量值（Metric）是（　　　　）？

A. 带宽　　　　B. 可靠性　　　C. 开销　　　　D. 跳数

⑤ RIPv2 使用下面哪个组播地址进行 RIPv2 路由更新报文的组播（　　　）？

A. 224.0.0.5　　B. 224.0.0.6　　C. 224.0.0.9　　D. 224.0.0.10

⑥ 下面哪个不是 RIPv2 的特性（　　　）？

A. 许多网络设备厂商不支持　　　　　B. 路由更新中不会发送子网掩码信息

C. 使用组播发送路由更新信息　　　　D. 支持身份认证

4.2　在图 4.25 所示的工程案例中，试分析，如果路由器 R3 在配置 RIP 时，没有指定 G0/0、G0/1 与 G0/2 三个接口的直连网络参与到 RIP 路由更新中，网络收敛后每个路由器的路由表内容显示结果怎样？

4.3　在图 4.13 所示网络拓扑结构中，采用图 4.29 所示步骤进行配置后，网络中运行的 RIP 协议版本是什么，请从路由更新的角度出发，比较图 4.14、图 4.15 和图 4.29 配置效果有什么不同？

```
R1(config)#router rip
R1(config-router)#network 192.168.0.0
R1(config-router)#network 192.168.1.0
R1(config-router)#network 192.168.2.0
R1(config-router)#passive-interface f0/0
R1(config-router)#passive-interface f0/1
R2(config)#router rip
R2(config-router)#network 192.168.2.0
R2(config-router)#network 192.168.3.0
R2(config-router)#passive-interface f0/0
```

图 4.29　RIP 的配置示例

4.4　某网络拓扑如图 4.30 所示，如果路由器 R3 与网络 4 之间的线路突然中断，按照 RIP 路由协议的实现方法，路由表的更新时间间隔为 30 秒，请分析中断 30 秒和中断 500 秒后路由器 R2 的路由表在内容上将发生什么变化，并分别填到表 4.4 与表 4.5 中。

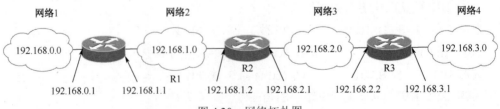

图 4.30　网络拓扑图

表 4.4　在线路中断 30 秒后路由器 R2 的路由表

目的网络	下一跳	跳数
192.168.0.0	192.168.1.1	1
192.168.1.0		
192.168.2.0		
192.168.3.0		

表 4.5　在线路中断 500 秒后路由器 R2 的路由表

目的网络	下一跳	跳数
192.168.0.0	192.168.1.1	1
192.168.1.0		
192.168.2.0		
192.168.3.0		

注释：

① 若到达目的网络不需转发或目的网络不可达，用"—"来表示"下一跳地址"；

② 当目的网络不可达时，"跳数"为 16。

第 5 章　OSPF

OSPF（Open Shortest Path First Protocol，开放最短路径优先）是一种基于链路状态路由算法的动态路由协议，它是一种内部网关路由协议。OSPF 具有支持 CIDR、手动路由汇总、不连续子网，以及收敛时间快、不会产生路由环路等特点，是目前使用最广泛的内部网关路由协议。

本章首先介绍 OSPF 协议的特点、工作原理、相关术语、网络类型、路由器 ID、DR 与 BDR，然后介绍 OSPF 报文、OSPF 工作过程和多域 OSPF，并对单域 OSPF 与多域 OSPF 规划与部署进行详细介绍。

5.1　OSPF 协议概述

OSPF 是由 Internet 工程任务组开发的一个开放式路由选择协议，所有厂商的 OSPF 协议相互之间都是兼容的，OSPF 是一个典型的基于链路状态路由算法的动态路由协议。因为 OSPF 协议具有以下五个方面特点，所以使得它成为目前首选的内部网关路由协议。

- OSPF 是一种无类别的路由协议，它支持 VLSM 和 CIDR；
- OSPF 是基于 SPF 算法计算路由信息，算法本身保证了不会产生路由环路；
- OSPF 在网络拓扑发生变化后，会立即发送链路状态通告，使拓扑结构的变化很快扩散到 OSPF 网络，收敛速度也因此远快于 RIP 等距离矢量路由协议；
- OSPF 采用链路"开销（Cost）"作为度量值，它考虑到了链路带宽对路由度量的影响，比 RIP 采用"跳数"作为度量更加实用；
- OSPF 中采用的区域和根据区域建立的层次网络概念使得 OSPF 的可扩展性强，可以支持较大规模的网络，从理论上讲，OSPF 对网络中的路由器个数没有限制。

OSPF 规范最早是 1989 年在 RFC1131 中发布的，有在路由器上运行和在 UNIX 工作站上运行的两个版本。但 OSPFv1 是一种实验性的路由协议，未获得实施。

1991 年，John Moy 在 RFC1247 中引入 OSPFv2。OSPFv2 在 OSPFv1 基础上提供了重大的技术改进。1998 年，OSPFv2 规范在 RFC2328 中得以更新，也就是

OSPF 的现行 RFC 版本。1999 年，用于 IPv6 的 OSPFv3 在 RFC2740 中发布。本章所讨论 OSPF 版本为 OSPFv2。

5.1.1　OSPF 基本原理

OSPF 采用链路状态路由选择算法，每个 OSFP 路由器使用 Hello 协议识别邻居路由器并与邻居路由器建立邻接（Adjacency）关系，具有邻接关系的 OSPF 路由器通过洪泛（Flooding）的方式交换链路状态信息，并借此构建关于全网拓扑结构的链路状态数据库（Link State Database，LSDB），位于同一区域内的每个 OSPF 路由器会维持一个相同的 LSDB。在 LSDB 的基础上，每个 OSPF 路由器以自己为根，采用 3.4.3 节介绍的最短路径优先（Shortest Path First，SPF）算法计算到每个目的网络的最短路径，得到一棵 SPF 树，然后使用通向每个网络的最佳路径填充路由表，如图 5.1 所示。由于 OSPF 基于 SPF 算法计算路由信息，因此不会产生如距离矢量路由协议中所可能出现的路由环路，而且 OSPF 采用触发更新，从而也具有较快的路由收敛速度。

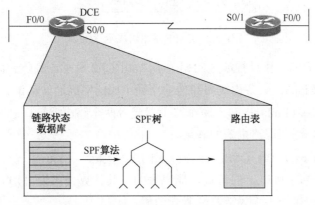

图 5.1　OSPF 使用 Dijkstra 的 SPF 算法

5.1.2　OSPF 术语

OSPF 作为典型的链路状态路由协议，它的工作过程中包含了发现邻居、交换路由信息、计算路由以及路由维护等阶段，在这些过程中，每个 OSPF 路由器上需要维护 OSPF 实现相关的三个基本数据结构即邻接数据库、链路状态数据库和路由表，如图 5.2 所示。

- 邻接数据库（Adjacencies database）：用于保存所有已经和路由器建立双向通信关系的邻居路由器的信息，同一个区域中每个 OSPF 路由器的邻接数据库都是不同的。

- LSDB：链路状态数据库，又叫拓扑结构数据库（Link-state Database Topological Database），用于保存 OSPF 网络中所有链路状态信息，该数据库显示了全网络的拓扑结构。当网络收敛时，同一个区域中的所有 OSPF 路由器都有相同的链路状态数据库。
- 路由选择表（Route Table）：也称为路由表，其结构详见 3.1.2 节，在链路状态数据库上运行 SPF 算法所产生的路由被插入路由表中。

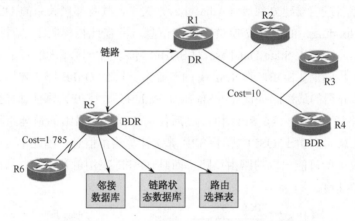

图 5.2　OSPF 基本组成示意图

此外，OSPF 的工作过程涉及的相关术语如图 5.2 所示，具体介绍如下。

- 链路（Link）：一条由线路和传输路径组成的网络通信信道。
- 链路状态（Link-state）：两个路由器或者两个路由器接口之间链路的状态以及路由器与邻居路由器的联系。
- 开销（Cost）：给 OSPF 链路分配的度量标准（Metric）值。默认情况下，Cost 是基于接口上的带宽计算出来的，其计算公式为 "10^8/接口带宽"，但管理员也可以手工为链路配置开销值。
- SPF 算法：也叫最短路径优先算法（又称为 Dijkstra 算法），每个 OSPF 路由器以自己为根节点，计算根节点到每个网络的最短路径。当有多条可达的网络路径时，具有最小开销累加值的路径被认为是最短路径。
- DR（Designated Router）和 BDR（Backup Designated Router）：指定路由器与备份的指定路由器，其详细介绍见 5.1.5 节。

5.1.3　OSPF 网络类型

OSPF 协议如何在网络上通信依赖于它所使用的具体物理介质，OSPF 协议根据数据链路层协议类型将网络分为点到点网络、广播式多路访问网络和非广播式多路访问网络三种类型。图 5.3 给出了三类 OSPF 网络类型示例。

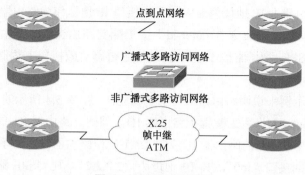

图 5.3　OSPF 网络类型

1. 点到点网络

点到点网络指由一对路由器互相连接而构成的网络，典型的点到点网络有使用 PPP、HDLC 协议的广域网串行链路。在点到点网络中不需要选举 DR 和 BDR。

2. 广播式多路访问网络

广播式多路访问网络指可以连接多个路由器，并且支持同时向网络中多个目的节点发送消息的网络，广播式多路访问网络要求每两个路由器之间能够直接通信。典型的广播式多路访问网络有以太网系列网络。在广播式多路访问网络中需要选举 DR 和 BDR 以减少 OSPF 的 LSA 广播流量。

3. 非广播式多路访问网络

非广播式多路访问网络指可以连接多个路由器，但不具备广播能力的网络。典型的非广播式多路访问网络有 X.25 公共数据网（Public Data Network，PDN）、帧中继和 ATM。在非广播式多路访问网络中也需要选举 DR 和 BDR 以减少 OSPF 的 LSA 广播流量。

5.1.4　OSPF 路由器 ID

一台路由器要运行 OSPF 路由协议，就必须有一个路由器 ID（Router ID）。OSPF 路由器 ID 是用来识别一个自治系统中每台 OSPF 路由器的唯一标识，在同一个自治系统中，不同的 OSPF 路由器的 ID 都是唯一的。OSPF 路由器 ID 是一个 32 比特无符号整数，其实就是一个 IP 地址。路由器 ID 可以手工配置，也可以自动生成。OSPF 路由器 ID 的值顺序根据以下规则得出。

① 在 OSPF 路由器上是否使用了"router-id"命令手工配置路由器 ID，如果手工配置了路由器 ID，则使用手工配置的 ID 值作为路由器 ID。

② 如果没有使用命令"router-id"手工配置路由器 ID，但配置了环回地址，则

选择该 OSPF 路由器上 IP 地址值最大的环回接口 IP 地址作为路由器 ID。

③ 如果既没有使用命令"router-id"手工配置路由器 ID，也没有配置环回地址，则选择该 OSPF 路由器上已配置 IP 地址且链路有效接口上数值最大的 IP 地址作为路由器的 ID。

下面以一个示例来说明路由器 ID 的选择规则。在图 5.4 所示的网络中，路由器 R1 采用命令"router-id"手工配置了路由器 ID，因此，路由器 R1 的路由器 ID 为手工配置值，即路由器 R1 的路由器 ID 为"1.1.1.1"；路由器 R2 没有手工配置路由器 ID，但配置了环回接口"lo0"，其 IP 地址为"2.2.2.2"，则 OSPF 路由器选择 IP 地址最大的环回接口 IP 地址作为路由器 ID，即路由器 R2 的路由器 ID 为"2.2.2.2"；路由器 R3 既没有手工配置路由器的 ID，也没有配置环回接口，需要使用所有物理接口的最高活动 IP 地址作为路由器 ID。路由器 R3 有两个接口，接口 S0/0/0 的 IP 地址"192.168.1.6"值比接口 F0/0 的 IP 地址"192.168.0.128"值大，因此路由器 R3 的路由器 ID 为"192.168.1.6"。

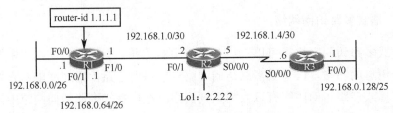

图 5.4　路由器 ID 示例

5.1.5　DR 与 BDR

在多路访问网络（广播式多路访问网络与非广播式多路访问网络）中有可能会存在两台或两台以上的路由器。在如图 5.5 所示的网络中，五台路由器 R1、R2、R3、R4 和 R5 的以太网口均连接到同一个网段。如果在这种网络中任意两台路由器均建立邻接关系并交换路由信息，需要建立 $n(n-1)/2$（其中 n 表示网络中 OSPF 路由器的个数）邻接关系，即要建立 5×（5−1）/2 即 10 个邻接关系，如图 5.5 中虚线所示。这使得与此广播式网络相连的任何路由器的路由变化都会导致多次 LSA 传递，最终浪费网络中大量的带宽。

为了解决这个问题，减少多路访问网络环境中 OSPF 的 LSA 广播流量，OSPF 协议定义了在多路访问网络中选择一个路由器作为 DR（Designated Router），使其作为所有链路状态更新和 LSA 的集中点；同时选择一个 BDR（Backup Designated Router），BDR 用作为 DR 的备份，一旦 DR 失效后，BDR 可以平滑地接替；而 DR 和 BDR 之外的其他路由器称为 DRother。

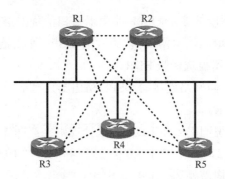

图 5.5　任意两台路由器均建立邻接关系示意图

在多路访问网络中选择了一个 DR 与一个 BDR，DR 与 BDR 与本多路访问网络中其他路由器都建立邻接关系，如图 5.6 虚线所示，这样就大大减少了邻接关系的数量。

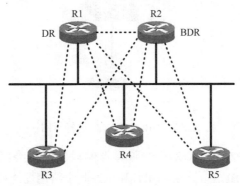

图 5.6　选择 DR 与 BDR 后的邻接关系

对于 DR 来说，它的主要功能有两个：一是产生代表该网络的网络 LSA（网络 LSA 详见 5.3.3 节）；二是和本多路访问网络中的其他 OSPF 路由器都建立邻接关系，以收集并分发各个路由器的链路状态信息，同步各路由器中的链路状态信息库。

对于 BDR 来说，其主要功能是与该网络中的其他路由器都建立邻接关系，以保证当 DR 发生故障时能尽快接替 DR 的工作，而不至于出现因为重新选举 DR 和重新构筑拓扑数据库而产生大范围的路由震荡，BDR 并不负责向其他路由器发送路由更新信息，也不发送所产生的网络 LSA。

OSPF 协议通过交换 Hello 协议分组选择网络中哪个路由器充当 DR 与 BDR，一个网段中的 DR 与 BDR 的选择规则如下所述。

① 根据连接到该网段 OSPF 路由器接口的优先级进行选择。优先级值的范围为 0~255，默认优先级为 1，只有优先级大于 0 的路由器才具备被选举为 DR 和 BDR 的资格，优先级最高的 OSPF 路由器被选择为 DR，次高的 OSPF 路由器被选择为 BDR。OSPF 路由器接口的优先级可以手工修改，且同一个 OSPF 路由器不同的接口可以设置为不同的优先级。

② 如果连接到该网段的多个 OSPF 路由器接口的优先级相同，就根据 OSPF 路由器 ID 选择 DR 与 BDR，路由器 ID 值最大的 OSPF 路由器被选择为 DR，路由器 ID 值次之的 OSPF 路由器被选择为 BDR。

③ 如果某个多路访问网络连接的 OSPF 路由器只有一个，则该路由器既被选择为 DR，又被选择为 BDR。

下面以一个示例来说明 DR 和 BDR 的选择规则。在图 5.7 所示的网络拓扑结构中，网段"192.168.0.0/27"、"192.168.0.64/27"和网段"192.168.0.128/27"均为以太网，因此这三个网段均需要选择 DR 与 BDR。

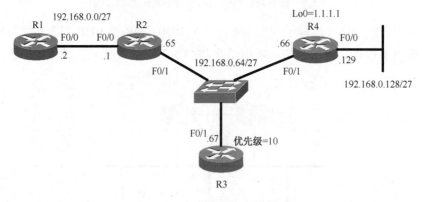

图 5.7　DR 与 DBR 的选择示例

① 对于网段"192.168.0.0/27"来说，该网段的网络类型为广播式多路访问网络，需要选择 DR 和 BDR。路由器 R1 和 R2 两个路由器连接到该网段，它们连接到网段"192.168.0.0/27"的接口均没有使用命令手工配置优先级，所以它们的优先级值均为默认值"1"。根据 DR 和 BDR 选择规则，当连接到该网段的路由器接口的优先级相同时，需要根据 OSPF 路由器 ID 选择 DR 与 BDR，图中的路由器 R1 与 R2 均没有手工配置路由器 ID，也没有配置环回接口，它们的路由器 ID 均为所有物理接口的最高活动 IP 地址，即路由器 R1 的路由器 ID 为"192.168.0.2"，路由器 R2 的路由器 ID 为"192.168.0.65"，因此路由器 R2 被选择为网段"192.168.0.0/27"的 DR，路由器 R1 被选择为网段"192.168.0.0/27"的 BDR。

② 对于网段"192.168.0.64/27"来说，该网段的网络类型为广播式多路访问网络，需要选择 DR 和 BDR。路由器 R2、R3 和 R4 三个路由器连接到该网段。首先，路由器 R3 连接到该网段的 F0/1 端口手工配置的优先级为"10"，路由器 R2 和 R4 连接到该网段的端口优先级为默认值"1"。根据 DR、BDR 选择规则，优先级最高的路由器 R3 被选择为网段"192.168.0.64/27"的 DR；其次，由于路由器 R2 与 R4 连接到网段"192.168.0.64/27"的接口优先级相同，因此需要根据路由器 ID 大小来决定谁被选择为 BDR。路由器 R2 没有使用命令手工配置路由器 ID，也没有配置环回地址，其路由器 ID 值为路由器 R2 所有物理接口的最高活动 IP 地址

"192.168.0.65"。路由器 R4 没有使用命令手工配置路由器 ID，但配置有环回接口
Lo0，其路由器 ID 值为路由器 R4 环回接口的最大 IP 地址"1.1.1.1"。路由器 R2 的
路由器 ID 值比路由器 R4 的路由器 ID 值大，于是路由器 R2 就被选择为网段
"192.168.0.64/27"的 BDR，路由器 R4 被选择为网段"192.168.0.64/27"的
DRother。

③ 对于网段"192.168.0.128/27"来说，与之相连的只有一个路由器 R4，因此
路由器 R4 既被选择为网段"192.168.0.128/27"的 DR，也同时被选择为该网段的
BDR。

5.2　OSPF 报文类型与封装

5.2.1　OSPF 分组类型

在 OSPF 的路由更新机制中使用了五种类型的分组。OSPF 分组类型及其作用
如表 5.1 所示。

表 5.1　OSPF 分组类型及其作用

分组类型	分组名称	作用
1	Hello	发现邻居并与其建立邻接关系
2	数据库描述（DD）	LSDB 内容的汇总（仅包含 LSA 摘要）
3	链路状态请求（LSR）	请求特定的链路状态记录
4	链路状态更新（LSU）	链路状态更新信息
5	链路状态确认（LSAck）	对 LSU 的确认

1. Hello 分组

Hello 分组的类型为 1。Hello 分组被 OSPF 路由器用来发现和维持 OSPF 邻接
关系，或在多路访问网络中用于选举 DR 和 BDR。OSPF 接口周期性发送 Hello 分
组，默认情况下，在广播式多路访问和点对点网络中 Hello 分组每 10 秒发送一次，
而在 NBMA 网络中，Hello 分组每 30 秒发送一次。链路失效时间（Deadtime）默认
值为 4 个周期的 Hello 分组时间，即如果 4 个周期未收到 Hello 分组，则认为该链路
失效，因此广播式多路访问和点对点网络中默认链路失效时间为 40 秒，而 NBMA
网络中默认链路失效时间为 120 秒。

2. 数据库描述分组（Database Description Packet，DD 或 DBD）

DD 分组的类型为 2。DD 用来描述 OSPF 路由器链路状态数据库的摘要或目录

信息，用于两台相邻的 OSPF 路由器进行链路状态数据库同步。当某个 OSPF 路由器 LSDB 容量较大时，可以使用多个 DD 包来描述数据库。DD 的传递基于发送-响应机制实现，接收的 OSPF 路由器需要对所收到的 DD 包进行确认，发送 OSPF 路由器和接收 OSPF 路由器之间根据 DD 包中的序列号进行链路状态数据库信息的同步。

3. 链路状态请求（Link State Request，LSR）

LSR 分组的类型为 3。OSPF 路由器在与邻居路由器交换了 DD 包后，若发现邻居路由器的 LSDB 中有自己没有的或者比自己更新的链路状态信息时，则使用 LSR 包向邻居路由器发出请求，以获得所需要的 LSA。当所请求的信息量较大时，有可能需要使用多个 LSR 包。

4. 链路状态更新（Link State Update，LSU）

LSU 分组的类型为 4。LSU 数据包用于向对方发送其所需要的 LSA。LSU 包又被细分为多个不同类型的 LSA（link-State Advertisement）包，其作用和详细类型参见 5.3.3 节。多个 LSA 可以被包含在一个 LSU 包中，每个 LSU 包将其包含的 LSA 以洪泛方式传递到距其源端更远的 OSPF 路由器。

5. 链路状态确认（Link State Acknowledgement，LSAck）

LSAck 分组的类型为 5。LSAck 用于对收到的 LSU 或 LSA 包进行确认。通过 LSAck 确认，增强 LSA 洪泛的可靠性。与 LSU 类似，多个 LSA 确认可以包含在一个 LSAck 包中。

5.2.2　OSPF 消息封装

OSPF 所有类型的分组都是直接封装在 IP 数据包中，其 IP 分组头中的协议字段值为"89"，目的地址为组播地址"224.0.0.5"和"224.0.0.6"两个中的一个，"224.0.0.5"表示所有的 OSPF 路由器，"224.0.0.6"表示 DR 和 BDR。由于 OSPF 分组没有使用 TCP/IP 模型中传输层协议，从而无法利用 TCP 的可靠传输机制，为此 OSPF 自行提供了一种可靠的分组传输机制，即使用 LSAck 来提供对分组传输的确认。OSPF 分组包括 OSPF 数据包报头和 OSPF 数据字段，五种 OSPF 分组的 OSPF 数据包报头都相同，OSPF 数据包报头由版本号、类型、分组长度、路由器 ID、区域 ID、校验和、认证类型和认证字段组成，如图 5.8 所示。

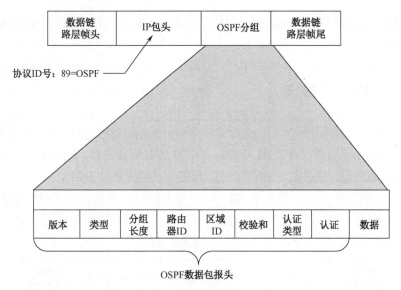

图 5.8　OSPF 消息封装

图 5.8 中，每个 OSPF 字段的具体含义如下所述。

● 版本（Version）：长度为 8 比特，用于给出 OSPF 的版本号，OSPF 有 1、
2、3 三个版本，其中版本 1 已经废弃，版本 2 用于支持 IPv4，版本 3 用于
支持 IPv6。

● 类型（Packet Type）：长度为 8 比特，用于给出 OSPF 数据分组类型，类型
1 为 Hello，类型 2 为 DD，类型 3 为 LSR，类型 4 为 LSU，类型 5 为
LSAck。

● 分组长度（Packet Length）：长度为 16 比特，给出以字节为单位的分组长
度。

● 路由器 ID（Router ID）：长度为 32 比特，用于标识本分组的源 OSPF 路由
器 ID。

● 区域 ID（Area ID）：长度为 32 比特，用于指出该分组所对应的始发区域
ID。

● 校验和（Checksum）：长度为 16 比特，用来对分组头部进行错误检测，以
判断 OSPF 分组在传输过程中是否被损坏。

● 认证类型（AuType）：长度为 16 比特，指定所使用的认证类型，值为"0"
表示不认证，值为"1"表示进行简单认证，值为"2"采用 MD5 方式进行
认证。

● 认证（Authentication）：长度为 64 比特，认证字段的值根据不同认证类型
而定，当认证类型表示不认证时，此字段没有数据；当认证类型表示简单
认证时，此字段值为认证密码；当认证类型表示 MD5 认证时，此字段值为
MD5 摘要消息。

- 数据：各种 OSPF 分组携带的相关信息，不同类型的 OSPF 分组的数据内容不同。

5.2.3 HELLO 协议

Hello 数据包是类型为"1"的 OSPF 分组。运行 OSPF 协议的路由器通过发送和接收 Hello 协议数据包来发现 OSPF 邻居并建立相邻关系、通告两台路由器建立相邻关系所必须统一的参数、在多路访问网络中选择 DR 和 BDR。

Hello 分组比较小，一般小于 50 字节，与其他 4 种类型的 OSPF 分组一样，Hello 分组含有一个 OSPF 数据包头部，其字段的详细信息参见 5.2.2 节内容，Hello 报头如图 5.9 所示，每个字段的具体含义如下所述。

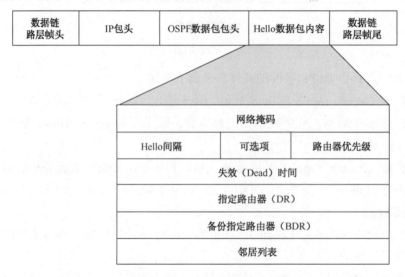

图 5.9 Hello 分组格式

- 网络掩码（Network Mask）：长度为 32 比特，表示发送该 Hello 数据包接口关联的子网掩码。
- Hello 间隔（Hello Interval）：长度为 16 比特，指定发送 Hello 数据包的时间间隔。广播型多路访问和点到点网络中的默认 Hello 间隔是 10 秒；在 NBMA 的网络中，Hello 间隔默认值为 30 秒。
- 可选项（Options）：长度为 8 比特，路由器使用该字段来指定一些任选的配置。
- 路由器优先级（Router Priority）：长度为 8 比特，用于指明本路由器的优先级。在广播多路访问网络和非广播式多路访问网络中，优先级被用来决定一个路由器能否成为 DR 或 BDR。路由器优先级的默认值为 1，也可以人为改变路由器的优先级设置，如果将优先级设为"0"，表示该路由器不参与 DR/BDR 选举。

- Dead 间隔（Dead Interval）：路由器认定相邻路由器失效之前所需等待的时间，也就是说，若路由器在等待 Dead 间隔后仍没有收到来自邻居路由器的 Hello 包，则认为对方已经失效。默认的 Dead 间隔是 Hello 间隔的 4 倍。两台相互交换 OSPF 链路状态信息的路由器之间必须具有相同的 Hello 间隔和 Dead 间隔，否则将无法接收对方的 OSPF 信息。
- DR（Designated Router）：长度为 32 比特，指定 DR 的路由器 ID 值。
- BDR（Backup Designated Router）：长度为 32 比特，指定 BDR 的路由器 ID 值。
- 邻居路由器 ID（List of Neighbor）：用于给出所有有效邻居路由器的 ID，由于一个路由器可能有多个邻居路由器，因此在该域中，可有多个路由器 ID，每个邻居路由器的 ID 长度为 32 比特。

5.3　OSPF 分层结构

5.3.1　单域 OSPF 与多域 OSPF

部署实施 OSPF 可以采用单域 OSPF 或多域 OSPF 两种方式。单域 OSPF 是指所有路由器的接口都运行在骨干区域（区域号为 "0"）中，图 5.10 给出了单域 OSPF 示例图。

当网络规模很大时，如果采用单域 OSPF 方式进行部署实施就会存在一些问题。首先，OSPF 的工作原理决定了单域 OSPF 中的每一个 OSPF 路由器都含有整个网络完整拓扑结构的 LSDB，当网络规模过大时，会占用路由器大量的存储空间，影响路由器的运行效率；其次，当网络规模增大时，网络拓扑结构发生改变的概率也大大增大，每一次网络拓扑的变化都会导致大量的 OSPF 链路状态通告报文传递，网络中

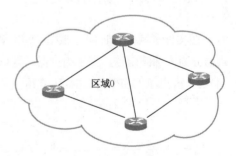

图 5.10　单域 OSPF

所有的 OSPF 路由器重新执行 SPF 算法计算路由，从而降低网络带宽的利用率，耗费路由器的大量资源，降低路由器的运行效率；最后，随着网络规模的扩大，网络中的路由条目也会大量增加，使得路由器的路由表过于膨胀，降低了路由器的包转发效率。

为了适用于大规模网络，OSPF 协议通过将 OSPF 网络划分成为不同的区域（Area），解决单域 OSPF 存在的问题，提高路由的可靠性和网络的可扩展性。多域

OSPF 将自治系统划分为若干个相对独立的区域（Area），其中一个区域为骨干区域（Backbone），其他区域为非骨干区域，每个非骨干区域与骨干区域相连并通过骨干区域交换自治系统内部的路由信息。如图 5.11 所示，位于同一区域内的各个 OSPF 路由器维持着一个相同的链路状态数据库，并使用 Dijkstra 算法创建一个 SPF 树，生成相应的路由表。位于区域边界的路由器则运行多个 OSPF 协议实例，每个实例对应一个连接区域，并通过骨干区域完成与其他区域的路由信息交换，最终获得整个自治系统的路由信息。多区域的划分减少了 OSPF 的运行开销，加快了路由收敛，同时也限制了错误路由的传播范围。

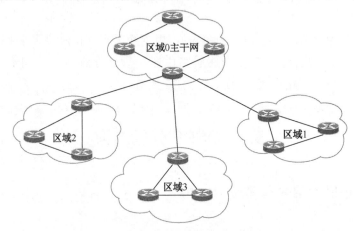

图 5.11　分层结构的多域 OSPF

5.3.2　OSPF 路由器类型

在实施多域 OSPF 时，根据 OSPF 路由器在相应区域之内的作用，可以将 OSPF 路由器分为内部路由器、主干路由器、区域边界路由器和自治系统边界路由器 4 种类型。图 5.12 给出了 OSPF 路由器功能角色的示意图，每种类型路由器的功能如下所述。

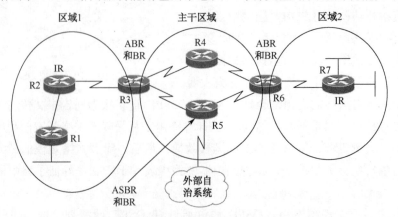

图 5.12　OSPF 路由器功能角色示意图

（1）内部路由器（Internal Routers，IR）

所有接口都在同一个区域内的 OSPF 路由器称为内部路由器。内部路由器有唯一的 LSDB，在同一区域内的所有内部路由器都具有相同的 LSDB，并运行单个 OSPF 实例（Instance）。

（2）骨干路由器（Backbone Routers，BR）

连接到 OSPF 网络骨干区域（即区域 0）的路由器称为骨干路由器。骨干路由器至少有一个接口属于区域 0。骨干路由器采用与内部路由器相同的步骤和算法来维护 OSPF 路由信息，骨干区域是其他 OSPF 区域间传输信息的传输区域。

（3）区域边界路由器（Area Border Routers，ABR）

用来连接至少两个及两个以上不同区域的 OSPF 路由器称为区域边界路由器。ABR 的接口至少属于两个或两个以上不同区域，ABR 需要为其所连的多个区域分别运行不同的 OSPF 实例，并为每个区域维护一个独立的链路状态数据库。ABR 是区域的出口点与入口点，转发那些去往或来自其他区域的数据流，即目的地为另一个区域的数据分组只能通过本区域的 ABR 才能到达目的地，而来自其他区域、目的地为本区域的数据分组也必须通过 ABR 才能进入本区域。ABR 在区域间进行路由信息通告时，可通过汇总路由信息来提高工作效率。

（4）自治系统边界路由器（Autonomous System Boundary Routers，ASBR）

至少有一个连接到外部网络（另一个自治系统或非 OSPF 网络）接口和一个在 OSPF 内的接口的路由器称为自治系统边界路由器。ASBR 能够将非 OSPF 的路由信息注入到 OSPF 网络中，也可以将 OSPF 网络中的路由信息重发布到非 OSPF 的网络中。

5.3.3　LSA 分组及类型

OSPF 协议使用链路状态通告（Link-State Advertisement，LSA）在邻居之间传递路由信息，LSA 封装在分组类型为"4"的 LSU 分组中，一个 LSU 中可以封装多个 LSA。所有类型的 LSA 都具有相同的报文头部。LSA 报文头部格式如图 5.13 所示，其主要字段含义如下所述。

- LS 时间（Link State Age）：长度为 16 比特。LSA 产生后所经过的时间，单位为秒。LSA 在本路由器的 LSDB 中会随时间老化（每一秒其值加上 1），但在网络的传输过程中却不会。
- 可选项（Options）：长度为 8 比特。路由器使用该字段来指定一些任选的配置。

图 5.13 LSA 报文头部

- LS 类型（Link State Type）：长度为 8 比特。用来表示 LSA 的类型，各种类型的 LSA 都有自己的名称。
- LS 标识（Link State ID）：长度为 32 比特。用于在域中描述一个 LSA，具体数值根据 LSA 的类型而定。例如，在路由 LSA 中，LS 标识用来表示生成该 LSA 路由器的路由器 ID；在网络 LSA 中，LS 标识为该网络上 DR 的接口 IP 地址。
- 通告路由器（Advertising Router）：长度为 32 比特。生成该 LSA 路由器的路由器 ID，例如，网络 LSA 中该字段等于 DR 的路由器 ID。
- LS 序列号（Link State Sequence Number）：长度为 32 位比特的整数，收到 LSA 的 OSPF 路由器根据 LSA 中的 LS 序列号判断哪个 LSA 是最新的。
- LS 校验和（Link State Checksum）：长度为 16 比特，对 LSA 头部中除 LS 时间字段外的其余字段进行差错校验。
- 长度（Length）：长度为 16 比特。LSA 的总长度，包括 LSA 的头部，以字节为单位。

根据 LSA 中 LS 类型域的不同，OSPF 的 LSA 主要有以下 7 种类型的 LSA，其中第 1 类（路由 LSA）、第 2 类（网络 LSA）、第 3 类（汇总 LSA）、第 4 类（ASBR 汇总 LSA）、第 5 类（自治系统外部 LSA）和第 7 类（NSSA 外部 LSA）使用较多。

- 路由 LSA（Router-LSA）：LS 类型为 1，由区域内所有路由器生成，描述了路由器与区域内部直连的链路信息。每台路由器为所属的每个区域生成一个 Router-LSA，该 LSA 描述了路由器连接到该区域的状态和距离值，连接到一个区域所有接口必须在一个 Router-LSA 中描述，Router-LSA 头部中有特定的字段指明该路由器是否为 ASBR 或 ABR，路由器 LSA 只在某一个特定区域进行洪泛扩散，通过 1 类 LSA 学到的路由在路由表中用字母"O"标识。
- 网络 LSA（Network-LSA）：LS 类型为 2，在 OSPF 区域中如果有接入了两个或多个路由器的广播式多路访问网络和 NBMA 网络，则由该网络的 DR 生成网络 LSA 用来描述接入到广播式多路访问网络和 NBMA 网络的所有路由器链路信息。DR 只有当与所属网络中的至少一台路由器建立全邻接关系后，才会生成网络 LSA，在网络 LSA 中列出与 DR 建立全邻接关系的所有路由器。网络 LSA 只在包含该网络的区域内进行洪泛扩散。通过 2 类 LSA 学到的路由在路由表中用字母 "O" 标识。

- 汇总 LSA（Summary-LSA）：LS 类型为 3，由 ABR 生成，描述了 ABR 和某个本地区域的内部路由器之间的链路。汇总 LSA 通过主干区域被洪泛扩散到外部的 ABR。通过 3 类 LSA 学到的路由在路由表中用符号 "IA" 标识。

- ASBR 汇总 LSA（Summary-LSA）：LS 类型为 4，也由 ABR 生成，描述到 ASBR 的可达性。ASBR 汇总 LSA 中 LS 标识是 ASBR 的 OSPF 路由器标识。ASBR 汇总 LSA 通过主干区域被洪泛扩散到外部的 ABR，不会洪泛扩散到完全末节区域。通过 4 类 LSA 学到的路由在路由表中用符号 "IA" 标识。

- 自治系统外部 LSA（Autonomous system external LSA）：LS 类型为 5，由 ASBR 生成，描述到自治系统外部的路径。自治系统外部 LSA 的 LS 标识域为网络的 IP 地址，自治系统外部 LSA 也被用于描述默认路径，这时，LS 标识始终被设定为默认目的地址 "0.0.0.0"，并且其网络掩码被设为 "0.0.0.0"。自治系统外部 LSA 会被洪泛到 OSPF 自治系统内除末节、完全末节和次末节以外的区域。通过 5 类 LSA 学到的路由在路由表中用符号 "E1" 或 "E2" 标识。

- 组成员 LSA（Group membership LSA）：LS 类型为 6，像 Cisco 等设备目前不支持组播 OSPF（MOSPF 协议），MOSPF 通过允许路由器用它们的链路状态数据库为转发数据流建立组播分发树来增强 OSPF 的功能。

- NSSA 外部 LSA（NSSA External LSA）：LS 类型为 7，由一个连接到 NSSA（Not-So-Stubby Area，次末节区域）的 ASBR 生成，可以在 NSSA 内进行洪泛扩散，并且可以被 ABR 转换为 5 类 LSA 消息。通过 7 类 LSA 学到的路由在路由表中用符号 "N1" 或 "N2" 标识。

5.3.4　OSPF 区域类型

多域 OSPF 将自治系统划分为若干个相对独立的区域（Area），这些区域可以分为骨干区域和非骨干区域两大类，而非骨干区域进一步可以分为标准区域、末节区域、完全末节区域、次末节区域和完全次末节区域五种类型。OSPF 区域及区域中可以传播的 LSA 类型如图 5.14 和表 5.2 所示。

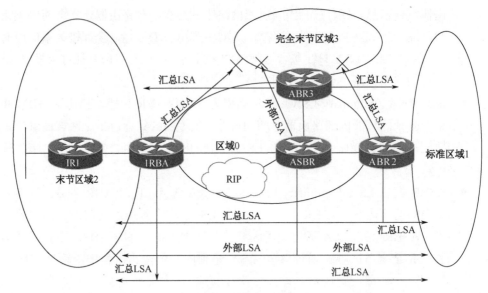

图 5.14　OSPF 区域类型

表 5.2　OSPF 区域及区域中允许洪泛的 LSA 类型

区域类型	1 类 LSA	2 类 LSA	3 类 LSA	4 类 LSA	5 类 LSA	7 类 LSA
骨干区域	允许	允许	允许	允许	允许	不允许
标准区域	允许	允许	允许	允许	允许	不允许
末节区域	允许	允许	允许	不允许	不允许	不允许
完全末节区域	允许	允许	不允许	不允许	不允许	不允许
次末节区域	允许	允许	允许	不允许	不允许	允许
完全次末节区域	允许	允许	不允许	不允许	不允许	允许

1. 骨干区域（Backbone Area）

也称为传输区域（Transit Area）。主干区域的区域号只能设置为"0"，图 5.14 所示的网络中区域 0 即为骨干区域。骨干区域可以接收本区域中的链路更新（路由 LSA 和网络 LSA）、来自 OSPF 网络内部其他区域的汇总路由、关于本 OSPF 网络以外的路由信息（图中区域 0 中自治系统边界路由器 ASBR 与云图网络通过 RIP 交换路由信息，ASBR 通过 RIP 学到的路由信息则为本 OSPF 网络以外的路由信息，即外部路由），它还可以对区域间的路由信息进行交换。每个非骨干区域必须与骨干区域相连并通过骨干区域才能交换自治系统内部的路由信息。

2. 标准区域（Standard Area）

标准区域可以接收本区域中的链路更新信息、来自 OSPF 网络内部其他区域的汇总路由信息和关于本 OSPF 网络以外的路由信息（即外部路由信息），在图 5.14 所示的网络中，区域 1 为一个标准区域，ASBR 产生的外部 LSA 可以到达图中的标准区域 1，其他区域的 ABR 产生的汇总 LSA 也可以到达标准区域 1。

3. 末节区域（Stub Area）

末节区域可以接收本区域中的链路更新信息、来自 OSPF 网络内部其他区域的汇总路由信息，但不接收那些关于本 OSPF 网络以外的路由信息，即不接收与 AS 外部路由有关的信息。在图 5.14 所示的网络中，区域 2 为末节区域，则 ASBR 产生的外部 LSA 不能到达图中的末节区域 2，而其他区域的 ABR 产生的汇总 LSA 可以到达末节区域 2。末节区域使用默认路由到达外部自治系统的网络。

4. 完全末节区域（Totally Stub Areas）

完全末节区域可以进一步减少路由表中的路由条目和 LSDB 大小。完全末节区域中的路由器接收本区域中的链路更新信息，但不接收 AS 外部路由有关的信息和来自 OSPF 网络内部其他区域的汇总路由信息，ABR 把默认汇总路由通告到完全末节区域中。在图 5.14 所示的网络中，区域 3 配置为完全末节区域，ASBR 产生的外部 LSA 则不能到达图中的末节区域 3，其他区域的 ABR 产生的汇总 LSA 也不能达到区域 3。完全末节区域内路由器知道的唯一路由是默认路由。

5. 次末节区域（Not-So-Stubby Areas）

次末节区域与末节区域相似，可以接收本区域中的链路更新信息、来自 OSPF 网络内部其他区域的汇总路由信息，但不接收那些关于本 OSPF 网络以外的路由信息，即不接收与 AS 外部路由有关的信息。在次末节区域中可以存在 ASBR，引入外部路由，但是这个外部路由需要限制在自己的区域内传播（7 类 LSA），如果要将这个外部路由传播到其他区域，需要 ABR 将 7 类 LSA 转换为 5 类 LSA 洪泛到其他的标准区域和主干区域。在图 5.15 所示的多域 OSPF 网络中，区域 1 就是一个次末节区域。

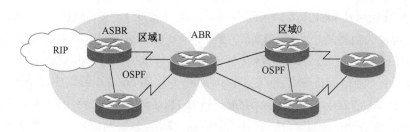

图 5.15　NSSA 示意图

6. 完全次末节区域（Totally Not-So-Stubby Areas）

与次末节区域类似，完全次末节区域可以存在 ASBR，但它禁止所有外部路由和其他区域汇总 LSA 进入，而使用一条默认路由取代外部路和汇总 LSA。在完全次末节区域中可以存在 ASBR 引入的外部路由，引入的这个外部路由以 7 类 LSA 在自己的区域内传播，ABR 将 7 类 LSA 转换为 5 类 LSA 后洪泛到其他的标准区域和主干区域。

5.4　OSPF 工作过程

OSPF 路由工作过程大致分为三个步骤：① 每台 OSPF 路由器生成描述自己接口状态的 LSA；② OSPF 路由器通过交换 LSA 实现 LSDB 的同步，同一区域的所有 OSPF 路由器的 LSDB 相同；③ OSPF 路由器根据 LSDB 使用 SPF 计算出路由，并插入到路由表中。

5.4.1　LSDB 同步

当一台路由器新加入 OSPF 网络时，新路由器与邻居路由器会建立一个邻接（Full Adjacencies）关系，实现与邻居路由器的 LSDB 同步。新增 OSPF 路由器从路由进程启动到将路由插入到路由表中，包含了以下三个工作过程，在三个过程中，过程"DR 和 BDR 的选择"是可选过程，只有在广播多路访问环境中的 OSPF 路由器才需要"DR 和 BDR 的选择"。

1. 使用 Hello 协议建立 OSPF 双向关系

OSPF 在能够共享路由更新信息之前必须要同其他路由器建立邻居关系，OSPF 使用 Hello 协议（目的地址为组播地址"224.0.0.5"，表示所有的 OSPF 路由器）建立双向关系来建立与维护其邻居关系。

以图 5.16 的网络拓扑为例，当路由器 A 启动了 OSPF 进程且端口 F0/0 口还没有与任何邻居交换信息时，路由器 A 的 F0/0 口的状态为停止状态（Down State）；路由器 A 首先从其 OSPF 接口（F0/0 端口）向外发送 Hello 分组，该 Hello 分组的目的 IP 地址为组播地址"224.0.0.5"。路由器 B 收到从路由器 A 发出的 Hello 分组，将路由器 A 加入到其邻居列表中，路由器 B 的 F0/1 端口状态转到初始状态（Init State）；收到 Hello 分组的路由器 B 发送一个 Hello 分组给路由器 A 的 F0/0 端口（路由器 A 的 ID 号出现在此 Hello 分组的邻居列表中），路由器 A 收到该分组后，将路由器 B 加入到其邻居列表中，至此，路由器 A 与路由器 B 的关系处在双向关系状态，但双方还不能共享 LSDB，原因在于双方还未建立真正的邻接（Full Adjacency）关系。

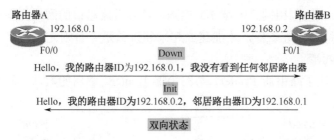

图 5.16　建立双向通信

2. DR 和 BDR 的选择

只有建立了双向通信的路由器才有可能建立邻接关系，但能否建立邻接关系，还要看连接两个邻居路由器所连网络的类型。在建立了双向通信后，如果这个链路是广播多路访问网络，则还需要选举该网络环境中的 DR 和 BDR。在 DR 和 BDR 选择后，路由器则进入准启动状态（Exstart State）。上述过程如图 5.17 所示，该过程对于非广播多路访问网络中的路由器是不需要的。

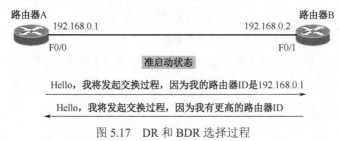

图 5.17　DR 和 BDR 选择过程

3. LSDB 同步与邻接关系的建立

当路由器间定义了主、从角色后，路由器就进入了交换状态并开始发送链路状态信息。路由器使用类型 2 的 DBD 分组来互相交换它们的链路状态摘要信息。路由器将所收到的链路状态摘要信息与其现存的链路状态数据库进行比较，并且单独确认每个 DBD 分组，如果发现有不在其现存数据库中的链路信息，则路由器就向其邻居请求有关该链路的完整更新信息。此时，该请求路由器进入加载（Loading）状态，完整的路由信息在 "Loading（加载）" 状态下被交换。

在加载（Loading）状态，路由器使用类型 3 的链路状态请求（LSR）分组来请求更完整的信息，当路由器接收到一个 LSR 时，它会用一个类型 4 的链路状态更新（LSU）分组进行回应，LSU 包提供了洪泛 LSA 的机制。这些类型 4 的 LSU 分组含有确切的 LSA，类型 4 的 LSU 分组由类型 5 的分组确认。加载状态结束之后，路由器就进入邻接（Full Adjacency）状态，完成了相邻路由器之间 LSDB 的同步，每台路由器也将建立邻接关系的路由器保存到邻接路由器列表（也称为邻接数据库）中。两台通过链路相连的相邻 OSPF 路由器只有满足路由 ID 不同、双方的 Hello

时间相同、Dead 间隔相同、区域 ID 相同、连接链路接口的网络类型相同，如果配置了认证须认证通过等条件，才能建立起来邻接关系。否则无法建立邻接关系以及实现 LSDB 的同步。

图 5.18 给出了路由器 Router1 与路由器 Router2 邻居的数据库同步与邻接关系的建立过程。

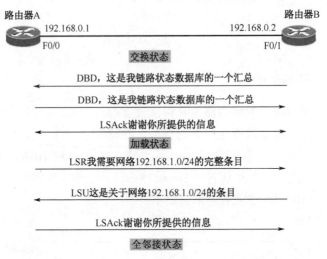

图 5.18　路由器 Router1 与路由器 Router2 邻接建立过程

5.4.2　LSDB 更新

OSPF 路由器中 LSDB 中的每个链路状态条目的老化时间默认值为 30 分钟，当 LSA 条目老化后，产生这个 LSA 的源路由器会发送一个序列号更高的 LSU 分组。当存在 LSA 的多个实例时，可以通过检查 LSA 头部中的 LS 时限、LS 序号和 LS 校验和来判定哪个实例较新。

当 OSPF 网络中出现链路状态的任何变化（例如，在网络中新增加一条 OSPF 链路、改变了 OSPF 链路开销或网络链路出现故障等）时，都会生成 LSA 并洪泛出去。运行 OSPF 协议的路由器在收到一条 LSA 更新报文时，其工作流程如图 5.19 所示。

首先，OSPF 路由器检查本路由器上 LSDB 中是否已存在该 LSA，如果不存在，就意味着该 LSA 是一条新的 LSA，则将这条 LSA 添加到其 LSDB 中，发送 LSAck 对该 LSA 进行确认，并将该 LSA 洪泛出去。

如果 OSPF 路由器发现收到的 LSA 在本地 LSDB 中已经存在，则将收到的 LSA 的序列号与 LSDB 中对应的 LSA 序列号进行比较，如果收到的 LSA 序列号更新，则表示该 LSA 有了更新，将其添加到 LSDB 数据库中，并发送 LSAck 对该 LSA 进行确认，并将该 LSA 洪泛出去。

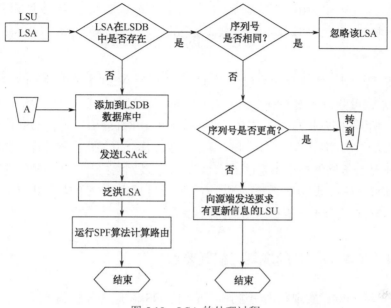

图 5.19　LSA 的处理过程

如果收到的新 LSA 序列号等于或小于 LSDB 中 LSA 的序列号，则认为该 LSA 可能是由于网络拥塞或者重传的陈旧的 LSA，因此 OSPF 路由器会忽略该 LSA。

5.4.3　OSPF 路由的计算

当所有 OSPF 路由器的 LSDB 同步完成以后，每个 OSPF 路由器就以自己为根，使用 SPF 算法计算到达目标地址的最短路径，得到一棵以自己为根的 SPF 树，并根据计算出的最短路径构建自己的路由表。OSPF 路由计算过程如下所述。

① 路由器根据 1 类 LSA、2 类 LSA 获得区域内的网络拓扑，使用 Dijkstra 算法计算区域内的路由，并将计算出的区域内路由条目添加到路由表中。注意：每个区域都单独计算区域内路由。

② ABR 至少连接了两个及两个以上不同区域，它根据计算出的每个区域内路由生成 3 类 LSA 和 4 类 LSA，并通过 LSU 向相应的区域传播。除了完全末节区域和完全次末节区域的内部路由器外，所有 OSPF 路由器根据 3 类 LSA 计算到 OSPF 网络中其他区域的路由，并利用虚链路改进路由。

③ ASBR 连接到外部自治系统，它通过 LSU 向整个自治系统发布 5 类 LSA，除了末节区域、完全末节区域、次末节区域和完全次末节区域的内部路由器外，其他所有路由器通过 5 类 LSA，计算到外部自治系统的路由。

5.5　OSPF 的规划与部署

OSPF 是一种无类别路由协议，它可以用于采用 VLSM 分配地址的和不连续子网的网络中，可分为单域 OSPF 和多域 OSPF 两种部署方式。单域 OSPF 网络中所有 OSPF 路由器拥有相同的 LSDB，网络的任何变化都会引起所有 OSPF 路由器运行 SPF 算法重新计算路由，每次 SPF 算法的运行都会消耗路由器的许多资源。单域 OSPF 一般适合于网络规模不超过 50 台路由器以及网络拓扑变化不频繁的网络。多域 OSPF 通过将网络划分为多个区域，有效减少区域内 LSA 的数量和路由震荡的影响。多域 OSPF 适合于大规模网络的路由部署。

5.5.1　单域 OSPF 的规划与配置要点

使用单域 OSPF 实现路由的选择，所有的 OSPF 路由器都属于同一个区域，即骨干区域，其区域号为 "0"。

1. 单域 OSPF 的规划要点

对骨干区域，每个需要运行 OSPF 的路由器的规划要点有：

① 在广播式多路访问网络与非广播式多路访问网络中，规划出哪个路由器充当 DR、哪个路由器充当 BDR。由于 DR 和 BDR 与所在多路访问网络内所有其他路由器都要建立邻接关系，DR 还要产生代表该网络的 2 类 LSA 并将之洪泛出去，因此 DR、BDR 最好由该网段性能较好的路由器担任。

② 需要规划出每个 OSPF 路由器的路由器 ID 及指定方法。每个 OSPF 路由器的路由器 ID 必须唯一。一般来说，为了保证 OSPF 路由器进程的稳定性，最常见的是采用命令配置路由器 ID，也可采用环回接口最高的 IP 地址作为路由器 ID。

③ 需要考虑 OSPF 路由器有哪些端口要参与 OSPF 进程。

④ 要考虑是否将某些接口设置为被动接口，设置为被动接口的端口不会发送Hello 报文，可以减少网络开销、优化网络性能。

⑤ 需要考虑配置认证以增加路由更新的安全性。

2. 单域 OSPF 的配置要点

单域 OSPF 的配置一般需要以下 6 个步骤。

① 根据 DR 与 BDR 的规划，配置对应的 OSPF 路由器接口的优先级。充当 DR 的 OSPF 接口的优先级最高，充当 BDR 的 OSPF 路由器接口的优先级次高。

② 如果采用环回接口的 IP 地址作为路由器 ID，则先配置环回接口的 IP 地址、子网掩码并启用环回接口；如果采用 "router-id" 命令配置路由器的 ID，则在

启用 OSPF 进程后，指定接口参与 OSPF 路由进程前配置；否则，需要重启 OSPF 进程才能使配置的路由器 ID 生效。

③ 在路由器上启用 OSPF 路由进程。

④ 指定 OSPF 路由器哪些接口参与 OSPF 路由进程，并指定接口所属的 OSPF 区域为"0"区域。

⑤ 根据网络实际情况，决定是否需要手工修改链路开销值、是否需要配置被动接口优化路由。

⑥ 进行路由认证配置，OSPF 的认证可基于区域，也可基于链路。基于链路的认证进一步又分为明文认证和 MD5 认证。

在上述步骤中，③和④两个步骤是必需的，其他 4 个步骤根据不同的 OSPF 规划配置，是可选的。

对应于上述步骤，下面给出的是以 Cisco 路由器为例的单域 OSPF 配置与路由调试验证命令。

- Router(config-if)#ip ospf priority *number*　　　//配置端口的优先级
- Router(config-if)# ip ospf cost *cost-number*　　//配置端口链路开销
- Router(config-if)# ip ospf authentication　　　　//启用基于接口的明文认证
- Router(config-if)# ip ospf authentication-key *password*　//配置明文认证的密码
- Router(config-if)# ip ospf authentication message-digest　//启用 MD5 认证
- Router(config-if)# ip ospf message-digest-key *key-id* md5 *key*　//配置 MD5 认证的密码

> **注意**：参数"*key-id*"是一个范围为 0～255 的标识符；参数"*key*"是由数字和字母组成的 MD5 密码，最长为 16 个字符

- Router(config-router)#area *area-id* authentication message-digest　　//启用基于区域的 MD5 认证
- Router(config)#router ospf *process-id*　　　//启动 OSPF 进程，并进入到 OSPF 路由配置模式

> **注释**：参数"*process-id*"表示路由器 OSPF 进程的 ID 号，它只具有本地意义，其值可以从 1～65535 中随意取，同一个网络上不同路由器的 OSPF 进程 ID 号可以不一样。但在实际情况中，大多数的网络管理员在同一个自治系统（AS）中的 OSPF 路由器上配置相同的 OSPF 进程。要想启动 OSPF 路由进程，至少确保有路由器至少有一个接口是"UP"状态。

- Router(config-router)# router-id *router-id*　　//配置 OSPF 路由器 ID 值
- Router(config-router)#network *address wildcard-mask* area *area-id*　　//指定路由器参与发送和接收 OSPF 路由信息的接口

参数"*area-id*"表示接口属于哪个区域，在单域 OSPF 中，所有参与 OSPF 进程的接口都属于"0"区域。

参数"*address*"与参数"*wildcard-mask*"成对使用，用来指定路由器需要参与发送和接收 OSPF 路由信息的接口。参数"*address*"值一般是路由器需要参与发送 OSPF 路由信息接口的网络号或接口地址。参数"*wildcard-mask*"表示通配符掩码，与 IP 地址成对使用，用来说明 IP 地址中的相应位是否需要被检查与匹配，通配符掩码中"1"表示所对应的 IP 地址相应位不需要被匹配，"0"表示所对应的 IP 地址相应位需要匹配。与子网掩码类似，通配符掩码的长度为 32 位（二进制），用点分十进制表示。例如，使用通配掩码"0.255.255.255"表示相应地址中的前 8 位需要检查，后 24 位可以忽略。表 5.3 给出了更多通配符掩码的示例。

表 5.3　通配掩码的示例

测试条件	IP 地址	通配符掩码
10.0.0.0/8	10.0.0.0	0.255.255.255
172.31.0.0/16	172.31.0.0	0.0.255.255
202.33.44.0/24	202.33.44.0	0.0.0.255
192.168.1.64/26	192.168.1.64	0.0.0.63
210.33.44.254/24	210.33.44.254	0.0.0.0

- Router(config-router)# default-information originate 　//把配置的默认路由重发布到 OSPF 中
- Router# show ip ospf interface 　　　　　//查看接口的 OSPF 信息
- Router#show ip ospf neighbor 　　　　　//查看 OSPF 邻居路由器列表
- Router#show ip ospf neighbor detail 　　　//查看 OSPF 邻居路由器详细信息
- Router#show ip ospf database 　　　　　//查看 OSPF 链路状态数据库信息
- Router#show ip protocols 　　　　　　　//查看配置的 IP 路由协议信息
- Router#show ip ospf 　　　　　　　　　//查看 OSPF 信息
- Router#debug ip ospf adj 　　　　　　　//跟踪调试 OSPF 邻居的建立
- Router#show ip route 　　　　　　　　　//查看路由表
- Router#clear ip ospf process 　　　　　　//清除并重启 OSPF 进程

> 注释：OSPF 是一种不抢占协议，如果已配置或生成路由器 ID、完成了 DR、BDR 的选择后，需要更改路由器的 ID 和重新选择 DR 和 BDR，就必须使用"clear ip ospf process"清除并重启 OSPF 进程才能让所做的配置更改生效。

3. 单域 OSPF 规划与配置实例

某一网络拓扑结构以及 IP 编址方案如图 5.20 所示，图中路由器 R2 的性能好于路由器 R1。分析该网络后，其 OSPF 规划如下：

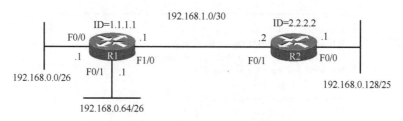

图 5.20　单域 OSPF 实例拓扑结构图

① 网络规模较小，因此采用单域 OSPF 实现网络的互连互通。

② 网络中的每个网段均为以太网，都需要选择 DR、BDR。路由器 R2 的性能好于路由器 R1，更适合担任网段"192.168.1.0/30"的 DR。可以将路由器 R2 的 F0/1 接口的优先级设置为"10"，将路由器 R1 的 F1/0 接口的优先级设置为"2"，使得路由器 R2 的优先级高于路由器 R1，这样路由器 R2 就会被选为 DR，路由器 R1 被选为 BDR。

③ 为了保证 OSPF 路由器进程的稳定性，在每个路由器上使用命令完成路由器 ID 的配置。

④ 在路由器 R1 与 R2 上采用基于链路的明文认证，对邻居路由器进行身份验证，避免路由器收到伪造的路由更新信息，认证密钥为"network"。

在路由器 R1 上，参与 OSPF 路由进程的有"F0/0"、"F0/1"和"F1/0"三个接口，这三个接口对应的网络号与通配符掩码分别为"192.168.0.0（网络号）、0.0.0.63（通配符掩码）"、"192.168.0.64（网络号）、0.0.0.63（通配符掩码）"和"192.168.1.0（网络号）、0.0.0.3（通配符掩码）"。路由器 R1 的"F0/0"和"F0/1"端口所连网络中不存在别的路由器，可以将这两个端口设置为"被动接口"以优化网络性能，其部署需要完成以下 6 个配置步骤。

① 在 F1/0 端口上配置明文认证。

② 配置 F1/0 端口的优先级值为"2"。

③ 启动 OSPF 进程。

④ 使用"router-id"命令配置路由器 ID。

⑤ 配置 3 个接口参与到 OSPF 路由进程中。

⑥ 配置"F0/0"与"F0/1"端口为被动接口。

图 5.21 给出了路由器 R1 上 OSPF 路由配置的详细步骤。

在路由器 R2 上，参与 OSPF 路由进程的有"F0/0"和"F0/1"两个接口，这两个接口对应的网络号与通配符掩码分别为"192.168.0.128（网络号）、0.0.0.127（通配符掩码）"和"192.168.1.0（网络号）、0.0.0.3（通配符掩码）"。路由器 R2 的"F0/0"端口所连网络中不存在别的路由器，可以将这个端口设置为"被动接口"以优化网络性能，其部署同样需要完成以下 6 个配置步骤。

```
R1(config)#interface f1/0
R1(config-if)#ip ospf authentication
R1(config-if)#ip ospf authentication-key network
R1(config-if)#ip ospf priority 2
R1(config)#router ospf 1
R1(config-router)#router-id 1.1.1.1
R1(config-router)#network 192.168.0.0 0.0.0.63 area 0
R1(config-router)#network 192.168.0.64 0.0.0.63 area 0
R1(config-router)#network 192.168.1.0  0.0.0.3 area 0
R1(config-router)#passive-interface f0/0
R1(config-router)#passive-interface f0/1
```

图 5.21　路由器 R1 的单域 OSPF 配置示例

① 在 F0/1 端口上配置明文认证。

② 配置 F0/1 端口的优先级值为"10"。

③ 启动 OSPF 进程。

④ 使用"router-id"命令配置路由器 ID。

⑤ 配置两个接口参与到 OSPF 路由进程中。

⑥ 配置"F0/0"端口为被动接口。

图 5.22 给出了路由器 R1 上 OSPF 路由配置的详细步骤。

```
R2(config)#interface f0/1
R2(config-if)#ip ospf authentication
R2(config-if)#ip ospf authentication-key network
R2(config-if)#ip ospf priority 10
R2(config)#router ospf 1
R2(config-router)#router-id 2.2.2.2
R2(config-router)#network 192.168.0.128 0.0.0.127 area 0
R2(config-router)#network 192.168.1.0  0.0.0.3 area 0
R2(config-router)#passive-interface f0/0
```

图 5.22　路由器 R2 的单域 OSPF 配置示例

5.5.2　多域 OSPF 的规划与配置要点

在大规模的网络中，为了降低 OSPF 的运行开销、加快路由收敛、限制错误路由的传播范围以及提高网络的可扩展性等，需要使用多域 OSPF 方式实现路由的选择。

在多域 OSPF 中，把 OSPF 网络分为多个相对独立的区域，区域分为骨干区域和非骨干区域两大类，而非骨干区域进一步可以分为标准区域、末节区域、完全末节区域、次末节区域和完全次末节区域共五种类型。关于区域类型的详细介绍参见5.3.4 节。不同区域的不同配置主要体现在 ABR 路由器的配置上，而每个区域的 IR配置与单域 OSPF 的路由器配置基本相同。

1. 多域 OSPF 的规划要点

① 需要根据网络需求划分区域。由于所有非骨干区域间的流量都要通过骨干区域转发，骨干区域承受的网络负荷较大，因此要求骨干区域中的 OSPF 路由器性能较强，链路带宽较宽，区域中尽量有冗余的路由器和链路来保障网络的可靠性和可扩展性；非骨干区域则根据区域情况选择区域类型。如果某些区域中的路由器性能较差，可以将其规划设计为末节区域或者是完全末节区域，以减少路由器上 LSDB 的大小和路表条目，使网络更加稳定。一个区域只有满足只有一个出口、不需要作为虚拟链路的转接链路过渡区域，并且没有 ASBR 条件时才能被设计为末节区域或完全末节区域。如果非骨干区域存在 ASBR 路由器，则该区域需要被设计为次末节区域或完全次末节区域。

② 根据区域的划分确定是否需要使用虚链路。虚链路是一种过渡技术，当出现某个非骨干区域没有与骨干区域直接相连的情况时，则需要使用虚链路使该非骨干区域与骨干区域相连，才能实现该非骨干区域与其他区域网络连通。图 5.23 给出了虚链路的示意图，图中区域 2 没有与骨干区域 0 直接相连，因此，必须在 ABR1 与 ABR2 之间创建一条 OSPF 虚链路才能实现网络的连通性。

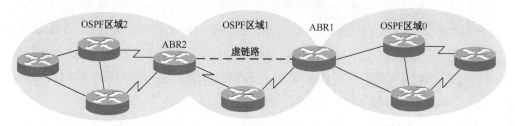

图 5.23　虚链路示例

③ 对每个 OSPF 路由器规划路由器 ID，对每个需要选择 DR、BDR 的网段规划出哪个路由器充当 DR、哪个路由器充当 BDR。每个 OSPF 路由器有哪些端口要参与到 OSPF 进程中，端口属于哪个区域，哪些端口需要设置为被动接口以减少网络开销、优化网络性能。

④ 根据网络需求决定是否使用路由汇总来减少路由表大小，节省路由器的资源，稳定路由性能。

⑤ 需要考虑配置认证以增加路由更新的安全性。

2. 多域 OSPF 的配置要点

与上述规划相对应，在进行多域 OSPF 的配置时一般需要以下 6 个步骤。

① 在骨干区域的所有 IR 上根据规划完成路由器端口优先级、环回接口、启用 OSPF 路由进程、使用命令 "router-id" 配置路由器的 ID、指定 OSPF 路由器接口参与 OSPF 路由进程和接口运行的区域（骨干区域为 "0"）、被动接口和身份认证等配置。

② 在 ABR 上根据规划完成 OSPF 的基本配置。注意：ABR 至少有两个或两个以上的不同接口属于不同的区域。

③ 在 ABR 上指定区域的类型。

④ 在 ABR 上根据路由需求完成路由汇总。

⑤ 在非骨干区域中的所有 IR 上根据规划并参考骨干区域 IR 的步骤完成配置，如果 IR 所在区域为末节区域、完全末节区域、次末节区域和完全次末节区域，需要指定区域类型。

⑥ 完成 ASBR 的配置。

在上述步骤中，配置路由器端口优先级、环回接口、被动接口、身份认证、路由汇总都是可选的。

单域 OSPF 的配置与路由验证命令也会用于多域 OSPF 中，下面给出的是以 Cisco 路由器为例，多域 OSPF 常见的配置命令：

- Router(config-router)#area *area-id* range *address mask* 　　//对区域 "*area-id*" 进行路由汇总

> 注释：该命令在 ABR 上使用，对区域的路由进行汇总。参数 "*area-id*" 表示区域号；参数 "*address*" 为汇总后路由条目的网络地址；参数 "*mask*" 为汇总后路由条目的子网掩码。

- Router(config-router)#summary-address *address mask* 　　//将外部路由重发布到 OSPF 区域前进行路由汇总，"*address*" 为汇总后路由条目的网络地址，"*mask*" 为汇总后路由条目的子网掩码

- Router(config-router)#area *area-id* stub 　　//指定区域为末节区域

> 注释：该命令在末节区域的 IR 和 ABR 上使用，在完全末节区域的 IR 上使用，参数 "*area-id*" 为区域号。

- Router(config-router)#area *area-id* stub no-summary 　　//指定区域为完全末节区域

> 注释：该命令只在连接完全末节区域与骨干区域的 ABR 上使用，参数 "*area-id*" 为区域号。

- Router(config-router)#area *area-id* nssa 　　//指定区域为次末节区域，"*area-id*" 为区域号

- Router(config-router)#area *area-id* nssa no-summary 　　//指定区域为完全次末节区域

> 注释：该命令只在 ABR 上使用。

- Router(config-router)#area *area-id* virtual-link *neighbor-ID* 　　//配置虚链路

注释：该命令在建立虚链路的两个 ABR 上配置，参数 "*area-id*" 是传输区域的区域号；参数 "*neighbor-ID*" 为虚链路另一端 ABR 的路由器 ID。

3. 多域 OSPF 的配置实例 1

下面以一个示例来说明多域 OSPF 的规划与部署实施过程。图 5.24 给出了某企业网络拓扑结构、OSPF 区域划分以及 IP 编址方案，其中区域 1、区域 2 和区域 3 为非骨干区域，区域 1 被规划为标准区域，为了减少图中区域 2 和区域 3 中路由器保存的链路状态数据库大小，节省路由器内存等资源，将区域 2 规划为末节区域，将区域 3 规划为完全末节区域。在路由器 ABR1 与路由器 R1 之间的以太网网段 "10.254.254.0/30" 由性能更好的路由器 ABR1 充当 DR。

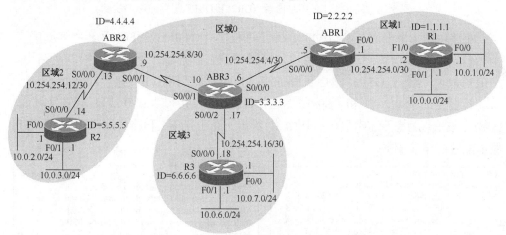

图 5.24 多域 OSPF 配置实例 1 网络拓扑

对路由器 R1 来说，参与 OSPF 路由进程的有 "F0/0"、"F0/1" 和 "F1/0" 三个接口，三个接口都运行在区域 1。对路由器 ABR1 来说，参与 OSPF 路由进程的有 "F0/0" 和 "S0/0/0" 两个接口，其中接口 "F0/0" 运行在区域 1，接口 "S0/0/0" 运行在区域 0。路由器 ABR1 因为有两个接口属于不同的区域，所以它是一个 ABR。在路由器 ABR1 上可以把区域 1 的路由进行路由汇总，汇总后的网络号为 "10.0.0.0/23"。路由器 ABR1 为以太网网段 "10.254.254.0/30" 的 DR，需要将其 "F0/0" 端口优先级规划比默认优先级高。图 5.25 给出了路由器 R1 和路由器 ABR1 上 OSPF 路由配置的详细步骤。

```
R1(config)#router ospf 1
R1(config-router)#router-id 1.1.1.1
R1(config-router)#network 10.0.0.0 0.0.0.255 area 1
R1(config-router)#network 10.0.1.0 0.0.0.255 area 1
R1(config-router)#network 10.254.254.0 0.0.0.3 area 1
R1(config-router)#passive-interface f0/0
R1(config-router)#passive-interface f0/1
```

```
ABR1(config)#interface f0/0
ABR1(config-if)#ip ospf priority 10
ABR1(config)#router ospf 1
ABR1(config-router)#router-id 2.2.2.2
ABR1(config-router)#network 10.254.254.0 0.0.0.3 area 1
ABR1(config-router)#network 10.254.254.4 0.0.0.3 area 0
ABR1(config-router)#area 1 range 10.0.0.0 255.255.254.0
```

图 5.25 路由器 R1 和路由器 ABR1 上 OSPF 配置的详细步骤

对路由器 R2 来说，参与 OSPF 路由进程的有"F0/0"、"F0/1"和"S0/0/0"三个接口，三个接口均运行在区域 2，区域 2 被规划为末节区域。对路由器 ABR2 来说，参与 OSPF 路由进程的有"S0/0/0"和"S0/0/1"两个接口，其中接口"S0/0/0"运行在区域 2，接口"S0/0/1"运行在区域 0，区域 2 被规划为末节区域。图 5.26 给出了路由器 R2 和路由器 ABR2 上 OSPF 路由配置的详细步骤。

```
R2(config)#router ospf 1
R2(config-router)#router-id 5.5.5.5
R2(config-router)#network 10.0.3.0  0.0.0.255 area 2
R2(config-router)#network 10.0.2.0  0.0.0.255 area 2
R2(config-router)#network 10.254.254.12  0.0.0.3 area 2
R2(config-router)#passive-interface f0/0
R2(config-router)#passive-interface f0/1
R2(config-router)#area 2 stub
```

```
ABR2(config)#router ospf 1
ABR2(config-router)#router-id 4.4.4.4
ABR2(config-router)#network 10.254.254.8 0.0.0.3 area 0
ABR2(config-router)#network 10.254.254.12 0.0.0.3 area 2
ABR2(config-router)#area 2 range 10.0.2.0 255.255.254.0
ABR2(config-router)#area 2 stub
```

图 5.26　路由器 R2 和路由器 ABR2 上 OSPF 配置的详细步骤

对路由器 R3 来说，参与 OSPF 路由进程的有"F0/0"、"F0/1"和"S0/0/0"三个接口，三个接口均运行在区域 3，区域 3 被规划为完全末节区域。对路由器 ABR3 来说，参与 OSPF 路由进程的有"S0/0/0"、"S0/0/1"和"S0/0/2"三个接口，其中接口"S0/0/0"和"S0/0/1"运行在区域 0，接口"S0/0/2"运行在区域 3，区域 3 被规划为完全末节区域。图 5.27 给出了路由器 R3 和路由器 ABR3 上 OSPF 路由配置的详细步骤。

```
R3(config)#router ospf 1
R3(config-router)#router-id 6.6.6.6
R3(config-router)#network 10.0.6.0  0.0.0.255 area 3
R3(config-router)#network 10.0.7.0  0.0.0.255 area 3
R3(config-router)#network 10.254.254.16  0.0.0.3 area 3
R3(config-router)#passive-interface f0/0
R3(config-router)#passive-interface f0/1
R3(config-router)#area 3 stub
```

```
ABR2(config)#router ospf 1
ABR2(config-router)#router-id 3.3.3.3
ABR2(config-router)#network 10.254.254.8 0.0.0.3 area 0
ABR2(config-router)#network 10.254.254.4 0.0.0.3 area 0
ABR2(config-router)#network 10.254.254.16 0.0.0.3 area 3
ABR2(config-router)#area 3 range 10.0.6.0 255.255.254.0
ABR2(config-router)#area 3 stub no-summary
```

图 5.27　路由器 R3 和路由器 ABR3 上 OSPF 配置的详细步骤

4. 多域 OSPF 的配置实例 2

图 5.28 所示给出了某企业网络拓扑结构、OSPF 区域划分以及 IP 编址方案，图中区域 0 为骨干区域，区域 1 和区域 2 为非骨干区域，区域 2 与骨干区域 0 没有直接相连，而是通过区域 1 与骨干区域 0 相连。为实现该网络的互连互通，需要在路由器 ABR2 和路由器 ABR1 之间创建一条虚链路（见图 5.28 中虚线），由于区域 1 需要作为虚拟链路的转接链路过渡区域，因此只能将区域 1 规划为标准区域。为了减少图中区域 2 中路由器保存的链路状态数据库大小，节省路由器内存等资源，将区域 2 规划为完全末节区域。

对路由器 R1 来说，参与 OSPF 路由进程的有"F0/0"、"F0/1"和"F1/0"三个接口，三个接口均运行在区域 0。对路由器 R2 来说，参与 OSPF 路由进程的有"F0/0"、"F0/1"、"S0/0/0"和"S0/0/1"四个接口，四个接口均运行在区域 1，区域 1

为标准区域。对路由器 R3 来说，参与 OSPF 路由进程的有"F0/0"、"F0/1"和"S0/0/0"三个接口，三个接口均运行在区域 2，区域 2 被规划为完全末节区域。路由器 R1、R2 和 R3 的 OSPF 路由配置步骤参考"多域 OSPF 的配置实例 1"中路由器 R1 和 R2 的配置步骤以及"单域 OSPF 的规划与配置要点"中的配置步骤。

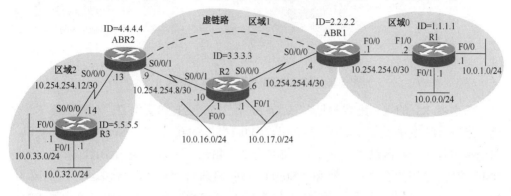

图 5.28　多域 OSPF 配置实例 2 网络拓扑

对路由器 ABR1 来说，参与 OSPF 路由进程的有"F0/0"和"S0/0/0"两个接口，其中接口"S0/0/0"运行在区域 1，接口"F0/0"运行在区域 0，区域 1 被规划为标准区域，在 ABR1 上需要创建一条到 ABR2 的虚链路。对路由器 ABR2 来说，参与 OSPF 路由进程的有"S0/0/0"和"S0/0/1"两个接口，其中接口"S0/0/0"运行在区域 2，接口"S0/0/1"运行在区域 1，区域 2 为完全末节区域，在 ABR2 上需要创建一条到 ABR1 的虚链路。图 5.29 给出了路由器 ABR1 和路由器 ABR2 上 OSPF 路由配置的详细步骤。

```
ABR1(config)#router ospf 1
ABR1(config-router)#router-id 2.2.2.2
ABR1(config-router)#network 10.254.254.0  0.0.0.3 area 0
ABR1(config-router)#network 10.254.254.4  0.0.0.3 area 1
ABR1(config-router)#area 1 range 10.0.16.0 255.255.254.0
ABR1(config-router)#area 1 virtual-link 4.4.4.4
```

```
ABR2(config)#router ospf 1
ABR2(config-router)#router-id 4.4.4.4
ABR2(config-router)#network 10.254.254.8 0.0.0.3 area 1
ABR2(config-router)#network 10.254.254.12 0.0.0.3 area 2
ABR2(config-router)#area 2 stub no-summary
ABR2(config-router)#area 1 range 10.0.16.0 255.255.254.0
ABR2(config-router)#area 2 range 10.0.32.0 255.255.254.0
ABR2(config-router)#area 1 virtual-link 2.2.2.2
```

图 5.29　路由器 ABR1 和路由器 ABR2 上 OSPF 配置的详细步骤

5. 多域 OSPF 的配置实例 3

图 5.30 所示给出了某企业网络拓扑结构、OSPF 区域划分以及 IP 编址方案，图中区域 0 为骨干区域，区域 1 中路由器 ASBR1 有一个接口连接到外部自治系统网络（使用静态路由连接到外部网络），为了实现网络的相互连通，需要将区域 1 规划为 NSSA 区域。NSSA 区域可以通过在 NSSA 中的 ASBR1 将外部路由作为 7 类型的 LSA 引入，当 7 类型 LSA 离开 NSSA 时，ABR1 将它们转换为类型为 5 的 LSA。

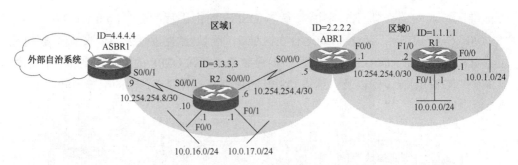

图 5.30 多域 OSPF 配置实例 3 网络拓扑

路由器 R1 的规划配置参见多域 OSPF 配置实例 1 和实例 2。对路由器 R2 来说，参与 OSPF 路由进程的有 "F0/0"、"F0/1"、"S0/0/0" 和 "S0/0/1" 四个接口，四个接口均运行在区域 1，区域 1 被规划为 NSSA。对路由器 ABR1 来说，参与 OSPF 路由进程的有 "F0/0" 和 "S0/0/0" 两个接口，"F0/0" 接口运行在区域 0，"S0/0/0" 接口运行在区域 1，区域 1 被规划为 NSSA。图 5.31 给出了路由器 R2 和路由器 ABR1 上 OSPF 路由配置的详细步骤。

```
R2(config)#router ospf 1
R2(config-router)#router-id 3.3.3.3
R2(config-router)#network 10.0.16.0 0.0.0.255 area 1
R2(config-router)#network 10.0.17.0 0.0.0.255 area 1
R2(config-router)#network 10.254.254.4 0.0.0.3 area 1
R2(config-router)#network 10.254.254.8 0.0.0.3 area 1
R2(config-router)#passive-interface f0/0
R2(config-router)#passive-interface f0/1
R2(config-router)#area 1 nssa
```

```
ABR1(config)#router ospf 1
ABR1(config-router)#router-id 2.2.2.2
ABR1(config-router)#network 10.254.254.0 0.0.0.3 area 0
ABR1(config-router)#network 10.254.254.4 0.0.0.3 area 1
ABR1(config-router)#area 1 range 10.0.16.0 255 .255 .254 .0
ABR1(config-router)#area 1 nssa no-summary
```

图 5.31 路由器 R2 和路由器 ABR1 上 OSPF 配置的详细步骤

对路由器 ASBR1 来说，参与 OSPF 路由进程的只有 "S0/0/1" 一个接口，这个接口运行在区域 1，区域 1 被规划为完全次末节区域。假设 ASBR1 通过静态路由连接到外部自治系统（图 5.32 中 "ip route 10.1.0.0 255.255.0.0 10.254.254.14" 命令配置了一条静态路由），ASBR1 需要将该静态路由注入到 OSPF 中，作为 7 类 LSA 存在于区域 1，ABR1 将 7 类 LSA 转换为 5 类 LSA 洪泛到其他的标准区域和主干区域，使得 OSPF 其他区域的路由器也学习到该静态路由的路径。图 5.32 给出了路由器 ASBR1 上 OSPF 路由配置的详细步骤，其中 "redistribute static subnets" 命令的功能是将静态路由信息重发布到 OSPF 中，关于重发布的概念及部署等详细信息参见第 6 章。

```
ASBR1(config)#ip route 10.1.0.0 255.255.0.0 10.254.254.14
ASBR1(config)#router ospf 1
ASBR1(config-router)#router-id 4.4.4.4
ASBR1(config-router)#network 10.254.254.8 0.0.0.3 area 1
ASBR1(config-router)#area 1 nssa
ASBR1(config-router)#redistribute static subnets
```

图 5.32 路由器 ASBR1 上 OSPF 配置的详细步骤

5.6　工程案例——OSPF 的规划与配置

5.6.1　工程案例背景及需求

　　某企业内部网络拓扑结构如图 5.33 所示，企业网内部采用私有地址进行编址。企业网络的 IP 地址编址如图 5.33 和表 5.4 所示。为了实现企业各网段之间、企业网络与 Internet 之间的相互访问，需要在各路由器上完成路由的配置，要求如下所述。

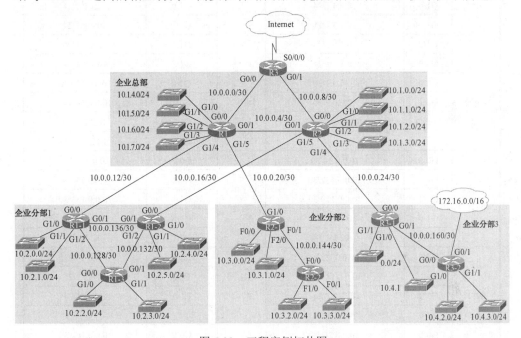

图 5.33　工程案例拓扑图

　　① 由于网络规模较大，需要使用 OSPF 协议实现企业内部网络所有网段的互连互通。

　　② 避免由于网络中某个分部网络拓扑的经常改变而导致的企业网络中所有路由器重新计算路由引起的路由振荡现象。

　　③ 企业分部 2 中的路由器性能较差，在实施路由时，尽量减少企业分部 2 中路由器上 LSDB 的大小和路表条目数等。

　　④ 企业分部 3 中路由器 R3-2 上配置了一条到目的网络"172.16.0.0/16"静态路由，需要把该静态路由重发布到 OSPF 路由协议中，同时，在企业分部 3 中需要使用认证来避免可能引入有害路由信息。

　　⑤ 在满足路由需求的基础上，尽量减少每个路由器路由表的条目数量以优化路由。

⑥ 优化 OSPF 路由，DR 由性能更好的路由器充当，如果路由器的端口所连网络不存在别的路由器，需把该端口设置为"被动接口"以优化网络性能。

表 5.4　路由设备接口 IP 地址分配表

设备名	接口	IP 地址及子网掩码	设备名	接口	IP 地址及子网掩码
路由器 R1	G0/0	10.0.0.2/30	路由器 R2	G0/0	10.0.0.10/30
	G0/1	10.0.0.5/30		G0/1	10.0.0.6/30
	G1/4	10.0.0.13/30		G1/4	10.0.0.25/30
	G1/5	10.0.0.21/30		G1/5	10.0.0.17/30
	G1/0	10.1.4.1/24		G1/0	10.1.0.1/24
	G1/1	10.1.5.1/24		G1/1	10.1.1.1/24
	G1/2	10.1.6.1/24		G1/2	10.1.2.1/24
	G1/3	10.1.7.1/24		G1/3	10.1.3.1/24
路由器 R3	G0/0	10.0.0.1/30	路由器 R1-3	G0/0	10.0.0.130/30
	G0/1	10.0.0.9/30		G0/1	10.0.0.134/30
	S0/0/0	202.33.44.2/30		G1/0	10.2.2.1/24
				G1/1	10.2.3.1/24
路由器 R1-1	G0/0	10.0.0.14/30	路由器 R1-2	G0/0	10.0.0.18/30
	G0/1	10.0.0.137/30		G0/1	10.0.0.138/30
	G1/2	10.0.0.129/30		G1/2	10.0.0.133/30
	G1/0	10.2.0.1/24		G1/0	10.2.4.1/24
	G1/1	10.2.1.1/24		G1/1	10.2.5.1/24
路由器 R2-1	G1/0	10.0.0.22/30	路由器 R2-2	F0/0	10.0.0.146/30
	F0/1	10.0.0.145/30		F0/1	10.3.3.1/24
	F0/0	10.3.0.1/24		F1/0	10.3.2.1/24
	F2/0	10.3.1.1/24			
路由器 R3-1	G0/0	10.0.0.26/30	路由器 R3-2	G0/0	10.0.0.162/30
	G0/1	10.0.0.161/30		G0/1	172.16.0.1/30
	G1/0	10.4.1.1/24		G1/0	10.4.2.1/24
	G1/1	10.4.0.1/24		G1/1	10.4.3.1/24

5.6.2　OSPF 的规划与设计

1. 采用多域 OSPF 来实现企业内部网络的相互连通

由于该企业网络规模较大，因此可以采用多域 OSPF 来实现企业内部网络的相互连通，并通过区域划分有效避免由于网络中某个分部网络拓扑的经常改变而导致企业网络中所有路由器重新计算路由引起的路由振荡现象。全网共划分为四个区域，分别是区域 0、区域 1、区域 2、区域 3，区域的详细设计如下所述。

● 区域 0：骨干区域，根据骨干区域路由器性能与链路带宽的设计要求和企业网络便于维护的要求，企业总部路由器 R3 的 G0/0 和 G0/1 端口运行在骨干区域，路由器 R1 和 R2 除了连接到企业分部的端口外，其余端口都运行在骨干区域。

- 区域 1：企业分部 1 所有路由器的所有端口都运行在区域 1，路由器 R1 的 G1/4 和路由器 R2 的 G1/5 端口运行在区域 1。区域 1 有两个出口连接到骨干区域，因此，将区域 1 的区域类型设计为标准区域。

- 区域 2：企业分部 2 所有路由器的所有端口都运行在区域 2，路由器 R1 的 G1/5 端口运行在区域 2。由于区域 2 只有一个出口连接到骨干区域，企业分部 2 的路由器性能又较差，将区域 2 的区域类型设计为完全末节区域以有效减少企业分部 2 中路由器上 LSDB 的大小和路表条目数。

- 区域 3：企业分部 3 路由器 R3-1 所有端口都运行在区域 3，路由器 R3-2 的 G0/0、G1/0 和 G1/1 端口运行在区域 3，路由器 R2 的 G1/4 端口运行在区域 3。由于区域 3 只有一个出口连接到骨干区域，区域 3 中有 ASBR（路由器 R3-2 上配置了一条到目的网络"172.16.0.0/16"静态路由，并把该静态路由重发布到 OSPF 路由协议中），因此，将区域 3 的区域类型设计为完全次末节区域。

2. 在 ABR 上对每个区域内的路由进行汇总

为了减少 LSA 通告量、减少路由器路由表条目数量以优化 OSPF 路由，在 ABR 上对每个区域内的路由进行汇总，即将 3 类 LSA 进行汇总。区域间路由汇总的设计如下所述。

- 对区域 0 来说，可以将"10.1.0.0/24"～"10.1.7.0/24"八个子网汇总成"10.1.0.0/21"；

- 对区域 1 来说，可以将"10.2.0.0/24"～"10.2.3.0/24"四个子网汇总成"10.2.0.0/22"，将"10.2.4.0/24"和"10.2.5.0/24"两个子网汇总成"10.2.4.0/23"；

- 对区域 2 来说，可以将"10.3.0.0/24"～"10.3.3.0/24"四个子网汇总成"10.3.0.0/22"；

- 对区域 3 来说，可以将"10.4.0.0/24"～"10.4.3.0/24"四个子网汇总成"10.4.0.0/22"

- 路由器 R1 是连接区域 0、区域 1 和区域 2 的 ABR，因此需要在路由器 R1 上完成关于区域 0、区域 1 和区域 2 的路由汇总；

- 路由器 R2 是连接区域 0、区域 1 和区域 3 的 ABR，因此需要在路由器 R1 上完成关于区域 0、区域 1 和区域 3 的路由汇总。

OSPF 区域及区域路由汇总的详细规划如表 5.5 所示。

表 5.5　OSPF 区域及区域间路由汇总规划设计

区域 ID	区域类型	区域包含的路由器接口	区域汇总后的网络前缀
0	骨干区域	路由器 R1 的 G0/0、G0/1、G1/0、G1/1、G1/2 和 G1/3 端口 路由器 R2 的 G0/0、G0/1、G1/0、G1/1、G1/2 和 G1/3 端口 路由器 R3 的 G0/0 和 G0/1 接口	10.1.0.0/21
1	标准区域	路由器 R1-1、R1-2 和 R1-3 的所有端口 路由器 R1 的 G1/4 端口 路由器 R2 的 G1/5 端口	10.2.0.0/22 和 10.2.4.0/23
2	完全末节区域	路由器 R1 的 G1/5 端口 路由器 R2-1 和 R2-2 的所有端口	10.3.0.0/22
3	次末节区域	路由器 R3-1 的所有端口 路由器 R3-2 的 G0/0、G1/0 和 G1/1 端口 路由器 R2 的 G1/4 端口	10.4.0.0/22

3. DR 和 BDR 规划

采用修改路由器接口优先级的方式使路由器性能更高的路由器充当 DR，路由器性能次高的路由器充当 BDR。网络中各连接网段 DR 和 BDR 的规划如表 5.6 所示，充当 DR 的路由器对应端口优先级值更改为"10"。路由器 ID 使用手工配置方式为 OSPF 路由器指定，将路由器所连网络不存在别的路由器的百兆或千兆以太网端口设置为"被动接口"以优化网络性能，路由器 ID 和被动接口规划如表 5.7 所示。

表 5.6　DR 和 BDR 规划

网段	DR	BDR	网段	DR	BDR
10.0.0.0/30	R1	R3	10.0.0.4/30	R1	R2
10.0.0.8/30	R2	R3	10.0.0.12/30	R1	R1-1
10.0.0.16/30	R2	R1-2	10.0.0.20/30	R1	R2-1
10.0.0.24/30	R2	R3-1	10.0.0.128/30	R1-1	R1-3
10.0.0.132/30	R1-2	R1-3	10.0.0.136/30	R1-1	R1-2
10.0.0.144/30	R2-1	R2-2	10.0.0.160/30	R3-1	R3-2

表 5.7　OSPF 路由规划表

设备	路由器类型	路由器 ID	被动接口
R1	ABR 和 BR	1.1.1.1	G1/0、G1/1、G1/2 和 G1/3
R2	ABR 和 BR	2.2.2.2	G1/0、G1/1、G1/2 和 G1/3
R3	ASBR 和 BR	3.3.3.3	
R1-1	IR	11.11.11.11	G1/0 和 G1/1
R1-2	IR	12.12.12.12	G1/0 和 G1/1

续表

设备	路由器类型	路由器 ID	被动接口
R1-3	IR	13.13.13.13	G1/0 和 G1/1
R2-1	IR	21.21.21.21	F0/0 和 F2/0
R2-2	IR	22.22.22.22	F1/0 和 F0/1
R3-1	IR	31.31.31.31	G1/0 和 G1/1
R3-2	ASBR	32.32.32.32	G1/0 和 G1/1

4. 采用基于区域的 MD5 认证来避免引入有害路由信息

在企业分部 3 中采用基于区域的 MD5 认证来避免引入有害路由信息。认证密钥为"network"。

5.6.3　OSPF 的部署与实施

网络拓扑中各路由器的具体部署与实施步骤如下所述。

1. 路由器主机名与接口的配置

在企业内网中所有路由器上根据表 5.4 的规划，参考第 3 章的工程案例步骤完成路由设备主机名和端口 IP 地址等的配置。

2. 路由的配置

（1）路由器 R1 上 OSPF 路由的配置

```
R1(config)#interface g0/0                    //进入 g0/0 接口配置模式
R1(config-if)# ip ospf priority 10           //设置接口 ospf 优先级值为"10"
R1(config-if)#interface g0/1                  //进入 g0/1 接口配置模式
R1(config-if)# ip ospf priority 10           //设置接口 ospf 优先级值为"10"
R1(config)#interface g1/4                     //进入 g1/4 接口配置模式
R1(config-if)# ip ospf priority 10           //设置接口 ospf 优先级值为"10"
R1(config)#interface g1/5                     //进入 g1/5 接口配置模式
R1(config-if)# ip ospf priority 10           //设置接口 ospf 优先级值为"10"
R1(config)#router ospf 1                      //启动 OSPF 进程，进程号为 1
R1(config-router)# router-id 1.1.1.1          //配置路由器 R1 的路由器 ID 为"1.1.1.1"
R1(config-router)#network 10.0.0.0 0.0.0.3 area 0
//属于网络"10.0.0.0/30"的接口参与 OSPF 路由进程，并运行在区域"0"
R1(config-router)#network 10.0.0.4 0.0.0.3 area 0
//属于网络"10.0.0.4/30"的接口参与 OSPF 路由进程，并运行在区域"0"
R1(config-router)#network 10.1.4.0 0.0.0.255 area 0
```

//属于网络"10.1.4.0/24"的接口参与 OSPF 路由进程，并运行在区域"0"

R1(config-router)#network 10.1.5.0 0.0.0.255 area 0

//属于网络"10.1.5.0/24"的接口参与 OSPF 路由进程，并运行在区域"0"

R1(config-router)#network 10.1.6.0 0.0.0.255 area 0

//属于网络"10.1.6.0/24"的接口参与 OSPF 路由进程，并运行在区域"0"

R1(config-router)#network 10.1.7.0 0.0.0.255 area 0

//属于网络"10.1.7.0/24"的接口参与 OSPF 路由进程，并运行在区域"0"

R1(config-router)#network 10.0.0.12 0.0.0.3 area 1

//属于网络"10.0.0.12/30"的接口参与 OSPF 路由进程，并运行在区域"1"

R1(config-router)#network 10.0.0.20 0.0.0.3 area 2

//属于网络"10.0.0.20/30"的接口参与 OSPF 路由进程，并运行在区域"2"

R1(config-router)# area 0 range 10.1.0.0 255.255.248.0

//将区域 0 的子网进行路由汇总，汇总后的网络前缀为"10.1.0.0/21"

R1(config-router)# area 1 range 10.2.0.0 255.255.252.0

//将区域 1 的子网进行路由汇总，汇总后的网络前缀为"10.2.0.0/22"

R1(config-router)# area 1 range 10.2.4.0 255.255.254.0

//将区域 1 的子网进行路由汇总，汇总后的网络前缀为"10.2.4.0/23"

R1(config-router)# area 2 range 10.3.0.0 255.255.252.0

//将区域 2 的子网进行路由汇总，汇总后的网络前缀为"10.3.0.0/22"

R1(config-router)#area 2 stub no-summary　　　　//指定区域 2 为完全末节区域

R1(config-router)#passive-interface g1/0　　　　//指定接口"g1/0"为被动接口

R1(config-router)#passive-interface g1/1　　　　//指定接口"g1/1"为被动接口

R1(config-router)#passive-interface g1/2　　　　//指定接口"g1/2"为被动接口

R1(config-router)#passive-interface g1/3　　　　//指定接口"g1/3"为被动接口

（2）路由器 R2 上 OSPF 路由的配置

R2(config)#interface g0/0　　　　　　　　　　//进入 g0/0 接口配置模式

R2(config-if)# ip ospf priority 10　　　　　　//设置接口 ospf 优先级值为"10"

R2(config)#interface g1/4　　　　　　　　　　//进入 g0/4 接口配置模式

R2(config-if)# ip ospf priority 10　　　　　　//设置接口 ospf 优先级值为"10"

R2(config-if)# ip ospf message-digest-key 1 md5 network

//配置 MD5 认证密码为"network"

R2(config)#interface g1/5　　　　　　　　　　//进入 g0/5 接口配置模式

R2(config-if)# ip ospf priority 10　　　　　　//设置接口 ospf 优先级值为"10"

R2(config)#router ospf 1　　　　　　　　　　//启动 OSPF 进程，进程号为 1

R2(config-router)# router-id 2.2.2.2　　　　　//配置路由器 R2 的路由器 ID 为"2.2.2.2"

R2(config-router)#area 3 authentication message-digest　　　//启用基于区域的 MD5 认证

R2(config-router)#network 10.0.0.8 0.0.0.3 area 0

//属于网络"10.0.0.8/30"的接口参与 OSPF 路由进程，并运行在区域"0"

R2(config-router)#network 10.0.0.4 0.0.0.3 area 0

//属于网络"10.0.0.4/30"的接口参与 OSPF 路由进程，并运行在区域"0"

R2(config-router)#network 10.1.0.0 0.0.0.255 area 0

//属于网络"10.1.0.0/24"的接口参与 OSPF 路由进程，并运行在区域"0"

R2(config-router)#network 10.1.1.0 0.0.0.255 area 0

//属于网络"10.1.1.0/24"的接口参与 OSPF 路由进程，并运行在区域"0"

R2(config-router)#network 10.1.2.0 0.0.0.255 area 0

//属于网络"10.1.2.0/24"的接口参与 OSPF 路由进程，并运行在区域"0"

R2(config-router)#network 10.1.3.0 0.0.0.255 area 0

//属于网络"10.1.3.0/24"的接口参与 OSPF 路由进程，并运行在区域"0"

R2(config-router)#network 10.0.0.16 0.0.0.3 area 1

//属于网络"10.0.0.16/30"的接口参与 OSPF 路由进程，并运行在区域"1"

R2(config-router)#network 10.0.0.24 0.0.0.3 area 3

//属于网络"10.0.0.24/30"的接口参与 OSPF 路由进程，并运行在区域"3"

R2(config-router)# area 0 range 10.1.0.0 255.255.248.0

//将区域 0 的子网进行路由汇总，汇总后的网络前缀为"10.1.0.0/21"

R2(config-router)# area 1 range 10.2.0.0 255.255.252.0

//将区域 1 的子网进行路由汇总，汇总后的网络前缀为"10.2.0.0/22"

R2(config-router)# area 1 range 10.2.4.0 255.255.254.0

//将区域 1 的子网进行路由汇总，汇总后的网络前缀为"10.2.4.0/23"

R2(config-router)# area 3 range 10.4.0.0 255.255.252.0

//将区域 3 的子网进行路由汇总，汇总后的网络前缀为"10.4.0.0/22"

R2(config-router)# area 3 nssa no-summary　　//指定区域 3 为完全次末节区域

R2(config-router)#passive-interface g1/0　　//指定接口"g1/0"为被动接口

R2(config-router)#passive-interface g1/1　　//指定接口"g1/1"为被动接口

R2(config-router)#passive-interface g1/2　　//指定接口"g1/2"为被动接口

R2(config-router)#passive-interface g1/3　　//指定接口"g1/3"为被动接口

（3）路由器 R3 上 OSPF 路由的配置

R3(config)#ip route 0.0.0.0 0.0.0.0 s0/0/0　　//配置到"Internet"的默认路由

R3(config)#router ospf 1　　//启动 OSPF 进程，进程号为 1

R3(config-router)#router-id 3.3.3.3　　//配置路由器 R3 的路由器 ID 为"3.3.3.3"

R3(config-router)#network 10.0.0.0 0.0.0.3 area 0

//属于网络"10.0.0.0/30"的接口参与 OSPF 路由进程，并运行在区域"0"

R3(config-router)#network 10.0.0.8 0.0.0.3 area 0

//属于网络"10.0.0.8/30"的接口参与 OSPF 路由进程，并运行在区域"0"

R3(config-router)# default-information originate

//将默认路由重发布到 OSPF 中

（4）路由器 R1-1 上 OSPF 路由的配置

```
R1-1(config-if)#interface g0/1                    //进入 g0/1 接口配置模式
R1-1(config-if)# ip ospf priority 10             //设置接口 ospf 优先级值为"10"
R1-1(config-if)#interface g1/2                    //进入 g1/2 接口配置模式
R1-1(config-if)# ip ospf priority 10             //设置接口 ospf 优先级值为"10"
R1-1(config)#router ospf 1                        //启动 OSPF 进程，进程号为 1
R1-1(config-router)# router-id 11.11.11.11
//配置路由器 R1-1 的路由器 ID 为"11.11.11.11"
R1-1(config-router)#network 10.0.0.12 0.0.0.3 area 1
//属于网络"10.0.0.12/30"的接口参与 OSPF 路由进程，并运行在区域 1
R1-1(config-router)#network 10.0.0.128 0.0.0.3 area 1
//属于网络"10.0.0.128/30"的接口参与 OSPF 路由进程，并运行在区域 1
R1-1(config-router)#network 10.0.0.136 0.0.0.3 area 1
//属于网络"10.0.0.136/30"的接口参与 OSPF 路由进程，并运行在区域 1
R1-1(config-router)#network 10.2.0.0 0.0.0.255 area 1
//属于网络"10.2.0.0/24"的接口参与 OSPF 路由进程，并运行在区域 1
R1-1(config-router)#network 10.2.1.0 0.0.0.255 area 1
//属于网络"10.2.1.0/24"的接口参与 OSPF 路由进程，并运行在区域 1
R1-1(config-router)#passive-interface g1/0       //指定接口"g1/0"为被动接口
R1-1(config-router)#passive-interface g1/1       //指定接口"g1/1"为被动接口
```

（5）路由器 R1-2 上 OSPF 路由的配置

```
R1-2(config)#interface g1/2                       //进入 g1/2 接口配置模式
R1-2(config-if)# ip ospf priority 10             //设置接口 ospf 优先级值为"10"
R1-2(config)#router ospf 1                        //启动 OSPF 进程，进程号为 1
R1-2(config-router)# router-id 12.12.12.12
//配置路由器 R1-2 的路由器 ID 为"12.12.12.12"
R1-2(config-router)#network 10.0.0.16 0.0.0.3 area 1
//属于网络"10.0.0.16/30"的接口参与 OSPF 路由进程，并运行在区域 1
R1-2(config-router)#network 10.0.0.132 0.0.0.3 area 1
//属于网络"10.0.0.132/30"的接口参与 OSPF 路由进程，并运行在区域 1
R1-2(config-router)#network 10.0.0.136 0.0.0.3 area 1
//属于网络"10.0.0.136/30"的接口参与 OSPF 路由进程，并运行在区域 1
R1-2(config-router)#network 10.2.4.0 0.0.0.255 area 1
//属于网络"10.2.4.0/24"的接口参与 OSPF 路由进程，并运行在区域 1
R1-2(config-router)#network 10.2.5.0 0.0.0.255 area 1
//属于网络"10.2.5.0/24"的接口参与 OSPF 路由进程，并运行在区域 1
R1-2(config-router)#passive-interface g1/0       //指定接口"g1/0"为被动接口
R1-2(config-router)#passive-interface g1/1       //指定接口"g1/1"为被动接口
```

（6）路由器 R1-3 上 OSPF 路由的配置

```
R1-3(config)#router ospf 1                    //启动 OSPF 进程，进程号为 1
R1-3(config-router)# router-id 13.13.13.13
//配置路由器 R1-3 的路由器 ID 为 "13.13.13.13"
R1-3(config-router)#network 10.0.0.132 0.0.0.3 area 1
//属于网络 "10.0.0.132/30" 的接口参与 OSPF 路由进程，并运行在区域 1
R1-3(config-router)#network 10.0.0.128 0.0.0.3 area 1
//属于网络 "10.0.0.128/30" 的接口参与 OSPF 路由进程，并运行在区域 1
R1-3(config-router)#network 10.2.2.0 0.0.0.255 area 1
//属于网络 "10.2.2.0/24" 的接口参与 OSPF 路由进程，并运行在区域 1
R1-3(config-router)#network 10.2.3.0 0.0.0.255 area 1
//属于网络 "10.2.3.0/24" 的接口参与 OSPF 路由进程，并运行在区域 1
R1-3(config-router)#passive-interface g1/0    //指定接口 "g1/0" 为被动接口
R1-3(config-router)#passive-interface g1/1    //指定接口 "g1/1" 为被动接口
```

（7）路由器 R2-1 上 OSPF 路由的配置

```
R2-1(config)#interface f0/1                    //进入 f0/10 接口配置模式
R2-1(config-if)# ip ospf priority 10           //设置接口 ospf 优先级值为 "10"
R2-1(config)#router ospf 1                      //启动 OSPF 进程，进程号为 1
R2-1(config-router)# router-id 21.21.21.21
//配置路由器 R2-1 的路由器 ID 为 "21.21.21.21"
R2-1(config-router)#network 10.0.0.20 0.0.0.3 area 2
//属于网络 "10.0.0.20/30" 的接口参与 OSPF 路由进程，并运行在区域 2
R2-1(config-router)#network 10.0.0.144 0.0.0.3 area 2
//属于网络 "10.0.0.144/30" 的接口参与 OSPF 路由进程，并运行在区域 2
R2-1(config-router)#network 10.3.0.0 0.0.0.255 area 2
//属于网络 "10.3.0.0/24" 的接口参与 OSPF 路由进程，并运行在区域 2
R2-1(config-router)#network 10.3.1.0 0.0.0.255 area 2
//属于网络 "10.3.1.0/24" 的接口参与 OSPF 路由进程，并运行在区域 2
R2-1(config-router)#area 2 stub                //区域 2 为完全末节区域
R2-1(config-router)#passive-interface f0/0     //指定接口 "f0/0" 为被动接口
R2-1(config-router)#passive-interface f2/0     //指定接口 "f2/0" 为被动接口
```

（8）路由器 R2-2 上 OSPF 路由的配置

```
R2-2(config)#router ospf 1                      //启动 OSPF 进程，进程号为 1
R2-2(config-router)# router-id 22.22.22.22
//配置路由器 R2-2 的路由器 ID 为 "22.22.22.22"
R2-2(config-router)#network 10.0.0.144 0.0.0.3 area 2
//属于网络 "10.0.0.144/30" 的接口参与 OSPF 路由进程，并运行在区域 2
```

R2-2(config-router)#network 10.3.2.0 0.0.0.255 area 2
//属于网络"10.3.2.0/24"的接口参与 OSPF 路由进程，并运行在区域 2
R2-2(config-router)#network 10.3.3.0 0.0.0.255 area 2
//属于网络"10.3.3.0/24"的接口参与 OSPF 路由进程，并运行在区域 2
R2-2(config-router)#area 2 stub　　　　　　　//区域 2 为完全末节区域
R2-2(config-router)#passive-interface f0/1　　//指定接口"f0/1"为被动接口
R2-2(config-router)#passive-interface f1/0　　//指定接口"f1/0"为被动接口

（9）路由器 R3-1 上 OSPF 路由的配置

R3-1(config)#interface g0/1　　　　　　　　　//进入 g0/1 接口配置模式
R3-1(config-if)# ip ospf priority 10　　　　　　//设置接口 ospf 优先级值为"10"
R3-1(config-if)# ip ospf message-digest-key 1 md5 network
//配置 MD5 认证密码为"network"
R3-1(config)#interface g0/0　　　　　　　　　//进入 g0/0 接口配置模式
R3-1(config-if)# ip ospf message-digest-key 1 md5 network
//配置 MD5 认证密码为"network"
R3-1(config)#router ospf 1　　　　　　　　　//启动 OSPF 进程，进程号为 1
R3-1(config-router)# router-id 31.31.31.31
//配置路由器 R3-1 的路由器 ID 为"31.31.31.31"
R3-1(config-router)#area 3 authentication message-digest //启用基于区域的 MD5 认证
R3-1(config-router)#network 10.0.0.24 0.0.0.3 area 3
//属于网络"10.0.0.24/30"的接口参与 OSPF 路由进程，并运行在区域 3
R3-1(config-router)#network 10.0.0.160 0.0.0.3 area 3
//属于网络"10.0.0.160/30"的接口参与 OSPF 路由进程，并运行在区域 3
R3-1(config-router)#network 10.4.0.0 0.0.0.255 area 3
//属于网络"10.4.0.0/24"的接口参与 OSPF 路由进程，并运行在区域 3
R3-1(config-router)#network 10.4.1.0 0.0.0.255 area 3
//属于网络"10.4.1.0/24"的接口参与 OSPF 路由进程，并运行在区域 3
R3-1(config-router)#area 3 nssa　　　　　　　//配置区域 3 为次末节区域
R3-1(config-router)#passive-interface g1/1　　//指定接口"g1/1"为被动接口
R3-1(config-router)#passive-interface g1/0　　//指定接口"g1/0"为被动接口

（10）路由器 R3-2 上 OSPF 路由的配置

R3-2(config)#ip route 172.16.0.0 255.255.0.0 172.16.0.2
//配置到"172.16.0.0/16"的静态路由
R3-2(config)#interface g0/0　　　　　　　　　//进入 g0/0 接口配置模式
R3-2(config-if)# ip ospf message-digest-key 1 md5 network
//配置 MD5 认证密码为"network"
R3-2(config)#router ospf 1　　　　　　　　　//启动 OSPF 进程，进程号为 1

```
R3-2(config-router)# router-id 32.32.32.32
//配置路由器 R3-2 的路由器 ID 为"32.32.32.32"
R3-2(config-router)#area 3 authentication message-digest
//启用基于区域的 MD5 认证
R3-2(config-router)#network 10.0.0.160 0.0.0.3 area 3
//属于网络"10.0.0.160/30"的接口参与 OSPF 路由进程，并运行在区域 3
R3-2(config-router)#network 10.4.2.0 0.0.0.255 area 3
//属于网络"10.4.2.0/24"的接口参与 OSPF 路由进程，并运行在区域 3
R3-2(config-router)#network 10.4.3.0 0.0.0.255 area 3
//属于网络"10.4.3.0/24"的接口参与 OSPF 路由进程，并运行在区域 3
R3-2(config-router)# redistribute static subnets        //把静态路由重发布到 ospf 中
R3-2(config-router)#area 3 nssa                         //配置区域 3 为次末节区域
R3-2(config-router)#passive-interface g1/1              //指定接口"g1/1"为被动接口
R3-2(config-router)#passive-interface g1/0              //指定接口"g1/0"为被动接口
```

3. 路由的测试

在网络所有链路都正常的情况下，在所有路由器上使用"show ip ospf database"命令查看每个路由器上的 LSDB。由于篇幅的原因，这里只列出了特殊区域的某两个路由器的 LSDB 和路由表显示结果。图 5.34 为完全末节区域中路由器 R2-2 的 LSDB 显示结果，其 LSDB 中只有本区域的 1 类 LSA、2 类 LSA 以及 ABR 通告的默认汇总 LSA。图 5.35 为完全次末节区域中路由器 R3-1 的 LSDB 显示结果，其 LSDB 中有区域的 1 类 LSA、2 类 LSA、7 类 LSA 以及 ABR 通告的默认汇总 LSA。

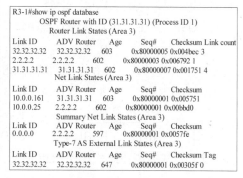

图 5.34　路由器 R2-2 的 LSDB 显示结果　　图 5.35　路由器 R3-2 的 LSDB 显示结果

在所有路由器上使用"show ip route"命令查看路由表，图 5.36 给出了完全末节区域中路由器 R2-2 的路由表，图 5.37 给出了完全次末节区域中路由器 R3-1 的路由表，从表中可以看出路由测试结果满足案例对路由的需求。

```
R2-2#show ip route
Gateway of last resort is 10.0.0.145 to network 0.0.0.0

    10.0.0.0/8 is variably subnetted, 6 subnets, 2 masks
O    10.0.0.20/30 [110/2] via 10.0.0.145, 00:35:48, FastEthernet0/0
C    10.0.0.144/30 is directly connected, FastEthernet0/0
O    10.3.0.0/24 [110/2] via 10.0.0.145, 00:35:58, FastEthernet0/0
O    10.3.1.0/24 [110/2] via 10.0.0.145, 00:35:58, FastEthernet0/0
C    10.3.2.0/24 is directly connected, FastEthernet1/1
C    10.3.3.0/24 is directly connected, FastEthernet0/1
O*IA 0.0.0.0/0 [110/3] via 10.0.0.145, 00:35:48, FastEthernet0/0
```

图 5.36　路由器 R2-2 的路由表

```
R3-1#show ip route
Gateway of last resort is 10.0.0.25 to network 0.0.0.0

    10.0.0.0/8 is variably subnetted, 6 subnets, 2 masks
C    10.0.0.24/30 is directly connected, GigabitEthernet0/0
C    10.0.0.160/30 is directly connected, GigabitEthernet0/1
C    10.4.0.0/24 is directly connected, GigabitEthernet1/1
C    10.4.1.0/24 is directly connected, GigabitEthernet1/0
O    10.4.2.0/24 [110/2] via 10.0.0.162, 00:33:22, GigabitEthernet0/1
O    10.4.3.0/24 [110/2] via 10.0.0.162, 00:33:22, GigabitEthernet0/1
O N2 172.16.0.0/16 [110/20] via 10.0.0.162, 00:33:22, GigabitEthernet0/1
O*IA 0.0.0.0/0 [110/2] via 10.0.0.25, 00:33:22, GigabitEthernet0/0
```

图 5.37　路由器 R3-2 的路由表

本 章 习 题

5.1　选择题：

① 在广播式多路访问和点到点网络中，默认的 Hello 周期为多少？（　　　）

A. 5 秒　　　　　　B. 10 秒　　　　　C. 20 秒　　　　　　D. 40 秒

② 下列哪个类型的网络中不会选择 DR？（　　　）

A. 点对点　　　　　　　　　　B. 广播式多路访问网络

C. 非广播式多路访问网络　　　D. 以上都不会

③ NBMA 网络中默认链路失效时间为多少秒？（　　　）

A. 40 秒　　　　　B. 60 秒　　　C. 90 秒　　　　　D. 120 秒

④ 网络管理员在全局配置模式下输入命令"router ospf 1"，此命令中"1"表示什么意思？（　　　）

A. 自治系统号　　B. 进程号　　C. 区域号　　　　D. 以上均可以

⑤ OSPF 路由协议默认的管理距离值为多少？（　　　）

A. 0　　　　　B. 90　　　　C. 110　　　　　D. 100　　　　E. 120

⑥ 在末节区域中不存在下面哪种 LSA？（　　　）

A. 1 类 LSA　　　B. 2 类 LSA　　C. 3 类 LSA　　　　D. 5 类 LSA

⑦ 网络 LSA 由下面哪种路由器生成？（　　　）

A. 骨干路由器　　B. BDR　　　C. DR　　　　　　D. DRother

5.2　某网络拓扑结构如图 5.38 所示，请完成以下工作：

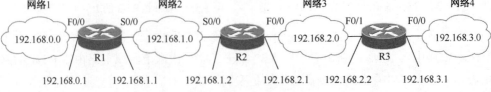

图 5.38　习题拓扑图

①　该拓扑结构中，哪些网段需要选择 DR、BDR？

②　在使用默认优先级、所有路由器的接口均已正常启动而且所有路由器均未配置环回地址的情况下，在需要选择 DR、BDR 的网络中，选择的 DR、BDR 分别是什么？

③　如果在路由器 R3 上配置了环回接口，其 IP 地址为 3.3.3.3/32，并对其 F0/0 端口配置的优先级为 50，则路由器 R3 的 ID 号为什么？在需要选择 DR、BDR 的网络中，选择的 DR、BDR 是否会发生变化？

5.3　在多域 OSPF 中，哪些区域不接收外部 LSA？哪些区域不接收汇总 LSA？

5.4　有两个相邻路由器无法建立 OSPF 邻接关系，请说明邻接关系建立不了的可能原因？

第6章 路由策略与优化

路由器通过动态路由协议交换路由信息，自动学习到关于目标网络的路由。在复杂网络中，可能同时存在多个路由协议的情况，为解决网络路由性能问题和优化路由，可以使用重分发技术实现路由协议间路由的注入，使用路由过滤技术减少路由更新量、控制数据包的转发路径，使用路由策略技术实现根据用户制定的策略进行路由选择。

本章首先介绍与路由相关的网络性能问题、多协议网络及其解决方案，然后详细介绍路由重分发、路由过滤以及策略路由的工作原理及配置。

6.1 路由策略与优化概述

1. 影响网络路由性能的因素

在复杂网络中，通常使用动态路由协议实现到目标网络的选路，只要网络拓扑结构发生了任何变化，路由协议都会发送路由更新信息将之通告给网络中的路由器，动态路由协议具有很好的自动适应网络变化能力。但在使用设计与部署动态路由协议时，需要考虑以下影响网络路由性能的因素。

（1）是否运行有多个路由协议

在对网络进行网络设计时，一般会选择在一个网络中运行一种路由协议，但由于网络扩展、迁移以及多厂商网络环境等原因，在一个网络中可能运行了多个路由协议时，由于不同的路由协议根据不同的路由度量因子计算目标网络的最佳路径，不同路由协议学习到的路由信息不能直接互通，此时需要使用路由重分发技术使得一种路由协议的路由信息可以引入到另一种路由协议中去，以达到网络互通的目的。网络中路由协议的数目决定了路由器接收并处理更新的路由协议进程数，增加网络中路由协议的数目，将增加协议必须处理的更新信息数量，加重了路由器的工作负担。

（2）路由更新信息量

路由协议通过发送路由更新信息达到动态获得目标网络路由信息的目的。如果网络中存在过多的路由更新信息，这些路由更新信息一方面会占用链路带宽，另一方面，路由设备在收到路由更新信息后，必须对路由更新信息进行处理，就会消耗路由设备的 CPU 和内存等资源，降低网络性能。

路由更新信息量大小通常取决于路由更新的频率、路由更新信息的长度和路由汇总设计三个因素。其中路由更新的频率和路由更新信息的长度均取决于所使用的动态路由协议。例如，在 RIP 中，路由更新频率为 30 秒发送一次路由更新信息。而在 OSPF 中，当网络稳定且无变化时，LSA 每 30 分钟才更新一次。路由更新频率越大、路由更新信息的长度越长、对网络性能影响也就越大。路由汇总设计取决于动态路由协议和设计的 IP 编址方案是否可以进行路由汇总。例如，RIP 不能汇总为超网，OSPF 可以汇总为超网。

2. 提高网络路由性能的解决方案

为了有效提高网络路由性能，通常采用以下的解决方案。

（1）修改路由设计使网络性能优化

在一个网络中，为了降低网络的复杂性，使网络易于维护，通常，在设计网络时尽量使用一种路由协议。如果由于进行网络合并、网络迁移或网络升级导致网络中必须同时使用多种路由协议，也需要尽量减少路由协议数量。在路由协议之间进行路由重分发时，需要合理设计路由重分发，以避免产生路由环与次优路由问题。

（2）使用路由过滤

为了减少网络中路由更新信息的数量，可以将未连接任何其他路由设备的路由器端口配置为被动接口，被动接口禁止向外通告路由协议的所有路由更新信息，可以有效地减少网络上的路由更新信息量；还可以使用分发列表向路由器通告特定的路由，过滤掉不想要的路由更新信息，减少网络上路由更新量，提高网络性能。

（3）使用策略路由

通常，传统的路由只是根据 IP 分组中的目的地址查找路由表并进行转发操作，它无法对数据分组转发路径进行控制。要控制数据分组的转发路径，路由器在发布与接收路由信息时，可能需要实施一些策略，对路由信息进行过滤，使其只接收或发布满足一定条件的路由信息。策略路由（Policy Based Route，PBR）是一种根据用户制定的策略进行路由选择的机制，它可根据数据分组中的源 IP 地址、目的 IP 址、协议字段、TCP 源和目的端口、UDP 源和目的端口等进行多种组合，灵活地进行路径选择。

6.2　路由重分发

6.2.1　多协议网络

如果在一个网络中同时运行了动态路由协议和静态路由，或者同时运行了两个以上不同的路由协议，则这个网络称为多协议网络。

图 6.1 给出了一个多协议网络示例。在图 6.1 中，路由器 R1 与路由器 R2 之间运行 RIP 路由协议，而路由器 R2 与路由器 R3 之间运行 OSPF 路由协议，因此该网络为一个多协议网络。

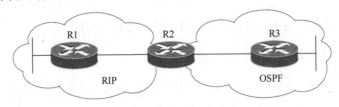

图 6.1　多协议网络示例

导致一个网络成为多协议网络的原因很多，通常有以下几条。

① 通常，企业网络既要实现对 Internet 的访问，又要实现企业内部各网段之间的相互连接，一般使用默认路由访问 Internet，而采用动态路由协议实现内部网络之间的通信。

② 由于企业网络规模的增大，原有的路由协议不能满足网络的要求，需要更新路由协议，在新的路由协议完全取代旧路由协议之前，网络中存在多个路由协议同时运行的情况。例如，企业在刚开始构建网络时，由于网络规模较小，选择 RIP 协议实现路由的动态选择，随着网络规模不断增长，RIP 协议不能满足大规模网络的需要，企业需要将路由协议升级成适合于大规模网络、具有更好的扩展性的 OSPF 协议，在网络的升级过程中，网络存在 OSPF 与 RIP 协议同时运行的情况。

③ 在多厂商网络环境中的多协议网络中，可能存在部分网络使用厂商的私有路由协议，而网络中其余部分使用如 OSPF 的开放路由协议的场景。

6.2.2　路由重分发技术

在多协议网络中，不同路由协议学习到的路由信息不能直接互通，即一个路由协议学习的路由不能直接传播到另一个路由协议中。要将一种路由协议获得的路由信息传播另一种路由协议中，需要使用路由重分发技术。路由重分发技术也称路由引入或路由重分布，它可以把静态路由、默认路由和直连网络获得的路由信息传播到动态路由协议中，也可以把一种动态路由协议获得的路由传播到另一种动态路由协议中。

路由重分发总是向外的，即执行路由重分发的路由器不会修改其本身的路由表。例如，在图 6.1 所示的网络中，在同时运行 RIP 和 OSPF 协议的边界路由器 R2 上配置了 RIP 协议到 OSPF 协议的路由重分发，路由器 R2 的 OSPF 进程就会将其路由表中的由 RIP 获得的路由作为 OSPF 外部路由通告给 OSPF 邻居路由器 R3。

路由重分发根据是否在一台路由器上部署可分为单点重分发和多点重分发两种类型。

1. 单点路由重分发

单点重分发指的是指在一台运行两种及两种以上路由协议的路由器上实现不同路由协议之间路由重分发。单点路由重分发根据重分发的方向又可分为以下两种。

（1）单点单向重分发

单点单向重分发是指把一种路由协议获得的路由信息重发给另一种路由协议的路由重分发，典型的单点单向重分发把默认路由或静态路由的路由信息重分发到动态路由协议中，如本教材 4.4 节的工程案例把默认路由重分发到 RIP 中，教材 5.6 节的工程案例把默认路由重分发到 OSPF 中。

（2）单点双向重分发

单点双向重分发是指在一个路由器上将两个不同路由协议之间沿两个方向进行重分发。例如，在图 6.1 所示的网络中，路由器 R2 同时运行了 RIP 和 OSPF 两个路由协议，路由器 R2 把 RIP 获得的路由信息重分发到 OSPF 中，同时，也把 OSPF 协议获得的路由信息重分发到 RIP 中。

单点重分发由于只在一台路由器上实现重分发，路由协议之间只有一条通道，因此具有不会形成路由环的优点。但单点重分发有可能形成次优路由，例如，在图 6.2 所示的网络中，路由器 R2、R3 和 R4 之间运行 OSPF 协议，路由器 R1、R2 和 R3 之间运行 RIPv2 协议，在路由器 R1 上配置了到 Internet 的默认路由，并在网络中部署了单点重分发，在路由器 R1 上把默认路由重分发到 RIP 中，在路由器 R3 把 RIP 协议获得的路由信息重分发到 OSPF 中，同时把 OSPF 协议获得的路由信息重分发到 RIP 中。路由器 R2 由于同时运行了 RIP 和 OSPF 两种路由协议，它通过 RIP 和 OSPF 都可以获取到到 Internet 的默认路由信息，但由于 OSPF 协议的默认管理距离值比 RIP 的管理距离值更小，因此路由器 R2 插入到路由表中的默认路由的路径为通过 OSPF 获得的默认路由信息，即转发的下一个路由器为路由器 R4。这样，路由器 R2 传输到 Internet 的数据分组会沿图 6.2 中虚线箭头所示的路径转发到 Internet。

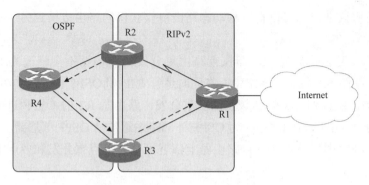

图 6.2　单点重分发的次优路由示例

2. 多点重分发技术

多点重分发指的是在两台及两台以上的路由器上运行两种及两种以上路由协议并实现不同路由协议之间路由重分发。多点路由重分发根据重分发的方向又可分为以下两种。

（1）多点单向重分发

多点单向重分发是指在至少两台或两台以上的路由器上同时把一种路由协议获得的路由信息重发给另一种路由协议。例如，在图 6.2 中，路由器 R2 和 R3 上都配置了把 RIPv2 获得的路由信息重分发到 OSPF 中，则为多点单向重分发。

（2）多点双向重分发

多点双向重分发是指在至少两台或两台以上的路由器上，在两个不同路由协议之间沿两个方向进行路由重分发。例如，在如图 6.2 所示的网络中，在路由器 R2 和 R3 上都配置有把 RIPv2 获得的路由信息重分发到 OSPF 中，同时，也把 OSPF 协议获得的路由信息重分发到 RIPv2 中，则为多点双向重分发。

不管是多点单向重分发技术还是多点双向重分发技术都可能导致路由环路，尤其是多点双向重分发技术更容易导致路由环路。

一般来说，单点单向重分发是最安全的方法，它不会出现路由环路，但它会导致网络中出现单点故障。如果网络需求必须要执行双向重分发或者在多台路由器上执行重分发，可根据以下原则进行重分发技术设计。

① 核心路由协议比边缘路由协议更高级。其中核心路由协议是网络中运行的主路由协议，边缘路由协议是网络中运行的旧路由协议。

② 在实施单点路由重分发时，可以将多条关于核心网络的静态路由重分发到边缘路由协议中，并将边缘网络中的路由信息重分发到核心网络中。注意：该原则适合在 Cisco 设备上实施，因为 Cisco 设备上静态路由默认管理距离值小于任何其他动态路由协议。

③ 将核心路由协议获得的路由重分发到边缘路由协议中，将边缘路由协议获得的路由重分到核心路由协议中，并修改通过重分发路由的管理距离。当网络中存在到同一目的网络有多条路径时，不会选择重分发所获得的路由。

④ 将核心路由协议获得的路由重分发到边缘路由协议中，并通过路由过滤来避免不合适的路由。

6.2.3　种子度量值

路由度量值是每个路由协议在计算到目标网络的最佳路径时衡量路由好坏的一个数值。种子度量值也称为初始度量值或默认度量值，它是路由器通告与路由器直接相连的链路时根据接口特征而得到的值，RIP 协议中的种子度量值为 0 跳，OSPF 种子度量值根据接口带宽计算得出。

由于不同的路由协议计算路由度量值时使用的度量因子不一样，例如，RIP 根据度量因子"跳数"计算路由度量值，边缘路由器在将从一个路由协议获得的路由重分发到另一个路由协议中时，要把源路由协议获得的路由的度量值转换为目标路由协议中的度量值。例如，在图 6.3 所示的网络中，边缘路由器 R2 在将 RIPv2 获得的路由重分到 OSPF 中，路由器 R2 需要将 RIPv2 中路由的度量值"跳数"转换为 OSPF 中路由的度量值"Cost"，这样 OSPF 自治系统中其他的 OSPF 路由器才能够明白。

种子度量值是在重分发配置期间定义的，一旦路由重分发路由的种子度量值配置后，该度量值在重分发的目标网络中正常递增（唯一的例外是 OSPF E2 路由，详见 6.2.4 节）。图 6.3 给出了种子度量值的示例，图中路由器 R1 和路由器 R2 之间运行 OSPF 路由协议，R2、R3 与 R4 之间运行 RIPv2 协议，路由器 R2 使用重分发命令"redistribute rip metric 100 subnets"把 RIPv2 获得的路由信息重分发到 OSPF 中，指定的默认种子度量值为"100"，关于重分发的详细配置见 6.2.4 节。

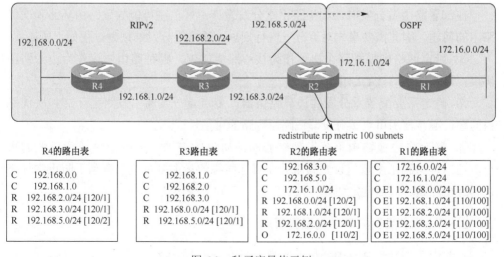

图 6.3　种子度量值示例

　　如果在路由重分发配置时未指定种子度量值，则使用默认的种子度量值。表 6.1
给出了 Cisco 设备上被重分发到各种 IP 路由协议中的路由默认种子度量值，度量值
无穷大意味着该路由不可达，路由器不应通告该路由的信息。由于重分发到 RIP、
IS-IS 以及 Cisco 的私有路由协议 IGRP/EIGRP 默认种子路由度量值无穷大，因此在
将路由重分发到这四个路由协议时必须指定其种子度量值，否则重分发的路由在重
分发的目的网络中不会被通告。

表 6.1　Cisco 设备上默认路由度量值

重分发目的协议	默认种子度量值
RIP	0，被视为无穷大
OSPF	在将 BGP 重发布到 OSPF 中，默认种子度量值为 0，其他路由协议重分发到 OSPF 时，默认种子度量值为 20
IS-IS	0，被视为无穷大
IGRP/EIGRP	0，被视为无穷大

6.2.4　重分发的规划与部署要点

　　路由重分发可以将直连路由、静态路由以及所有的动态路由协议获得的路由重
分发到任何的动态路由协议中，使得动态路由协议能够通告从重分发所获得的路由
信息。需要注意，路由重分发只能在支持相同协议栈的路由协议之间进行重分发，
不同协议栈的路由协议之间不能进行重分发。例如，RIPv1、RIPv2、OSPF 和 BGP
协议都是基于 IPv4 实现的，它们之间可以进行重分发，但 RIPng 是基于 IPv6 实现
的，因此不能在 RIPng 和基于 IPv4 的 OSPF 之间进行路由重分发。

1. 路由重分发的规划要点

　　在部署路由重分发时，如果路由重分发设计不好，就可能导致路由环路和次优
路由的问题。因此需要事先对重分发进行规划，通常重分发的规划过程如下所述。

　　① 确定网络中哪种路由协议作为核心路由协议，哪种路由协议作为边缘路由
协议，通常采用的核心路由协议。

　　② 确定需要配置重分发的边界路由器。多点重分发易引发路由环路和次优路
由问题，通常使用单点重分发降低路由环路的可能性。

　　③ 确定将边缘路由重分发到核心路由协议的方法，并确定种子度量值的大
小，通常，将种子度量值设置为重分发目标网络的最大度量值，有利于防止次优路
由和路由环路。最后确定如何将核心路由注入到边缘协议中。

2. 路由重分发到 RIP 中的配置要点

　　把路由重分发到 RIP 中的配置通常需要以下几个步骤。

① 进入到 RIP 的路由配置模式。

② 使用"default-metric"命令为所有重发布到 RIP 中的路由指定默认种子度量值。

③ 使用"redistribute"命令配置路由重发布。其中步骤②是可选的。以 Cisco 路由设备为例，把路由重分发到 RIP 中的配置命令如下所述，命令中的参数含义如表 6.2 所示。

- router(config)#router rip
- router(config-router)#default-metric *metric-value*　//配置默认种子度量值
- router(config-router)# redistribute *protocol* [*protocol-id*] [match *route-type*] [metric *metric-value*] [route-map *map-tag*]　　//把路由重分发到 RIP 中

表 6.2　路由重分发到 RIP 中的配置命令参数描述

参　　数	描　　述
protocol	表示重分发路由的源协议，源协议可以是直连路由、静态路由以及各种动态路由协议
protocol-id	如果 protocol 为 BGP 或 EIGRP，protocol-id 为 AS 号；如果 protocol 为 OSPF，protocol-id 为重分发源 OSPF 的进程号；如果 protocol 为 connected（直连路由）、static（静态路由）和 IS-IS，则不需要 protocol-id
route-type	可选参数，该参数只有在把 OSPF 重发布到 RIP 中时才使用，其值可以是"internal"、"external"和"nssa-external"，分别表示把 OSPF 的内部路由、外部路由和 nssa 外部路由重发布到 RIP 中
metric-value	可选参数，指定重发布到 RIP 的路由的种子度量值，如果没有配置该值，并且也没有使用命令"default-metric"配置默认种子度量值，则默认种子度量值为 0
map-tag	可选项，该参数为路由映射表的标识符，重分发可以使用它过滤源路由协议，只将部分路由重分发到 RIP 中

路由重分发到 RIP 示例 1 演示了把静态路由重分发到 RIP 的配置过程。在如图 6.4 所示的拓扑结构中，路由器 R1 与路由器 R2 之间运行 RIPv2 路由协议，路由器 R1 的 S0/0/0 和 S0/0/1 端口所在网络不参与 RIPv2 的路由更新，路由器 R1 上配置了两条到目标网络"192.168.64.0/24"和"192.168.65.0/24"的静态路由，路由器 R1 需要把这两条静态路由重分到 RIPv2 中。

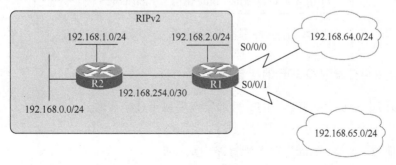

图 6.4　静态路由重分发到 RIP 示例 1 的网络拓扑

图 6.5 给出了在路由器 R1 上把静态路由重分发到 RIPv2 中的详细配置步骤，重分发路由的 RIP 种子度量值为"5"。

```
R1(config)#ip route 192.168.64.0 255.255.255.0 s0/0/0
R1(config)#ip route 192.168.65.0 255.255.255.0 s0/0/1
R1(config)#router rip
R1(config-router)#version 2
R1(config-router)#network 192.168.2.0
R1(config-router)#network 192.168.254.0
R1(config-router)#redistribute static metric 5
```

图 6.5 把静态路由重分发到 RIPv2 示例 1 的详细配置

路由重分发到 RIP 示例 2 演示了把 OSPF 获得的路由重分发到 RIP 的配置过程。在如图 6.6 所示的拓扑结构中，路由器 R1 和路由器 R2 之间运行 OSPF 路由协议，R2、R3 和 R4 之间运行 RIPv2 协议，需要在路由器 R2 上把 OSPF 获得的路由信息重分发到 RIPv2 中。

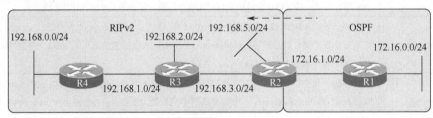

图 6.6 静态路由重分发到 RIP 示例 2 的网络拓扑

图 6.7 给出在了路由器 R2 上把 OSPF 重分发到 RIPv2 中的详细配置步骤，重分发路由的 RIP 种子度量值为"4"。

```
R2(config)#router ospf 1
R2(config-router)#network 172.16.1.0 0.0.0.255 area 0
R2(config-router)#exit
R2(config)#router rip
R2(config-router)#version 2
R2(config-router)#network 192.168.3.0
R2(config-router)#network 192.168.5.0
R2(config-router)#redistribute ospf 1  metric 4
```

图 6.7 把 OSPF 重分发到 RIPv2 中示例 2 的详细配置

3. 路由重分发到 OSPF 的配置要点

把路由重分发到 OSPF 中的配置通常需要以下几个步骤。

① 进入到 OSPF 的路由配置模式。

② 使用"redistribute"命令配置路由重发布。

以 Cisco 路由设备为例，把路由重分发到 OSPF 中的配置命令如下所述，命令中的参数含义如表 6.3 所示。

- router(config)#router ospf *process-id*　　　　//启动 OSPF 进程，并进入 OSPF 路由配置模式
- router(config-router)#default-metric *metric-value*　　//配置默认种子度量值
- router(config-router)# redistribute *protocol* [*protocol-id*] [metric *metric-value*] [metric -type *type-value*] [route-map *map-tag*] [subnets][tag *tag-value*]　　//把路由重分发到 OSPF 中

表 6.3　路由重分发到 OSPF 中的配置命令参数描述

参　　数	描　　述
protocol	表示重分发路由的源协议，源协议可以是直连路由、静态路由以及各种动态路由协议
protocol-id	如果 protocol 为 BGP 或 EIGRP，protocol-id 为 AS 号；如果 protocol 为 connected（直连路由）、static（静态路由）和 IS-IS，则不需要 protocol-id
metric-value	可选参数，指定重发布到 OSPF 的路由的种子度量值，BGP 重分发到 OSPF 的默认种子度量值为 1，其他路由协议重分发到 OSPF 的默认种子度量值为 20
type-value	可选参数，指定重发布到 OSPF 中的外部路由类型，其值为"1"时，表示 1 类外部路由；其值为"2"时，表示 2 类外部路由。1 类外部路由在 OSPF 中传播时，种子度量值会在 OSPF 网络中递增，2 类外部路由在 OSPF 中传播时，种子度量值不会改变
map-tag	可选参数，该参数为路由映射表的标识符，重分发可以使用它过滤源路由协议，只将部分路由重分发到 OSPF 中
subnets	可选参数，指定重分发子网路由，如果配置时没有使用 subnets 关键字，则只重发主类网络的路由
tag-value	可选参数，附加到每条外部路由上的一个 32 位十进制值，用在 ASBR 之间交换路由信息

　　路由重分发到 OSPF 示例 1 演示了把静态路由重分发到 OSPF 的配置过程。在如图 6.8 所示的拓扑结构中，路由器 R1 与路由器 R2 之间运行 OSPF 路由协议，路由器 R1 的 S0/0/0 和 S0/0/1 端口所在网络不参与 OSPF 的路由更新，路由器 R1 上配置了两条到目标网络"172.16.0.0/24"和"172.16.1.0/24"的静态路由，路由器 R1 需要把这两条静态路由重分到 OSPF 中。

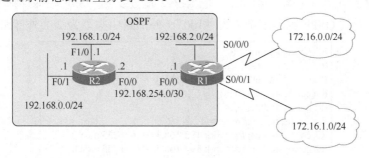

图 6.8　静态路由重分发到 OSPF 示例 1 的网络拓扑

　　图 6.9 给出了在路由器 R1 上使用默认种子路由把静态路由重分发到 OSPF 中的

详细配置步骤。随后可在路由器 R2 使用"show ip route"命令查看路由表内容，图 6.9
配置的将静态路由重分到 OSPF 中重分发的路由条目如图 6.10 所示。可以看出，重
发布到 OSPF 中的外部路由默认类型为 1 类外部路由（代码为"O E1"）；由于在配
置时指定了重分发子网路由，因此路由表中分别有子网"172.16.0.0/24"和
"172.16.1.0/24"两条外部路由；路由器 R2 到两条 1 类外部路由的度量值为"21"，
其值为默认种子度量值"20"加上路由器 R2 与 R1 之间链路的开销"1"。

```
R1(config)#ip route 172.16.0.0 255.255.255.0 s0/0/0
R1(config)#ip route 172.16.1.0 255.255.255.0 s0/0/1
R1(config)#router ospf 1
R1(config-router)#router-id 1.1.1.1
R1(config-router)#network 192.168.2.0 0.0.0.255 area 0
R1(config-router)#network 192.168.254.0 0.0.0.255 area 0
R1(config-router)#redistribute static subnets
```

图 6.9　把静态路由重分发到 OSPF 示例 1 的详细配置

```
O E1      172.16.0.0 [110/21] via 192.168.254.1, 00:00:02, FastEthernet0/0
O E1      172.16.1.0 [110/21] via 192.168.254.1, 00:00:02, FastEthernet0/0
```

图 6.10　把静态路由重分发到 OSPF 配置示例 1 路由器 R2 路由表部分内容

　　路由重分发到 OSPF 示例 2 演示了把 RIPv2 获得的路由重分发到 OSPF 的配置
过程。在如图 6.11 所示的拓扑结构中，路由器 R1 和路由器 R2 之间运行 RIPv2 路
由协议，R2、R3 和 R4 之间运行 OSPF 协议，需要在路由器 R2 上把 RIPv2 获得的
路由信息重分发到 OSPF 中。

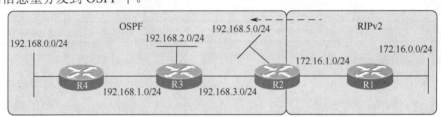

图 6.11　RIPv2 重分发到 OSPF 中示例 2 的网络拓扑

　　图 6.12 给出在了在路由器 R2 上把 RIPv2 重分发到 OSPF 中的详细配置步骤，
重分发的路由的 OSPF 种子度量值为"100"，外部路由类型为 2 类外部路由。

```
R2(config)#router rip
R2(config-router)#version 2
R2(config-router)#network 172.16.0.0
R2(config-router)#exit
R2(config)#router ospf 1
R2(config-router)#router-id 2.2.2.2
R2(config-router)#network 192.168.3.0 0.0.0.255 area 0
R2(config-router)#network 192.168.5.0 0 0.0.0.255 area 0
R2(config-router)#redistribute rip metric 100 metric-type 2
```

图 6.12　RIPv2 重分发到 OSPF 中示例 2 的详细配置

6.3 路 由 过 滤

6.3.1 路由过滤概述

运行动态路由协议的路由器默认情况下会向所有参与路由进程的网络发送路由更新信息。然而，有时为了减少网络上路由更新信息量或者为了控制数据分组的转发路径，路由器在发布和接收路由更新信息时，需要将路由更新信息进行过滤，使其只接收或发布满足一定条件的路由更新信息。

图 6.13 给出了路由过滤的示例。图中是某企业网络拓扑图，企业总部与分支机构使用动态路由协议 RIPv2 交换路由信息，但分支机构不希望总部知道关于网络"192.168.1.0/24"和"192.168.2.0/24"的路由信息，分支机构的路由器 R1-1 在向总部路由器 R1 发送路由更新信息时，使用路由过滤的方法把网络"192.168.1.0/24"和"192.168.2.0/24"的路由过滤掉，仅将网络"192.168.0.0/24"和"192.168.254.0/30"的路由发布给路由器 R1，这样总部的路由器就不能学习到关于"192.168.0.0/24"和"192.168.2.0/24"的路由。

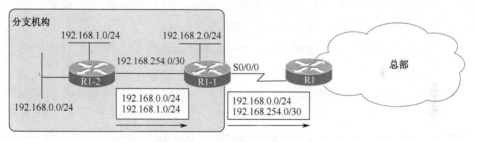

图 6.13 路由过滤示例

路由过滤仅将必要的路由信息发布出去，它减少了路由更新信息量，可以节省链路宽带、减轻路由设备的负担、保护网络的安全。

路由过滤通常可以用在将一种路由协议重发布到另一种路由协议时，也可以用在同一种路由协议发送或接收路由更新信息时。

6.3.2 被动接口

被动接口（Passive-interface）有时也称为静默接口（Silent-interface）。它是非常简单也易用的一种过滤手段。在配置动态路由协议时，需要使用"network"命令指定路由器接口直接连接的网络参与到动态路由协议进程中，但可能希望路由器将路由器接口直接连接的网络通告给其他路由器，但又不想在该接口上发送路由更新信息，这时可以将该路由器接口配置为被动接口。

下面以一个示例来说明被动接口的作用，在如图 6.14 所示的拓扑结构中，路由器 R1、R2 与路由器 R3 都运行 RIPv1 协议动态学习网络的路由信息，每个路由器在配置 RIPv1 协议时都使用"network"命令使与自己直接相连的网络参与到 RIPv1 进程中。但对路由器 R1、R2 与路由器 R3 的 F0/0 端口来说，这些端口没有连接其他路由器，RIPv1 路由更新信息从这些接口发送出去会占用链路带宽，并且会占用主机的资源，因此可以把路由器 R1、R2 与路由器 R3 的 F0/0 端口配置为被动接口，被动接口不会发送路由更新信息，但被动接口所属网络会包含在路由更新信息中通告给其他路由器。

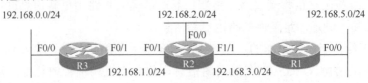

图 6.14　被动接口示例

被动接口可以有两种配置方式：一种是在路由配置模式下使用"passive-interface"命令指定路由器的哪个接口为被动接口；另一种是在路由配置模式下使用"passive-interface default"命令将路由器的所有接口设置为被动接口，然后使用"no passive-interface"命令启用路由器接口发送路由更新信息。下面给出的是以 Cisco 路由器为例的被动接口配置命令及使用方法。

- Router(config-router)#passive-interface *interface-name*　　//配置路由器某个接口为被动接口
- Router(config-router)#passive-interface default　　//将路由器所有接口设置为被动接口
- Router(config-router)#no passive-interface *interface-name*　　//启用路由器接口发送路由更新

在不同的路由协议中，路由器设置为被动接口的处理不完全相同。在 RIP 协议中，路由器接口配置为被动接口，意味着 RIP 的路由更新信息不会从该接口发送。在 OSPF 协议和 IS-IS 中，路由器接口配置为被动接口，意味着 Hello 分组不会从该接口发送出去，因此路由器和邻居路由器也就建立不了邻接关系。

6.3.3　分发列表

分发列表是一种使用访问控制列表（Access Control List，ACL）进行路由更新控制的方法，它根据 ACL 定义的规则过滤路由更新。分发列表能够对通过特定接口进入或者离开的路由更新信息进行过滤，也能够对从其他路由协议重分发过来的路由信息进行过滤。

1. ACL

ACL 是应用在路由器等设备上由一系列允许和拒绝语句组成的指令列表，路由器根据指令规则确定哪些分组允许通过，哪些分组拒绝通过，从而达到既允许正常的访问流量，同时又把不希望的访问流量过滤掉的目的。ACL 不会影响当前路由器产生的流量。默认情况下，路由器上没有配置任何 ACL，不会过滤流量。

ACL 可以根据数据分组头部中的协议类型、源 IP 地址、目的 IP 地址、源 TCP 端口、源 UDP 端口、目的 TCP 端口以及目的 UDP 端口等信息过滤数据分组。ACL 分为标准 ACL 和扩展 ACL 等。标准 ACL 只能检查数据分组中的源 IP 地址，扩展 ACL 可以检查数据分组中的源 IP 地址、目的 IP 地址、源 TCP 端口、源 UDP 端口、目的 TCP 端口以及目的 UDP 端口。

一个 ACL 可以由多条 ACL 语句组成，ACL 语句的放置顺序对流量过滤结果来说非常重要。当路由器决定某个数据分组是被允许转发还是拒绝转发时，会顺序匹配 ACL 的每条语句。如果数据分组头部与某一条 ACL 语句匹配，则根据匹配的 ACL 语句的动作决定是允许还是拒绝该数据分组，不再检查列表中余下的其他 ACL 语句。如果数据分组头部与 ACL 语句不匹配，那么将检查列表中的下一条语句是否与数据分组的头部匹配。该匹配过程一直继续，直到检查完列表的所有语句，如果所有 ACL 语句与数据分组的头部都不匹配，ACL 默认的隐含语句为拒绝所有流量。图 6.15 给出了数据分组匹配 ACL 语句的过程。

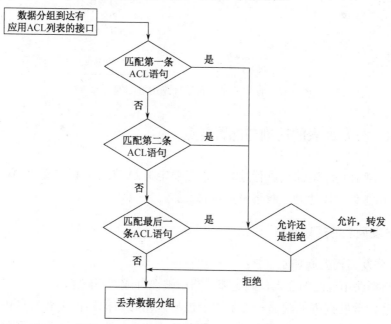

图 6.15　数据分组匹配 ACL 语句的过程

2. 分发列表

分发列表使用 ACL 所定义的允许或拒绝流量，决定允许哪些路由更新信息、拒绝哪些路由更新信息。路由器可以使用基于收到的路由更新信息（入站）的分发列表进行过滤，也可以基于发送的路由更新信息（出站）的分发列表进行过滤。分发列表过虑过程如图 6.16 所示，其过程说明如下。

① 路由器收到或者准备发送一个路由更新信息。

② 路由器查询收到或发送该路由更新信息涉及的接口为路由更新信息进入的接口，还是需要发送的路由更新信息的出口。

③ 路由器查询是否有与接口相关联的分发列表（也称为过滤器）。

④ 如果该接口没有相关联的分发列表，则正常接收或者发送路由更新信息。

⑤ 如果该接口有与之相关联的分发列表，路由器将扫描分发列表所引用的 ACL，并查找 ACL 中是否有与路由更新信息匹配的条目。

⑥ 如果 ACL 中有与路由更新信息匹配的条目，则根据匹配的 ACL 语句允许或者拒绝该路由。

⑦ 如果 ACL 中没有与路由更新信息匹配的条目，由于 ACL 最后隐含语句为拒绝所有流量，这将导致丢弃该路由。

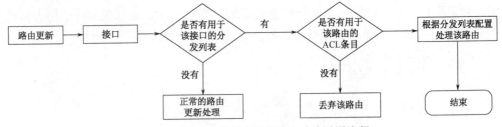

图 6.16　使用分发列表进行路由过滤通用流程

6.3.4　分发列表的规划与部署要点

分发列表在用于对路由进行过滤时，需要定义 ACL，并将定义的 ACL 应用于特定的路由协议，以达到过滤路由更新的目的。

1. 分发列表的规划要点

配置分发列表的规划要点有：

① 根据路由过滤的需求，确定哪些路由被允许或被拒绝通过。

② 确定分发列表的用途——是用于过滤入站接口的路由更新信息还是出站接口的路由更新信息，或者是用于从另一种路由协议重发布过来的路由更新信息。

2. 分发列表的配置要点

采用分布列表实现路由过滤的配置通常需要以下两个步骤。

① 创建 ACL，定义要过滤的路由。

② 使用"distribute-list"配置分布列表。

对应于上述步骤，下面给出的是以 Cisco 路由器为例的分布列表配置与路由调试验证命令。

- Router(config)# access-list *access-list-number* deny|permit *source* wildcard-mask //创建标准 ACL

> **注释**：参数"*access-list-number*"表示访问控制列表号，标准 ACL 的列表号为 1～99，路由器较新的操作系统扩大了列表号的范围，允许标准 ACL 还可以使用 1300～1999 的列表号。关键字"deny"表示拒绝匹配的流量通过；关键字 "permit"表示允许匹配的流量通过；参数"*source*"表示源地址；参数 "wildcard-mask"表示通配符掩码，通配符掩码的使用详见教材 5.5.1。

- Router(config-router)#distribute-list　*access-list-number*　in　*interface-name* //配置过滤入站接口上流量的分发列表

> **注释**：参数"*access-list-number*"表示访问控制列表号。该命令在作用于 OSPF 时，不能禁止路由进入 LSDB 中，但可以禁止路由进入其路由表中。

- Router(config-router)#distribute-list　*access-list-number*　out　[*interface-name* |routing-process |　　//配置过滤出站接口上流量的分发列表

> **注释**：该命令如果在 OSPF 中使用，须注意，由于 OSPF 同一区域内所有 OSPF 路由器的 LSDB 同步，因此在 OSPF 中，不能使用该命令对出站路由更新信息进行过滤。该命令在过滤 OSPF 时，只能用来过滤外部 1 类（E1）和外部 2 类 （E2）类路由，而不能用来过滤区域内路由和区域间路由。

3. 分发列表规划与配置实例

下面举一个实例来说明使用分发列表在运行 RIPv2 路由协议的路由器间进行路由过滤的配置过程。在如图 6.17 所示的拓扑结构中，路由器 R1 与路由器 R2 之间运行 RIPv2 路由协议交换路由信息，但路由器 R1 在发送给路由器 R2 路由更新信息时，希望隐藏关于网络"192.168.0.0/24"的路由信息，只发送除了网络 "192.168.0.0/24"外的其他网络的路由信息。

分析该网络路由过滤要求后，其分发列表规划如下。

① 创建的 ACL 需要两条条目，一条是拒绝"192.168.0.0/24"流量通过，一条是允许所有流量通过。

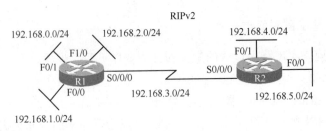

图 6.17 分发列表过滤路由更新示例

② 分发列表用于过滤出站接口的路由更新信息，出站接口为 S0/0/0 接口。

图 6.18 给出在了路由器 R1 上发送路由更新信息时使用分发列表过滤掉网络 "192.168.0.0/24" 的路由的详细配置步骤。

```
R1(config)#access -list 1 deny 192.168.0.0 0.0.0.255
R1(config)#access -list 1 permit any
R1(config)#router rip
R1(config -router )#version 2
R1(config -router )#network 192.168.0.0
R1(config -router )#network 192.168.1.0
R1(config -router )#network 192.168.2.0
R1(config -router )#distribute -list 1 out s0/0/0
```

图 6.18 使用分发列表过滤路由更新示例的详细配置

接下来举一个实例来说明使用分发列表控制重分发的配置过程。在如图 6.19 所示的拓扑结构中，路由器 R1 和路由器 R2 之间运行 RIPv2 路由协议，R2 和 R3 之间运行 OSPF 协议，需要在路由器 R2 上把 OSPF 网络的路由信息重分发到 RIPv2 中，要求在实施重发布时，使用分发列表进行路由过滤，不重发关于网络 "192.168.5.0/24" 的路由，其余网络的路由都允许重分发到 RIPv2。

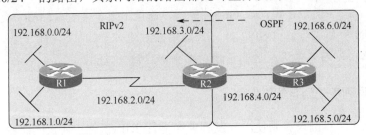

图 6.19 使用分发列表控制路由重分发示例的网络拓扑

路由器 R2 上运行了两个路由协议，在路由器 R2 上配置重分发并使用分发布表进行路由过滤。根据重分发及路由过滤需求，其部署需要完成以下三个配置步骤。

① 使用 "access-list" 命令创建一个具有两条条目的 ACL，第一条 ACL 条目为拒绝网络 "192.168.5.0/24" 的流量，第二条 ACL 条目为允许所有流量。

② 在 RIP 路由配置模式下，把通过 OSPF 获得的路由重发布到 RIPv2 中。

③ 在 RIP 路由配置模式下，使用 "distribute-list" 命令根据 ACL 规则过滤

OSPF 重分发到 RIPv2 的路由。

图 6.20 给出在了路由器 R2 上使用分发列表控制重分发的配置过程的详细配置步骤。其中"distribute-list 2 out ospf 1"命令的含义为："2"表示访问控制列表号；由于该命令在 RIP 路由模式下完成，因此"OSPF"表示是将 OSPF 重分发到 RIPv2，"out"即为向 RIPv2 方向；"1"表示 OSPF 的进程号。

```
R2(config)#access-list 2 deny 192.168.5.0 0.0.0.255
R2(config)#access-list 2 permit any
R2(config)#router ospf 1
R2(config-router)#network 192.168.4.0 0.0.0.255 area 0
R2(config-router)#exit
R2(config)#router rip
R2(config-router)#version 2
R2(config-router)#network 192.168.2.0
R2(config-router)#network 192.168.3.0
R2(config-router)#redistribute ospf 1  metric 4
R2(config-router)#distribute-list 2 out ospf 1
```

图 6.20　使用分发列表控制路由重分发示例的详细配置

6.4　策　略　路　由

6.4.1　策略路由概述

通常，路由器只是根据 IP 分组中的目的地址查找路由表并进行转发操作。如果多个 IP 分组的目的 IP 地址相同，传统的路由则无法对数据分组转发路径进行控制。例如，在如图 6.21 所示的拓扑结构中，某企业有两条链路分别连接到两个 Internet 服务提供商。企业内部网络的用户在访问 Internet 时，为了实现两条链路带宽的合理使用，需要让一部分 Internet 访问流量经过路由器 ISP1 转发到 Internet，而另一部分 Internet 访问流量经过路由器 ISP2 转发到 Internet。此时，使用传统的路由则无法实现。

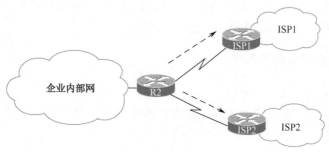

图 6.21　路由策略示例

策略路由（Policy Based Route，PBR）是一种根据用户制定的策略进行路由选择的机制，它是一种比传统的基于目的 IP 进行路由转发更灵活的路由机制。策略路由可根据数据分组中的源 IP 地址、目的 IP 址、协议字段、TCP 源和目的端口、UDP 源和目的端口等进行多种组合来选择路径，而不仅仅使用路由表基于 IP 分组中的目的 IP 地址来选择路径。

策略路由应用到路由器的进入端口，它只对入口数据包有效。数据分组到达路由器接口后，路由器检查该接口是否应用了路由策略。如果接口没有应用策略路由，数据分组就根据数据分组中的目的 IP 地址查找路由表进行相应的转发。如果接口应用了路由策略，进一步检查是否有匹配的条目；如果有，再检查是否允许使用策略路由进行分组转发；如果使用策略路由，就根据配置的规则进行相应的转发。策略路由的流程如图 6.22 所示。

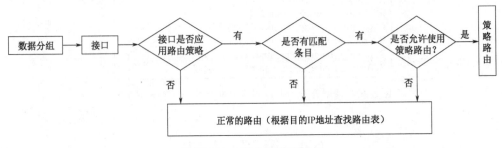

图 6.22 路由策略流程

6.4.2 路由策略的规划与部署

通常，策略路由是通过路由映射（Route-map）来配置的，路由映射也称为路由图。路由映射除了可用于策略路由外，还可在重分发时进行路由过滤、NAT（见本教材 12.4 节）和 BGP 策略部署（本教材第 7 章）等。路由映射是由一组 match 语句和 set 语句组成。当数据分组进入应用策略路由接口时，如果数据分组匹配路由映射中由"match"定义的允许规则，就根据"set"配置决定该分组的路由方式（见图 6.22），其路由方式可以为设置转发分组的下一跳、分组的优先级字段、分组的发送出口等。一个路由映射可以由很多的策略组成，策略按序号大小排列，只要匹配了某个策略，就不再执行路由映射的其他策略。

1. 策略路由的规划要点

策略路由的规划要点有：

① 根据路由策略的需求，确定在哪台路由器的哪些端口的进入方向实施策略路由。

② 规划路由映射表名称、映射表中每个策略的匹配规则和策略路由的路由方式。

2. 策略路由的配置要点

策略路由的配置一般需要以下四个步骤。

① 使用"route-map"命令定义路由映射表，一个路由映射表可以由好多策略组成，策略按序号大小排列，匹配时按序号由小到大进行策略的匹配，只要符合了前面策略，就退出路由表的执行。

② 定义路由映射中每个策略的匹配规则或条件，只有符合规则的数据分组才会进行策略路由。如果路由映射策略中没有配置任何匹配规则，表示所有数据分组都满足规则。

③ 使用"set"设置满足匹配规则的数据分组 IP 的路由方式。

④ 将定义的路由映射表应用到指定接口上。

对应上述步骤，下面给出了以 Cisco 路由器为例的策略路由配置命令。

- Router(config)# route-map *map-name* [permit | deny] *sequence*　　//定义路由映射表

> 注释：参数"*map-name*"表示路由映射表名称；参数"*sequence*"表示序列号，路由映射表默认为 permit。

- Router(config-route-map)# match ip address *access-list-number*　　//匹配条件为访问列表所定义地址，参数"*access-list-number*"表示 ACL 列表号
- Router(config-route-map)# match length *min-length max-length*　　//匹配条件为数据分组长度范围，参数"*min-length*"表示最小长度；参数"*max-length*"表示最大长度
- Router(config-route-map)#set default interface *interface-name*　　//设置数据分组的默认发送端口
- Router(config-route-map)#set ip default next-hop *ip-address*　　//设置数据分组的默认下一跳 IP 地址
- Router(config-route-map)#set ip next-hop *ip-address*　　//设置数据分组的下一跳 IP 地址

> 注释："set ip default next-hop *ip-address*"和"set ip next-hop *ip-address*"命令的区别在于：如果使用"set ip default next-hop *ip-address*"命令配置下一跳地址，路由器对数据分组的处理方法是先检查路由表是否有匹配的路由信息，如果有，就根据路由表的路径进行分组的转发；如果没有，才使用策略路由对数据分组进行转发。如果使用"set ip next-hop *ip-address*"命令配置下一跳地址，路由器会

首先检查策略路由，匹配策略规则后，根据策略路由对数据分组进行转发，只有不符合策略才检查路由表，根据路由表的路径对数据分组进行转发。

3. 策略路由规划与配置实例

下面举一个实例来说明策略路由的配置过程。在如图 6.23 所示的拓扑结构中，企业边缘路由器 R2 有两条链路分别连接到两个 Internet 服务提供商。企业内部网络的用户在访问 Internet 时，为了实现两条链路带宽的合理使用，需要让网段"192.168.0.0/24"、"192.168.1.0/24"、"192.168.2.0/24"和网段"192.168.3.0/24"的主机访问 Internet 时，其访问流量经过路由器 ISP1 转发到 Internet，而网段"192.168.4.0/24"和网段"192.168.5.0/24"的主机访问 Internet 时，其访问流量经过路由器 ISP2 转发到 Internet。

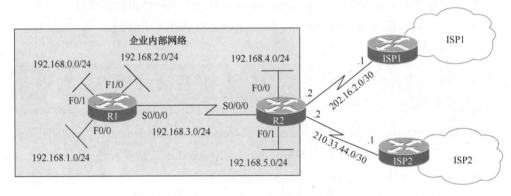

图 6.23　路由策略示例拓扑结构

分析网络策略路由的要求后，其规划如下：

① 定义一个名为"AccessInternet"的路由映射表，该映射表有两个策略组成，一个策略序号为"10"，另一策略序号为"20"。

② 策略序号为"10"的匹配条件为 ACL 列表号为"1"所定义的允许网络"192.168.0.0/22"的流量经过。策略序号为"20"的匹配条件为 ACL 列表号为"2"所定义的允许网络"192.168.4.0/23"的流量经过。

③ 策略序号为"10"的数据分组转发时其下一跳为"202.16.2.1"，策略序号为"20"的数据分组转发时其下一跳为"210.33.44.1"。

④ 将定义的路由映射表"AccessInternet"应用到路由器 R2 的 F0/0、F0/1 和 S0/0/0 接口上。

图 6.24 给出在了路由器 R2 上关于策略路由的详细配置步骤。

```
R2(config)#access-list 1 permit 192.168.0.0 0.0.3.255
R2(config)#access-list 2 permit 192.168.4.0 0.0.1.255
R2(config)#router  route-map AccessInternet permit 10
R2(config-route-map)# match ip address 1
R2(config-route-map)# set ip next-hop 202.16.2.1
R2(config-route-map)# exit
R2(config)#router  route-map AccessInternet permit 20
R2(config-route-map)# match ip address 2
R2(config-route-map)# set ip next-hop 210.33.44.1
R2(config-route-map)# exit
R2(config)#interface s0/0/0
R2(config-if)#ip policy route-map AccessInternet
R2(config-if)#interface f0/0
R2(config-if)#ip policy route-map AccessInternet
R2(config-if)#interface f0/1
R2(config-if)#ip policy route-map AccessInternet
```

图 6.24　路由策略示例详细配置步骤

本 章 习 题

6.1　选择题：

① 下面哪个命令将路由器所有接口都设置为被动接口（　　　　）？

A. passive-interface all　　　　　　B. passive-interface

C. passive-interface default　　　　D. default passive-interface

② 下面哪一个是正确配置，允许网络 192.168.10.0/24 流量通过，拒绝其他流量通过的标准 ACL 步骤。

A. Router(config)# access-list 22 deny any

　　Router(config)# access-list 22 permit 192.168.10.0 0.0.0.255

B. Router(config)# access-list 22 permit 192.168.10.0 255.255.255.0

　　Router(config)# access-list 22 deny any

C. Router(config)# access-list 22 permit 192.168.10.0 0.0.0.255

　　Router(config)# access-list 22 deny any

D. Router(config)# access-list 122 permit 192.168.10.0 0.0.0.255

　　Router(config)# access-list 122 deny any

③ 下面哪一个命令把静态路由信息重分发到 RIP 中（　　　　）？

A. redistribute　　　　　　　　　　B. static

C. redistribute rip　　　　　　　　D. redistribute static metric 5

④ 当数据分组进入应用策略路由接口时，如果数据分组匹配路由映射中由“match”定义的允许规则，就根据下面哪个配置决定该分组的路由方式（　　　　）？

A. set   B. address

C. map-name   D. 策略序号

6.2 在图 6.25 所示的网络中，使用命令"redistribute rip metric 100 metric-type 2"与使用命令"redistribute rip metric 100 metric-type 2"将 RIP 路由信息重分发到 OSPF 中有什么区别。

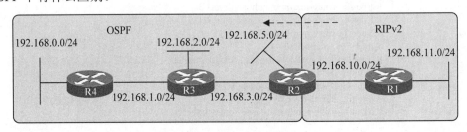

图 6.25 案例拓扑图

6.3 在如图 6.26 所示的网络中，需要在路由器 R2 和路由器 R3 上配置 RIPv2 与 OSPF 之间的双向重分发，为了防止路由环路，请基于分发列表实现双向重分发。

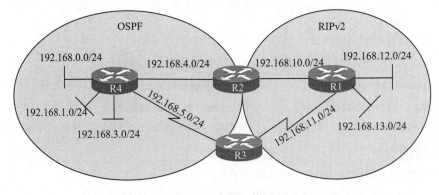

图 6.26 案例拓扑图

6.4 路由映射表中命令"set ip default next-hop ip-address"作用是什么？命令"set ip next-hop ip-address"作用是什么？它们有什么区别？

第 7 章　BGP

BGP（Boarder Gateway Protocol，边界网关协议）是一种外部网关协议，用于在自治系统之间传递路由信息。BGP 协议具有丰富的属性信息，易于扩展，其特殊的最佳路径选择算法使其具备良好的路由控制能力，是当前唯一在 Internet 中各自治系统间使用的动态路由协议。

本章首先介绍 BGP 的概念、BGP 的工作原理，然后对 BGP 路径属性和选择过程进行详细介绍，最后对 BGP 在各类网络中的规划部署进行详细介绍。

7.1　BGP 协议概述

BGP 是当前最常用的外部网关协议，它是为取代最初 ARPANET 所使用的外部网关协议 EGP 而设计的。从 RFC1105 中描述的第一个版本开始，到目前为止，BGP 经历了 4 个版本，每个版本都有相应的 RFC 文档规范，其中比较接近当前 BGP 实现的 RFC1267 描述了 BGP 的第三个版本，RFC1268 描述了 BGP 在 Internet 中的使用，而其现行版本 BGPv4 最初在 RFC1771 中规定，以支持 CIDR 寻址方案，在经过 20 余次修改后，最终于 2006 年 1 月形成 RFC4271。

BGPv4 及其扩展已经成为业界普遍接受的 Internet 外部网关协议标准，随着 BGP 的广泛应用，各种各样的扩展功能被加入到 BGP 中，其中包括多协议扩展。BGP 的传输机制和多协议扩展结合起来，使得 BGP 承载的信息与网络层无关，即能够通过 IPv4 网络传递 IPv6 路由，也能够通过 IPv6 网络传递 IPv4 路由。也就是说，BGP 可以用于单纯 IPv6 环境，也可以用于 IPv4 和 IPv6 混合环境。

BGP 协议的主要功能是在自治系统之间交换或提供网络可达性信息。这些网络可达性信息包括了前往目标网络需要经过的自治系统列表。如图 7.1 所示，RTA 上到达目标网络 X 的某条 BGP 路径为（321, 68, i），表示从 RTA 到达目标网络 X 可以经过自治系统 AS 321 到达自治系统 AS 68，最后到达目标网络 X（i 表示路径的终点）。这些信息足以构建完整的关于前往目标网络路径的自治系统连接关系图，然后通过在自治系统层面的策略控制，实现无环路的路由方案。

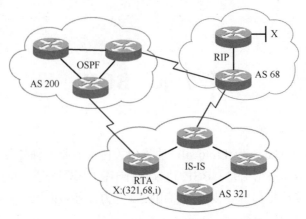

图 7.1　BGP 协议用于自治系统间路由选择

7.1.1　BGP 基本术语

在 RFC4271 中，为了规范地描述 BGP 的工作原理，定义了常用的 BGP 术语，其中最基本的几个术语描述如下。

- BGP 发言者（Speaker）：发送 BGP 消息的路由器，它生成或接收新的路由更新信息并发布给其他 BGP 发言者。
- 路由器 ID（RID）：32 位无符号整数，用于在自治系统中唯一标识一台运行 BGP 的路由器，通常表示成点分十进制的 IP 地址格式。RID 可以由 BGP 协议进程在激活时根据路由器环回接口或活动接口的最高 IP 地址自动生成，也可以由管理员手工指定。
- BGP 对等体（Peer）：相互交换消息的 BGP 发言者之间互称为对等体，两者之间的关系称为邻居关系，因此有时也互称为 BGP 邻居（Neighbor）。与 IGP 协议中的邻居关系不同，BGP 对等体之间只需要 TCP 可达，不一定要物理上直接相连。

根据 BGP 对等体所在自治系统之间的不同位置，BGP 邻居关系又分为两类：IBGP 邻居关系，两个 BGP 对等体属于同一个自治系统；EBGP 邻居关系，两个 BGP 对等体属于不同的自治系统。如图 7.2 所示，运行 BGP 的路由器 RTB 与 RTD 都在自治系统 AS 65001 内，它们彼此互为 IBGP 邻居；而运行 BGP 的路由器 RTA 与 RTB 分别属于自治系统 AS 65000 和自治系统 AS 65001，它们彼此互为 EBGP 邻居。

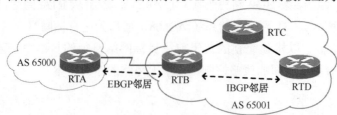

图 7.2　BGP 邻居关系类型

7.1.2　BGP 的应用场景

BGP 主要应用于自治系统与其他自治系统之间基于策略的路由选择。根据自治系统的连接与运作方式，自治系统大致分为三类：单宿主自治系统（Single-homed AS）、多宿主非中转自治系统（Multi-homed Non-transit AS）以及中转自治系统（Transit AS）。

单宿主自治系统只有一个到其他自治系统（通常是服务提供商）的出口，又称为末端（Stub）自治系统或末节网络。在末节网络与非本自治系统的外部网络的连接中，所有前往外部网络的路由可以用一条默认路由来代表，这条默认路由一般通过 IGP 传递到自治系统内部，如图 7.3 所示。

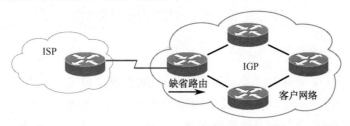

图 7.3　单宿主自治系统的默认路由

在另一方向上，服务提供商向其他客户通告该自治系统的路由通常存在以下三种方式。

（1）静态路由

服务提供商在自己的路由器中将单宿主自治系统的网络列为静态路由条目，并将这些条目通过 BGP 路由协议通告给上游的 Internet 核心网络。经过精心 IP 编址设计的网络可以用 CIDR 前缀进行路由汇总，如图 7.4 所示。这样就能够大大减少静态路由条目的数量，同时可以提高 Internet 路由协议的稳定性。

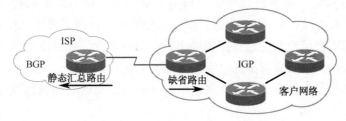

图 7.4　ISP 使用静态路由

（2）IGP 路由协议

服务提供商与单宿主自治系统之间使用 IGP 路由协议来共享网络路由信息，然后将这些详细的路由信息通过 BGP 路由协议通告给上游的 Internet 核心网络。来源于 BGP 路由协议的非自有网络路由信息以默认路由的方式通过 IGP 路由协议传递到单宿主自治系统内部，如图 7.5 所示。这样在单宿主自治系统内就拥有服务提供商的自有网络完整的路由信息，Internet 上也拥有该自治系统内的具体网络路由信息，但对服务提供商和该自治系统内的路由设备的 CPU 和内存等硬件要求大大提高。为了提高 Internet 路由协议的稳定性，可以在区域边界路由器上进行 IGP 层面上的路由汇总。

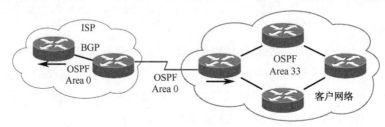

图 7.5　用 IGP 与 ISP 进行路由信息交换

（3）BGP 路由协议

如图 7.6 所示，在单宿主自治系统中运行 BGP 路由协议，将其 IGP 产生的路由信息发布给服务提供商，并将来源于 BGP 路由协议的外部网络路由信息经默认路由通过 IGP 路由协议通告到自治系统内部。这样在单宿主自治系统边界拥有 Internet 的完整路由信息，而 Internet 也拥有关于该自治系统内部网络的完整路由信息。

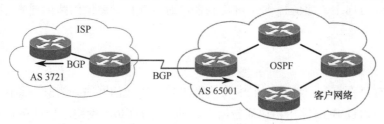

图 7.6　用 BGP 与 ISP 进行路由信息交换

在这种方式中，通常只在单宿主自治系统的边界路由器上运行 BGP 路由协议，以减轻对路由设备 CPU 与内存等硬件条件的要求。为了提高 Internet 路由协议的稳定性，可以在自治系统边界路由器上进行路由聚合。值得注意的是，由于单宿主自治系统的路由策略是服务提供商路由策略的延伸，通常会使用私有的自治系统号码，而该私有号码在服务提供商网络中向 Internet 通告时会被替换成公有的自治系统号码。

多宿主非中转自治系统有多个到达外部网络的出口点，但不允许源和目的都在其他自治系统的渡越数据流在多个出口点之间中转，如图 7.7 所示。这些出口点可以连接到同一个自治系统，也可以连接到不同的自治系统。多宿主非中转自治系统通常在边界路由器上运行 BGP 路由协议，与服务提供商之间互相交换路由信息，根据预定的路由策略，选择合适的出口与外部网络进行数据传输。

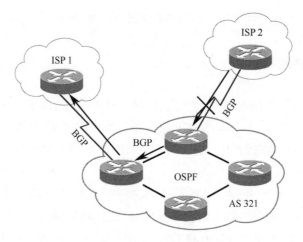

图 7.7　多宿主非中转自治系统

为了阻止渡越数据流的中转，多宿主非中转自治系统不会将从服务提供商学习到的外部网络的路由信息通告给其他服务提供商，并可以在边界路由器上对进入的数据流进行过滤，以阻止目的地址不在本自治系统的流量进入。

中转自治系统有多个到达外部网络的出口点，并且允许渡越数据流在多个出口点之间进行中转，如图 7.8 所示。在中转自治系统内部运行 BGP 路由协议可帮助将 BGP 路由信息从一台边界路由器转发到其他边界路由器，以实现渡越数据流的中转。大部分中转自治系统是服务提供商。

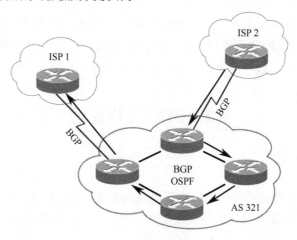

图 7.8　中转自治系统

BGP 路由协议的主要目的是能够实现自治系统之间基于策略的路由控制，在以下情况下，在自治系统内不适宜运行 BGP 路由协议。

- 只有一条前往 Internet 或者其他自治系统的连接；
- Internet 的路由选择策略与本自治系统无关；
- 路由器没有足够的 CPU 和内存资源应对 BGP 路由更新带来的巨大压力；

- 网络管理人员对基于策略的路由控制缺乏足够的理解。

7.1.3　BGP 的特点

BGP 路由协议是 Internet 现行的路由标准，目前在 Internet 上注册的自治系统达 41 400 个，Internet 骨干路由器上 BGP 路由条目数量超过 42 万条。众多大中型企业也部署了 BGP 来互连它们自己的内部网络。BGP 对于大型和复杂网络的支持能力主要源于 BGP 具有以下特点。

- 可靠性：BGP 使用 TCP 协议来提供可靠的传输服务，并通过存活（Keepalive）消息机制来维护对等体会话之间的完整性。
- 稳定性：BGP 通过包括温和重置（Soft Reconfiguration）、路由刷新（Route Refresh）、不中断转发（Nonstop Forwarding，NSF）和优雅重启（Grateful Restart）等多种特性来降低路由震荡发生的机率。
- 可扩展性：在大型网络中，BGP 路由聚合可以用于减少路由通告的前缀数量，以适应网络规模的不断扩充，这也是目前 Internet 能够适应 IP 网络不断增长的主要原因。BGP 路由协议要求 AS 内部的发言者之间形成全互连（Fully-meshed）的对等体关系，而全互连会限制 BGP 的可扩展性。但路由反射和路由联盟这两种特性能够减轻全互连要求造成的影响，进而提高 BGP 网络的可扩展性。
- 灵活性：BGP 是路径矢量（Path Vector）协议，它是距离矢量协议的一种特殊形式。BGP 使用路径的若干属性作为最佳路径选择的依据，这使得网络管理员可以通过操纵丰富的路径属性参数进行基于策略的路由控制。

7.2　BGP 工作原理

7.2.1　BGP 消息

BGP 的操作是通过对等体之间交互的消息来完成的。BGP 所有消息类型都有相同的格式：消息头+消息体。消息头长度为 19 字节，其格式如图 7.9 所示。

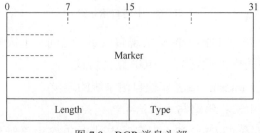

图 7.9　BGP 消息头部

其中，各个字段的大小与含义如下所述。

- 标记（Marker）：16 字节，用于 BGP 验证的计算。当不使用验证时所有比特均为 1。
- 长度（Length）：2 字节，以字节为单位的 BGP 消息总长度，包括报文头在内。
- 类型（Type）：1 字节，取值在 1 至 5 之间，用于指示消息的类型，分别表示 Open、Update、Notification、Keepalive 和 Route-refresh 消息。前四种消息类型在 RFC1771 中定义，Route-refresh 消息类型在 RFC2918 中定义。

1. Open 消息

Open 消息用于在对等体之间建立连接关系并进行参数协商，其消息格式如图 7.10 所示。

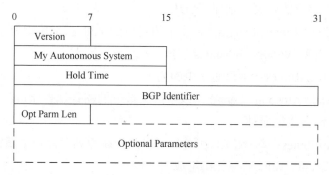

图 7.10　Open 消息格式

其中，各个字段的大小与含义分别如下所述。

- Version：BGP 版本号。
- My Autonomous System：本地 AS 号，通过比较两个对等体的 AS 号是否相同来确定是 EBGP 连接还是 IBGP 连接。
- Hold Time：保持时间。在建立连接关系时需要协商 Hold Time 以保持一致。如果在此时间内未收到对端发送的 Keepalive 消息或 Update 消息，则认为 BGP 连接中断。
- BGP Identifier：BGP 标识符。
- Opt Parm Len：可选参数的长度。该值为 0 表示没有可选参数。
- Optional Parameters：可选参数。用于 BGP 验证、多协议扩展、路由刷新和优雅重启等功能。

2. Keepalive 消息

BGP 路由器会周期性地向对等体发出 Keepalive 消息，用于保持邻居关系的稳定性。Keepalive 的另一个作用是对收到的 Open 消息进行回应。Keepalive 消息的长度为 19 字节，仅含消息头，不包括数据域。

3. Update 消息

Update 消息用于在对等体之间交换路由信息，可同时包括发布路由信息与撤消不可达路由信息，其消息格式如图 7.11 所示。

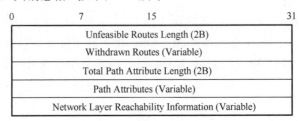

图 7.11　Update 消息格式

其中，各个字段的含义分别如下所述。

- Unfeasible Routes Length：以字节为单位的不可达路由字段的长度，若为 0 则表示没有 Withdrawn Routes 字段。
- Withdrawn Routes：不可达路由的列表。
- Total Path Attribute Length：以字节为单位的路径属性字段的长度，若为 0 则表示没有路径属性。
- Path Attributes：与 NLRI 相关的所有路径属性列表，每个属性由一个 TLV（Type-Length-Value）三元组组成。
- NLRI（Network Layer Reachability Information）：可达路由的前缀与前缀长度

4. Notification 消息

如果 BGP 发言者检测到对方发送过来的消息存在错误，或者要主动断开 BGP 连接，都会发出 Notification 消息来通知 BGP 邻居并关闭连接。Notification 消息的内容包括差错码、差错子码和数据等信息，其消息格式如图 7.12 所示。

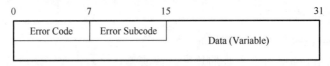

图 7.12　Notification 消息格式

5. Route-refresh 消息

Route-refresh 消息用来要求对等体重新发送指定地址族的路由信息，其消息格式如图 7.13 所示。

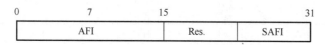

图 7.13　Route-refresh 消息格式

其中，各个字段的含义分别如下所述。

- AFI：地址族标识符。
- Res.：保留字段。发送端置 0，在接收端忽略。
- SAFI：子地址族标识符。

7.2.2　邻居关系

在大型网络中，有大量的路由器运行 BGP 路由协议，彼此之间交换相关网络的路径信息。但是，由于资源的限制和网络可扩展性的考虑，其中任何一台路由器都不会与所有其他 BGP 路由器通信，只与数量有限的 BGP 建立邻居关系，并通过这些对等体获知前往任何被通告的目标网络的路径。

两个 BGP 发言者成功基于 TCP 连接后，互相检查连接参数，例如，自治系统号、路由器 ID 以及 BGP 版本等，彼此建立邻居关系，然后开始交换所有的候选 BGP 路径信息。但在初始交换之后，通常只在网络信息发生变化时才发送增量路由更新信息，以保证效率。

具有邻居关系的 BGP 对等体之间用路由更新信息通告经它们可达的目标网络，这些信息中含有目标网络、自治系统路径、路径属性以及一些其他信息。如果网络可达性信息发生了变化，例如，一条路径变得不可达或出现一条更好的路径，BGP 将通过撤消该无效路径并注入新路径来向邻居通告，被撤消的路径是路由更新信息的一部分。BGP 使用不断增长的版本号码来记录路由表的变化。

如果没有路由变化需要发送给对等体，BGP 发言者会周期性地发送 Keepalive 消息给邻居来维持邻居关系。如果在保持计时器（Hold Timer）时间内都不能收到对等体的 Keepalive 消息，BGP 发言者会重置与对方的邻居关系。

1. 邻居关系建立过程

BGP 协议有限状态机包括六种状态，如图 7.14 所示，它们之间的转换过程描述了 BGP 对等体之间邻居关系建立的过程。

BGP 邻居关系状态之间发生迁移的条件事件的内容如表 7.1 所示。

表 7.1　BGP 邻居关系迁移的条件事件

编号	内容	编号	内容	编号	内容
1	启动	2	停止	3	传输层连接打开
4	传输层连接关闭	5	传输层连接打开失败	6	传输重大错误

编号	内容	编号	内容	编号	内容
7	连接重试计时器过期	8	保持计时器过期	9	存活计时器过期
10	收到 Open 消息	11	收到 Keepalive 消息	12	收到 Update 消息
13	收到 Notification 消息				

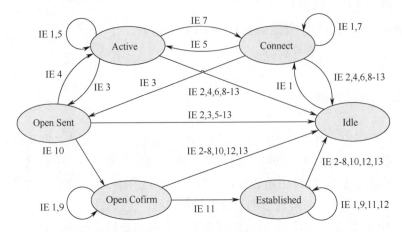

图 7.14　BGP 邻居关系有限状态机

其中，在每种状态下，BGP 发言者的行为表现如下所述。

- 空闲（Idle）：初始状态，不接受任何 BGP 连接，等待启动事件的产生。出现启动事件后，BGP 对资源进行初始化，并复位连接重试计时器。路由器发起它到其他对等体的 TCP 连接，监听其他对等体发起的连接，并将状态为 "Connect" 状态。当出现错误后 BGP 可以从其他任何状态退回到空闲状态。

- 连接（Connect）：系统等待 TCP 连接完成的状态。如果 TCP 连接成功，BGP 就迁移到 "Open Sent" 状态；如果不成功，则迁移到 "Active" 状态，并尝试再次进行连接。如果连接重试计时器超时，BGP 将继续保持 "Connect" 状态，发起一条新的 TCP 连接，并复位连接重试计时器。

- 活跃（Active）：TCP 连接不成功时的状态。此时，BGP 会响应连接重试计时器超时事件，迁移到 "Connect" 状态，重新发起 TCP 连接，复位连接重试计时器。如果 TCP 连接成功，BGP 就迁移到 "Open Sent" 状态。

- Open 消息已发送（Open Sent）：表示系统 Open 消息已经发送成功，在等待对端发给自己的 Open 信息。如果收到对端的消息，并且消息不存在错误（如版本号不兼容或是一个不可接受的 AS），BGP 就开始发送 Keepalive 消息并将保持计时器置为两者之中较小的值，并迁移到 "Open Confirm" 状态。如果存在错误，BGP 会发送 Notification 消息，断开连接并退回到 "Idle" 状态。

- Open 消息确认（Open Confirm）：BGP 等待对端的 Keepalive 消息或 Notification 消息的状态。如果收到 Keepalive 消息，BGP 就进入到 "Established" 状态，连接关系建立完成；如果 Keepalive 消息超时，则重置存活计时器并重发 Keepalive 消息；如果收到了 Notification 消息，BGP 就断开连接并退回到 "Idle" 状态。
- 连接已建立（Established）：连接关系协商成功的最终状态。这时 BGP 将开始使用 Update 消息与它的对等体交换路由更新分组。如果系统收到了 Update 或 Keepalive 消息，将重置保持计时器。

2. EBGP 邻居关系

与 IGP 协议不同，BGP 不使用组播或广播机制来动态发现和建立邻居关系，需要网络管理员手工指定对等体的 IP 地址。BGP 将使用这个地址作为发送各种消息的目标地址，并期待所有收到该对等体发送过来消息的源 IP 地址与此相同，否则将忽略接收到的消息。

根据对等体之间的自治系统是否相同，邻居关系分为两种：EBGP 邻居与 IBGP 邻居，如图 7.15 所示。具体地，双方自治系统号不同的对等体之间是 EBGP 邻居关系，即有 AB、BC、AF、BG 与 CD 等六对；双方自治系统号相同的对等体之间是 IBGP 邻居关系，即有 DE、DF、DG、EF、EG 和 FG 等六对。在这两种邻居关系中，BGP 路由器的行为有所差异，例如，更新自治系统路径的规则不同，成为邻居关系所需要满足的条件也不同。

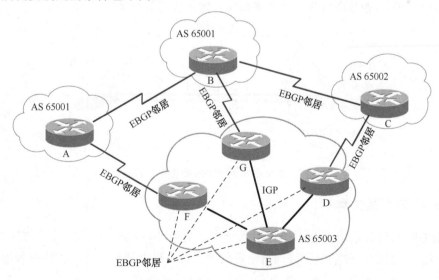

图 7.15　BGP 邻居关系类型

由于 EBGP 对等体位于不同的自治系统，彼此之间没有运行 IGP，因此管理员指定的对等体 IP 地址必须是无须使用 IGP 便可到达的。一般而言，EBGP 对等体的

IP 地址是直连网络的地址，因此，BGP 发言者在发送给 EBGP 对等体的消息的 IP 层封装中，默认行为是将 TTL 值设置为 1。

在一些特殊的情形中，需要使用静态路由实现 EBGP 对等体 IP 地址可达。例如，EBGP 中继。如图 7.16 所示，RTA 与 RTC 这对 EBGP 邻居通过 RTB 中继连接，需要彼此拥有指向对方接口 IP 地址的静态路由，例如，在 RTA 上需要有前往 IP 地址 172.16.23.3 的静态路由。另外，因为 RTA 与 RTC 之间通过 RTB 中继，也就需要将彼此发送给对方的消息的 TTL 值修改为 2 或更多，这叫作 EBGP 多跳（Multihop）。

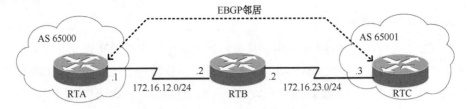

图 7.16　多中继情形中的 EBGP 邻居关系

在 EBGP 对等体之间同时存在多条链路互为备份或负载均衡的情形下，选择其中任何一条链路的对端接口 IP 地址作为对等体的 IP 地址都是不合适的，此时对等体之间可使用环回接口来进行会话。如图 7.17 所示，在 RTA 上可指定其 EBGP 对等体 RTC 的 IP 地址为其环回接口的 IP 地址 2.2.2.2，修改自己发送给 RTC 的所有消息的源 IP 地址为自己的环回接口的 IP 地址 1.1.1.1，反之亦然。与此同时，与多中继情形一样，静态路由与 EBGP 多跳特性的配置都是必需的。

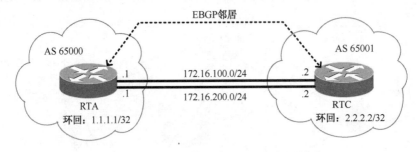

图 7.17　冗余连接情形中的 EBGP 邻居关系

3. IBGP 邻居关系

IBGP 邻居关系用于在本地自治系统内部交换 BGP 路由信息，让所有的内部 BGP 发言者拥有一致的关于外部自治系统的 BGP 路由信息，并将这些信息传播到其他自治系统，因此 IBGP 主要用在多宿主自治系统中。

IBGP 对等体之间不需要彼此直接相连，只要它们能够彼此 IP 可达，并建立 TCP 连接。在自治系统内部，对等体之间通常有多种路径来到达对方，因此通常使用环回接口而不是其中某个物理接口 IP 地址来建立 IBGP 会话。可以通过直连网络、静态路由或 IGP 路由协议来实现 IBGP 对等体之间的 IP 可达性。

　　IBGP 也被用于 IGP 难以支持的大型网络中。在这种情形中大型网络可以划分为多个独立的 IGP 区域，如图 7.18 所示，然后路由被重分布到 IBGP 核心。同样 IBGP 核心也需要 IGP 的支持以及全互连的 IBGP 邻居关系。

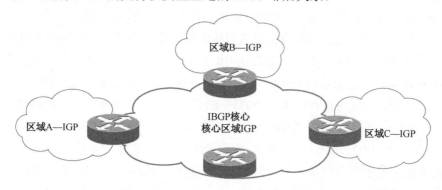

图 7.18　大型网络中的 IBGP 邻居关系

7.2.3　同步

　　为避免出现路由环路，BGP 规定不使用从 IBGP 对等体获悉的路由，或将其传播给其他 IBGP 对等体，除非该路由是本地的或者已经通过 IGP 获悉。换句话说，在使用和通告从 IBGP 对等获得的路由之前，BGP 和 IGP 必须同步，所以这条规则被称为"BGP 同步"规则。

　　如图 7.19 所示，RTB 将从 EBGP 对等体处获悉的关于目标网络 10.0.0.0/24 的路由信息通告给其 IBGP 对等体 RTC、RTD 和 RTF。以 RTD 为例，除非它能从 IGP（在本例中是 OSPF 协议）处获悉目标网络 10.0.0.0/24 的路由信息，否则它不会使用这条 IBGP 路由信息，也不会将它向自己的 IBGP 对等体 RTC、RTF 通告。当然，同步规则不会妨碍它向自己的 EBGP 对等体 RTE 通告这条路由。

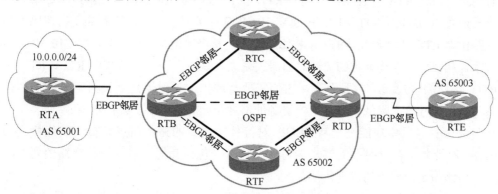

图 7.19　BGP 同步规则

　　如果将 BGP 路由重分布到 IGP，大量的 BGP 路由条目将会对自治系统内部路由器造成非常大的压力。因此，通常的做法是不将 BGP 路由重分布到 IGP，而在中转路径中的所有路由器上运行 IBGP，然后禁用同步规则。禁用同步规则后，不需要 IGP 能够获悉外部自治系统的路由，可以降低对 IGP 的压力，也能够通告从 IBGP 对等体处获悉的路由给其他的对等体，提高 BGP 的汇聚速度。

　　为了在禁用同步规则后不会在自治系统内部形成路由黑洞，必须确保自治系统内部路由信息的一致性，这就需要实现 IBGP 邻居关系在中转路径上的全互连。如图 7.19 中所示，从自治系统 65003 发送到目标网络 10.0.0.0/24 的数据流经过自治系统 65002 中转，中转路径有两条："RTD→RTC→RTB" 和 "RTD→RTF→RTB"，禁用 BGP 同步，规则所需的 IBGP 邻居关系全互连包含了五对 IBGP 邻居关系。而 RTC 与 RTF 不在中转路径上，它们之间不需要建立 IBGP 邻居关系。

　　在多宿主非中转自治系统中，为能够做出正确的路由决策，边缘路由器之间的路径上也必须实现 IBGP 邻居关系的全互连，以确保外部路由信息的一致性。

1. 路由反射

　　为了减轻 IBGP 全互连对自治系统内部路由器的压力，网络管理员可以使用路由反射器（Reflector）和路由联盟（Confederation）两种机制来减少 IBGP 对等体之间邻居连接数量。

　　在自治系统中选择一部分 BGP 路由器作为反射器为普通 BGP 路由器（称为客户端路由器）提供路由更新服务，反射器与它的客户端形成一个簇（Cluster）。这样自治系统被分割为若干个簇或独立的路由器，每个簇内可以有多个路由反射器。在簇内的所有客户端路由器与该簇中所有的反射器建立 IBGP 邻居，所有的反射器以及独立的路由器之间建立全互连的 IBGP 邻居关系。可以通过比较两个反射器的簇 ID 号来判断它们是否位于同一个簇。

　　如图 7.20 所示，自治系统 100 被分为两个簇和一个独立的路由器，其中簇 1 中有两个反射器 RTA 与 RTB，分别与 RTH 和 RTG 建立 IBGP 邻居关系；簇 2 中有一个反射器 RTD，与 RTF 和 RTE 建立 IBGP 邻居关系；另外，所有的反射器以及独立路由器 RTC 建立全互连的 IBGP 邻居关系。整个自治系统内共有 12 对 IBGP 邻居关系，相对于全互连要求的 28 对邻居关系大大减少。而对于 RTD、RTE、RTF 和 RTG 这样的客户端路由器而言，它们需要与簇内的反射器建立极为有限的邻居关系，在极大程度上降低了对路由器资源的消耗，同时也降低了维护难度。

　　反射器的主要功能是把从 IBGP 对等体接收到的路由信息发布给其他特定的 IBGP 对等体。在反射器的客户端与非客户端（包括其他反射器与独立路由器）之间传送路由更新信息的规则包括：

　　① 如果路由更新信息是从非客户端收到的，仅反射给客户端。如图 7.20 所示，如果 RTA 收到 RTD 发送过来的路由更新信息，则仅将该信息发送给自己的客

户端 RTH 与 RTG。

② 如果路由更新信息是从客户端收到的，则将其反射给除路由更新源外所有的 IBGP 对等体及 EBGP 对等体。如图 7.20 所示，如果 RTA 收到 RTH 发送过来的路由更新信息，则将该信息发送给客户端 RTG、独立路由器 RTC 以及其他的反射器 RTB 和 RTD。

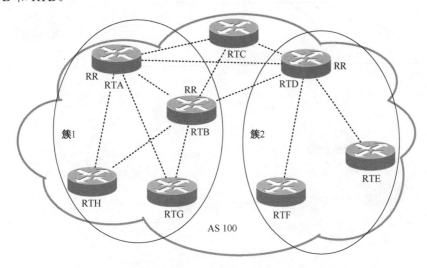

图 7.20　路由反射器示意图

为防止簇内反射器发送出去的路由更新信息经过多次反射后回到该簇，反射器为路径新增 ORIGINATOR_ID 和 CLUSTER_LIST 这两个可选传递属性来对路径进行跟踪。ORIGINATOR_ID 用于记录本自治系统内部路由发起者的 ID，CLUSTER_LIST 用于记录一条路径传递过程所经过簇的簇 ID 列表。BGP 发言者将丢弃 ORIGINATOR_ID 属性与自己路由器 ID 相同的路由更新信息，而反射器会丢弃 CLUSTER_LIST 属性包括本簇的簇 ID 的路由更新信息。

在路由反射器环境中，仅要求反射器支持路由反射功能，反射功能对客户端路由器而言是透明的。

2. 路由联盟

路由联盟将自治系统视为由若干个更小的、私有的子自治系统组成的联盟，在联盟内部的子自治系统之间建立 EBGP 邻居关系，而在每个子自治系统内部建立全互连的 IBGP 邻居关系。联盟使用联盟 ID 作为自治系统号与联盟外部的 EBGP 进行路由更新信息的交换，但外部自治系统不需要了解内部的子自治系统情况；在联盟内部，子自治系统使用私有的自治系统号标识自己，该自治系统号仅在联盟内部可见。

如图 7.21 所示，自治系统 AS 100 被分割为三个私有子自治系统 Sub-AS 65001、Sub-AS 65002 和 Sub-AS 65003，在三个子自治系统之间使用私有自治系统号 65001、65002 和 65003 建立 EBGP 邻居关系；在每个子自治系统内部建立全互连的 IBGP 邻居关系；而 RTE 使用联盟 ID 即 100 与 RTI 建立 EBGP 邻居关系。整个自治系统内共建立 3 对 EBGP 邻居关系和 7 对 IBGP 邻居关系，降低了对自治系统内部路由器资源的需求。

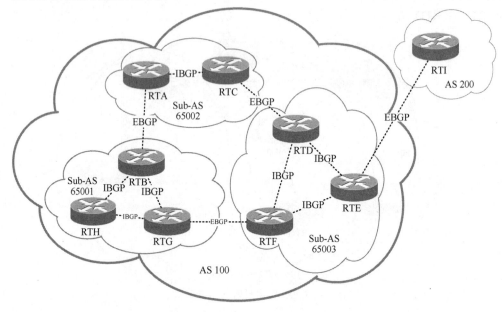

图 7.21　路由联盟示意

联盟的子自治系统之间建立的是 EBGP 邻居关系，不要求全互连，但为了防止在联盟间形成路由环路，BGP 扩展了 AS_PATH 属性；联盟间基于策略的路由控制同样可以通过对 MED、NEXT_HOP 和 LOCAL_PREF 等属性的操纵来实现，但细节上与标准 BGP 有所不同。

联盟内部所有的 BGP 发言者都必须支持联盟功能。在大型网络中，联盟与反射器两种方案可以同时使用。

7.2.4　路由更新

在 BGP 发言者中，目标网络被通告给对等体的路由更新过程包括：首先通过路由注入获得最新的目标网络的路由信息，然后将这些路由信息封装在 Update 消息中向对等体发送，包括发布路由信息与撤消不可达路由信息。Update 消息中的这些路由信息在发送或接收端都有可能被事先部署的策略所过滤。

1. 路由注入

向 BGP 注入路由信息有以下三种主要方式。

① 手工指定将 IGP 路由表中的某些路由引入 BGP，包括直连网络、静态路由以及 IGP 路由，然后通告给 BGP 对等体。BGP 是路径矢量路由协议，默认具有自动聚合的特性，会在主网边界自动将子网路由聚合为主网路由。在 BGP 发言者不具备完整主网路由的情形中，不恰当的自动聚合可能会引用路由黑洞问题。

② 使用手工聚合。在关闭 BGP 的自动聚合后，可以实行支持 CIDR 的手工聚合后通告给 BGP 对等体。手工聚合是目前抑制 Internet 骨干路由器上 BGP 路由条目数急剧增长的主要手段。

③ 将直连网络、静态路由以及 IGP 路由等重分布到 BGP 然后通告给 BGP 对等体。这种方式不需要逐条指定待注入的路由条目，往往用在以 IBGP 为核心的大型企业网络中。在重分布的过程中可以使用路由过滤进行选择，同时可以为重分布后的路径设定合适的属性，以实现特定的路由策略。

2. 路由更新

BGP 路由更新信息由 TCP 协议承载，使用端口号 179，因此 BGP 对等体之间必须具有 IP 连通性，并在交换路由信息前协商建立 TCP 连接。

为了保证无环路的最佳路径选择，BGP 根据对等体之间交换的信息来建立一张自治系统关系图。从 BGP 的角度来看，整个网络就是由自治系统组成的一张图。任何两个自治系统之间的连接形成一条路径，路径的信息集合使用自治系统号码序列来表达，该序列构成一条前往目标网络的路径，如图 7.22 所示。

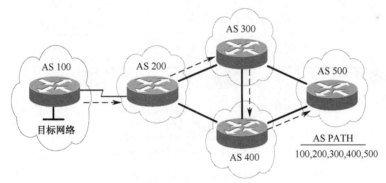

图 7.22　BGP 路由更新

3. 路由过滤

BGP 支持在任何 BGP 发言者上进行路由过滤。BGP 路由过滤与 IGP 路由过滤有如下区别。

① BGP 路由过滤针对特定的对等体而不是所有邻居。

② BGP 路由过滤可以以各种路径属性为过滤条件。

③ BGP 路由过滤可以应用在 BGP 与 IGP 之间的重分布过程中。

④ BGP 路由过滤需要在重置邻居关系后才能生效。

　　如图 7.23 所示，非中转多出口自治系统 AS 200 的边界路由器 RTB 对发送自己给的 EBGP 对等体的 RTA 信息在出口方向实施路由过滤，将本应发送给对方的位于外部自治系统的目标网络 172.16.0.0/16 的路由信息过滤掉，以避免成为中转自治系统。

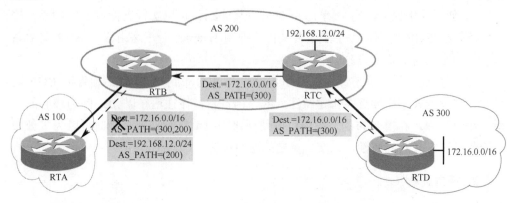

图 7.23　对等体间路由过滤

　　如图 7.24 所示，自治系统 AS 200 的边界路由 RTB 在将 IGP（即 OSPF）产生的内部路由信息重分布至 BGP 的过程中实施路由过滤，将其中某些不对外部自治系统开放的内部网络路由信息过滤掉，然后再向 EBGP 邻居 RTA 发送过滤后的路由更新信息。

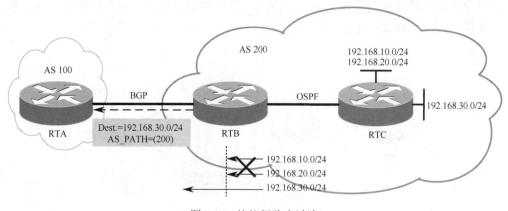

图 7.24　协议间路由过滤

　　在 BGP 路由过滤实施后，新的过滤策略仅被应用于修改策略后收到或发送的路由。如果希望新的过滤策略能够应用于所有路由，必须要触发一个更新机制让所有发送或接收的路由更新信息经过新的过滤策略。触发路由更新主要有两种方式：硬重置和软重置。

　　硬重置与一个对等体的 BGP 邻居关系，所有已经从对方收到的路由更新信息都将失效，并从 BGP 表中被删除。一段时间后，双方重新建立 BGP 邻居关系，之后交换的 BGP 路由更新信息会经过新过滤策略的检查。硬重置导致既有路由表大量变化，所以可能会中断路由转发；而且新邻居关系的建立会消耗相当多的路由器资源，通常逐个指定硬重置与特定对等体之间的邻居关系，可以缓解硬重置带来的影响。

软重置不会重置与特定对等体的邻居关系，仅将经过新过滤策略检查后的路由更新信息发给对方。该更新信息会包括撤消命令，用于撤消根据新的过滤策略对方不应再知道的目标网络信息，这种方式主要用于出站策略被修改的情况。对于入站策略被修改的情况，可以事先让 BGP 进程用一张表保存所有从特定对等体收到后未经任何过滤的路由更新信息，然后对未过滤表应用新入站策略，再将过滤结果添加到 BGP 转发数据库。这样就无须强制性地要求对等体重新发送所有路由更新信息。

7.3　BGP 路径选择

7.3.1　BGP 路径属性的类型

IGP 路由选择协议使用 Metric 作为选择最佳路由的标准，这些 Metric 通常根据路由的某个或某些属性计算得到。相对 IGP 而言，BGP 选择最佳路由（路径）时的流程要复杂得多，它使用路径信息所携带的一组参数，按特定的顺序逐次进行比较来产生最佳路径。这些参数描述了路径的某些特性，称为属性（Attribute）。路径的属性是 BGP 协议区分于其他协议的重要特征，是 BGP 完成路径选择、避免环路的基础。复杂的路径属性为工程师提供了更多的设计和实现选项，也使得管理员能够在连接到 Internet 的大型网络中以多种方式实现其路由策略。

BGP 的每条路由更新信息都有已定义的属性集，它可以包括路径信息、路由优先级、下一跳以及汇总信息等。每个路径属性的格式为一个 TLV 序列，即<类型、长度和值>，这使得 BGP 路径属性可以很方便地被扩展以适应新的应用需要，目前已经有明确定义的路径属性共有 29 种。

BGP 的路径属性包含以下 4 类。

① 公认必遵（Well-known mandatory）：必须存在于 Update 消息中，必须被所有的 BGP 实现所支持。如果缺少一个公认必遵属性，系统就会产生一条出错通知。

② 公认自决（Well-known discretionary）：必须被所有的 BGP 实现支持，但不一定存在。

③ 任选可传递（Optional transitive）：不一定被所有的 BGP 实现支持，但即使不能识别该属性，都应该接受它，并继续向下游通告该属性。

④ 任选非传递（Optional non-transitive）：不一定被所有的 BGP 实现支持，接收到该属性的 BGP 实现不将它传递给其他对等体。

常用的 BGP 路径属性的类型如表 7.2 所示。

表 7.2　常见 BGP 路径属性类型

类型	属性	类型	属性
公认必遵	ORIGIN AS_PATH NEXT_HOP	公认自决	LOCAL_PREF ATOMIC_AGGREGATE
任选可传递	COMMUNITY AGGREGATE	任选非传递	MED CLUSTER_LIST ORIGINATOR_ID

7.3.2　常用路径属性

1. AS_PATH 属性

AS_PATH 属性指示出前往目标网络的所有自治系统的顺序列表。BGP 发言者在向 EBGP 对等体发送路由更新信息时修改路径的 AS_PATH 属性，将本自治系统置于列表最前面，如图 7.25 所示，而在向 IBGP 邻居发送路由更新信息时不修改该属性。

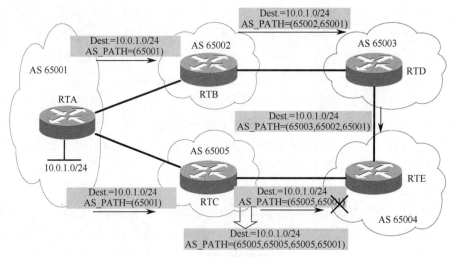

图 7.25　AS_PATH 属性操纵

使用 AS_PATH 属性的主要目的是保证无路由环路。当 BGP 路由器发现在接收到的路由更新信息中本自治系统的号码在 AS_PATH 中已经存在时，会丢弃该路由更新信息。

AS_PATH 中可接受的自治系统数目为 1～255，BGP 会优先选择 AS_PATH 最短的路径，因此其数量可以影响路径选择的结果。可以通过在 AS_PATH 列表中前置相同的本地自治系统号来实现入站路径控制策略。在图 7.25 中，在 RTC 发往 EBGP 对等体 RTE 的路由更新信息中，如果前置两个本地自治系统号 65005，这样路径的 AS_PATH 属性成为 10.0.1.0/24 (65005，65005，65005，65001)，路径长度为
4，长于 RTD 发送过来未经修改的路由更新中 AS_PATH 的长度，即 10.0.1.0/24
(65003，65002，65001)，这样 RTD 就成为了前往 10.0.1.0/24 网络的优先选择。

2. NEXT_HOP 属性

NEXT_HOP 属性指示前往目标网络的下一跳。因为 BGP 是自治系统级别的路
由协议，下一跳不一定是邻居路由器的接口 IP 地址，而是前往目标网络的下一个自
治系统的入口 IP 地址。因此，NEXT_HOP 属性的值往往需要在 IGP 路由表中执行
递归查找，递归查找将一直进行到把目标网络与某个外出接口关联起来为止。如果
下一跳是 IGP 不可达的，BGP 将认为这条路径不可访问。

在不同的情形下，NEXT_HOP 属性的设置方式各不相同，如图 7.26 所示。

① 对于以太网或帧中继这样的多路访问网络，如果通告路由器和路由更新源
路由器的接口处于同一网段，则 BGP 发言者会向对等体通告路由的实际来源。如
图 7.26 所示，当 RTA 在向 EBGP 对等体 RTC 通告目标网络 192.168.100.0/24 的路
由更新信息时，发送更新信息的接口（192.168.123.1）与路由更新源的接口地址
（192.168.123.2）处于同一网段，则使用该路由的实际来源地址 192.168.123.2 作为
NEXT_HOP 属性的值，这叫作"第三方下一跳"（Third-party Next Hop）。

② 对于非多路访问网络环境，BGP 发言者在将接收到的路由更新信息发送给
EBGP 对等体时，将该路由更新信息的 NEXT_HOP 属性的值设置为本地与对端连
接的接口地址。如图 7.26 所示，当 RTC 在向 EBGP 对等体 RTD 通告目标网络
192.168.100.0/24 的路由更新信息时，将 NEXT_HOP 属性的值设置为 172.16.45.4。

③ BGP 发言者在将接收到的路由更新信息发送给 IBGP 对等体时，不改变该
路由更新信息的 NEXT_HOP 属性的值。如图 7.26 所示，当 RTD 在向 EBGP 对等体
RTF 通告目标网络 192.168.100.0/24 的路由更新信息时，NEXT_HOP 属性的值维持
不变，仍为 172.16.45.4。

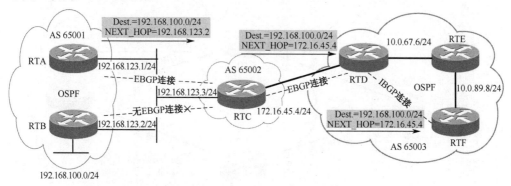

图 7.26　NEXT_HOP 属性操纵

在某些复杂的网络中，需要管理员使用手工配置下一跳地址的方式来改变

NEXT_HOP 属性值，以符合实际网络需要。

3. ORIGIN 属性

ORIGIN 属性指示某路径的起源，也就是这条路径是以何种方式注入到 BGP 中的。在路径选择过程中，具有较低 ORIGIN 属性值的路径将被优先选择。在路径被注入到 BGP 中时，其 ORIGIN 属性是自动被定义的，但也可以被更改。ORIGIN 属性有以下 3 种类型。

- 通过 network 命令将 IGP 路由表中的条目注入到 BGP 中，ORIGIN 属性是 "IGP"，属性值为 0。
- 通过 EGP 协议注入到 BGP 中，ORIGIN 属性是 "EGP"，属性值为 1。
- 路由注入的源头未知或通过其他方法注入到 BGP 中，ORIGIN 属性是 "Incomplete"，属性值为 3。当目标网络由 IGP 重发布到 BGP 中时，属于这类情形。

4. LOCAL_PREF 属性

LOCAL_PREF 属性指示离开本地的首选路径，用于在多出口自治系统中判断流量离开的出口，具有较高的 LOCAL_PREF 属性值的路径将被优先选择。这里的 "本地" 指自治系统内部，因此该属性只发送给 IBGP 对等体，而不会出现在 EBGP 对等体之间的路由更新信息中。由于该属性在自治系统内所有 BGP 路由器之间交换，所以路径选择结果具有一致性。

如图 7.27 所示，自治系统 65002 具有两条离开本自治系统到达目标网络 10.0.1.0/24 的路径，但由于管理员通过人工配置使得 RTD 通告给 RTC 的路由更新信息中 LOCAL_PREF 属性值高于 RTB 发送的路由更新信息中的默认值，本自治系统内都将选用 RTD 作为到达目标网络的优先路径。值得注意的是，使用 LOCAL_PREF

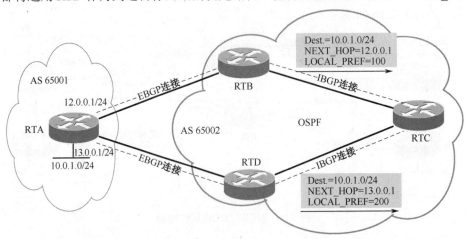

图 7.27　LOCAL_PREF 属性操纵

属性对流量进行控制只影响离开本自治系统的数据流，而不会对进入方向的数据流产生影响，因此来源于 10.0.1.0/24 网络的流量仍然可能从 RTB 进入自治系统65002。

5. COMMUNITY 属性

COMMUNITY 属性指示一组前往相同或不同目标网络的路径共享相同的特性，同时一个路径可以应用多个 COMMUNITY 属性，根据这些 COMMUNITY 属性可以对路径进行区分，以简化后期的策略实施。每个 COMMUNITY 属性表示为长度为 4 字节的数值，主要有以下两种类型。

① Well-known（熟知）Communities：当接收到带有熟知 COMMUNITY 属性的路径时，对等体会自动地根据预先定义的 COMMUNITY 属性的意义来采取操作，不需要额外的配置。熟知 COMMUNITY 在 RFC1997 中定义，其值在一个保留的范围内，即 0xFFFF0000～0xFFFFFFFF。

② Private（私有）Communities：由网络管理员定义，在 EBGP 对等体之间，私有 COMMUNITY 属性必须相互协调，需要明确地配置对应的操作行为。私有COMMUNITY 属性的值在保留范围以外，要比熟知 COMMUNITY 属性更为常用。

通常私有 COMMUNITY 属性采用 AS：number 格式，其中 AS 指本地自治系统号或对等体自治系统号；而 number 是本地分配或与对等体自治系统协商分配的任意数值，用来表示可以应用相同策略的一组 COMMUNITY。COMMUNITY 属性并不直接影响最佳路径的选择过程，它只是在路径加上一些管理标记，需要相应的措施配合来完成合适的路由选择策略。

如图 7.28 所示，RTA 发送给不同的 EBGP 对等体的路由更新信息被设置了不同COMMUNITY 属性，根据管理员在 RTB 和 RTC 上预先定义的管理策略，RTB 和RTC 会修改发送给对方的路由更新信息的 LOCAL_PREF 属性，其中 RTB 对于目标网络 11.0.0.0/24 的路径的 LOCAL_PREF 属性高于 RTC，而 RTC 对于目标网络10.0.0.0/24 的路径的 LOCAL_PREF 属性高于 RTB。这样最终形成的结果是自治系统 200 中前往 11.0.0.0/24 的数据流通过 RTB 传输，如果 RTB 出现链路或设备故障则转而经过 RTC 传输；前往 10.0.0.0/24 的数据流通过 RTC 传输，如果 RTC 出现链路或设备故障则转而经过 RTB 传输，达到负载均衡、互为备份的效果。

COMMUNITY 属性的使用越来越丰富，原有的 32 位已经不能满足很多种应用的需要，因而在 RFC4360 中定义了扩展 COMMUNITY 属性。比起原来的COMMUNITY 属性，扩展 COMMUNITY 属性提供了更大的取值范围，以减少冲突的可能性；同时，还增加了一个 Type 字段，使得路由策略直接基于扩展 COMMUNITY属性的 Type 字段进行操作。相当于将一些原来需要通过复杂的 COMMUNITY 属性配置才能实现的功能，直接添加到了扩展 COMMUNITY 属性的结构中。

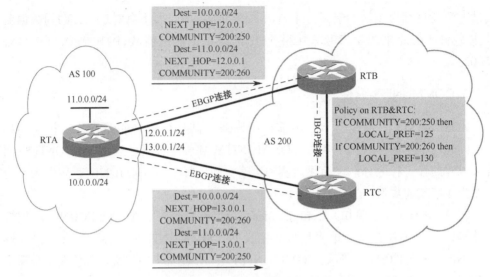

图 7.28　COMMUNITY 属性操纵

RFC4360 中给出了具体的扩展 COMMUNITY 属性各字段的定义以及若干种应用模板，这里着重要注意的是已经得到了广泛应用的 Route Target Community：在 MPLS VPN 应用中，RT COMMUNITY 属性可用来区分不同 VRF 的路由，路由器通过 RT 中的内容，判断该路由是否需要添加到相应的 VRF 中。

6. MULTI_EXIT_DISC 属性

MULTI_EXIT_DISC 属性是可选非传递属性，在 EBGP 对等体有多条路径到达本自治系统时，用于告诉 EBGP 对等体进入本自治系统的优先路径。它的用法与 IGP 的度量值一样，拥有较低 MED 属性值的路径会被优先选择。事实上，如果路径的信息起源是 IGP，那么它的 MED 属性值直接从 IGP 度量中导出。默认情况下，仅当路径来自同一个自治系统的不同邻居时，路由器才比较它们的 MED 属性值。

如图 7.29 所示的网络中，RTB 在向 RTA 发送关于目标网络 20.0.1.0/24 的路由更新中设置 MED 属性值为 0；而 RTD 在向 RTA 发送关于目标网络 20.0.1.0/24 的路由更新

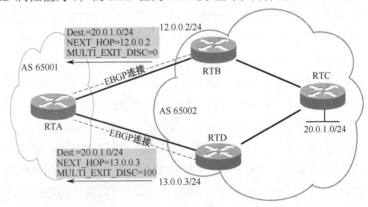

图 7.29　MULTI_EXIT_DISC 属性操纵

信息中设置 MED 属性值为 100。在其他因素相同的情形下，MED 最小的路径将被优先选择。因此，RTB 成为自治系统 65001 内中所有前往目标网络 20.0.1.0/24 流量的首选入口，而 RTD 作为备份入口。

7.3.3　BGP 路径选择过程

从不同的自治系统收到有关目标网络的路由更新信息后，BGP 将做出使用哪条路径来前往目标网络的决策。前往目标网络的路径可能有很多条，但 BGP 不执行负载均衡，对每个目标网络只选择其中一条最佳路径。

BGP 首先将前往给定目标网络的第一条路径视为最佳路径，并使用最佳路径选择算法将它与第二条路由进行比较，最终选择其中一条路径；如果还有前往该目标网络的路径，BGP 将重复上述过程。

BGP 的最佳路径选择算法基于路径的属性值，按照下面的顺序逐个进行比较和选择，直到两条路径有所不同。

① 丢弃 NEXT_HOP 不可达的路径。

② 较高的 LOCAL_PREF 属性值。

③ 起源于本路由器者优先。

④ 较小的 AS_PATH 属性长度。

⑤ 较低的 ORIGIN 属性值。

⑥ 较小的 MULTI_EXIT_DISC 属性值。

⑦ EBGP 对等体路径优先于 IBGP 对等体路径。

⑨ 较老的 EBGP 路径。

⑩ 较小的对等体 RID。

⑪ 较小的对等体接口 IP 地址。

BGP 具有很好的可扩展性，允许网络厂商在具体实现中添加专有的路径属性，并相应地修改上述最佳路径选择规则。此外，BGP 本身不能根据单一的属性值决定是否对路径进行负载分担，但可以在对路径进行一定的选择后，有条件地进行负载分担，也就是将负载分担加入到最佳路径选择规则中。

由于 BGP 路径具有非常丰富的属性，管理者可以通过部署策略，适当地修改路径的某些属性值来影响 BGP 的最佳路径选择过程，以实现基于策略的路由选择(Policy-Based Routing，PBR)。

7.4　BGP 的规划部署

BGP 的规划的主要内容首先是 BGP 邻居关系的规划，其次才是 BGP 邻居之间路由过滤以及策略路由的规划。根据邻居关系的不同，在 BGP 的规划中，BGP 邻居关系的规划一般按照先 IBGP 后 EBGP 的顺序。

在 BGP 的部署实施过程中，由于 BGP 既可以在路由器平台上实施，也可以在防火墙等平台上实施，且不同的厂商在不同的实施平台上部署实施过程不一样，本教材将以 Cisco 2811 路由器为例，进行 BGP 规划部署要点的讲解。

7.4.1　IBGP 的规划部署

1. IBGP 的规划部署要点

同属于一个自治系统的 BGP 对等体之间建立 IBGP 邻居关系。如前所述，为了禁用同步规则，必须确保自治系统内部路由信息的一致性，需要实现 IBGP 邻居关系在中转路径上的全互连，这通常意味着自治系统内所有 BGP 发言者之间建立全互连的 IBGP 邻居关系。

IBGP 对等体之间不需要物理直连，仅需要在静态路由或 IGP 的支持下 TCP 相互可达即可。因此，为了适应自治系统复杂的内部网络连通性，通常使用路由器的某个环回接口的 IP 地址来声明 IBGP 邻居，其前提条件是通过静态路由或 IGP 保障这些环回接口的 IP 路由彼此可达。这个 IP 地址不仅是 BGP 发言者发送给 IBGP 对等体 BGP 消息的源地址，而且是期待收对方 BGP 消息的目的地址。

由于 BGP 发言者将接收到的路由更新信息发送给 IBGP 对等体时，不改变该路由更新信息的 NEXT_HOP 属性的值，因此，在一般情况下，BGP 发言者需要将通告给 IBGP 邻居的所有路径默认的下一跳属性值修改为自身发送路由更新信息的源地址。

在全互连的 IBGP 邻居关系配置中，很多邻居的路由更新策略往往相同，为了简化配置，提高更新的效率，改善性能，可以将这些更新策略相同的 IBGP 邻居划分到一个对等体组中。在这种情况下，将策略应用于对等体组，每个成员自动继承对等体组的所有配置选项。还可以对其中部分成员再进行单独配置，以覆盖从对等体组所继承的配置选项。

IBGP 邻居关系的规划要点有：① 辨识自治系统号；② 确认哪些路由器运行 BGP 协议，即成为 BGP 发言者；③ 确认所有的 BGP 发言者之间是否建立全互连的邻居关系；④ 确认所有的 BGP 发言者使用环回接口 IP 地址作为 BGP 消息的源地址，并规划 IGP 协议使这些地址彼此 IP 可达；⑤ 根据需要决定是否设置对等体组。

对应于以上步骤，IBGP 邻居关系的部署过程在 Cisco 路由器上给出的配置命令如下所述。

- router(config)#router bgp *as-number*　　　　//启动 BGP 路由进程，参数"*as-number*"表示自治系统号

- router(config-router)#no synchronous　　//关闭 BGP 同步
- router(config-router)#no auto-summary　　　//关闭 BGP 自动汇总
- router(config-router)#network *network-number* neighbor *network-neighbor*　//指定 BGP 要宣告的网络，其中 *network-number/network-neighbor* 必须是当前路由表中已经存在并有效的路由的网络号。
- router(config-router)#neighbor *peer-group-name* peer-group　//创建 BGP 对等体组
- router(config-router)#neighbor *ip-address* peer-group *peer-group-name*　　//将 IBGP 邻居加入对等体组
- router(config-router)#neighbor *peer-group-name* | *ip-address* remote-as *as-number*　//指定对等体组或 IP 地址为 IBGP 邻居，自治系统号要与启动进程时的自治系统号相同
- router(config-router)#neighbor *peer-group-name* | *ip-address* update-source loopback0　//使用自身的 loopback0 接口建立 IBGP 邻居
- router(config-router)#neighbor *peer-group-name* | *ip-address* next-hop-self　//修改默认的下一跳属性值

2. IBGP 的规划配置示例

下面以一个示例来说明 IBGP 邻居关系的规划与部署实施过程。图 7.30 给出了某企业网络的拓扑结构和 IP 地址分布，企业内部使用 OSPF 作为 IGP 协议实现网络的相互连通，包括各个环回接口在内。要求在内部所有路由器上运行 BGP 协议，并建立全互连的 IBGP 邻居关系。

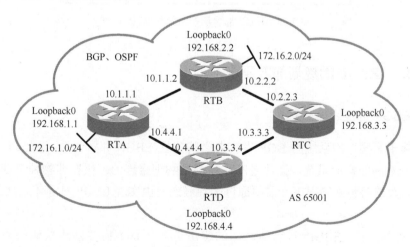

图 7.30　IBGP 邻居关系规划示例拓扑结构

采用 BGP 完成上述需求，其部署需要完成四个配置步骤：① 在路由器上运行

BGP 协议，配置基本的 BGP 协议特性，关闭同步与自动汇总；② 宣告相应的路由；③ 建立对等体组，并将其他所有 IBGP 邻居纳入对等体组；④ 定义对等体组为 IBGP 邻居，并配置 IBGP 邻居相关的选项，包括修改下一跳属性和指定更新源 IP 地址。

图 7.31 和图 7.32 给出了以 RTA←→RTB 这一对 IBGP 邻居关系为例的详细配置步骤。

```
RTA(config)#router bgp 65001
RTA(config-router)#no synchronous
RTA(config-router)#no auto-summary
RTA(config-router)#network 172.16.1.0 mask 255.255.255.0
RTA(config-router)#neighbor InternalA peer-group
RTA(config-router)#neighbor 192.168.2.2 peer-group InternalA
RTA(config-router)#neighbor 192.168.3.3 peer-group InternalA
RTA(config-router)#neighbor 192.168.4.4 peer-group InternalA
RTA(config-router)#neighbor InternalA remote-as 65001
RTA(config-router)#neighbor InternalA update-source loopback 0
RTA(config-router)#neighbor InternalA next-hop-self
```

图 7.31　IBGP 部署示例配置之 RTA 部分

```
RTB(config)#router bgp 65001
RTB(config-router)#no synchronous
RTB(config-router)#no auto-summary
RTB(config-router)#network 172.16.2.0 mask 255.255.255.0
RTB(config-router)#neighbor InternalB peer-group
RTB(config-router)#neighbor 192.168.1.1 peer-group InternalB
RTB(config-router)#neighbor 192.168.3.3 peer-group InternalB
RTB(config-router)#neighbor 192.168.4.4 peer-group InternalB
RTB(config-router)#neighbor InternalB remote-as 65001
RTB(config-router)#neighbor InternalB update-source loopback 0
RTB(config-router)#neighbor InternalB next-hop-self
```

图 7.32　IBGP 部署示例配置之 RTB 部分

7.4.2　EBGP 的规划部署要点

1. EBGP 的规划部署要点

在属于不同自治系统的 BGP 发言者之间建立 EBGP 邻居关系：由于 EBGP 对等体属于不同的自治系统，彼此之间往往都是物理直连的。仅在非物理直连或者双链路物理直连等特殊情况下，需要通过配置静态路由实现 EBGP 对等体之间的 IP 可达性。

一般情况下，EBGP 对等体之间的路由更新信息不需要修改默认的下一跳属性。在单链路直连的情形中，EBGP 对等体之间也不需要修改 BGP 消息的源地址。

但是，如果在两个 EBGP 对等体之间存在双链路直连的情况，为了充分利用两条链路来进行自治系统间的负载分担，则需要象 IBGP 对等体一样，使用环回接口的 IP 地址作为路由更新信息的源地址，修改默认的下一跳属性。此外，还必须将 EBGP 对等体之间消息的 TTL 值从默认的 1 修改为更高值。

　　一般而言，BGP 发言者与其 EBGP 对等体之间不会出现类似 IBGP 对等体一样路由策略大量相同的情形，因此通常不使用对等体组的方式来进行组织。

　　EBGP 邻居关系的规划要点有：① 辨识对等体之间物理直连的情形；② 依情形决定是否修改更新源地址、下一跳属性以及 BGP 消息的 TTL 值。

　　对应于以上步骤，EBGP 邻居关系的部署过程在 Cisco 路由器上给出的配置命令如下。

- router(config)#router bgp *as-number*
- router(config-router)#no synchronous
- router(config-router)#no auto-summary
- router(config-router)#neighbor *ip-address* remote-as *as-number*　　//指定 IP 地址为 EBGP 邻居，自治系统号要与启动进程时的自治系统号不同
- router(config-router)#network *network-number* neighbor *network-neighbor*
- router(config-router)#neighbor *ip-address* update-source loopback0　　//根据需要使用 loopback0 接口建立 EBGP 邻居
- router(config-router)#neighbor *ip-address* next-hop-self　　　　//根据需要修改默认的下一跳属性值
- router(config-router)#neighbor *ip-address* ebgp-multihop *ttl*　　//根据需要修改默认的 TTL 值，ttl 大于 1

2. EBGP 的规划部署示例

　　下面以一个示例来说明 EBGP 邻居关系的规划与部署实施过程。图 7.31 给出了某企业网络与其他两个自治系统之间的网络拓扑结构和 IP 地址分布。要求在自治系统之间建立 EBGP 邻居关系，以实现彼此之间网络的相互连通。

　　采用 BGP 完成上述需求，其部署需要完成三个配置步骤：① 在路由器上运行 BGP 协议，配置基本的 BGP 协议特性，关闭同步与自动汇总；② 宣告相应的路由；③ 指定 EBGP 邻居，根据需要配置 EBGP 邻居相关的选项，包括修改下一跳属性、指定更新源 IP 地址以及 EBGP 消息的默认 TTL 值。

　　图 7.34～图 7.37 给出了以 RTB←→RTC（单链路直连）、RTD←→RTE（双链路直连）这两对 EBGP 邻居关系为例的详细配置步骤。

> **注释**：在 RTB 上不需要宣告内部网络 192.16.11.0/24 和 192.168.12.0/24，该项配置应该在 RTA 上完成。

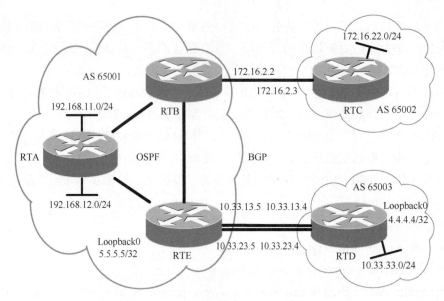

图 7.33　EBGP 邻居关系规划示例拓扑结构

```
RTB(config)#router bgp  65001
RTB(config-router)#no synchronous
RTB(config-router)#no auto -summary
RTB(config-router)#neighbor  172.16.2.3 remote -as 65002
```

图 7.34　单链路 EBGP 部署示例配置之 RTB 部分

```
RTC(config)#router bgp  65002
RTC(config-router)#no synchronous
RTC(config-router)#no auto -summary
RTC(config-router)#network  172.16.22.0 mask  255.255.255.0
RTC(config-router)#neighbor  172.16.2.2 remote -as 65001
```

图 7.35　单链路 EBGP 部署示例配置之 RTC 部分

```
RTD(config)#router bgp  65003
RTD(config-router)#no synchronous
RTD(config-router)#no auto -summary
RTD(config-router)#network  10.33.33.0 mask  255.255.255.0
RTD(config-router)#neighbor  5.5.5.5 remote -as 65001
RTD(config-router)#neighbor  5.5.5.5 update -source loopback0
RTD(config-router)#neighbor  5.5.5.5 next -hop -self
RTD(config-router)#neighbor  5.5.5.5 ebgp -multihop  2
RTD(config)#ip route  5.5.5.5 255.255.255.255 10.33.13.5
RTD(config)#ip route  5.5.5.5 255.255.255.255 10.33.23.5
```

图 7.36　双链路 EBGP 部署示例配置之 RTD 部分

```
RTE(config)#router bgp  65001
RTE(config-router)#no synchronous
RTE(config-router)#no auto -summary
RTE(config-router)#neighbor  4.4.4.4 remote -as 65003
RTE(config-router)#neighbor  4.4.4.4 update -source loopback0
RTE(config-router)#neighbor  4.4.4.4 next -hop-self
RTE(config-router)#neighbor  4.4.4.4 ebgp -multihop  2
RTE(config)#ip route  4.4.4.4 255.255.255.255 10.33.13.4
RTE(config)#ip route  4.4.4.4 255.255.255.255 10.33.23.4
```

图 7.37　双链路 EBGP 部署示例配置之 RTE 部分

注释: 同样,在 RTE 上不需要宣告内部网络 192.16.11.0/24 和 192.168.12.0/24,该项配置应该在 RTA 上完成。

7.5　工程案例——中小型企业网络的 ISP 接入

7.5.1　工程案例背景及需求

如图 7.38 所示,某中小型企业甲公司的内部网络由 RTA、RTB、RTC 等三台路由器组成。为提高互联网接入的可靠性,甲公司通过两家不同的运营商 ISP1 和 ISP2 连接至互联网,连接的承诺信息速率分别为 100 Mbps 与 20 Mbps。甲公司计划充分利用 BGP 协议的灵活性实现以下目标。

① 公司网络不为任何 ISP 中转互联网流量。

② 公司网络前往任一 ISP 自有网络的流量优先采用与该 ISP 的连接。

③ 公司网络前往非 ISP 自有网络的流量优先采用与 ISP 1 之间的连接。

④ 公司网络使用私有自治系统号,以节省互联网资源。

⑤ 尽可能减少公司网络 BGP 路由表大小,以节省路由器资源。

ISP 1 自有运维网络 N12 不允许被包括甲公司在内的客户访问。

在图 7.38 中,各路由器的环回接口地址以及各设备间连接与主机所在的网段地址如表 7.3 所示。总体上,甲公司网络的 IP 地址分布如图 7.39 所示。

表 7.3　IP 地址分配

路由器	环回接口地址	设备间连接	IP 地址	主机网段	IP 地址
RTA	1.1.1.1/32	RTA←→RTB	192.16.12.0/30	P1	192.16.10.0/24
RTB	192.16.12.13/32	RTA←→RTC	192.16.12.4/30	P2	192.16.20.0/24
RTC	192.16.12.14/32	RTB←→RTC	192.16.12.8/30	N11	111.0.0.0/24
RTD	111.111.111.5/32	RTB←→RTD	111.111.111.0/30	N12	111.0.1.0/24
RTE	5.5.5.5/32	RTC←→RTF	222.222.222.0/30	N21	222.0.0.0/24
RTF	222.222.222.5/32	RTD←→RTE	111.100.100.0/30	I1	33.33.0.0/24
		RTF←→RTE	222.200.200.0/30	I2	33.33.1.0/24

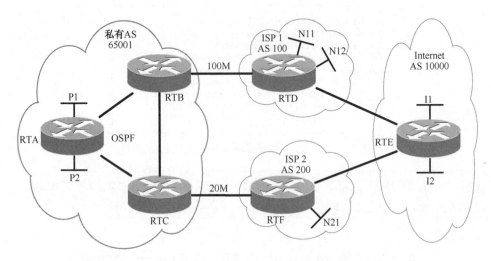

图 7.38　甲公司网络概况

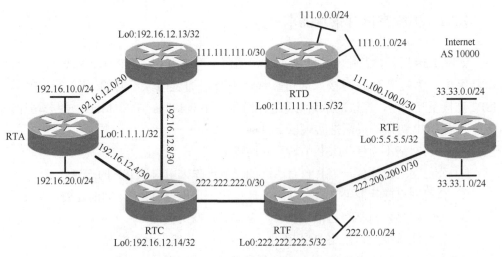

图 7.39　甲公司网络 IP 地址分布

7.5.2　路由协议的规划

对于企业网络内部，选用 OSPF 作为 IGP 路由协议。因为网络规模较小，结构简单，单区域的部署方式足以实现网络连通性的需要。为实现 IBGP 对等体之间的 IP 可达性，需要将 RTA、RTB 和 RTC 各自的环回接口的主机地址分别通告给其他 OSPF 邻居，OSPF 路由协议的有关规划如表 7.4 所示，其部署参考 5.5.1 节。

表7.4　甲公司 OSPF 路由协议规划

路由器	RID	区域	宣告网络
RTA	1.1.1.1	0	1.1.1.1/32 、 192.16.10.0/24 、 192.16.20.0/24 、 192.16.12.0/30 、 192.16.12.4/30
RTB	192.16.12.13	0	192.16.12.13/32、192.16.12.0/30、192.16.12.8/30
RTC	192.16.12.14	0	192.16.12.14/32、192.16.12.4/30、192.16.12.8/30

对于企业与 ISP 之间以及 Internet（包括 ISP）内部的各个自治系统之间，选用 BGP 实现自治系统间路径选择，并指定企业使用私有自治系统号。由于网络拓扑简单，不存在 EBGP 多跳和多中继的情形，可以直接使用默认的设置，即采用与 EBGP 对等体连接的物理接口 IP 地址作为向对方发送路由更新信息的源 IP 地址，同时不修改 EBGP 消息的 IP 报文头部 TTL 字段为 1 的默认设置。EBGP 邻居关系的规划如表 7.5 所示。

表7.5　甲公司 EBGP 邻居关系规划

对等体 1		对等体 2		源接口	TTL
自治系统号	路由器 ID	自治系统号	路由器 ID		
65001(私有)	111.111.111.1	100	111.111.111.2	默认	默认
65001(私有)	222.222.222.1	200	222.222.222.2	默认	默认
100	111.100.100.1	10000	111.100.100.2	默认	默认
200	222.200.200.1	10000	222.200.200.2	默认	默认

尽管企业网络不会成为 ISP 之间数据流的中转路径，但为了防止因为关闭 BGP 同步造成的路由黑洞，在边界路由器之间的路径上的所有内部路由器需要建立全互连的 IBGP 邻居关系，包括了 RTA、RTB 和 RTC。如果 RTB 与 RTC 之间部署了冗余链路等提高连接可用性的方案，RTA 可以不需要运行 IBGP 来获悉自治系统外部的信息，而是通过 IGP 学习在 RTB 和 RTC 上由 BGP 重分布过来的外部网络路由信息。

对于中小型网络，需要向外部自治系统宣告的内部网段主要是 P1 与 P2，它们直接附接的路由器 RTA 已经运行了 IBGP，由 RTA 向外界宣告这两个网段。IBGP 邻居关系的规划如表 7.6 所示。

表7.6　甲公司 IBGP 邻居关系规划

对等体 1	对等体 2	宣告路由信息	源接口	修正下一跳
1.1.1.1	192.168.12.13 192.168.12.14	192.168.10.0/24 192.168.20.0/24	Lo0	是
192.168.12.13	1.1.1.1 192.168.12.14	-	Lo0	是
192.168.12.14	1.1.1.1 192.168.12.13	-	Lo0	是

7.5.3　路由过滤的规划

在企业与 ISP 之间使用 EBGP 后，可从 ISP 获悉互联网路由，并将企业的公有前缀通告给 ISP。在多宿主自治系统中，情况变得更加复杂，企业的 BGP 路由器将通过 EBGP 连接并向 ISP 通告其 BGP 表中的所有最佳路由，这其中就可能已经包含其他 ISP 的路由信息，此时企业网络就成为了中转自治系统，一家 ISP 的流量穿越该网络去往另一家 ISP。

为了避免企业网络成为中转 AS，需要禁止通过 EBGP 连接将不合适的前缀通告给 ISP，包括企业内部的私有前缀（即 RFC1918 定义的私有地址范围），以及从其他 ISP 学习到的非本自治系统的前缀，如图 7.40 所示。为了尽量降低企业内部路由器 BGP 路由表的大小，ISP 在向企业边缘路由器发送路由更新信息时，不发送完整的 BGP 最佳路由表给对方，取而代之的是 ISP 自有网络（包括所有客户）的前缀信息以及一个默认前缀信息，后者用于指向所有非本 ISP 自有的目标网络。

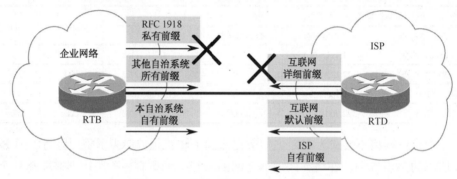

图 7.40　甲公司网络 BGP 路由过滤规划

7.5.4　策略路由的规划

如图 7.41 所示，在企业网络中，由于 RTA 上运行了 BGP，为了实现前往特定 ISP 所有网络的数据流优先选用与该 ISP 的连接，可以通过修改 BGP 的 LOCAL_PREF 属性来满足需求。同样，为了实现前往 Internet 其他部分的数据流优先选用与 ISP1 的连接，也是通过修改 BGP 的 LOCAL_PREF 属性来完成的。

根据企业的需求，在 RTB 和 RTC 上对 LOCAL_PREF 属性的修改规划如表 7.7 所示。

表 7.7　甲公司网络 LOCAL_PREF 属性定制规划

	N11(ISP1)	N21(ISP2)	默认(Internet)
RTB	200	100	200
RTC	100	200	100

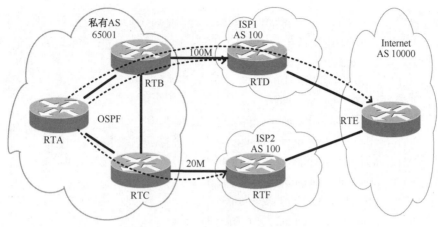

图 7.41　甲公司网络外出数据流走向

7.5.5　BGP 协议部署

1. 路由协议的部署

以 RTB 和 RTD 这对 EBGP 邻居关系为例，在 Cisco 2811 路由器上 BGP 路由协议的部署如下。

```
RTB(config)#router bgp 65001                    //激活 BGP 进程，指定自治系统号
RTB(config-router)#bgp router-id 111.111.111.1  //指定路由器 ID
RTB(config-router)#no synchronization           //关闭 BGP 同步
RTB(config-router)#no auto-summary              //关闭 BGP 自动汇总
RTB(config-router)#neighbor 111.111.111.2 remote-as 100    //指定 EBGP 邻居
RTD(config)#router bgp 100                       //激活 BGP 进程，指定自治系统号
RTD(config-router)#bgp router-id 222.222.222.1  //指定路由器 ID
RTD(config-router)#no synchronization           //关闭 BGP 同步
RTD(config-router)#no auto-summary              //关闭 BGP 自动汇总
RTD(config-router)#neighbor 111.111.111.1 remote-as 65001  //指定 EBGP 邻居
RTD(config-router)#neighbor 111.111.111.1 remove-private-AS
//指定 EBGP 邻居的自治系统号为私有用途
```

以 RTA 和 RTB 这对 IBGP 邻居关系为例，在 Cisco 2811 路由器上 BGP 路由协议的部署如下。

```
RTA(config)#router bgp 65001                     //激活 BGP 进程，指定自治系统号
RTA(config-router)#no synchronization            //关闭 BGP 同步
RTA(config-router)#no auto-summary               //关闭 BGP 自动汇总
RTA(config-router)#network 192.168.10.0 mask 255.255.255.0   //宣告路由信息
RTA(config-router)#network 192.168.20.0 mask 255.255.255.0   //宣告路由信息
RTA(config-router)#neighbor 192.168.12.13 remote-as 65001    //指定 IBGP 邻居
```

```
RTA(config-router)#neighbor 192.168.12.13 update-source loopback0
//指定给 IBGP 邻居发送路由更新信息的源接口
RTA(config-router)#neighbor 192.168.12.13 next-hop-self
//指定给 IBGP 邻居发送路由更新信息的下一跳行为
RTB(config)#router bgp 65001                 //激活 BGP 进程，指定自治系统号
RTB(config-router)#no synchronization         //关闭 BGP 同步
RTB(config-router)#no auto-summary           //关闭 BGP 自动汇总
RTB(config-router)#neighbor 1.1.1.1 remote-as 65001        //指定 IBGP 邻居
RTB(config-router)#neighbor 1.1.1.1 update-source loopback0
//指定给 IBGP 邻居发送路由更新信息的源接口
RTB(config-router)#neighbor 1.1.1.1 next-hop-self
//指定给 IBGP 邻居发送路由更新信息的下一跳行为
```

2. 路由过滤的部署

以 RTB 和 RTD 这对 EBGP 邻居关系为例，在 Cisco 2811 路由器上 BGP 路由过滤的部署如下。

```
RTB(config)#access-list 1 deny 192.168.0.0 0.0.255.255
RTB(config)#access-list 1 deny 172.16.0.0 0.0.15.255
RTB(config)#access-list 1 deny 10.0.0.0 0.255.255.255
//以上三条命令的作用是创建编号为 1 的访问列表，以排除 RFC1918 规定的私有前缀
RTB(config)#access-list 1 permit any          //匹配其他所有的前缀
RTB(config)#ip as-path access-list 2 deny _200_
//匹配所有在自治系统列表中包含有 AS 200 的路径
RTB(config)#ip as-path access-list 2 permit .*    //匹配所有其他的路径
RTB(config)#access-list 2 permit 192.16.10.0 0.0.0.255
RTB(config)#access-list 2 permit 192.16.20.0 0.0.0.255
//创建编号为 2 的访问列表，以匹配自治系统内自有的网络前缀
RTB(config)#router bgp 65001                 //激活 BGP 进程，指定自治系统号
RTB(config-router)#neighbor 192.16.12.23 distribution-list 1 out
//应用出向分发列表，禁止企业向 ISP 宣告私有前缀
RTB(config-router)#neighbor 192.16.12.23 filter-list 2 out
//应用出向过滤列表，只向邻居宣告自治系统自有网络前缀
RTD(config)#access-list 1 deny 111.0.1.0 0.0.0.255
//创建编号为 1 的访问列表，排除自有 N12 网络的前缀
RTD(config)#access-list 1 permit 111.0.0.0 0.0.0.255
//创建编号为 1 的访问列表，包含自有 N11 网络的前缀
RTD(config)#router bgp 100                   //激活 BGP 进程，指定自治系统号
RTD(config-router)#neighbor 1.1.1.1 distribution-list 1 out
//应用出向分发列表，仅向邻居宣告 N11 网络的前缀
```

RTD(config-router)#**neighbor** 1.1.1.1 **default-originate**

//将静态默认路由重分发至 BGP，传递给该邻居

3. 策略路由的部署

以 RTB 为例，在 Cisco 2811 路由器上 BGP 路由策略的部署如下。

RTB(config)#**access-list** 12 **permit** 111.0.0.0 0.255.255.255

//创建编号为 12 的访问列表，仅匹配网络 N11

RTB(config)#**access-list** 33 **permit** 0.0.0.0 0.0.0.0

//创建编号为 33 的访问列表，仅匹配默认路由

RTB(config)#**route-map** local_pref **permit** 10

//创建名称为 local_pref 的路由映射

RTB(config-route-map)#**match ip address** 12,33

//指定前缀匹配条件为 N11 或默认路由

RTB(config-route-map)#**set local-preference** 200   //修改相应路径的本地优先级属性值

RTB(config-route-map)#**route-map** local_pref **permit** 20

RTB(config-route-map)#**exit**   //对于其他前缀不作修改

RTB(config)#**router bgp** 65001   //激活 BGP 进程，指定自治系统号

RTB(config-router)#**neighbor** 111.111.111.5 **route-map** local-pref **in**

//应用入向路由策略，邻居宣告的路由更新信息都将被路由映射 local_pref 检验

7.6 工程案例——大型企业网络的 ISP 接入

7.6.1 工程案例背景与需求

如图 7.42 所示，某大型企业乙公司的网络由 12 台路由器及其附接的网络组成，由路由器 RTA 与 RTH 分别通过互联网服务提供商 ISP1 与 ISP2 接入 Internet。在乙公司的网络中，已经部署了 OSPF 路由协议来实现内部网络的互连互通。在图 7.42 中，路由器之间相连的实线表示路由器之间的物理连接。现要求通过与国际互联网交换完整的路由信息来实现最优的流量控制。

7.6.2 BGP 邻居关系的规划

庞大的 Internet 路由表对 IGP 而言会构成巨大的压力。为了减轻 OSPF 路由协议的负担，不能将完整的 BGP 路由表重分布到 OSPF 协议中去，因而在 OSPF 路由表中不可能有本自治系统外部特定目标网络的路由条目。为了能够使用 BGP 学习到外部特定目标网络的路由，必须关闭 BGP 同步特性，这就需要实现企业网络内部所有 BGP 对等体之间的 IBGP 邻居关系的全互连。在乙公司这种大型企业的网络中，

IBGP 邻居关系全互连产生的路由更新流量会对路由器以及链路造成大的压力。在这种情况下，可以综合运用路由联盟与路由反射两种技术来减轻这种负担。

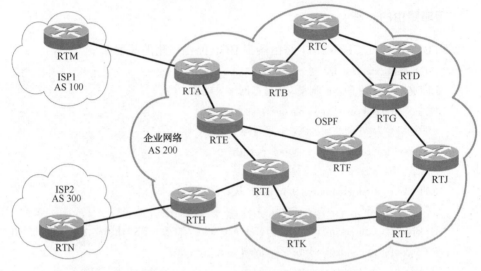

图 7.42 乙公司网络概况

如图 7.43 所示，可以首先将企业整个网络（自治系统 AS 200）分割为三个联盟，每个联盟是一个私有自治系统，编号分别为 65201、65202 与 65203。在三个较小的联盟内部实现 IBGP 邻居关系的全互连，然后在三个联盟之间使用 EBGP 邻居关系进行相互连接。进一步地，对于其中较大的联盟 3，通过将 RTE、RTF 与 RTG 确定为路由反射器，进一步减少所需 IBGP 邻居关系的数量。

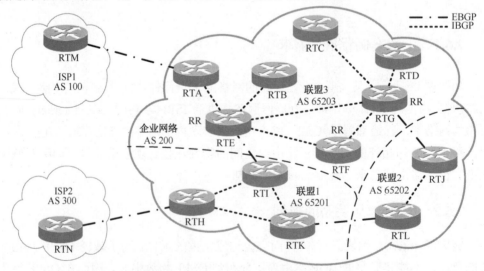

图 7.43 乙公司网络 BGP 邻居关系规划

在图 7.43 中，BGP 对等体之间的 EBGP 邻居关系主要有两种：其一是企业网络与互联网服务提供商等公有自治系统之间的 EBGP 邻居关系；其二是企业网络内部不同联盟之间的 EBGP 邻居关系，如表 7.8 所示。

表 7.8　乙公司网络 EBGP 邻居关系类型

类型	对等体	相关自治系统	备注
(1)	RTN←→RTH	300，200	公有自治系统之间
	RTM←→RTA	100，200	
(2)	RTK←→RTL	65201，65202	联盟（私有自治系统）之间
	RTE←→RTI	65203，65201	
	RTG←→RTJ	65203，65202	

在图 7.43 中，BGP 对等体之间的 IBGP 邻居关系主要有三种：其一是企业网络中的联盟 1 与联盟 2 内部 BGP 对等体之间的 IBGP 邻居关系；其二是联盟 3 内路由反射器之间的全互连 IBGP 邻居关系；其三是联盟 3 内路由反射器与相关的普通路由器之间的 IBGP 邻居关系，如表 7.9 所示。

表 7.9　乙公司网络 IBGP 邻居关系类型

类型	对等体	自治系统	备注
(3)	RTH←→RTI，RTI←→RTK，RTH←→RTK	65201	联盟（私有自治系统）内全互连
	RTJ←→RTL	65202	
(4)	RTE←→RTF，RTF←→RTG，RTE←→RTG	65203	路由反射器全互连
(5)	RTA←→RTE，RTB←→RTE，RTC←→RTG，RTD←→RTG	65203	路由反射器与普通路由器

7.6.3　BGP 邻居关系的部署

为便于示范规划中的配置，约定所有 BGP 发言者使用环回接口的 IP 地址作为发送给其他 EBGP 或 IBGP 对等体的消息的源地址，而且所有所需的 IP 可达性已经使用静态路由或 OSPF 路由协议实现，且乙公司企业网络中所有 BGP 对等体的路由器 ID 约定如表 7.10 所示。

表 7.10　乙公司网络 BGP 路由器 ID 约定

路由器名称	路由器 ID	路由器名称	路由器 ID
RTA	1.1.1.1	RTB	2.2.2.2
RTC	3.3.3.3	RTD	4.4.4.4
RTE	5.5.5.5	RTF	6.6.6.6.
RTG	7.7.7.7	RTH	8.8.8.8
RTI	9.9.9.9	RTJ	10.10.10.10
RTK	11.11.11.11	RTL	12.12.12.12
RTM	13.13.13.13	RTN	14.14.14.14

① 以 RTN⟷RTH 为例，在 Cisco 2811 路由器上，公有自治系统之间的 EBGP 邻居关系的部署如下。

```
RTN(config)#router bgp 300                              //激活 BGP 进程，指定自治系统号
RTN(config-router)#bgp router-id 14.14.14.14           //指定 BGP 路由器 ID
RTN(config-router)#no auto-summary                     //关闭 BGP 自动汇总
RTN(config-router)#no synchronization                  //关闭 BGP 同步
RTN(config-router)#neighbor 8.8.8.8 remote-as 200      //指定 EBGP 邻居
RTN(config-router)#neighbor 8.8.8.8 ebgp-multihop 2
//修改发送 EBGP 邻居的消息的 TTL 值为 2
RTN(config-router)#neighbor 8.8.8.8 update-source loopback0
//指定给 EBGP 邻居发送路由更新信息的源接口

RTN(config)#router bgp 300                              //激活 BGP 进程，指定自治系统号
RTN(config-router)#bgp router-id 14.14.14.14           //指定 BGP 路由器 ID
RTN(config-router)#no auto-summary                     //关闭 BGP 自动汇总
RTN(config-router)#no synchronization                  //关闭 BGP 同步
RTN(config-router)#neighbor 8.8.8.8 remote-as 200      //指定 EBGP 邻居
RTN(config-router)#neighbor 8.8.8.8 ebgp-multihop 2
//修改发送 EBGP 邻居的消息的 TTL 值为 2
RTN(config-router)#neighbor 8.8.8.8 update-source loopback0
//指定给 EBGP 邻居发送路由更新信息的源接口
```

② 以 RTK⟷RTL 为例，在 Cisco 2811 路由器上，企业网络内部不同联盟之间的 EBGP 邻居关系的部署如下。

```
RTK(config)#router bgp 65201                            //激活 BGP 进程，指定（子）自治系统号
RTK(config-router)#bgp router-id 11.11.11.11           //指定 BGP 路由器 ID
RTK(config-router)#no auto-summary                     //关闭 BGP 自动汇总
RTK(config-router)#no synchronization                  //关闭 BGP 同步
RTK(config-router)#bgp confederation identifier 200    //指定联盟所在的自治系统号
RTK(config-router)#bgp confederation peers 65202 65203
//指定对等体联盟的（子）自治系统号
RTK(config-router)#neighbor 12.12.12.12 remote-as 65202
//指定对等体联盟中的 EBGP 邻居
RTK(config-router)#neighbor 12.12.12.12 ebgp-multihop 2
//修改发送 EBGP 邻居的消息的 TTL 值为 2
RTK(config-router)#neighbor 12.12.12.12 update-source loopback0
//指定给 EBGP 邻居发送路由更新信息的源接口
RTL(config)#router bgp 65202                            //激活 BGP 进程，指定（子）自治系统号
RTL(config-router)#bgp router-id 12.12.12.12           //指定 BGP 路由器 ID
RTL(config-router)#no auto-summary                     //关闭 BGP 自动汇总
```

RTL(config-router)#**no synchronization**　　　　　　　　//关闭 BGP 同步

RTL(config-router)#**bgp confederation identifier** 200　　//指定联盟所在的自治系统号

RTL(config-router)#**bgp confederation peers** 65201 65203

//指定对等体联盟的（子）自治系统号

RTL(config-router)#**neighbor** 11.11.11.11 **remote-as** 65201

//指定对等体联盟中的 EBGP 邻居

RTL(config-router)#**neighbor** 11.11.11.11 **ebgp-multihop** 2

　　　//修改发送 EBGP 邻居的消息的 TTL 值为 2

RTL(config-router)#**neighbor** 11.11.11.11 **update-source** loopback0

//指定给 EBGP 邻居发送路由更新信息的源接口

③ 以 RTH←→RTI 为例，在 Cisco 2811 路由器上，联盟内 BGP 对等体之间的 IBGP 邻居关系的部署如下。

RTH(config)#**router bgp** 65201　　　　　　//激活 BGP 进程，指定（子）自治系统号

RTH(config-router)#**neighbor** local **peer-group**　　　　//定义对等体组

RTH(config-router)#**neighbor** local **remote-as** 65201　　//指定对等组为 IBGP 邻居

RTH(config-router)#**neighbor** local **next-hop-self**

//指定给 IBGP 邻居发送路由更新信息的下一跳行为

RTH(config-router)#**neighbor** 9.9.9.9 **peer-group** local　　//指定对等体组成员

RTI(config)#**router bgp** 65201　　　　　　//激活 BGP 进程，指定（子）自治系统号

RTI(config-router)#**bgp router-id** 9.9.9.9　　　　//指定 BGP 路由器 ID

RTI(config-router)#**no auto-summary**　　　　//关闭 BGP 自动汇总

RTI(config-router)#**no synchronization**　　　　//关闭 BGP 同步

RTI(config-router)#**bgp confederation identifier** 200　　//指定联盟所在的自治系统号

RTI(config-router)#**bgp confederation peers** 65202 65203

//指定对等体联盟的（子）自治系统号

RTI(config-router)#**neighbor** local **peer-group**　　　　//定义对等体组

RTI(config-router)#**neighbor** local **remote-as** 65201　　//指定对等组为 IBGP 邻居

RTI(config-router)#**neighbor** local **next-hop-self**

//指定给 IBGP 邻居发送路由更新信息的下一跳行为

RTI(config-router)#**neighbor** local **update-source** loopback0

//指定给 IBGP 邻居发送路由更新信息的源接口

RTI(config-router)#**neighbor** 8.8.8.8 **peer-group** local　　//指定对等体组成员

④ 以 RTE←→RTF 为例，在 Cisco 2811 路由器上，路由反射器之间的全互连 IBGP 邻居关系的部署如下。

RTE(config)#**router bgp** 65203　　　　　　//激活 BGP 进程，指定（子）自治系统号

RTE(config-router)#**bgp router-id** 5.5.5.5　　//指定 BGP 路由器 ID

RTE(config-router)#**no auto-summary**　　　　//关闭 BGP 自动汇总

RTE(config-router)#**no synchronization**　　　//关闭 BGP 同步

RTE(config-router)#**bgp confederation identifier** 200　　//指定联盟所在的自治系统号

```
RTE(config-router)#bgp confederation peers 65201 65202
//指定对等体联盟的（子）自治系统号
RTE(config-router)#neighbor 6.6.6.6 remote-as 65203    //指定 IBGP 邻居
RTE(config-router)#neighbor 6.6.6.6 next-hop-self
//指定给 IBGP 邻居发送路由更新信息的下一跳行为
RTE(config-router)#neighbor 6.6.6.6 update-source loopback0
//指定给 IBGP 邻居发送路由更新信息的源接口
RTF(config)#router bgp 65203              //激活 BGP 进程，指定（子）自治系统号
RTF(config-router)#bgp router-id 6.6.6.6    //指定 BGP 路由器 ID
RTF(config-router)#no auto-summary         //关闭 BGP 自动汇总
RTF(config-router)#no synchronization      //关闭 BGP 同步
RTF(config-router)#bgp confederation identifier 200    //指定联盟所在的自治系统号
RTF(config-router)#bgp confederation peers 65201 65202
//指定对等体联盟的（子）自治系统号
RTF(config-router)#neighbor 5.5.5.5 remote-as 65203    //指定 IBGP 邻居
RTF(config-router)#neighbor 5.5.5.5 next-hop-self
//指定给 IBGP 邻居发送路由更新信息的下一跳行为
RTF(config-router)#neighbor 5.5.5.5 update-source loopback0
//指定给 IBGP 邻居发送路由更新信息的源接口
```

⑤ 以 RTC⟵⟶RTG 为例，在 Cisco 2811 路由器上，路由反射器与相关普通路由器之间的 IBGP 邻居关系的部署如下。

```
RTC(config)#router bgp 65203              //激活 BGP 进程，指定（子）自治系统号
RTC(config-router)#bgp router-id 3.3.3.3    //指定 BGP 路由器 ID
RTC(config-router)#no auto-summary         //关闭 BGP 自动汇总
RTC(config-router)#no synchronization      //关闭 BGP 同步
RTC(config-router)#bgp confederation identifier 200    //指定联盟所在的自治系统号
RTC(config-router)#bgp confederation peers 65201 65202
//指定对等体联盟的（子）自治系统号
RTC(config-router)#neighbor 7.7.7.7 remote-as 65203    //指定 IBGP 邻居
RTC(config-router)#neighbor 7.7.7.7 next-hop-self
//指定给 IBGP 邻居发送路由更新信息的下一跳行为
RTC(config-router)#neighbor 7.7.7.7 update-source loopback0
//指定给 IBGP 邻居发送路由更新信息的源接口
RTG(config)#router bgp 65203              //激活 BGP 进程，指定（子）自治系统号
RTG(config-router)#bgp router-id 7.7.7.7    //指定 BGP 路由器 ID
RTG(config-router)#no auto-summary         //关闭 BGP 自动汇总
RTG(config-router)#no synchronization      //关闭 BGP 同步
RTG(config-router)#bgp confederation identifier 200    //指定联盟所在的自治系统号
RTG(config-router)#bgp confederation peers 65201 65202
```

//指定对等体联盟的（子）自治系统号

RTG(config-router)#**neighbor** 3.3.3.3 **remote-as** 65203　　//指定 IBGP 邻居

RTG(config-router)#**neighbor** 3.3.3.3 **route-reflector-client**

//指定该 IBGP 邻居为路由反射客户端

RTG(config-router)#**neighbor** 3.3.3.3 **next-hop-self**

//指定给 IBGP 邻居发送路由更新信息的下一跳行为

RTG(config-router)#**neighbor** 3.3.3.3 **update-source** loopback0

//指定给 IBGP 邻居发送路由更新信息的源接口

本 章 习 题

7.1　选择题：

① 对 BGP 的特性，以下描述正确的是（　　　）。

A. 支持 VLSM　　　　　　　　B. 支持 CIDR

C. 用于自治系统之间　　　　　D. 属于 IGP

② BGP 路径的 COMMUNITY 属性是一种（　　　）属性。

A. 公认必遵　　　　　　　　　B. 公认可选

C. 可选传递　　　　　　　　　D. 可选非传递

③ 哪种 BGP 邻居状态说明当前 BGP 发言者没有到达对等体的 IP 路由？
（　　　）

A. Active　　　　　　　　　　B. Established

C. Connect　　　　　　　　　D. Idle

④ BGP 同步机制是为了防止出现（　　　）。

A. 路由震荡　　　　　　　　　B. 路由黑洞

C. 路由环路　　　　　　　　　D. 路由丢失

⑤ 以下 BGP 路由选择优先顺序正确的是（　　　）。

A. ORIGIN→LOCAL_PREF→AS_PATH→MED

B. LOCAL_PREF→ORIGIN→MED→AS_PATH

C. LOCAL_PREF→AS_PATH→ORIGIN→MED

D. LOCAL_PREF→MED→AS_PATH→ORIGIN

⑥ 哪种 BGP 消息类型用于向对等体发送路由前缀信息？（　　　）

A. Open　　　　　　　　　　　B. Update

C. Notification　　　　　　　　D. Keepalive

⑦ 以下对等体之间可能建立 IBGP 邻居关系的是（　　　）。

A. 非同一自治系统内直接相连的两个 BGP 发言者

B. 非同一自治系统内未直接相连的两个 BGP 发言者

C. 同一自治系统内直接相连的两个 BGP 发言者

⑧ 关于 BGP 联盟，以下正确的是（　　　）。

A. 子自治系统之间建立联盟内部的 EBGP 邻居关系

B. 子自治系统内部建立全互连的 IBGP 邻居关系

C. 联盟内部不需要所有 BGP 发言者支持联盟功能

D. 在网络中，路由反射与路由联盟可以被同时使用

7.2　为什么 IBGP 对等体之间通常使用环回接口作为发送消息的源地址？

7.3　在 BGP 网络中，为什么在关闭 BGP 同步特性前需要实现 IBGP 邻居关系的全互联？

7.4　在有路由反射器的 BGP 网络中，客户路由器是否必须要能支持路由反射特性，为什么？

7.5　对于乙公司的案例，除图 7.43 所示的邻居关系规划方案外，是否还有其他可行的规划方案？如果有，请给出一个。

7.6　请以图 7.34 所示的邻居关系规划方案为例，比较路由联盟和路由反射器两种技术的异同点。

第8章 以太网交换机基础

以太网交换机是局域网中最常见的网络设备，它工作在数据链路层，根据数据帧中的目的 MAC 地址进行数据转发，具有根据 MAC 地址过滤数据帧、数据帧转发延迟小、提供高密度端口、将网络分割成更小的冲突域以提高网络性能等特点。

本章首先介绍以太网技术、以太网交换机的工作原理、转发方式、体系结构以及二层交换机与三层交换机概念，然后详细介绍交换机的基本配置与管理。

8.1 以太网技术简介

以太网（Ethernet）是目前使用最广泛的局域网技术，它由美国施乐（Xerox）公司于 20 世纪 70 年代初期开始研究并于 1975 年推出。以太网工作在 OSI 参考模型的数据链路层和物理层。

以太网的关键技术主要体现在数据链路层的 MAC 子层，MAC 子层定义了以太网帧结构和介质访问控制方法。图 8.1 给出了目前广泛使用的 Ethernet II 帧结构。以太网帧的长度是变长的，定义的最小帧长为 64 字节，最大帧长为 1 518 字节，在描述帧长时，只包括从"目的 MAC 地址"字段到"帧校验序列"字段的所有字节，不包含"前导码"字段。Ethernet II 帧结构各字段的含义如下所述。

8字节	6字节	6字节	2字节	46到1500字节	4字节
前导码	目的MAC地址	源MAC地址	类型	数据	帧校验序列

图 8.1 Ethernet II 帧结构

- 前导码（Preamble）：长 8 字节，前 7 字节值为"10101010"，用于发送设备与接收设备的同步，最后一个字节值为"10101011"，表示帧的开始。
- 目的 MAC 地址（Destination MAC Address）：长 6 字节，表示接收端的 MAC 地址，目的 MAC 地址可以是单播地址，也可以是组播地址或广播地址。当 MAC 地址的最高位为"0"时表示单播地址，意味着某一台设备接收；当 MAC 地址的最高位为"1"时表示组播地址，意味着一组设备接收；当 MAC 地址 48 位全为"1"时（十六进制为"FFFFFFFFFFFF"）表示广播地址，意味着所有设备接收。
- 源 MAC 地址（Source MAC Address）：长 6 节字，表示发送端的 MAC 地址。

- 类型（Type）：长 2 字节，表示以太网帧所携带的上层数据类型。例如，当该字段值为"0x0800"时，表示携带的上层数据为 IP 协议数据。
- 数据（Data）：来自较高层次（通常为第三层的协议数据单元）的封装数据。
- 帧校验序列（Frame Check Sequence，FCS）：长 4 字节，采用 32 位循环冗余校验（Cycle Redundancy Check，CRC）对目的 MAC 地址、源 MAC 地址、类型和数据字段的内容进行差错校验。

以太网逻辑上采用总线拓扑结构，即所有站点使用一个公共共享信道传输数据，某一时刻只允许一个站点发送数据。如果同一时刻有多个站点传输数据就会产生冲突（Collision），通常把可能发生冲突的站点集全称为一个冲突域。

以太网使用带冲突检测的载波侦听多址访问（Carrier Sense Multiple Access/Collision Detection，CSMA/CD）介质访问控制方法解决共享信道使用权的分配问题。CSMA/CD 是一种"有空就发"的竞争型访问机制，它的工作原理可概括成四句话：先听后发，边发边听，冲突停止，随机延时后重发。其具体工作过程如下所述。

① 当某个站点需要发送数据时，它首先需要通过载波侦听网络中是否有其他站点数据正在传输，即侦听信道是否空闲。

② 如果侦听到信道闲，站点就启动数据发送。

③ 如果侦听到信道忙，则继续监听，直到侦听到信道空闲后，就立即启动数据发送。

④ 在发送数据的同时，站点继续侦听信道，检测与识别是否有冲突（Collision）产生。因为在前面的侦听过程中，可能会有两个或两个以上的站点同时检测到网络空闲，然后在下一时刻同时启动数据发送而产生冲突。

⑤ 当某个站点检测到信道上有冲突时，它就发送一个 32 比特长的冲突加强（Jamming）信号，这个信号使得冲突的时间足够长，以让共享信道上其他站点都知道产生了冲突。

⑥ 其他传输站点在收到冲突加强后，都停止传输，通过二进制指数后退算法计算一个随机延迟时间（Backoff Time），并在等待该随机延迟时间后重新启动发送。二进制指数后退算法将时间分为离散的时间片（Time Slot），节点随机延迟时间与其冲突的次数有关。如果某节点是第一次产生冲突，则在冲突发生后，随机延迟 0 或 1 个时间片再发送；如果某节点是第二次产生冲突，则会从 0、1、2、3 中随机选出一个数量的时间片延迟后再发送；如果冲突次数为 n，但 $n<10$，则会从 $0\sim 2^n-1$ 中随机选出一个数量的时间片延迟后再发送；若 $10\leqslant n<16$，则会从 $0\sim 2^{10}-1$ 中随机选出一个数量的时间片延迟后再发送，即最大的可能延迟时间为 1 023 个时间片；如果冲突次数大于等于 16 次，发送节点放弃发送该帧，并报告一个错误。

从 CSMA/CD 工作过程可以看出，CSMA/CD 无法完全消除冲突，它只能采取一些措施来减少冲突，并对所产生的冲突进行处理。

8.2　以太网交换机

早期的以太网为共享式以太网，一般使用集线器进行组网。对共享式以太网而言，所有设备与节点位于同一个冲突域中，网络中的每个站点都可能往共享的传输介质上发送数据帧，所有的站点都可能会因为争用共享介质而产生冲突，从而导致大量的网络带宽被消耗于冲突，降低了网络性能。

交换式以太网的出现有效地解决了共享式以太网的缺点。交换式以太网基于交换机组建，交换机所连的每一个端口都对应于一个独立的冲突域，它可以根据二层 MAC 地址进行数据帧的过滤与转发，有效提升网络的可用带宽。

8.2.1　以太网交换机的工作原理

以太网交换机需要维持一个 MAC 地址表（Address Table），MAC 地址表也称过滤表或交换表（Switching Table）或内容可寻址存储器（Content Addressable Memory，CAM），该表给出了关于交换机不同端口所连主机的 MAC 地址信息，图 8.2 给出了交换机 MAC 表的示例。交换机的 MAC 表通常包括有 MAC 地址、端口和类型三个字段，其中类型字段表示交换机获取 MAC 地址与对应端口条目的方式。当 MAC 地址条目是交换机动态学习到的时，其类型值为"dynamic"，当 MAC 地址是管理员手工静态指定的时，其类型值为"static"。交换机动态学习的 MAC 条目默认老化时间（Aging Time）是 300 秒，如果某 MAC 条目在老化时间到期之前一直没有刷新，则该 MAC 地址条目将被从 MAC 地址表中删除。管理员静态配置的 MAC 地址表条目不受地址老化时间的影响。

交换机通过学习数据帧中的源 MAC 地址建立 MAC 表，并根据数据帧中的目的 MAC 地址做出转发决定。当交换机刚启动时，交换机的 MAC 表是空的。当交换机从某一端口收到数据帧时，交换机检查数据帧的源 MAC 地址，如果源 MAC 地址在 MAC 表中不存在，交换机将其添加到 MAC 表中，对应的端口号为收到该数据帧的交换机端口。如果源 MAC 地址在 MAC 表中存在，则刷新其老化时间，然后根据所接收数据帧中的目的 MAC 地址，查找 MAC 地址表，并根据以下规则做出转发决定。

① 如果目的 MAC 地址为组播或广播地址，则洪泛（Flooding）该数据帧，即向除了接收到该数据帧的源端口之外的其他所有端口转发该帧。

② 如果目的 MAC 地址为单播地址，但目的 MAC 地址在 MAC 表中不存在，也洪泛该数据帧。

③ 如果目的 MAC 地址为单播地址，且目的 MAC 地址与源 MAC 地址对应于相同的端口，则不转发该帧。

④ 如果目的 MAC 地址为单播地址，且目的 MAC 地址与源 MAC 地址对应于不同的端口，则向目的 MAC 地址所对应的端口转发该帧。

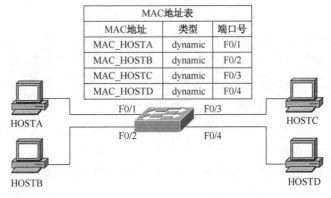

图 8.2　交换机工作原理

8.2.2　以太网交换机的转发方式

以太网交换机转发数据帧有存储转发（Store-and-forward）与直通交换（Cut-through）两种交换转发方式，其中，直通交换模式又进一步分成快速转发（Fast-forward）与无碎片（Fragment-free）交换两种方式。图 8.3 给出了这三种转发方式的比较。

1. 存储转发

工作在存储转发模式下的交换机将从输入端口接收的数据帧缓存起来，直到收到一个完整的数据帧之后再进行 CRC 校验，在确认数据帧无误之后，取出数据帧头中的目的 MAC 地址，通过查找 MAC 表获得输出端口，然后再将该数据帧从输出端口转发出去。存储转发方式具有错误帧不会转发、允许在不同速率的输入输出端口之间进行数据转发等优点，同时也具有传输延迟大、当网络负载较大时交换机性能下降而导致数据帧的丢失等缺点。目前市场大部分交换机型号都基于存储转发方式工作。

2. 直通交换

工作在直通交换模式下的交换机在收到数据帧的目的 MAC 地址时立即处理数据，此时交换机并没收到完整的数据帧。交换机只缓冲了数据帧的一部分，就根据缓存中的目的 MAC 地址做出转发决定，并转发该数据帧。由于没有对转发的数据帧执行任何错误检查，因此直通交换方式具有转发速度快、延迟小等优点。但是，由于交换机没有对数据帧进行错误检查，因此，对损坏的帧也会进行转发，这些错误帧的传输会占用链路带宽。另外，工作在直通模式下的交换机不能在不同速率的输入输出端口之间进行数据转发。根据缓冲的数据帧长度不同，直通交换进一步分为快速转发和无碎片交换两种方式。

（1）快速转发

快速转发方式是指交换机只要检测到数据帧中的目的 MAC 地址，就立即查找 MAC 表获得输出端口，并将输入与输出端口交叉接通，迅速把数据帧转发到相应的输出端口。快速转发方式由于只检查数据帧帧头目的 MAC 地址字段，不需要存储，因此是所有转发方式中交换速度最快、延迟最小的转发方式。但快速转发因不对转发的数据帧进行完整性判断，会导致错误帧也在网上传输。

（2）无碎片交换

无碎片交换方式是介于快速转发和存储转发方式之间的一种解决方案。工作在无碎片交换模式下的交换机在转发数据帧之前，不仅要检测到目的 MAC 地址，还要求已收到的数据帧必须大于最小帧长（64 字节），任何长度小于 64 字节的数据帧都会被立即丢弃。由于大部分网络错误和冲突都发生在数据帧传输前 64 字节数据的过程中，因此，无碎片交换方式可以在不显著增加转发延迟时间的前提下有效降低转发错误帧的概率。

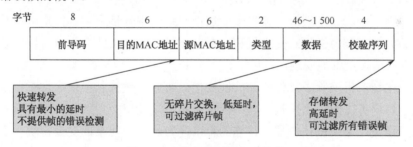

图 8.3　交换机的转发方式比较

8.2.3　以太网交换机的分类

交换机的分类标准多种多样。例如，根据网络覆盖范围，交换机可分为局域网交换机和广域网交换机，以太网交换机属于局域网换机。如果没有特别指明，本教材中的交换机特指以太网交换机。以下是几种以太网交换机常见的分类。

1. 对称交换机与非对称交换机

根据交换机所有端口速率是否相同，可将交换机分为对称交换机与非对称交换机两类。图 8.4 给出了对称交换机与非对称交换机的示例。对称交换机所有端口的带宽都相同，它提供同带宽端口之间的连接，对称交换机一般采用直通式转发方式实现数据帧的快速转发。非对称交换机端口可以拥有不同的带宽，具有更高带宽的端口通常用于连接服务器或者上一级交换机，以避免由于链路需要传输的流量太大而产生的网络瓶颈现象。非对称交换机由于端口带宽不一样，为了匹配输入与输出端口的不同数据传输速率，非对称交换机的数据转发方式为存储转发方式。

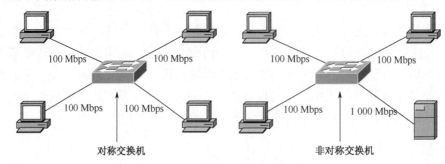

图 8.4　对称交换机与非对称交换机

2. 模块化交换机与固定端口交换机

根据交换机体系架构不同，可将交换机分为固定端口交换机与模块化交换机两类。固定端口交换机的端口是固定的，不能扩充，固定端口交换机的端口数量通常为 8 端口、16 端口、24 端口和 48 端口等。相对于模块化交换机，固定端口交换机价格要便宜一些。固定端口交换机一般适用网络的中低端应用。固定端口交换机根据其安装架构又分为机架式交换机和桌面式交换机，机架式交换机可以安装在机柜中，桌面式交换机不能安装在机柜中。

模块化交换机配置了额外的开放性插槽，可以通过插入模块来扩充交换机的端口数量，用户可以配置不同数量、不同速率和不同接口类型的模块来适应不同网络的需求。模块化交换机一般都有较强的容错能力，支持冗余的交换模块、支持可热插拔的双电源。模块化交换机拥有更大的灵活性和可扩充性，但它的价格比固定端口的价格贵很多，一般用于大型网络中核心层与汇聚层。图 8.5 给出了模块化交换机（华为 S7706）与固定端口交换机（华为 S5700-24TP-SI(AC)）的外观图。

模块化交换机　　　　　　　　固定端口交换机

图 8.5　模块化交换机与固定端口交换机

3. 可堆叠交换机与不可堆叠交换机

根据交换机是否可堆叠，可将交换机分为可堆叠交换机与不可堆叠交换机两类。堆叠技术主要是为了增加交换机的端口密度，在单个交换机的端口数不能满足组网需求时，可以考虑采用堆叠交换机。堆叠在一起的多个交换机可作为一台交换机来统一进行管理。交换机的堆叠主要分为两种：菊花链堆叠和矩阵堆叠，图 8.6 给出了菊花链堆叠与矩阵堆叠的示例图。菊花链堆叠是从上到下串起来，形成单一的一个菊花链堆叠总线。菊花链模式的主要优点是提供集中管理的扩展端口，但对于多交换机之间的转发效率并没有提升，一般采用高速端口和软件来实现。矩阵堆叠则需要提供一个独立的或者集成的高速交换中心（又叫堆叠中心），堆叠中心一般是一个基于专用 ASIC 的硬件交换单元，所有堆叠的交换机通过专用的高速堆叠端口上行到统一的堆叠中心，矩阵堆叠模式下的交换机由于总线的限制须局限在一个机架内，而且 ASIC 交换容量限制了堆叠的层数。

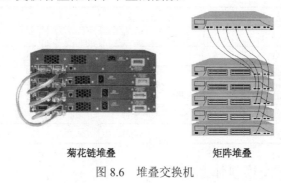

菊花链堆叠　　　　　　　矩阵堆叠

图 8.6　堆叠交换机

4. 二层交换机与三层交换机

根据交换机完成的功能对应于 OSI 参考模型，可将交换机分为二层交换机、三层交换机、四层交换机等。其中日常生活中最常见为二层交换机和三层交换机。图 8.7 给出了二层交换机和三层交换机与 OSI 参考模式的对应关系。二层交换机工作在 OSI 参考模型的第二层（即数据链路层），它根据数据帧的目的 MAC 地址对数据进行转发和过滤。二层交换机对网络协议和用户应用程序完全透明。

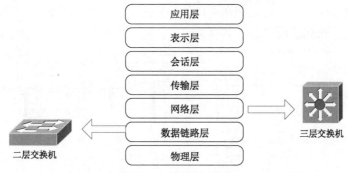

图 8.7　二层交换机和三层交换机与 OSIRM 对应关系

三层交换机工作在 OSI 参考模型的第三层（即网络层），它不仅可以根据数据帧的目的 MAC 地址信息来做出转发决策，还可以根据分组中的第三层地址（如 IP 地址）做出转发决策。三层交换机具有第三层的路由功能，三层交换机通常通过硬件执行数据包交换，其转发速度比路由器的转发速度快。

由于三层交换机转发速度比路由器快，价格比路由器便宜，在园区网内部通常使用三层交换机实现不同网段之间的路由。但三层交换机并不具备路由器的所有功能，它不能完全取代网络中的路由器。例如，路由器可以实现异构网络的互连，三层交换机只支持以太网系列端口，不支持广域网端口，也不支持其他局域网端口；路由器的路由功能比三层交换机更强大，通常路由器可以支持 IP、IPX、Appletalk 等网络层可路由协议（Routed protocol），而三层交换机只支持 IP 可路由协议。表 8.1 给出了三层交换机与路由器之间的比较。

表 8.1　三层交换机与路由器的比较

功能	路由器	三层交换机
第三层路由	支持	支持
广域网接口卡	支持	不支持
流量管理	支持	支持
高级路由协议	支持	不支持
VPN	支持	不支持
线速路由	不支持	支持

8.2.4　以太网交换机体系结构

随着以太网技术的不断发展，交换机的结构也在不断的发展。交换机的交换架构主要经历了总线型结构和 Crossbar 结构两个阶段，目前市场上这两种架构的交换机都存在。

1. 总线型结构

总线型结构一般分为共享总线型结构和共享内存总线型结构两类。最初的以太网交换机是基于共享总线结构的。共享总线型结构交换机的交换端口通过 ASIC 芯片同高速总线相连，数据通过交换端口传输到 ASIC 芯片，ASIC 芯片根据目的地址通过高速总线传输到目的端口。共享总线型结构如图 8.8 所示。

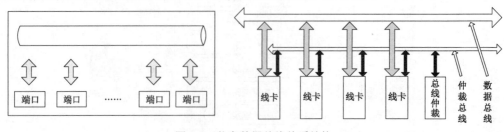

图 8.8　共享数据总线体系结构

　　然而，由于共享总线会产生内部冲突以及高速总线设计难度较大等原因，共享总线结构很快发展为共享内存结构。共享内存结构的交换机使用全局共享内存池来存储输入数据，同时依赖中心交换引擎来提供全端口的高性能连接，由核心引擎检查每个输入包以决定路由。由输入端口进入交换机的数据首先存储到共享内存中，ASIC 芯片通过查找地址表，找到与目的地址对应的目的端口，将数据发送至所对应的目的端口中，共享总线型结构如图 8.9 所示。

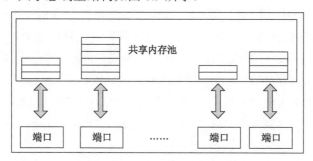

图 8.9　共享存储器体系结构

　　共享内存结构实现简单，方便可靠，但受内存速度限制，无法支持大容量交换，且交换延时比较大，一般适用于小容量设备和大容量设备的线卡内部交换。

2. Crossbar 结构

　　Crossbar 又称为交叉开关矩阵或纵横式交换矩阵，它采用矩阵结构实现无阻塞交换，图 8.10 给出了 CrossBar 体系结构示意图。基于 Crossbar 结构的交换机把线路卡到交换结构的物理连接简化为点到点连接，只要同时闭合多个交叉节点（Crosspoint），多个不同的端口就可以同时传输数据。Crossbar 实现方便，内部无阻塞，容易保证大容量交换机的稳定性，通常用于网络核心交换机。

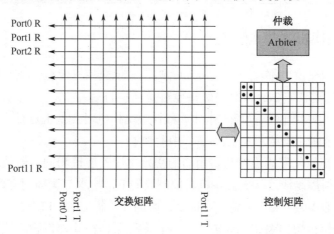

图 8.10　Crossbar 体系结构

8.3　交换机的基本配置

8.3.1　交换机的启动过程

交换机也是一种特殊的计算机，其组成与普通计算机组成类似，交换机主要由主板、CPU、FLASH、RAM、ROM、操作系统、电源、底板、金属机壳和网络接口等组成。交换机加电之后，其开机启动过程与普通计算机类似，包括系统硬件自检、装载操作系统和运行配置文件等工作，交换机启动过程如下所述。

① 交换机加载存储在 ROM 中的开机自检（Power On Self Test，POST）程序。POST 会检测交换机的 CPU 子系统，测试 CPU、RAM 和 FLASH 是否正常。

② 交换机加载存储在 ROM 中的启动加载器（Boot Loader）软件，执行低级 CPU 初始化，初始化 CPU 寄存器和内存等。

③ 启动加载器初始化系统主板上的 Flash 文件系统，查找并将默认的操作系统镜像加载到 RAM。通常，交换机启动加载器加载操作系统的顺序为先查看是否有"boot system"命令指定操作系统镜像文件，如果有就加载并执行该操作系统镜像文件；如果没有"boot system"命令设置，交换机就尝试通过在 Flash 中执行递归深度优先搜索加载第一个可执行的操作系统镜像文件。

④ 操作系统装载并应用存储在交换机 Flash 中的配置文件"config.text"，初始化交换机的配置。

> **注意**：在交换机操作系统无法使用的情况下，可使用启动加载器访问交换机，启动加载器有一个命令行工具，在启动加载器命令行上，可以通过输入命令来格式化 Flash 文件系统，重新安装操作系统映像文件，恢复密码。

8.3.2　交换机的基本配置

每台可管理交换机都有一个 Console 端口，但交换机没有 AUX 端口。可以使用控制台与交换机的 Console 端口相连对交换机进行配置，也可以使用 Telnet、SSH、Web 和 SNMP 网络管理工作站远程登录交换机对交换机进行配置。交换机的初始化配置只能使用交换机的 Console 端口完成。

交换机的初始化配置连接与路由器的初始化配置连接相同，安装有仿真终端软件的控制台使用控制线连接到交换机，控制线的 RJ-45 水晶头插到交换机的 Console 端口，另一端 DB-9 插头连接到充当控制终端的计算机 COM 口上。

通常，交换机操作系统都会被设计成有多种工作模式，每种模式用于完成相应的特定任务，并具有在该模式下使用的相关命令集。不同厂商交换机的操作系统工作模式不完全相同。在思科的 IOS（Cisco Internetwork Operating System，思科网络互连操作系统）交换机和锐捷的交换机中，通常有用户模式、特权模式、全局配置模式、VLAN 配置模式以及子配置模式等访问模式。表 8.2 给出了交换机的主要访问模式及其提示符，当交换机多个端口需要做相同配置时，可以使用表中"组端口配置模式"同时对多个端口进行配置。

表 8.2　交换机的访问模式及其提示符

模式的名称	提示符	模式切换示例
用户模式	Switch>	交换机正常启动后自动进入
特权模式	Switch#	Switch>enable
VLAN 配置模式	Switch(vlan)#	Switch#vlan database
全局配置模式	Switch(config)#	Switch#config terminal
接口配置模式	Switch(config-if)#	Switch（config）#interface f0/0
组端口配置模式	Switch(config-if-range)#	Switch（config）#interface range f0/1-20
线路配置模式	Switch(config-line)#	Switch（config）#line vty 0 4

在交换机工作模式下，使用命令来完成交换机的配置、查看和调试工作。交换机操作系统和路由器操作系统类似，也提供了在线帮助功能，帮助用户完成相关的配置命令，即在交换机的任何状态以及在任何模式，都可以键入"?"得到系统的帮助。除了使用帮助命令外，为了方便交换机的配置、查看和排除故障，交换机操作系统还提供了相关的热键与快捷方式。帮助命令"?"的用法和热键与快捷方式的用法参见 2.4.4 节。

交换机购买之后，不做任何配置也可以工作，但通常根据网络及管理的需要，对交换机需要完成主机名、各种密码、交换机端口等配置工作。

1．交换机的基本配置

交换机的基本配置包括配置交换机的主机名、配置交换机的登录警示信息（Banner）、配置交换机的特权密码、Console 密码、Telnet 密码等。图 8.11 给出了配置交换机主机名为"SW1"、登录警示信息为"Unauthorized Access forbidden"、特权密码为"netlab"、控制终端密码为"con_netlab"和 Telnet 密码为"telnet_netlab"以及将配置保存的详细步骤。

```
Switch >enable
Switch #configure t
Switch (config )#hostname SW1
SW1(config )#banner motd  #Unauthorized Access forbidden #
SW1(config )# enable secret netlab
SW1 (config )#line console  0
SW1 (config -line)#password con_netlab
SW1 (config )#login
SW1 (config )#line vty  0 15
SW1 (config -line)#password telnet_netlab
SW1 (config -line)#login
SW1 (config -line)#end
Switch #copy running startup
```

图 8.11　交换机基本配置过程示例

2. 交换机端口的配置

交换机端口默认为启用状态，通常交换机端口的配置包括速度、描述、双工等设置。二层交换机端口的双工操作模式可以设置为以下三种设置。

- full：设置端口为全双工模式。工作在全双工模式的端口可以同时发送与接收数据。
- half：设置端口为半双工模式。工作在半双工模式的端口能够发送数据，也能接收数据，但不能实现在同一时刻同时发送与接收数据。当交换机端口连接的是集线器等不支持全双工的网络设备时，交换机端口必须工作在半双工才能正常工作。
- auto：设置端口为自动协商双工模式。工作在自动协商双工模式的端口通过与对方通信来决定双工的最佳操作模式。

如果没有使用"duplex"命令指定二层交换机端口的双工模式，也没有使用"speed"命令指定端口传输速度，默认情况下，Cisco Catalyst 2960 和 3560 交换机上交换机端口双工和速度的默认设置都是"auto"。

通常连接交换机与交换机时需要使用交叉 UTP 线缆，而连接 PC 与交换机时需要使用直通线缆。较新版本交换机端口可支持自动介质相关接口交叉（auto-MDIX）功能，启用 auto-MDIX 的交换机端口会自动检测所需电缆连接类型使通信成功。大部分交换机默认启用了 auto-MDIX。但注意，只有端口的速度和双工设置为"auto"，auto-MDIX 才能正常运行。

图 8.12 给出了在交换机 Catalyst 2960 上配置 G0/1 端口描述为"link-to-center"、禁用 auto-MDIX 功能、双工模式为全双工、速度为自适应，F0/2 到 F0/10 端口启用 auto-MDIX 功能、双工和速率都为自适应的详细步骤。

```
Switch>enable
Switch#configure t
Switch(config)#interface g0/1
Switch(config-if)#description link-to-center
Switch(config-if)#no mdix auto
Switch(config-if)#duplex full
Switch(config-if)#speed auto
Switch(config-if)#exit
Switch(config)#interface range f0/1-10
Switch(config-if-range)#duplex auto
Switch(config-if-range)#speed auto
Switch(config-if-range)#mdix auto
Switch(config-if-range)#end
Switch#copy run startup
```

图 8.12　交换机基本配置过程示例

二层交换机物理端口不能配置 IP 地址。三层交换机工作在网络层，可以对其物理端口配置 IP 地址等三层信息。通常，三层交换机端口工作为二层端口，需要使用"no switchport"命令启用端口的三层功能，在将三层交换机端口启用为三层端口后，该端口功能和路由器端口一样，可配置 IP 地址、子网掩码。图 8.13 给出了在交换机 Catalyst 3560 上配置 F0/1 端口为三层端口，IP 地址子网掩码为"192.168.1.1/24"的详细配置步骤。

```
Switch(config)#interface f0/1
Switch(config-if)#no switchport
Switch(config-if)#ip address 192.168.1.1 255.255.255.0
Switch(config-if)#no shutdown
Switch(config-if)#end
Switch#show ip interface brief
```

图 8.13　为三层交换机端口配置 IP 地址的详细步骤

3. 交换机远程管理的配置

除了可以使用 Console 端口访问交换机外，还可以远程登录交换机进行配置与管理工作，常见的远程访问方法主要有 Telnet、SSH、WEB 和 SNMP 网络管理工作站等。

（1）配置管理地址和默认网关

要远程访问交换机，必须让主机与远程交换机具有 IP 连通性，因此必须为交换机分配一个 IP 地址，如果主机与远程交换机不在同一个 IP 网段，还需要为交换机配置默认网关。

然而，二层交换机的端口不能配置 IP 地址，二层交换机的 IP 地址和子网掩码实际上是在交换机的管理 VLAN 上配置。默认情况下，交换机所有端口都属于VLAN1，VLAN1 也是交换机的默认管理 VLAN。然而使用 VLAN1 作为管理VLAN 存在安全风险，通常创建一个其他 VLAN 作为管理 VLAN，由于第 9 章才讲VLAN，因此在本章交换机管理地址配置示例中，将管理地址配置在 VLAN1 接口上。

配置交换机的管理 IP 地址主要步骤有：进入管理 VLAN 接口配置模式、设置管理 IP 地址和子网掩码以及激活管理 VLAN 接口，然后在全局配置模式下配置默认网关。

以 Catalyst 2960 交换机为例，配置交换机的管理地址和默认网关的命令如下：

```
Switch(config)#interface vlan vlan-id
//进入管理 VLAN 端口，并进入相应的接口配置模式。
Switch(config-if)#ip address ip-address subnet-mask      //配置接口的 IP 地址与子网掩码
Switch(config-if)#no shutdown                            //激活端口
Switch(config)#ip default-gateway ip-address             //配置交换机的默认网关地址
```

下面以一个示例来说明交换机管理 IP 的配置过程。在图 8.14 所给出的网络拓扑中，主机"HOSTB"和交换机"SW1"不在同一个 IP 网段，为了使主机"HOSTA"和主机"HOSTB"都可以使用 SSH 访问交换机"SW1"，首先需要对交换机"SW1"配置管理地址和默认网关地址，使得"HOSTA"和主机"HOSTB"具有与交换机"SW1"的 IP 连通性。

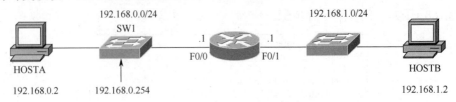

图 8.14　交换机远程管理示例

图 8.15 给出了配置交换机"SW1"的管理 IP 地址为"192.168.0.254"、子网掩码为"255.255.255.0"、激活管理 VLAN 端口、默认网关为"192.168.0.1"以及测试到"HOSTA"连通性和测试到主机"HOSTB"连通性的详细步骤。

```
SW1(config)#interface vlan1
SW1(config-if)#ip address 192.168.0.254 255.255.255.0
SW1(config-if)#no shutdown
SW1(config-if)#exit
SW1(config)#ip default-gateway 192.168.0.1
SW1(config)#exit
SW1#ping 192.168.0.2
SW1#ping 192.168.1.2
```

图 8.15　交换机管理 IP 配置示例

（2）配置通过 SSH 访问交换机

通过 Telnet 或 SSH 远程登录交换机对交换机进行配置和查看工作是网络管理员常用的方法，交换机 Telnet 的配置与路由器 Telnet 的配置步骤相同。由于 Telnet 身份验证所需密码在线路上以明文的方式传输，因此目前应用最广泛的方法是通过 SSH 远程登录交换机。

不是所有的交换机都支持 SSH，交换机必须有加密特征和操作软件版本支持才可以配置 SSH。在交换机上配置 SSH 需要完成配置交换机主机名、配置域名、生成 RSA 密钥对、配置用户身份验证、配置 VTY 线路以及指定 SSH 版本等步骤。

对应上述步骤，下面给出的是以 Catalyst 2960 交换机为例的 SSH 配置与验证命令：

```
Switch(config)#hostname host-name                      //配置交换机的主机名
Switch(config)#ip domain-name domain-name              //配置域名
Switch(config)#crypto key generate rsa                 //启用 SSH 服务，并生成 rsa 密钥对
Switch(config)#username user-name secret password      //创建用户名和密码对
Switch(config)#line vty 0 15                            //进入 VTY 线路 0 到 15 的子模式
Switch (config-line)#transport input ssh               //只允许使用 SSH 协议远程登录交换机
router (config-line)#login local                       //登录时使用本地身份验证方法
Switch(config)#ip ssh version protocol-version         //指定 SSH 的版本
```

| Switch#show ip ssh | //查看 SSH 信息 |
| Switch#show ssh | //查看 SSH 服务器状态 |

图 8.16 给出了配置图 8.14 中交换机 "SW1" 域名为 "wzu.com"、生成 rsa 密钥对、使用本地身份验证方法登录，合法的用户名为 "wzu"、密码为 "network"，版本为 2 的 SSH 详细配置步骤。

```
SW1(config)#ip domain-name wzu.com
SW1(config)#crypto key generate rsa
SW1(config)#username wzu secret network
SW1(config)#line vty 0 15
SW1(config-line)#transport input ssh
SW1(config-line)#login local
SW1(config-line)#exit
SW1(config)#ip ssh version 2
```

图 8.16　交换机 SW1 的 SSH 配置步骤示例

在交换机上完成 SSH 配置后，在图 8.14 中主机 "HOSTA" 或主机 "HOSTB" 上，可以用 PUTTY、SecureCRT 等 SSH 客户端软件使用 SSH 协议远程登录访问交换机 SW1（其管理地址为 "192.168.0.254"）。图 8.17 给出了使用 SecureCRT 使 SSH 客户端软件使用 SSH2 远程访问交换机 SW1 连接的设置：协议版本 "SSH2" 需要与交换机 SW1 配置的协议一致；主机名为交换机 SW1 的管理 IP 地址；SSH 默认端口号为 "22"，不需要更改；在用户名对话框中输入在交换机 SW1 上所创建的合法用户名 "WZU"，然后单击 "连接" 按钮，会提示输入用户名 "WZU" 对应的密码，输入密码后按回车键就可以访问交换机了。

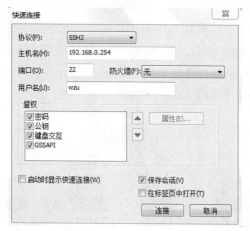

图 8.17　使用 SecureCRT 使 SSH 客户端软件远程访问交换机 SW1 示例

（3）配置使用 Web 访问交换机

除了可以通过 Telnet、SSH 远程访问交换机外，还可以使用基于 Web 的配置工具通过 HTTP 或 HTTPS 远程访问交换机。基于 Web 的配置工具常见的有 Web 浏览器用户界面（使用 HTTP）和思科路由器及安全配置工具（Cisco Router and Security

Device Manager ，SDM，它使用 HTTPS）。

配置使用 Web 访问交换机，需要在交换机上完成启用 HTTP 服务、指定 HTTP 服务监听端口等步骤。

对应上述步骤，下面给出的是以 Catalyst 2960 交换机为例的交换机 Web 配置命令：

Switch(config)#ip http server	//启动 HTTP 服务
Switch(config)#ip http port 80	//指定 HTTP 服务的端口号为 80
Switch(config)#ip http authentication local	//使用本地身份验证方法

图 8.18 给出了配置图 8.14 中交换机"SW1"使用本地身份验证，Web 访问交换机的详细配置步骤以及访问示例。

```
SW1(config )#username wzu secret network
SW1(config )#ip http server
SW1(config )#ip http port 80
SW1(config )#ip http authentication local
```

图 8.18　交换机 Web 配置步骤

8.3.3　端口镜像的配置

使用端口镜像（Port Mirroring）可以把一个或多个端口的数据流量复制到某一个端口，以实现对网络流量的分析和对网络的监听。其中，被复制数据流量的端口称为镜像源端口，也称为监控端口，数据流量复制到的端口称为镜像目的端口。把镜像目的端口连接到安装监控软件的监控主机，在监控主机上就可以实现对网络的实时监控功能，如图 8.19 所示。不同的网络设备厂商用户手册对端口镜像称谓不一样，例如，思科称为交换端口分析器 （Switched Port Analyzer，SPAN），华为称为端口镜像，Intel 称为镜像端口（Mirror Ports）等。

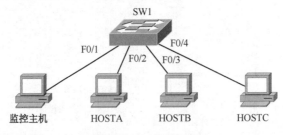

图 8.19　端口镜像示例

在部署实施端口镜像时需注意：① 镜像源端口和镜像目的端口可以是二层交换端口，也可以是三层交换端口；② 交换机某个端口只能为镜像源端口或只能为镜像目的端口，即如果某端口配置为镜像目的端口，则该端口不能作为镜像源端口；③ 镜像目的端口一般连接监控主机，链路捆绑端口（如 EtherChannel）和中继链路不能配置为镜像目的端口。

以 Catalyst 2960 和 Catalyst 3560 交换机为例，SPAN 的配置与验证命令如下：

> Switch(config)#monitor session *session-id* source interface *interface-id* {rx|tx|both}
> //配置 SPAN 的镜像源端口

注意： 参数 "rx" 表示监控镜像源端口接收的数据流；"tx" 表示监控镜像源端口发送出去的数据流；"both" 表示既监控镜像源端口发送的数据流，也监控其接收的数据流。默认的监控数据流方法为 "both"

> Switch(config)#monitor session *session-id* destination interface *interface-id*
> //配置 SPAN 的镜像目的端口
> Switch#show monitor session *session-id*　　　　　　　　　　//查看监控会话

图 8.20 给出了图 8.19 所示的网络拓扑结构配置交换机 F0/1 为镜像目的端口，监控 F0/2 到 F0/4 端口的发送与接收数据流的详细配置步骤。

> SW1(config)#monitor session　1 source interface fastEthernet 0/2-4 both
> SW1(config)#monitor session　1 destination interface　f0/1

图 8.20　端口镜像配置示例

8.3.4　交换机端口安全配置

交换机根据所接收的数据帧中目的 MAC 地址，查找 MAC 地址表，对数据帧做出转发决定。如果数据帧的目的 MAC 地址在 MAC 地址表中不存在，交换机会将该数据帧洪泛。交换机的 MAC 表的内容可以由管理员静态添加，也可以通过学习交换机接收的数据帧源 MAC 地址获取。动态学习的 MAC 地址在 MAC 地址表中默认的老化时间为 300 秒。

交换机的工作原理决定了交换机容易受到 MAC 地址洪泛等攻击。如图 8.21 所示，网络攻击者使用攻击工具发送大量带有无效源 MAC 地址的数据帧，交换机收到这些数据帧会将无效的 MAC 地址学习到 MAC 地址表中，冲掉如主机 "HOSTB" 等合法用户的 MAC 地址条目，无效的 MAC 地址填满了 MAC 地址表。此时当其他任何主机之间通信时，交换机由于在 MAC 地址表中查找不到数据帧的目的 MAC 地址，就会将数据帧洪泛出去，此时交换机就象集线器一样工作。

交换机端口安全性可以限制端口只有指定的安全 MAC 地址才能通过交换机端口传输数据帧，以及允许的有效 MAC 地址数量。端口安全性可以抑制 MAC 洪泛等攻击。交换机端口安全性常在接入层交换机上部署，只能在 Access 端口上部署，不能在中继端口上部署。

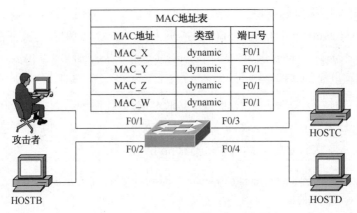

图 8.21　MAC 地址洪泛攻击示例

1. 安全 MAC 地址类型

在进行端口安全性配置时，需要指定安全 MAC 地址的获取方法。获取方法通常有使用命令静态配置安全 MAC 地址、动态获取安全 MAC 地址和通过粘滞获取安全 MAC 地址三种方法。

- 静态安全 MAC 地址：静态安全 MAC 地址是指由管理员在交换机端口的子配置模式下使用"switchport port-security mac-address"命令手工配置的安全 MAC 地址。静态安全 MAC 地址配置的 MAC 地址不但存储在 MAC 地址表中，而且还添加到交换机正在运行的配置文件中。
- 动态安全 MAC 地址：动态安全 MAC 地址由交换机通过动态学习而获取，动态安全 MAC 地址仅存储在 MAC 地址表中，但不会存储到交换机正在运行的配置文件中。
- 粘滞安全 MAC 地址：粘滞安全 MAC 地址由交换机通过动态学习而获得，粘滞安全 MAC 地址不仅存储在 MAC 地址表中，还添加到交换机正在运行的配置文件中。

2. 安全违规模式

当交换机端口启用端口安全性后，如果交换机端口有携带非法 MAC 地址的数据帧通过或者允许的有效 MAC 地址数量超过规定的最大值等违规行为，交换机端口要执行相应的违规操作。交换机端口的违规模式有保护、限制和关闭三种，表8.3 给出了三种违规模式的比较。

- 保护（Pretect）：当启用端口安全性的交换机端口有违规操作数据帧时，违规模式为"保护"的端口丢弃该数据帧，不发出系统日志（Syslog）消息，不增加违规计数器计数，也不显示安全违规的通知，不关闭该交换机端口。
- 限制（Restrict）：当启用端口安全性的交换机端口有违规操作数据帧时，违规模式为"限制"的端口将丢弃该数据帧，发出系统日志（Syslog）消息，增加违规计数器计数，不关闭该端口，显示安全违规的通知。

- 禁用（Shutdown）：当启用端口安全性的交换机端口有违规操作数据帧时，违规模式的"禁用"端口立即变为错误禁用 (error-disabled) 状态，并禁用该端口，发出系统日志（Syslog）消息，增加违规计数器计数。当安全端口处于错误禁用状态时，需要先输入"shutdown"命令关闭端口，再输入"no shutdown"命令启用端口才能使接口脱离错误禁用状态。

表 8.3　三种违规模式的比较

违规模式	是否转发数据帧	是否发出 Syslog 消息	是否增加违规计数器计数	是否关闭端口
保护	否	否	否	否
限制	否	是	是	否
禁用	否	是	是	是

3. 交换机端口安全配置

默认情况下，交换机端口没有启用端口安全性，在启用端口安全性后，端口默认安全性设置为最大有效安全 MAC 地址数量为 1，违规模式为禁用模式。

配置交换机端口安全一般需要五个步骤：① 设置交换机端口为 Access 模式；② 启用端口安全性；③ 设置最大有效安全 MAC 地址数量；④ 配置安全 MAC 地址；⑤ 配置违规模式。其中，前两个步骤是必需的，后三个步骤是可选的。后三个步骤根据不同的网络需求而进行配置。

对应于上述步骤，下面给出的是以 Catalyst 2960 为例的交换机端口安全配置的命令。

```
Switch(config-if)#switchport mode access          //配置交换机端口工作模式为接入模式
Switch(config-if)#switchport port-security         //启动端口安全性功能
Switch(config-if)#switch port-security mac-address sticky
//配置通过粘滞获得安全 MAC 地址
Switch(config-if)#switch port-security mac-address mac-address
//配置静态安全 MAC 地址
Switch(config-if)#switchport port-security maximum maximum
//配置端口最大合法 MAC 地址数量
Switch(config-if)#port-security violation protect|restrict|shutdown
//配置端口安全性的违规模式
```

图 8.22 给出了对图 8.21 所示的网络拓扑结构中交换机 F0/1 端口进行端口安全性配置（有效安全 MAC 地址数量为 2 个，通过粘滞获得安全 MAC 地址，违规模式为限制）的详细步骤。

```
Switch(config)#interface f0/1
Switch(config-if)#switchport mode access
Switch(config-if)#switchport port-security
Switch(config-if)#switchport port-security mac-address sticky
Switch(config-if)#switchport port-security maximum 2
Switch(config-if)#switchport port-security violation restrict
```

图 8.22　端口安全性配置示例

8.4　交换机的管理

8.4.1　配置文件和操作系统的管理

交换机必须要有操作系统才能正常工作，交换机运行配置文件使交换机按所做的配置运行。交换机配置文件的管理与操作系统的管理是管理维护交换机最主要的工作。交换机配置文件与操作系统管理经常需要借助 TFTP 服务器完成，在使用 TFTP 服务器时，需要先配置交换机的管理 IP 地址，使 TFTP 服务器与交换机具有 IP 连通性。

交换机的配置信息以配置文件的形式存在。交换机配置文件可以保存在交换机的动态随机存取存储器（Dynamic Random Access Memory，DRAM）、Flash 和 TFTP 服务器上，也可以以文本的方式保存在任何存储介质上。正在运行的配置文件保存在交换机 DRAM 中。备份的配置文件（startup-config）保存在 Flash 的 NVRAM 部分，交换机 Flash 中可以有多个配置文件的备份。其中名为"config.text"的文件为交换机启动时装载的备份配置文件（startup-config）。

配置文件的管理主要涉及配置文件的备份与配置文件的还原两方面。将交换机的配置文件备份是一个非常重要的工作。例如，某些交换机花费了数小时才能配置调试正常，由于硬件故障原因丢失了配置文件，如果没有对配置文件进行备份，需要花费大量时间精力重新配置新交换机，如果有配置文件的备份文件，只需要将备份配置文件迅速加载到新交换机中。

交换机配置文件备份与还原的相关命令如下：

```
switch#copy running-config startup-config
//把正在运行的配置文件备份到 FLASH 的 NVRAM 部分
switch#copy running-config flash:          //把正在运行的配置文件备份到 flash 中
```

注释：输入"copy running-config flash:"命令后，会提示输入目标文件名，如果输入的目标文件名为 Flash 中没有的文件名，例如，输入文件名为"config.bak"，则可在 Flash 中保存多个不同的备份配置文件。如果目标文件名输入为"config.text"，则会覆盖原来已有的备份配置文件，此时该命令与命令"copy running-config startup-config"作用相同。

```
switch#copy running-config tftp          //把正在运行的配置文件备份到 TFTP 服务器上
switch#copy startup-config tftp          //把备份的配置文件备份到 TFTP 服务器上
switch#erase startup-config              //删除 NVRAM 中备份的配置文件
switch#erase nvram:                      //删除 NVRAM 中备份的配置文件
switch#delete flash:config.text          //删除 NVRAM 中备份的配置文件
```

注释：命令 "erase startup-config"、"erase nvram:" 和 "delete flash:config.text" 效果一样，都是删除 Flash 的 NVRAM 部分保存的备份的配置文件。

```
switch#copy tftp running-config          //把 TFTP 服务器上的配置文件运行到 RAM 中
switch#copy startup-config running-config
//将备份的配置文件中的命令添加到正在运行的配置中
```

注释：该命令并不能把当前正在运行的配置完全覆盖，有可能造成意外结果，要让备份的配置文件运行，可以重启交换机。

```
switch#show running-config               //查看正在运行的配置文件内容
switch#show startup-config               //查看备份的配置文件内容
switch#show flash:                       //查看 Flash 的内容
```

　　交换机的操作系统通常可以保存在 Flash、TFTP 服务器中。通常，对交换机操作系统的管理主要是将交换机 Flash 中的操作系统备份到 TFTP 服务器上和对交换机进行操作系统升级。

　　交换机备份操作系统与升级操作系统还原主要使用如下的命令。

```
switch#show flash:                       //查看 Flash 的内容
switch#copy flash: tftp                  //把 Flash 中的操作系统备份到 TFTP 服务器
switch#copy tftp flash:                  //把 TFTP 服务器的操作系统拷贝到 Flash 中
```

8.4.2　交换机灾难性恢复

　　交换机的灾难性恢复工作主要包括交换机的操作系统恢复与交换机的密码恢复工作，在进行交换机操作系统恢复与密码恢复时，需要在启动加载器命令行上完成。

1. 交换机的操作系统恢复

　　当交换机由于 Flash 中的操作系统崩溃或 Flash 中的操作系统被误删除而导致系统不能正常运行时，需要对交换机进行操作系统的恢复，交换机操作系统不能正常运行的恢复需要使用交换机的 Console 端口完成，通常使用 XModem 协议进行恢复，XModem 协议支持校验和多次重传。不同厂商交换机操作系统恢复过程可能存在差异，可以参考用户使用手册或随机的 CD 文档。下列是以 Catalyst 2960 和 Catalyst 3560 为例的使用 XModem 协议进行操作系统恢复的参考步骤。

①　使用控制线把控制台与交换机的 Console 端口连接起来，确保连接正常。

②　打开交换机的电源，如果交换机不能装载正常的操作系统，交换机会进入启动加载器命令行，启动加载器命令行提示符如图 8.23 所示。

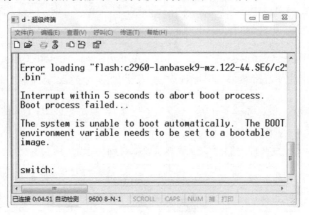

图 8.23　交换机启动加载器命令行

③　Console 端口默认的波特率为 9 600 bps，通常交换机操作系统文件至少有几兆以上，使用默认波特率把交换机操作系统从控制台传输到交换机的 Flash 中需要的传输时间太长。以传输文件大小为 7 Mbps 的操作系统为例，采用默认波特率传输需要传输 1.5 小时左右，为了节省操作系统恢复时间，可以在交换机启动加载器命令行下输入"set BAUD 115200"命令将 Console 端口的波特率修改为一个更高值115 200 bps。

④　在修改完交换机 Console 端口波特率后，由于超级终端 COM 口默认波特率与交换机 Console 端口波特率不一致，此时不能通信，需要将超级终端 COM 口波特率设置为与交换机 Console 端口波特率一样，如图 8.24 所示。

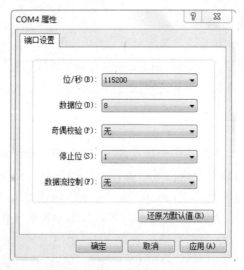

图 8.24　修改超级终端 COM 口波特率为 115 200 bps

⑤ 在交换机启动加载器命令行下输入"copy xmodem: flash:filename",其中"filename"为操作系统存储在交换机 Flash 中的文件名,不同的交换机型号操作系统文件名不一样,图 8.25 给出了使用 Xmodem 协议把控制台备份的操作系统复制到交换机 Flash 中并将 Flash 中的文件名命为"c2960-lanbasek9-mz.122-44.SE6.bin"的命令示例。

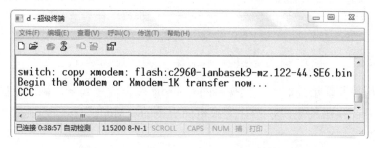

图 8.25 输入复制命令使用 Xmodem 传输操作系统文件

⑥ 输入"copy xmodem: flash:filename"后,交换机开始准备使用 Xmodem 协议传输文件,在超级终端的菜单中单击"传送"→"发送文件"按钮,弹出如图 8.26 所示的发送文件窗口。选择需要恢复的交换机操作系统文件,协议设置为"Xmodem",最后单击"发送"按钮发送备份操作系统文件就可以将控制台上备份的操作系统还原到交换机 Flash 中了,传输窗口如图 8.27 所示。

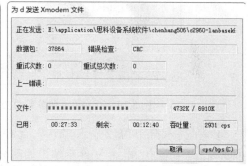

图 8.26 发送文件窗口　　　　　图 8.27 使用 Xmodem 文件传输示例

⑦ 操作系统文件传输完之后,输入"set BAUD 9600"命令将 Console 端口的波特率还原成默认值,如图 8.28 所示,再断开超级终端连接,使用默认 COM 属性打开连接,输入"boot"命令启动交换机。

2. 交换机的密码恢复

在使用交换机时,当交换机的特权模式登录密码丢失或密码被非授权修改时,对交换机的访问就无法正常进行。为此,在交换机上也提供了相应的密码恢复方法。不同厂商交换机的密码恢复过程可能存在差异,所以在密码恢复时需要参考用户使用手册或随机的 CD 文档。Catalyst 2960 的密码恢复参考步骤如下所述。

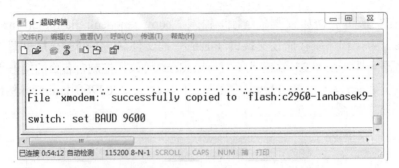

图 8.28　将交换机 Console 端口波特率还原成默认值

① 使用控制线把控制台与交换机的 Console 端口连接起来，确保连接正常。

② 断开交换机的电源，按住交换机面板上的"Mode"按钮，同时重新打开交换机的电源。

③ 等交换机面板上的"状态（STAT）"指示灯亮后的一至两秒钟释放"Mode"按钮，此时在交换机的超级终端显示窗口内将会出现如图 8.29 所示的系统提示信息，这时交换机的提示符为"switch:"。

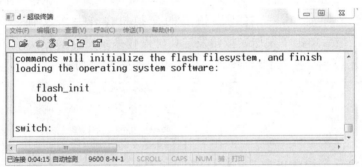

图 8.29　交换机密码恢复时控制终端显示窗口提示的信息

④ 在提示符下可以输入"？"查看当前可用的命令及其用法，请输入命令"flash_init"初始化 Flash 文件系统，如图 8.30 所示，图中有成功装载信息。

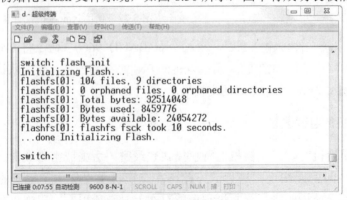

图 8.30　初始化 Flash 文件系统

⑤ 初始化 Flash 文件系统后，在提示符下输入命令"load_helper"（注释：部分交换机不需执行该命令）。

⑥ 当装载好操作系统软件后，在提示符下输入"dir flash:/"命令显示 Flash 中所保存的配置文件的名称。

⑦ 在提示符下输入"rename flash:config.text flash:config.text.old"命令把 Flash 中备份的配置文件改名为"config.text.old"，如图 8.31 所示。

⑧ 输入"boot"命令重新启动交换机，这时交换机找不到 Flash 中备份的配置文件（config.text），所以配置文件中的特权密码也就无效，系统就会提示是否进入"配置对话(configuration dialog)"，请选择"N"。

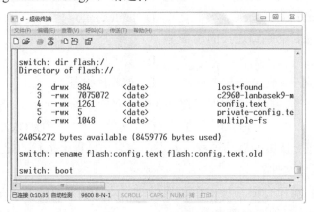

图 8.31　更改 Flash 中备份的配置文件名称

⑨ 在交换机的用户模式提示符"switch>"后，进行以下的操作，运行原来的配置，修改特权密码为"student"，保存配置。

```
switch>#enable                          //进入特权执行模式。
Switch#copy flash:config.text.old system:running-config
//把配置文件从 FLASH 中装载到 RAM 中。
Switch#config terminal                  //进入全局配置模式
Switch(config)#enable secret student    //配置 enable secret 密码为 student
Switch(config)#end                      //直接返回到特权模式
Switch#show running-config       //查看正在进行的配置文件，请注意查看 enable 密码
Switch#copy running-config startup-config   //备份配置文件到 NVRAM
```

本 章 习 题

8.1　选择题：

① 当交换机收到的数据帧的目的 MAC 地址是单播地址，但该 MAC 地址在交换机的 MAC 表中不存在时，交换机如何转发该数据帧（　　　　）？

A. 丢弃该数据帧　　　　　　　　　　B. 洪泛

C. 从交换机所有端口发送出去　　　　D. 从交换机的一个端口发送出去

② 下面哪一种交换机转发方式具有最大的延迟（　　　　）？

A. 无碎片交换　　　B. 快速转发　　　C. 存储转发　　　　D. 直通交换

③ 下面哪个可以自动检测交换机端口所需电缆连接类型使通信成功
（　　　）？

A. SPAN　　　　　B. 端口安全性　　　C. auto-MDIX　　　D. POST

④ 下面哪个命令的作用是启用交换机端口安全性功能（　　　　）？

A. switchport port-security　　　　　　B. switchport port-security maximum 1

C. switchport mode access　　　　　　D. duplex auto

⑤ 通常镜像目的端口连接的设备是（　　　）？

A. 路由器　　　　　　　　　　　　B. 交换机

C. 安装有监控软件的监控主机　　　D. 被监控设备

⑥ 交换机备份的配置文件保存在下面哪种存储设备中（　　　）？

A. RAM　　　　　B. ROM　　　　　C. Flash　　　　　D. DRAM

8.2　请描述交换机的启动过程，并说明在启动过程中执行的配置文件保存在交换机哪个存储器的文件？

8.3　交换机端口有哪三种安全违规模式，请从数据帧转发、是否发出 Syslog 消息等方面比较这三种安全违规模式。

第 9 章　虚拟局域网

虚拟局域网（Virtual Local Area Network，VLAN）是以局域网交换机为基础，通过交换机软件实现根据功能、部门、应用等因素将设备或用户组成虚拟工作组或逻辑网段的技术。VLAN 可隔离广播，一个 VLAN 就是一个广播域，VLAN 之间的通信需要具有路由功能的路由器或三层交换机来实现。

本章首先介绍 VLAN 的概念、优点及分类，然后详细介绍 VLAN 中继协议和 VLAN 的配置、管理和排错，并对 VLAN 之间的通信实现方法及配置进行详细介绍。

9.1　VLAN 简介

9.1.1　VLAN 概述

以太网从共享式以太网发展到交换式以太网后，由于交换机可以分割冲突域，因此，交换式以太网网络性能大大提高。但是，根据交换机的工作原理，交换机不能分割广播域，交换网络中任何一台主机发出的组播或广播帧，局域网中所有的主机都能接收到，有可能导致网络中存在大量广播流量，产生广播风暴现象。

为了提升局域网性能，减少广播域的大小，可以使用网络层设备路由器对网络进行逻辑网段的划分。在图 9.1 所示的网络中，某幢大楼的网络使用一台路由器 R1 将两层楼的主机连接起来，路由器 R1 有两个端口，将整个网络分为两个广播域，每个广播域为一个单独的 IP 网段。大楼的第一层楼的所有主机连接到路由器 R1 的 F0/1 端口，它们属于一个 IP 网段（即 LAN1），大楼的第二层楼的所有主机连接到路由器 R1 的 F0/0 端口，它们属于另一个 IP 网段（即 LAN2）。但这种使用路由器进行逻辑分段的方法有许多缺陷：① 会受到物理线路的限制。例如，第二层楼的主机 PC1 由于安全等原因需要与第一层楼的计算机属于同一 IP 网段，就需要将主机 PC1 的线缆连接到第一层楼的交换机上，导致网络以后的改造困难、网络的灵活性不够。② 这种方法不能解决在同一交换机上对不同端口的主机进行逻辑分段的问题。③ 由于路由器通常使用软件进行路由转发，这种方法容易导致网络瓶颈。此外路由器价格相对于交换机高，此方法会提高局域网的部署成本。

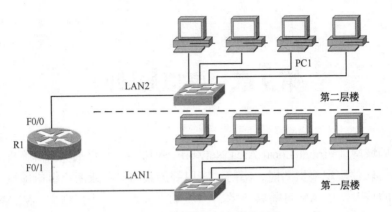

图 9.1　采用路由器划分逻辑网段

　　那能不能不考虑网络用户的地理位置，而根据网络用户使用的资源将其分组，以满足管理特定群体的安全需要和带宽需求呢？答案是肯定的，其解决方案是使用虚拟局域网（VLAN）技术。IEEE 于 1999 年颁布了用于标准化 VLAN 实现方案的 IEEE 802.1Q 协议标准草案。

　　VLAN 是以局域网交换机为基础，通过交换机软件实现根据功能、部门、应用等因素将设备或用户组成虚拟工作组或逻辑网段的技术，其最大的特点是在组成逻辑网络时无须考虑用户或设备在网络中的物理位置。在如图 9.2 所示的网络中，使用 VLAN 技术将网络划分为三个逻辑网段，当某个用户由于工作性质改变而需要加入另一个逻辑网段时，不需要进行重新布线，只需要在交换机上进行相应的配置使其属于另一个 VLAN 即可。

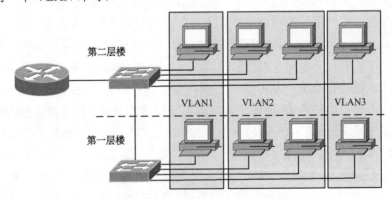

图 9.2　采用 VLAN 划分逻辑网段

9.1.2　VLAN 的优点

　　交换机可以分割冲突域，以解决冲突严重的问题，但不能隔离广播报文。但在交换机上使用 VLAN 技术后，可以把一个 LAN 划分成多个逻辑上的 LAN，相对于未划分 VLAN 之前的网络具有如下优点。

1. 可以有效控制广播域的范围

在交换机上划分 VLAN 之后，每个 VLAN 就是一个单独的广播域，一个 VLAN 中的广播不会传播到其他的 VLAN，也不会影响到其他 VLAN 的性能。即使是同一交换机上的两个相邻端口，只要它们不在同一 VLAN 中，相互之间就不会渗透广播流量。这种配置方式大大减少了网络中的广播流量，提高了用户的可用带宽，弥补了网络易受广播风暴影响的弱点。

2. 提高了网络的安全性

VLAN 的数目及每个 VLAN 中的用户和主机是由网络管理员决定的。网络管理员通过将需要直接通信的网络节点放在一个 VLAN 内，或将受限制的应用和资源放在一个安全 VLAN 内，并提供基于应用类型、协议类型、访问权限等不同策略的访问控制表，可以提高网络的安全性。不同 VLAN 的主机不能直接通信，必须要通过路由器等网络层设备对数据进行三层转发。

3. 简化了网络管理

同一个 VLAN 的主机不受网络用户的物理位置限制，一个 VLAN 包含的用户可以连接在同一个交换机上，也可以跨越多个交换机，大大减少了在网络中增加、删除或移动用户时的管理开销。如果要增加一个用户到某个 VLAN，无须重新布线，只需要在所连接的交换机上进行配置，把对应的交换机端口指派属于某个 VLAN 即可。如果要将某个用户从 VLAN 中删除，也只需要在所连接的交换机上将其 VLAN 配置撤消或删除，从而简化了网络管理。

9.1.3　VLAN 的分类

VLAN 是在交换机上使用软件实现的，VLAN 的实现方式分为静态 VLAN 和动态 VLAN 两种实现方式。

1. 静态 VLAN

静态 VLAN 是指由网络管理员手工将交换机端口指派给某个 VLAN。在如图 9.3 所示的网络中，交换机 SW1 的 F0/1、F0/2 端口和交换机 SW2 的 F0/2、F0/3 端口被指派给 VLAN2，交换机 SW1 的 F0/3、F0/4 端口和交换机 SW2 的 F0/1、F0/4 端口属于 VLAN3。管理员一旦将交换机某个端口配置属于某个 VLAN 后，只要管理员对该端口的 VLAN 属性没做任何改变，该端口就一直属于这个 VLAN。因此，静态 VLAN 也被称为基于端口的 VLAN。基于端口的 VLAN 实现简单，具有较强的网络可监控性，是目前工程中最常用的 VLAN 实现方法。但静态 VLAN 由于端口属于某个 VLAN 为管理员手工配置，因此灵活性不够，尤其是当用户在网络中的位置发生变化时，不能自动适应网络的变化，必须由网络管理员将交换机端口重新进行配置。通常，静态 VLAN 比较适合用户或设备位置相对稳定的网络环境。

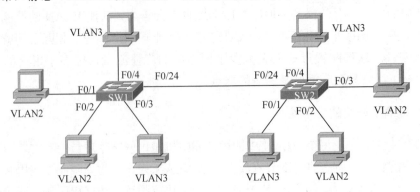

图 9.3　静态 VLAN

2. 动态 VLAN

动态 VLAN 是指根据交换机端口所连用户的 MAC 地址、逻辑地址或协议等信息将交换机端口动态分配给某个 VLAN。动态 VLAN 通常需要有一台称为 VLAN 成员资格的策略服务器（VLAN Membership Policy Server，VMPS），VMPS 可根据连接到交换机端口的主机源 MAC 地址为其配置相应的 VLAN。动态 VLAN 具有较强的灵活性，当用户在网络中的位置发生变化时，能够自动适应网络的变化，用户在网络中的位置变化后并不需要对网络进行额外配置或管理。但是，在使用 VLAN 管理软件建立 VLAN 管理数据库和维护该数据库时需要很多额外的开销，因此动态 VLAN 在实际网络中并不常见。

在交换网络中实施 VLAN 时，会涉及默认 VLAN、管理 VLAN 以及本征 VLAN 等术语。

（1）默认 VLAN

默认 VLAN 是指交换机端口默认所属的 VLAN。交换机的默认 VLAN 是 VLAN 1，VLAN1 不能被重命名，也不能被删除，生成树等第二层的控制流量信息始终属于 VLAN1。一般，为了网络安全，最好将默认 VLAN 设置为其他 VLAN。

（2）管理 VLAN

管理 VLAN 是用于远程访问交换机管理功能的 VLAN。默认管理 VLAN 为 VLAN1，然而由于交换机端口默认属于 VLAN1，因此，VLAN1 作为管理 VLAN 会存在任何连接到交换机的用户默认可以进入到管理 VLAN 的安全隐患，通常会另建一个 VLAN 作为管理 VLAN。二层交换机的管理地址配置在管理 VLAN 的虚端口上。

（3）本征 VLAN（Native VLAN）

当交换机的端口被配置为 IEEE 802.1Q 中继端口时（详见 9.2 节），需要指定本征 VLAN，中继端口默认的本征 VLAN 为 VLAN1。中继端口所连接的链路上支持来自多个不同 VLAN 的流量，本征 VLAN 的流量在中继链路上传输时，不需要打上 VLAN 标签，而其他 VLAN 的流量在中继链路上传输时需要打上对应的 VLAN 标签。接收该流量的中继端口如果收到不带 VLAN 标签的流量，就把该流量发送到本征 VLAN。本征 VLAN 的作用是向下兼容传统 LAN 方案中的无标记流量。从安全角度考虑，最好使用除了 VLAN1 以外的其他 VLAN 作为本征 VLAN。

此外，随着以太网技术的快速发展，许多 Internet 服务提供商都提供小区的 LAN 宽带接入服务，基于用户安全等方面的考虑，要求每个用户互相隔离，最好是每个用户均位于一个单独的 VLAN。然而 IEEE 802.1Q 协议规定，最大的 VLAN 数为 4 094 个，VLAN 个数远远不够，因此出现了私用 VLAN 技术（H3C 对应为 Isolate-user-vlan 技术）。

9.2　VLAN 技术原理

9.2.1　中继概述

属于同一个 VLAN 的主机在跨交换机通信时，交换机与交换机之间需要一条物理链路。如果在有多个交换机的局域网中划分了多个 VLAN，则需要交换机与交换机之间有多条物理链路相连。在如图 9.4 所示网络中划分了 VLAN1 和 VLAN2 两个 VLAN，当同属于 VLAN1 的两个主机 PC1 和 PC3 之间相互通信时，使用交换机 SW1 的 F0/1 端口和 SW2 的 F0/1 端口所连的物理链路，当而同属于 VLAN2 的两个主机 PC2 与 PC4 之间相互通信时，使用交换机 SW1 的 F0/2 端口和 SW2 的 F0/2 端口所连的物理链路。这种方法会浪费交换机的物理端口，尤其是当局域网中 VLAN 的数目太大时，甚至没有任何一款交换机有足够的端口满足所有 VLAN 跨交换机通信的要求。

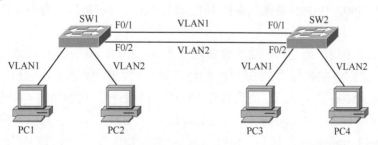

图 9.4　VLAN 示例

　　为了节省交换机之间的链路，可以采用中继链路（Trunk）。中继链路也称干道链路，它是两点间的一条传输信道，是一条可以承载多条逻辑链路的物理连接。对 VLAN 交换环境而言，中继链路是一条可以承载多个 VLAN 流量的以太网接口之间的点到点链路。

　　图 9.5 为中继链路的示例。图中只有一条物理链路将交换机 SW1 与 SW2 连接起来，将这条物理线路配置为中继链路，就可以让 VLAN1 和 VLAN2 的数据帧都可以在该链路上传输。

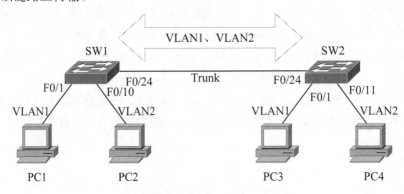

图 9.5　中继示例

9.2.2　中继协议

　　由于在中继链路上承载了来自多个 VLAN 的不同数据，在交换机上需要有一种机制使交换机能够识别中继链路上的数据帧来自于哪个 VLAN，以进行正确的转发。

　　但是，由于 VLAN 技术是 20 世纪 90 年代末才出现，比以太网技术出现时间晚许多，因此传统的以太网帧并没有提供识别不同 VLAN 帧的机制。在 VLAN 技术中通常采用在以太网帧的帧头中插入一个标签（Tag）的方法来识别中继链路中的数据帧属于哪个 VLAN。当前帧标记最常用的封装协议是 IEEE 802.1Q，它是一个开放的封装协议，所有厂商都支持。此外，还有思科的私有中继封装协议 ISL，但 ISL 只有在思科交换机上才能使用，也有部分思科交换机不支持 ISL。例如，思科的 Catalyst 2960，中继链路就只支持 IEEE 802.1Q 的封装协议，而不支持 ISL 封装协议。

　　为了保证不同厂商生产的交换设备相互兼容，IEEE 802.1Q 标准严格规定了统一的 IEEE 802.1Q 的帧格式。IEEE 802.1Q 的帧格式如图 9.6 所示，它相当于在标准的以太网帧头添加了 4 字节，成为带有 VLAN 标签的帧。在添加的 4 字节中，2 字节为标记协议标志符（Tag Protocol Indentifier，TPID），2 字节为标签控制信息段（Tag Control Information，TCI）。IEEE 802.1Q 帧结构中 VLAN 标签字段的含义如下所述。

8字节	6字节	6字节	2字节	2字节	2字节	46～1 500字节	4字节
前导码	目的MAC地址	源MAC地址	标记协议标志	标签控制信息	类型	数据	帧校验序列

图 9.6   IEEE 802.1Q 的帧格式

- 标记协议标志符：长度为 2 字节，其值固定为"0X8100"，表示该帧是带有 IEEE 802.1Q 标记信息的帧。
- 标签控制信息字段：共 2 字节，包含的是帧的控制信息。它包括 3 比特用户优先级（User Priority）、1 比特规范格式指示器（Canonical Format Indicator，CFI）和 12 比特 VLAN 标记（VLAN Identifier，VID）。其中，用户优先级用于定义数据帧的优先级，有 8 个优先级别；规范格式标识用于指示以太网和令牌环网之间的转发，CFI 在以太网交换机中总被设置为"0"，若一个以太网端口接收帧的 CFI 值为"1"，表示不对该帧进行转发；12 比特的 VLAN 标记用于标识帧所属的 VLAN，VID 的有效值为 0～4095，其中 0、1 和 4095 被保留。

9.2.3   VLAN 链路的类型

在传统的以太网环境中，所有链路上传输的数据帧均为以太网帧，而在使用了 VLAN 技术的交换网络环境中，有的链路承载的是以太网帧，有的链路需要承载打上 VLAN 标识的 IEEE 802.1Q 帧。根据链路上可传输的数据帧类型，可以把链路分为接入链路（Access）、中继链路和混和链路（Hybrid）三种类型，基本上绝大部分交换机端口都支持接入链路和中继链路类型，但有许多交换机端口不支持混和链路类型。

1. 接入链路

交换机端口为接入链路表示该交换机端口属于一个并且只属于一个 VLAN。接入链路只能是一个 VLAN 成员。在图 9.6 中，交换机 SW1 和交换机 SW2 连接主机 PC1、PC2、PC3 和 PC4 的链路即为接入链路。接入链路上传输的是未打标记的普通以太网帧。

2. 中继链路

中继链路可以承载多个 VLAN，即多个不同 VLAN 的数据帧可以在中继链路上传输。除了本征 VLAN 的数据帧在中继链路上传输时不需要打上 VLAN 标签外，其他 VLAN 的数据帧在中继链路上传输时都打上了 VLAN 标签。中继链路可以配置为传输所有 VLAN 的数据帧，也可以配置为只传输部分 VLAN 的数据帧。中继链路通常用于交换机与交换机之间的连接，以及交换机与路由器之间的连接（当使用单臂路由实现 VLAN 之间通信时）。在图 9.5 中，交换机 SW1 和交换机 SW2 之间的链路为中继链路。

3. 混合链路

混合链路可传输带 VLAN 标签的 VLAN 帧以及不带 VLAN 信息的以太网帧。但目前有许多交换机的操作系统不再支持混合链路模式。

9.2.4　VLAN 标签工作过程

在使用了 VLAN 技术的交换网络环境中，接入链路上传输的普通以太网帧，当数据帧需要从中继链路上转发出去时，执行以下操作：① 如果数据帧所属 VLAN 是本征 VLAN，数据帧不打 VLAN 标签，直接从中继链路发送出去；② 如果数据帧所属 VLAN 不是本征 VLAN，打上对应的 VLAN 标签，并从中继链路发送出去。

中继链路另一端（即接收端）收到一个数据帧，执行以下操作：① 如果收到的数据帧没有携带 VLAN 标签，则该数据帧所属 VLAN 为本征 VLAN，从所有属于本征 VLAN 的接入端口和中继端口转发出去；② 如果收到的数据帧是携带 VLAN 标签的 IEEE 802.1Q 帧，根据 VLAN 标签判断数据帧所属 VLAN，然后去掉数据帧中的 VLAN 标签，并从所有属于该 VLAN 的接入端口和中继端口转发。

下面用一个示例来说明 VLAN 标签的工作过程。在图 9.7 所示的交换网络中，交换机 SW1 的 F0/8 端口、交换机 SW2 的 F0/7 端口和 SW3 的 F0/8 端口都属于 VLAN2，交换机之间的链路为中继链路，封装的中继协议为 IEEE 802.1Q，本征 VLAN 为 VLAN90。现主机 PC1 需要向主机 PC3 发送数据，交换机 SW1、SW2 和 SW3 的 MAC 表中都没有主机 PC3 的信息，数据转发过程中的标签工作过程如下所述。

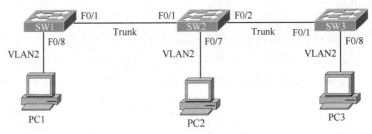

图 9.7　VLAN 标记工作过程

① 主机 PC1 与交换 SW1 的 F0/8 端口之间的链路为接入链路，因此主机 PC1 传输到交换机 SW1 的数据帧为普通的以太网帧。

② 交换机 SW1 查找对应 VLAN 的 MAC 表，交换机 MAC 表中没有目的 MAC 地址对应条目，需要将该数据帧从所有属于 VLAN2 的端口和中继端口转发出去。

③ 由于主机 PC1 所在 VLAN 为 VLAN2，交换机 SW1 转发该数据帧的中继端

口 F0/1 的本征 VLAN 为 VLAN90，因此，交换机 SW1 从中继端口 F0/1 转发时，将数据帧打上 VLAN2 的标签，使之封装为 IEEE 802.1Q 帧。

④ 交换机 SW2 从中继端口 F0/1 收到打了 VLAN 标签的 IEEE 802.1Q 帧，检测该数据帧中的 VID，判断其属于 VLAN2，去掉该帧中的 VLAN 标签，并查找 VLAN2 对应的 MAC 表，交换机 MAC 表中没有目的 MAC 地址对应条目，需要将该数据帧从所有属于 VLAN2 的端口（F0/7 端口）和中继端口转发出去。

⑤ 交换机 SW2 转发该数据帧的中继端口 F0/1 的本征 VLAN 为 VLAN90，该数据帧属于 VLAN2，因此，当交换机 SW2 从中继端口 F0/2 转发数据帧时，将数据帧打上 VLAN2 的标签，使之封装为 IEEE 802.1Q 帧。

⑥ 交换机 SW3 从中继端口 F0/1 收到打了 VLAN 标签的 IEEE 802.1Q 帧，检测该数据帧中的 VID，判断其属于 VLAN2，去掉该帧中的 VLAN 标签，并查找 VLAN2 对应的 MAC 表，交换机 MAC 表中没有目的 MAC 地址对应条目，需要将该数据帧从所有属于 VLAN2 的端口（F0/8 端口）转发出去。

⑦ 交换 SW3 的 F0/8 端口链路为接入链路，因此交换机 SW3 传输到主机 PC3 的数据帧为普通的以太网帧，主机 PC3 接收该数据帧。

从标签工作过程可以看出，如果一条中继链路两端的本征 VLAN 不一样，会出现将数据帧转发到其他 VLAN 的情况，从而导致网络安全隐患。

下面举一个示例来说明中继链路两端所配置本征 VLAN 不一样产生的结果。在图 9.8 所示的拓扑结构中，交换机 SW1 的中继端口 F0/24 的本征 VLAN 为 VLAN1，交换机 SW2 的中继端口 F0/24 的本征 VLAN 为 VLAN2，链路两端的本征 VLAN 不相同。当主机 PC1 向外发送一个广播帧时，其过程如下所述。

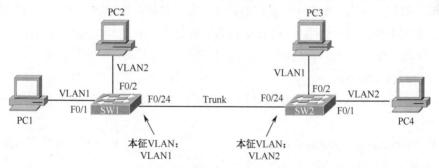

图 9.8　中继链路两端本征 VLAN 不一致现象

① 主机 PC1 到交换机 SW1 之间的链路为接入链路，当该广播帧在该链路上传输时，其帧为普通的以太网帧。

② 交换机收到该广播帧，从所有属于 VLAN1 的端口和中继端口洪泛出去。

③ 由于该广播帧属于 VLAN1，交换机 SW1 的中继端口 F0/24 配置的本征 VLAN 也为 VLAN1，因此，从中继端口 F0/24 转发该数据帧时不打 VLAN 标签。

④ 交换机 SW2 从中继端口 F0/24 收到未打 VLAN 标签的数据帧，由于交换机

SW2 的中继端口 F0/24 配置的本征 VLAN 为 VLAN2，因此判断该帧属于 VLAN2，交换机 SW2 从所有属于 VLAN2 的端口和中继端口洪泛该数据帧。

这样，属于 VLAN1 的主机 PC1 发出的广播帧跨交换机后，交换机 SW2 就将其传播到 VLAN2 中了。因此在部署实施中继链路时，要注意中继链路两端本征 VLAN 的一致性。

9.2.5　VLAN 的规划与部署要点

实际工程中通常采用静态 VLAN 的实现方式，静态 VLAN 的配置主要包括创建 VLAN、配置中继链路和配置接入链路三个任务。

1. VLAN 的规划要点

VLAN 的规划要点有：① 确定局域网中需要创建的 VLAN 个数，每个 VLAN 的 ID、VLAN 的名称、VLAN 的类型以及每个 VLAN 对应的 IP 网络号。② 确定交换机的哪些端口为中继端口，中继端口的封装协议是什么，中继链路允许哪些 VLAN 帧通过，哪个 VLAN 作为中继链路上的本征 VLAN。③ 确定交换机的哪些端口为接入端口，该接入端口指派给哪个 VLAN。

2. VLAN 的配置要点

VLAN 的配置一般需要三个步骤：① 在局域网所有的交换机上根据规划的 VLAN 创建 VLAN 并配置 VLAN 的名称。② 在局域网所有的交换机上根据规划配置中继端口——首先，配置中继端口的封装协议；其次，指定端口模式为中继链路；再次，配置中继端口允许哪些 VLAN 的数据帧通过；最后指定哪个 VLAN 为中继端口的本征 VLAN。③ 在局域网所有的交换机上根据规划配置接入端口，并指定接入端口所属 VLAN。

对应于上述步骤，下面给出的是以 Catalyst 交换机为例的 VLAN 配置与调试验证命令。

- Switch(config)#vlan *vlan-id*　　　　　　　　//创建 VLAN，参数"*vlan-id*"表示 VLAN 标识

> 注释：交换机 VLAN 信息保存在 "flash: vlan.dat" 中，如果要清除交换机的配置，除了使用 "erase startup" 清除交换机配置之外，还需要使用 "delete flash:vlan.dat" 命令删除 VLAN 数据库，重启交换机才能将交换机配置及 VLAN 配置完全清除。

- Switch(config)#no vlan *vlan-id*　　　　　　　　//删除 VLAN

> 注释：VLAN1 不能被删除，其他创建的所有 VLAN 都可以使用该命令删除

- Switch(config-vlan)#name *vlan-name*　　　　　　//配置 VLAN 的名称
- Switch (config-if)#switchport trunk encapsulation dot1q|isl　　　　//配置中继端口的封装协议

> **注释:** 当交换机操作系统支持多个中继协议时，需要使用该命令指定封装的中继协议。"dot1q"表示使用的封装协议为 IEEE 802.1Q; isl 表示使用的封装协议为思科私有中继协议 ISL。在 Catalyst 2960 上，由于只支持 IEEE 802.1Q 封装协议，因此不需要使用该命令。

- Switch (config-if)#switchport mode trunk　　　　//配置端口链路类型为中继链路
- Switch (config-if)#switchport trunk native vlan *vlan-id*　　　　//配置中继链路的本征 VLAN
- Switch (config-if)#switchport trunk allowed vlan all　　　　//配置中继链路允许承载所有 VLAN 帧
- Switch (config-if)#switchport trunk allowed vlan add|remove|except *vlan-id*
  //配置中继链路所承载的 VLAN 帧，参数"add"表示把某个 VLAN 添加到中继链路上；参数"remove"表示从中继链路上把某个 VLAN 移除掉；参数"except"表示除了某个 VLAN，其他 VLAN 都可以在中继链路上传输
- Switch (config-if)#switchport mode access　　　//设置端口链路类型为接入链路
- Switch (config-if)#switchport access vlan *vlan-id*　　//将端口指派给 VLAN
- Switch#show vlan　　　　　　　　　　　　//查看 VLAN 信息
- Switch#show vlan brief　　　　　　　　　　//查看 VLAN 的简要信息
- Switch#show interfaces [*interface-id*|vlan *vlan-id*] | switchport　　//显示交换机接口信息

3. VLAN 的规划与配置实例

某一网络 VLAN 分配及拓扑结构如图 9.9 所示，图中交换机 SW1 为 Catalyst 2960，交换机 SW2 为 Catalyst 3560，要求将中继链路的本征 VLAN 配置为 VLAN3。分析该交换网络可知：① 由于局域网被划分成三个 VLAN，两个交换机之间的链路需要承载三个 VLAN 的数据帧，因此两个交换机之间的链路为中继链路；② Catalyst 2960 交换机的中继链路只支持 IEEE 802.1Q 的封装协议，而 Catalyst 3560 交换机的中继链路既可支持 IEEE 802.1Q 的封装协议，也可支持 ISL 封装协议，中继链路两端端口的封装协议必须一样，这样中继链路才能正常工作，因此中继链路的封装协议采用 IEEE 802.1Q。

在交换机 SW1 上，端口"F0/1"、"F0/2"和"F0/3"连接的是主机，这三个端口的链路类型为接入链路。交换机 SW1 中继链路的封装协议只支持 IEEE 802.1Q，

不需要对中继端口"F0/24"配置封装协议。图 9.10 给出了在交换机 SW1 上创建 VLAN 配置接入链路与配置中继链路的详细步骤。

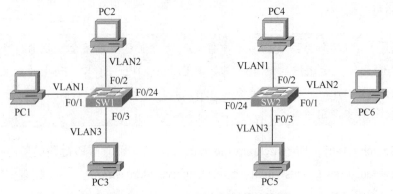

图 9.9　VLAN 配置实例拓扑结构图

```
SW1(config)#vlan 2
SW1(config-vlan)#vlan 3
SW1(config-vlan)#exit
SW1(config)#interface f0/1
SW1(config-if)#switchport mode access
SW1(config-if)#switchport access vlan 1
SW1(config-if)#interface f0/2
SW1(config-if)#switchport mode access
SW1(config-if)#switchport access vlan 2
SW1(config-if)#interface f0/3
SW1(config-if)#switchport mode access
SW1(config-if)#switchport access vlan 3
SW1(config-if)#interface f0/24
SW1(config-if)#switchport mode trunk
SW1(config-if)#switchport trunk native vlan 3
```

图 9.10　交换机 SW1 上 VLAN 的配置示例

在交换机 SW2 上，端口"F0/1"、"F0/2"和"F0/3"连接的是主机，这三个接口的链路类型为接入链路。交换机 SW2 中继链路的封装协议支持 IEEE 802.1Q 和 ISL，因此需要对中继端口"F0/24"配置封装协议。图 9.11 给出了交换机 SW2 上 VLAN 配置的详细步骤。

```
SW2(config)#vlan 2
SW2(config-vlan)#vlan 3
SW2(config-vlan)#exit
SW2(config)#interface f0/1
SW2(config-if)#switchport mode access
SW2(config-if)#switchport access vlan 2
SW2(config-if)#interface f0/2
SW2(config-if)#switchport mode access
SW2(config-if)#switchport access vlan 1
SW2(config-if)#interface f0/3
SW2(config-if)#switchport mode access
SW2(config-if)#switchport access  vlan 3
SW2(config-if)#interface f0/24
SW2(config-if)#switchport trunk encapsulation dot1q
SW2(config-if)#switchport mode trunk
SW2(config-if)#switchport trunk native vlan 3
```

图 9.11　交换机 SW2 上 VLAN 的配置示例

9.3　VLAN 之间的通信

9.3.1　VLAN 之间的通信概述

在交换机上划分 VLAN 之后，不同的 VLAN 属于不同的广播域，不同的 VLAN 对应不同的 IP 网段，VLAN 之间由于 IP 网络号不相同，因此需要借助 OSI 参考模型第三层（网络层）的功能来实现 VLAN 之间的通信。从设备功能来讲，路由器与三层交换机都具有 OSI 参考模型网络层的功能，它们都可用于实现 VLAN 之间的通信。其中，使用三层交换机实现 VLAN 之间的通信在目前工程中尤为普遍。

在传统模式下，将路由器的一个端口连接到一个 VLAN，路由器端口的 IP 地址为所连 VLAN 的默认网关地址。图 9.12 给出了传统模式下使用路由器实现 VLAN 之间通信的方法。图中共划分了 VLAN1 和 VLAN2 两个 VLAN，路由器 R1 的 F0/0 端口连接到 VLAN1，F0/1 端口连接到 VLAN2（即将路由器 F0/0 端口所连交换机 SW1 的 F0/23 端口指派给 VLAN1，将路由器 F0/1 端口所连交换机 SW2 的 F0/23 端口指派给 VLAN2）。路由器 F0/0 端口的 IP 地址为 VLAN1 中主机的默认网关地址，路由器 F0/1 端口的 IP 地址为 VLAN2 中主机的默认网关地址。当完成路由器上端口配置及启动 IP 路由协议后，路由器就可以实现两个 VLAN 之间的通信。

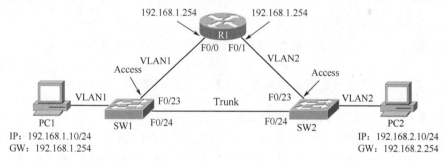

图 9.12　传统使用路由器实现 VLAN 之间的通信

但传统使用路由器实现 VLAN 之间通信对路由器端口的数量要求较高，如果网络中有 10 个 VLAN，实现 VLAN 之间的通信，需要 10 个路由器端口。随着网络中 VLAN 数量的增加，采用路由器的一个端口连接到一个 VLAN 实现 VLAN 之间的通信变得不现实。

1. 单臂路由

为了避免路由器物理端口的浪费，采用 IEEE 802.1Q 封装协议和逻辑子接口，使用一条物理线路将路由器与交换机相连实现 VLAN 之间的通信，这种方式也称为单臂路由。逻辑子接口是一个物理接口中的一个逻辑接口，它是通过协议和技术将一个物理接口虚拟出来的。路由器的一个物理接口可以有多个逻辑子接口，逻辑子接口的标识是在原来的物理接口后加 "." 再加上一个数字，例如，"F0/0.1" 表示物理接口 "F0/0" 的一个逻辑子接口。在配置逻辑子接口的 IP 地址时需要注意，逻辑子接口所属的物理接口不能配置 IP 地址。如果逻辑子接口所属的物理接口已经配置有了 IP 地址，需要使用 "no ip address" 命令将物理接口所配置的 IP 地址删除掉。

图 9.13 给出了使用单臂路由实现 VLAN 之间通信的方法。图中共划分了 VLAN1 和 VLAN2 两个 VLAN。使用一条物理线路将路由器 R1 的 F0/0 端口与交换机 SW1 的 F0/23 端口相连。交换机 SW1 的 F0/23 端口为 Trunk 模式，允许多个 VLAN 的帧通过。路由器的 F0/0 端口配置了两个逻辑子接口：一个逻辑子接口属于 VLAN1，配置的 IP 地址为 VLAN1 中主机的默认网关地址；另一个逻辑子接口属于 VLAN2，配置的 IP 地址为 VLAN2 中主机的默认网关地址。

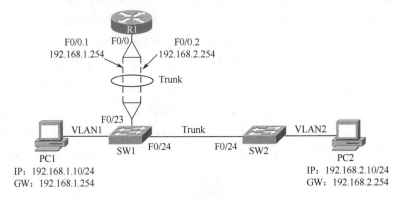

图 9.13 使用单臂路由器实现 VLAN 之间的通信

2. 使用三层交换机虚拟端口实现 VLAN 之间的通信

使用单臂路由实现 VLAN 之间的通信存在以下两个问题。

① 单臂路由的路由器与交换机之间的链路成为网络瓶颈。由于使用单臂路由实现 VLAN 之间的通信时，每个 VLAN 的主机在访问其他 VLAN 的主机时，其数据分组都需要先到达路由器，路由器为分组选路后，再回到交换机，最后达到目标主机。在图 9.13 所示的网络中，当主机 PC1 要访问 PC2 时，其数据分组路径为 PC1 → 交换机 SW1 → 路由器 R1 → 交换机 SW1 → 交换机 SW2 → PC2。这样会导致路由器与交换机之间的链路负载过高，产生网络瓶颈。

② 路由器成为转发性能的瓶颈。路由器使用软件转发 IP 分组，单臂路由中所有 VLAN 之间通信都需要路由器转发，这样会消耗路由器大量的 CPU 和内存等资源，导致路由器转发性能的瓶颈。

三层交换机通过内置的三层路由交换引擎实现 VLAN 之间的通信，可以有效解决单臂路由的问题。三层交换机基于硬件进行交换，其数据包交换吞吐量通常达到每秒百万包（packet per second，pps）以上，远远高于传统路由器的数据包吞吐量。一般情况下，三层交换机端口为二层端口，可以在交换机端口配置模式下使用"no switchport"命令将其修改为三层端口，三层端口的配置与功能与路由器端口的配置与功能类似。

通常，使用三层交换机实现 VLAN 之间的通信时需要使用三层交换机的虚拟端口（Switch Virtual Interface，SVI）。如图 9.14 所示，SVI 是配置在三层或多层交换机中的虚拟接口，它是一个逻辑端口，也就是通常所说的 VLAN 接口。一个 SVI 对应一个 VLAN，可以为交换机上的任何 VLAN 创建 SVI。

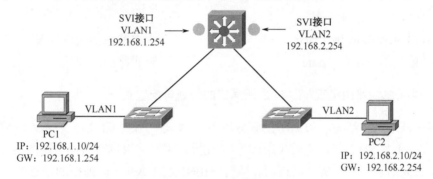

图 9.14　交换机虚拟端口

VLAN1 的 SVI 接口是交换机自动创建的，该 SVI 接口不能删除，其他 VLAN 的 SVI 是在全局配置模式下输入"interface vlan"命令时创建的，使用"no interface vlan 命令可以把对应的 SVI 接口删除掉。在创建 SVI 接口时，要注意对应的 VLAN 在 VLAN 数据库中已存在，否则 SVI 接口链路协议不能启用（Up）。

9.3.2　单臂路由的规划与部署实施要点

使用单臂路由实现 VLAN 之间的通信，需要使用一条物理链路将路由器以太网系列端口与任何一台交换机的中继端口相连。

1. 使用单臂路由实现 VLAN 之间通信的规划要点

使用单臂路由实现 VLAN 之间的通信，其规划要点有：① 确定连接到交换机的路由器物理端口的逻辑子接口数目及逻辑子接口标识。交换网络中有多少个 VLAN，就需要多少个逻辑子接口。② 确定每个逻辑子接口是哪个 VLAN 的网关、逻辑子接口的 IP 地址及子网掩码。

2. 使用单臂路由实现 VLAN 之间通信的配置要点

使用单臂路由实现 VLAN 之间通信的配置一般需要三个步骤：① 将与路由器

相连的交换机端口配置为中继端口；② 删除与交换机相连的路由器物理端口的 IP 地址并启用该物理端口；③ 在路由器上根据规划为每个逻辑子接口配置 VLAN 封装协议、所属 VLAN、IP 地址与子网掩码。

对应于上述步骤，下面给出的是以 Cisco 路由器与交换机为例的单臂路由配置与调试验证命令。

- Router(config-if)#no ip address　　　　　//删除路由器端口的 IP 地址
- Router(config-subif)#encapsulation dot1Q *vlan-id*　　　//配置逻辑子接口的封装协议和所属 VLAN，"dot1Q" 表示封装协议为 IEEE 802.1Q，参数 "*vlan-id*" 为 VLAN 标识
- Router#show interface　　　　　//查看路由器接口状态
- Router#show ip route　　　　　//查看路由表

3. 使用单臂路由实现 VLAN 之间通信的规划与配置实例

某一网络拓扑结构、VLAN 的划分以及 IP 编址方案如图 9.15 所示，网络中在交换机 SW1 与 SW2 上已完成 VLAN 相关配置，需要使用单臂路由实现网络中三个 VLAN 之间的通信。分析该网络后，单臂路由实现 VLAN 之间通信的规划如下。

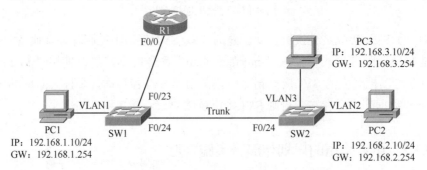

图 9.15　使用单臂路由实现 VLAN 之间通信实例的拓扑结构图

① 与路由器相连的交换机 SW1 的 F0/23 端口需配置为中继链路，允许网络中所有的 VLAN 通过。

② 删除与交换机相连的路由器 F0/0 物理端口的 IP 地址并启用物理端口。

③ 在路由器上为 F0/0 物理端口创建 "F0/0.1"、"F0/0.2" 和 "F0/0.3" 3 个逻辑子接口，其中，"F0/0.1" 为 VLAN1 的网关，IP 地址及子网掩码为 "192.168.1.254/24"；"F0/0.2" 为 VLAN2 的网关，IP 地址及子网掩码为 "192.168.2.254/24"；"F0/0.3" 为 VLAN3 的网关，IP 地址及子网掩码为 "192.168.3.254/24"。

图 9.16 给出了在交换机 SW1 的 F0/23 端口与路由器 R1 上使用单臂路由实现三个 VLAN 之间通信配置的详细步骤。

```
SW1(config)#interface f0/23
SW1(config-if)#switchport mode trunk
SW1(config-if)#switchport trunk allowed vlan all
R1(config)#interface f/0
R1(config-if)#no shutdown
R1(config-if)#interface f0/0.1
R1(config-subif)#encapsulation dot1Q 1
R1(config-subif)##ip address 192.168.1.254 255.255.255.0
R1(config-subif)#interface f0/0.2
R1(config-subif)#encapsulation dot1Q 2
R1(config-subif)##ip address 192.168.2.254 255.255.255.0
R1(config-subif)#interface f0/0.3
R1(config-subif)#encapsulation dot1Q 3
R1(config-subif)##ip address 192.168.3.254 255.255.255.0
```

图 9.16 单臂路由实现 VLAN 之间通信实例的配置示例

9.3.3 三层交换实现 VLAN 之间通信的规划与部署实施要点

使用三层交换实现 VLAN 之间通信，需要三层交换机与交换网络中其他任何一台交换机具有物理上的连接。

1. 使用三层交换实现 VLAN 之间通信的规划要点

使用三层交换实现实现 VLAN 之间的通信，其规划要点有：① 如果交换网络中有多台三层交换机，确定 VLAN 之间的通信在哪一台三层交换机上实施；② 根据交换网络中的 VLAN 确定三层交换上需要创建的 SVI 端口，需要为每个 VLAN 创建一个 SVI 作为该 VLAN 的网关；③ 根据 SVI 对应的 VLAN，为 SVI 分配 IP 地址及子网掩码。

2. 使用三层交换实现 VLAN 之间通信的配置要点

使用三层交换机实现 VLAN 之间通信的配置一般需要三个步骤：① 在三层交换机上创建 VLAN，并将三层交换机与其他交换机相连的端口配置为中继链路。② 在三层交换机上使用 "ip routing" 命令启用 IP 路由转发功能。通常在路由器上，默认已经启用 IP 路由转发功能，但绝大部分三层交换机默认为禁用 IP 路由转发功能。③ 根据规划创建 SVI 端口，配置 IP 地址与子网掩码。

对应于上述步骤，下面给出的是以思科 Catalyst 3560 交换机为例的使用三层交换机实现 VLAN 之间通信的配置与调试验证命令。

- Switch (config)#ip routing　　　　//启用 IP 路由功能
- Switch (config)#interface vlan *vlan-id*　　//创建 SVI 端口，并进入 SVI 接口子配置模式
- Switch#show ip interface brief　　　//简单查看交换机端口的状态信息
- Switch#show ip route　　　　　　//查看路由表

3. 使用三层交换实现 VLAN 之间通信的规划与配置实例

某一网络拓扑结构、VLAN 的划分以及 IP 编址方案如图 9.17 所示，网络中在交换机 SW1 与 SW2 上已完成创建 VLAN、中继链接以及接入链路等 VLAN 配置，需要在三层交换机 SW3 上实现网络中三个 VLAN 之间的通信。分析该网络后，其规划如下：

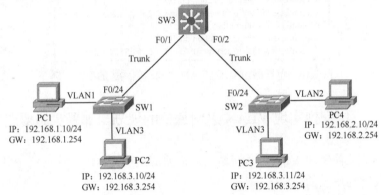

图 9.17　使用三层交换机实现 VLAN 之间通信实例的拓扑结构图

①　在三层交换机 SW3 上使用"ip routing"命令启用三层交换机的 IP 路由转发功能。

②　在三层交换机 SW3 上，创建 VLAN2 和 VLAN3 并分别为 VLAN2、VLAN3 创建两个 SVI 接口，VLAN1 及 VLAN1 的 SVI 接口是交换机 SW3 自动创建的。

③　在三层交换机 SW3 上为三个 SVI 接口规划 IP 地址及子网掩码，其中，交换机"VLAN1"虚端口的 IP 地址及子网掩码为"192.168.1.254/24"，其地址是 VLAN1 中主机的默认网关地址；交换机"VLAN2"虚端口的 IP 地址及子网掩码为"192.168.2.254/24"，其地址是 VLAN2 中主机的默认网关地址；交换机"VLAN3"虚端口的 IP 地址及子网掩码为"192.168.3.254/24"，其地址是 VLAN3 中主机的默认网关地址。

图 9.18 给出了在三层交换机 SW3 上实现三个 VLAN 之间通信配置的详细步骤。

```
SW3(config)#vlan 2
SW3(config-vlan)#vlan 3
SW3(config-vlan)#exit
SW3(config)#ip routing
SW3(config)#interface vlan 1
SW3(config-if)#ip address 192.168.1.254 255.255.255.0
SW3(config-if)#no shutdown
SW3(config)#interface vlan 2
SW3(config-if)#ip address 192.168.2.254 255.255.255.0
SW3(config-if)#no shutdown
SW3(config)#interface vlan 3
SW3(config-if)#ip address 192.168.3.254 255.255.255.0
SW3(config-if)#no shutdown
```

图 9.18　使用三层交换机实现 VLAN 之间通信实例的配置示例

9.4 工程案例——VLAN 的规划与配置

9.4.1 工程案例背景及需求

某学校内部网络拓扑结构如图 9.19 所示，校园网内部采用私有地址进行编址，其中信息中心位于行政楼，图中交换机所连接信息点如下所述。

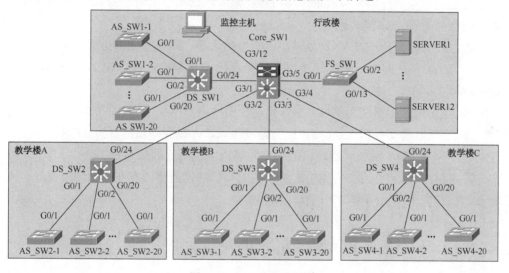

图 9.19 工程案例拓扑图

① 教学楼 A、B、C 中所有接入层交换机（其名称以 AS 开始的交换机）的 F0/1～F0/12 端口用来连接教室的信息点，F0/13～F0/24 端口用来连接教师办公室的信息点。

② 行政楼的交换机 AS_SW1-1 和 AS_SW1-2 的 F0/1～F0/24 端口，以及交换机 AS_SW1-3 的 F0/1～F0/10 端口用于连接校领导的信息点。

③ 行政楼的交换机 AS_SW1-4 和 AS_SW1-5 的 F0/1～F0/24 端口，以及交换机 AS_SW1-3 的 F0/11～F0/24 端口用于连接财务科的信息点。

④ 行政楼的交换机 AS_SW1-6、AS_SW1-7、AS_SW1-8、AS_SW1-9 和 AS_SW1-10 的 F0/1～F0/24 端口用于连接总务科的信息点。

⑤ 行政楼的交换机 AS_SW1-11、AS_SW1-12、AS_SW1-13 和 AS_SW1-14 的 F0/1～F0/24 端口用于连接教务科的信息点。

⑥ 行政楼的其他接入层交换机的 F0/1～F0/24 端口用于连接其他部门的信息点。

校园网汇聚层交换机（其名称以 DS 开始的交换机）与核心层交换机 Core_SW1 之间为三层点到点链路。核心层交换机 Core_SW1 的 G3/12～G3/5 端口为三层端口。三层点到点链路以及三层端口的 IP 地址分配如表 9.1 所示。

表 9.1　路由设备接口 IP 地址分配表

设备名	接口	IP 地址及子网掩码	设备名	接口	IP 地址及子网掩码
三层交换机 Core_SW1	G3/1	10.254.254.1/30	三层交换机 Core_SW1	G3/4	10.254.254.13/30
	G3/2	10.254.254.5/30		G3/5	10.254.253.1/24
	G3/3	10.254.254.9/30		G3/12	10.254.252.1/24
三层交换机 DS_SW1	G0/24	10.254.254.2/30	三层交换机 DS_SW2	G0/24	10.254.254.6/30
三层交换机 DS_SW3	G0/24	10.254.254.10/30	三层交换机 DS_SW4	G0/24	10.254.254.14/30

为了有效隔离广播并实现校园网内各网段之间的相互访问，需要完成 VLAN 及路由的规划配置，要求如下：

① 根据部门划分 VLAN，以减小广播域的大小，隔离不同部门的广播。

② VLAN 之间的通信在汇聚层三层交换机 DS_SW1、DS_SW2、DS_SW3 和 DS_SW4 上完成。

③ 整个校园网络使用单域 OSPF 实现校园网内部网络所有网段的路由。

④ 在核心层交换机 Core_SW1 上做镜像端口，镜像端口的源为 G3/1、G3/2、G3/3、G3/4 和 G3/5 端口，镜像目的端口为监控主机所连端口 G3/12。

⑤ 优化 OSPF 路由——如果路由设备的端口所连网络不存在别的路由设备，需把该端口设置为"被动接口"以优化网络性能。

9.4.2　VLAN 及 VLAN 间通信的规划与设计

1. VLAN 的规划

校园网中汇聚层交换机 DS_SW1、DS_SW2、DS_SW3 和 DS_SW4 与核心交换机 Core_SW1 之间为点到点的三层链路，因此每个汇聚层交换机与下面的接入层交换机为一个 LAN。例如，汇聚层交换机 DS_SW2 与接入层交换机 AS_SW2-1、AS_SW2-2，一直到 AS_SW2-20 为一个 LAN，需要在一个 LAN 中划分 VLAN，每个不同的 LAN 划分的 VLAN 没有任何关联。

根据网络拓扑、路由设备接口 IP 地址分配表、交换机所连信息点情况以及网络需求，在行政楼交换机 DS_SW1 及接入层交换机上划分了 7 个 VLAN，其中 VLAN90 用作管理 VLAN，即用于对行政数交换机 DS_SW1 所连的接入层交换机远程访问使用。其他教学楼根据信息点功能划分为三个 VLAN，一个用于连接教室的信息点，一个用于连接办公室信息点，另一个用于管理 VLAN，所有二层交换机的管理 IP 地址的网络号如表 9.2 所示，主机位值为交换机编号最后一个数值，例如，交换机 AS_SW2-1 的 IP 地址为"10.0.18.1/24"。所有中继链路上的本征 VLAN 为 VLAN90。校园网 IP 地址及 VLAN 的规划如表 9.2 所示。

表 9.2 IP 地址及 VLAN 规划

教学楼	VLAN ID	VLAN 名称	IP 网络号	网关地址	包含的交换机端口
行政楼	2	XLD	10.0.0.0/24	10.0.0.254	AS_SW1-1、AS_SW1-2 的 F0/1~F0/24 端口，AS_SW1-3 的 F0/1~F0/10
	3	CWK	10.0.1.0/24	10.0.1.254	AS_SW1-4、AS_SW1-5 的 F0/1~F0/24 端口，AS_SW1-3 的 F0/11~F0/24 端口
	4	ZWK	10.0.2.0/24	10.0.2.254	AS_SW1-6、AS_SW1-7、AS_SW1-8、AS_SW1-9 和 AS_SW1-10 的 F0/1~F0/24 端口
	5	JWK	10.0.3.0/24	10.0.3.254	AS_SW1-11、AS_SW1-12、AS_SW1-13 和 AS_SW1-14 的 F0/1~F0/24 端口
	6	QT	10.0.4.0/24	10.0.4.254	行政楼余下的其他接入层交换机的 F0/1 到 F0/24 端口
	90	GL	10.0.5.0/24	10.0.5.254	
教学楼 A	2	A-JS	10.0.16.0/24	10.0.16.254	教学楼 A 所有接入层交换机的 F0/1~F0/12 端口
	3	A-BGS	10.0.17.0/24	10.0.17.254	教学楼 A 所有接入层交换机的 F0/13~F0/24 端口
	90	GL	10.0.18.0/24	10.0.18.254	
教学楼 B	2	B-JS	10.0.20.0/24	10.0.20.254	教学楼 B 所有接入层交换机的 F0/1~F0/12 端口
	3	B-BGS	10.0.21.0/24	10.0.21.254	教学楼 B 所有接入层交换机的 F0/13~F0/24 端口
	90	GL	10.0.22.0/24	10.0.22.254	
教学楼 C	2	C-JS	10.0.24.0/24	10.0.24.254	教学楼 C 所有接入层交换机的 F0/1~F0/12 端口
	3	C-BJS	10.0.25.0/24	10.0.25.254	教学楼 C 所有接入层交换机的 F0/13~F0/24 端口
	90	GL	10.0.26.0/24	10.0.26.254	

2. VLAN 之间通信的规划

校园网中共有 DS_SW1、DS_SW2、DS_SW3、DS_SW4 和 Core_SW1 五个三层交换机，三层交换机 DS_SW1 用于实现行政楼 6 个 VLAN 之间的通信，三层交换机 DS_SW2 用于实现教学楼 A 的 3 个 VLAN 之间的通信，三层交换机 DS_SW3 用于实现教学楼 B 的 3 个 VLAN 之间的通信，三层交换机 DS_SW4 用于实现教学楼 C 的 3 个 VLAN 之间的通信。三楼交换机 DS_SW1、DS_SW2、DS_SW3、DS_SW4 和 Core_SW1 之间运行 OSPF 协议交换路由信息。

● 三楼交换机 DS_SW1 直连的有 6 个 VLAN 的 IP 网段和一个到交换机

Core_SW1 的连接网段。6 个 VLAN 网段所连网络中没有其他的路由设备，因此需将这 6 个 VLAN 的虚端口设置为被动接口。

- 三楼交换机 DS_SW2 直连的有 3 个 VLAN 的 IP 网段和一个到交换机 Core_SW1 的连接网段。3 个 VLAN 网段所连网络中没有其他的路由设备，因此需将这 3 个 VLAN 的虚端口设置为被动接口。
- 三楼交换机 DS_SW3 直连的有 3 个 VLAN 的 IP 网段和一个到交换机 Core_SW1 的连接网段。3 个 VLAN 网段所连网络中没有其他的路由设备，因此需将这 3 个 VLAN 的虚端口设置为被动接口。
- 三楼交换机 DS_SW4 直连的有 3 个 VLAN 的 IP 网段和一个到交换机 Core_SW1 的连接网段。3 个 VLAN 网段所连网络中没有其他的路由设备，因此需将这 3 个 VLAN 的虚端口设置为被动接口。
- 核心交换机 Core_SW1 有 6 个直连网络：一个连接到服务器群，一个连接到监控主机，其余 4 个为到汇聚层交换机的连接网段。

三层交换机 DS_SW1、DS_SW2、DS_SW3、DS_SW4 和 Core_SW1 的 OSPF 规划如表 9.3 所示。

表 9.3 OSPF 规划设计

路由设备	路由器 ID	通告的网络	被动接口
Core_SW1	5.5.5.5	10.254.254.0/30、10.254.254.4/30、10.254.254.8/30、10.254.254.12/30、10.254.253.1/24、10.254.252.1/24	G3/5、G3/12
DS_SW1	1.1.1.1	10.0.0.0/24、10.0.1.0/24、10.0.2.0/24、10.0.3.0/24、10.0.4.0/24、10.0.5.0/24、10.254.254.0/30	VLAN2、VLAN3、VLAN4、VLAN5、VLAN6、VLAN90
DS_SW2	2.2.2.2	10.0.16.0/24、10.0.17.0/24、10.0.18.0/24、10.254.254.4/30	VLAN2、VLAN3、VLAN90
DS_SW3	3.3.3.3	10.0.20.0/24、10.0.21.0/24、10.0.22.0/24、10.254.254.8/30	VLAN2、VLAN3、VLAN90
DS_SW4	4.4.4.4	10.0.24.0/24、10.0.25.0/24、10.0.26.0/24、10.254.254.12/30	VLAN2、VLAN3、VLAN90

9.4.3 VLAN 及 VLAN 间通信的部署与实施

由于各教学楼 VLAN 的部署相同，本教材将以教学楼 A 中交换机 AS_SW2-1 和 DS_SW2 为例，进行 VLAN 的配置，其具体部署与实施步骤如下所述。

1. VLAN 的配置

（1）交换机 AS_SW2-1 上 IP 及 VLAN 的相关配置

```
AS_SW2-1 (config)#vlan 2                                  //创建 VLAN2
AS_SW2-1 (config-vlan)#name A-JS                          //配置 VLAN2 的名称为"A-JS"
AS_SW2-1 (config-vlan)#vlan 3                             //创建 VLAN3
AS_SW2-1 (config-vlan)#name A-BGS                         //配置 VLAN2 的名称为"A-BGS"
AS_SW2-1 (config-vlan)#vlan 90                            //创建 VLAN90
AS_SW2-1 (config-vlan)#name GL                            //配置 VLAN2 的名称为"GL"
AS_SW2-1 (config-vlan)#exit                               //返回全局配置模式
AS_SW2-1 (config)#interface range f0/1-12                 //进入 f0/1～f0/12 组端口模式
AS_SW2-1 (config-if-range)#switchport mode access         //配置端口链路类型为接入链路
AS_SW2-1 (config-if-range)#switchport access vlan 2       //将端口指派给 VLAN2
AS_SW2-1(config-if-range)#interface range f0/13-24        //进入 f0/13～f0/24 组端口模式
AS_SW2-1 (config-if-range)#switchport mode access         //配置端口链路类型为接入链路
AS_SW2-1 (config-if-range)#switchport access vlan 3       //将端口指派给 VLAN3
AS_SW2-1 (config-if-range)#exit                           //返回全局配置模式
AS_SW2-1 (config)#interface g0/1                          //进入接口"g0/1"配置模式
AS_SW2-1 (config-if)#switchport trunk encapsulation dot1q
//配置中继链路封装协议为 802.1q
AS_SW2-1 (config-if)#switchport mode trunk                //配置端口链路类型为中继链路
AS_SW2-1 (config-if)#switchport trunk native vlan 90
//配置中继链路的本征 vlan 为 vlan90
AS_SW2-1 (config-if)#exit                                 //返回全局配置模式
AS_SW2-1 (config)#ip default-gateway 10.0.18.254          //为交换机配置默认网关地址
AS_SW2-1 (config)#interface vlan 90                       //进入 VLAN90 的交换虚端口
AS_SW2-1 (config-if)#ip address 10.0.18.1 255.255.255.0   //配置交换机的管理地址
```

（2）交换机 DS_SW2 上 IP 及 VLAN 的相关配置

```
DS_SW2 (config)#vlan 2                                    //创建 VLAN2
DS_SW2 (config-vlan)#name A-JS                            //配置 VLAN2 的名称为"A-JS"
DS_SW2 (config-vlan)#vlan 3                               //创建 VLAN3
DS_SW2 (config-vlan)#name A-BGS                           //配置 VLAN2 的名称为"A-BGS"
DS_SW2 (config-vlan)#vlan 90                              //创建 VLAN90
DS_SW2 (config)#interface g0/1                            //进入接口"g0/1"配置模式
DS_SW2 (config-if)#switchport trunk encapsulation dot1q
//配置中继链路封装协议为 802.1q
DS_SW2 (config-if)#switchport mode trunk                  //配置端口链路类型为中继链路
```

DS_SW2 (config-if)#switchport trunk native vlan 90 //配置中继链路的本征 VLAN 为 VLAN90

DS_SW2 (config-if)#interface g0/24　　　　　　//进入接口"g0/24"配置模式

DS_SW2 (config-if)#no switchport　　　　　　//将交换机端口启用成三层路由端口

DS_SW2 (config-if)#ip address 10.254.254.6 255.255.255.252

//配置交换机 g0/24 端口的 IP 地址及子网掩码

DS_SW2 (config-if)#interface vlan 2　　　　　　//进入 VLAN2 的交换虚端口配置模式

DS_SW2 (config-if)#ip address 10.0.16.254 255.255.255.0

//为 VLAN2 端口配置 IP 地址及子网掩码

DS_SW2 (config-if)#interface vlan 3　　　　　　//进入 VLAN3 的交换虚端口配置模式

DS_SW2 (config-if)#ip address 10.0.17.254 255.255.255.0

//为 VLAN3 端口配置 IP 地址及子网掩码

DS_SW2 (config-if)#interface vlan 90　　　　　　//进入 VLAN90 的交换虚端口配置模式

DS_SW2 (config-if)#ip address 10.0.18.254 255.255.255.0

//为 VLAN90 端口配置 IP 地址及子网掩码

2. 校园网路由的配置

（1）交换机 Core_SW1 上路由的配置

Core_SW1 (config)#ip routing　　　　　　//启用 IP 路由功能

Core_SW1 (config)#router ospf 1　　　　　　//启动 OSPF 进程，进程号为 1

Core_SW1(config-router)#router-id 5.5.5.5　　　　//配置路由器 ID 为"5.5.5.5"

Core_SW1 (config-router)#network 10.254.254.0 0.0.0.3 area 0

//属于网络"10.254.254.0/30"的接口参与 OSPF 路由进程，并运行在区域"0"

Core_SW1 (config-router)#network 10.254.254.4 0.0.0.3 area 0

//属于网络"10.254.254.4/30"的接口参与 OSPF 路由进程，并运行在区域"0"

Core_SW1 (config-router)#network 10.254.254.8 0.0.0.3 area 0

//属于网络"10.254.254.8/30"的接口参与 OSPF 路由进程，并运行在区域"0"

Core_SW1 (config-router)#network 10.254.254.12 0.0.0.3 area 0

//属于网络"10.254.254.12/30"的接口参与 OSPF 路由进程，并运行在区域"0"

Core_SW1(config-router)#network 10.254.253.0 0.0.0.255 area 0

//属于网络"10.254.253.0/24"的接口参与 OSPF 路由进程，并运行在区域"0"

Core_SW1(config-router)#network 10.254.252.0 0.0.0.255 area 0

//属于网络"10.254.252.0/24"的接口参与 OSPF 路由进程，并运行在区域"0"

Core_SW1(config-router)#passive-interface g3/5

//指定接口"g3/5"为被动接口

Core_SW1(config-router)#passive-interface g3/12

//指定接口"g3/12"为被动接口

（2）交换机 DS_SW1 上路由的配置

```
DS_SW1 (config)#ip routing                           //启用 IP 路由功能
DS_SW1 (config)#router ospf 1                        //启动 OSPF 进程，进程号为 1
DS_SW1 (config-router)#router-id 1.1.1.1             //配置路由器 ID 为 "1.1.1.1"
DS_SW1(config-router)#network 10.254.254.0 0.0.0.3 area 0
//属于网络 "10.254.254.0/30" 的接口参与 OSPF 路由进程，并运行在区域 "0"
DS_SW1(config-router)#network 10.0.0.0 0.0.0.255 area 0
//属于网络 "10.0.0.0/24" 的接口参与 OSPF 路由进程，并运行在区域 "0"
DS_SW1(config-router)#network 10.0.1.0 0.0.0.255 area 0
//属于网络 "10.0.1.0/24" 的接口参与 OSPF 路由进程，并运行在区域 "0"
DS_SW1(config-router)#network 10.0.2.0 0.0.0.255 area 0
//属于网络 "10.0.2.0/24" 的接口参与 OSPF 路由进程，并运行在区域 "0"
DS_SW1(config-router)#network 10.0.3.0 0.0.0.255 area 0
//属于网络 "10.0.3.0/24" 的接口参与 OSPF 路由进程，并运行在区域 "0"
DS_SW1(config-router)#network 10.0.4.0 0.0.0.255 area 0
//属于网络 "10.0.4.0/24" 的接口参与 OSPF 路由进程，并运行在区域 "0"
DS_SW1(config-router)#network 10.0.5.0 0.0.0.255 area 0
//属于网络 "10.0.5.0/24" 的接口参与 OSPF 路由进程，并运行在区域 "0"
DS_SW1(config-router)#passive-interface vlan 2
//指定交换虚接口 "VLAN2" 为被动接口
DS_SW1(config-router)#passive-interface vlan 3
//指定交换虚接口 "VLAN3" 为被动接口
DS_SW1(config-router)#passive-interface vlan 4
//指定交换虚接口 "VLAN4" 为被动接口
DS_SW1(config-router)#passive-interface vlan 5
//指定交换虚接口 "VLAN5" 为被动接口
DS_SW1(config-router)#passive-interface vlan 6
//指定交换虚接口 "VLAN6" 为被动接口
DS_SW1(config-router)#passive-interface vlan 90
//指定交换虚接口 "VLAN90" 为被动接口
```

（3）交换机 DS_SW2 上路由的配置

```
DS_SW2 (config)#ip routing                           //启用 IP 路由功能
DS_SW2 (config)#router ospf 1                        //启动 OSPF 进程，进程号为 1
DS_SW2(config-router)#router-id 2.2.2.2              //配置路由器 ID 为 "2.2.2.2"
DS_SW2(config-router)#network 10.254.254.4 0.0.0.3 area 0
//属于网络 "10.254.254.4/30" 的接口参与 OSPF 路由进程，并运行在区域 "0"
DS_SW2(config-router)#network 10.0.16.0 0.0.0.255 area 0
//属于网络 "10.0.16.0/24" 的接口参与 OSPF 路由进程，并运行在区域 "0"
```

DS_SW2(config-router)#network 10.0.17.0 0.0.0.255 area 0

//属于网络"10.0.17.0/24"的接口参与 OSPF 路由进程，并运行在区域"0"

DS_SW2(config-router)#network 10.0.18.0 0.0.0.255 area 0

//属于网络"10.0.18.0/24"的接口参与 OSPF 路由进程，并运行在区域"0"

DS_SW2(config-router)#passive-interface vlan 2

//指定交换虚接口"VLAN2"为被动接口

DS_SW2(config-router)#passive-interface vlan 3

//指定交换虚接口"VLAN3"为被动接口

DS_SW2(config-router)#passive-interface vlan 90

//指定交换虚接口"VLAN90"为被动接口

（4）交换机 DS_SW3 上路由的配置

```
DS_SW3 (config)#ip routing                          //启用 IP 路由功能
DS_SW3 (config)#router ospf 1                        //启动 OSPF 进程，进程号为 1
DS_SW3(config-router)#router-id 3.3.3.3              //配置路由器 ID 为"3.3.3.3"
DS_SW3(config-router)#network 10.254.254.8 0.0.0.3 area 0
//属于网络"10.254.254.8/30"的接口参与 OSPF 路由进程，并运行在区域"0"
DS_SW3(config-router)#network 10.0.20.0 0.0.0.255 area 0
//属于网络"10.0.20.0/24"的接口参与 OSPF 路由进程，并运行在区域"0"
DS_SW3(config-router)#network 10.0.21.0 0.0.0.255 area 0
//属于网络"10.0.21.0/24"的接口参与 OSPF 路由进程，并运行在区域"0"
DS_SW3(config-router)#network 10.0.22.0 0.0.0.255 area 0
//属于网络"10.0.22.0/24"的接口参与 OSPF 路由进程，并运行在区域"0"
DS_SW3(config-router)#passive-interface vlan 2
//指定交换虚接口"VLAN2"为被动接口
DS_SW3(config-router)#passive-interface vlan 3
//指定交换虚接口"VLAN3"为被动接口
DS_SW3(config-router)#passive-interface vlan 90
//指定交换虚接口"VLAN90"为被动接口
```

（5）交换机 DS_SW4 上路由的配置

```
DS_SW4 (config)#ip routing                          //启用 IP 路由功能
DS_SW4 (config)#router ospf 1                        //启动 OSPF 进程，进程号为 1
DS_SW4(config-router)#router-id 4.4.4.4              //配置路由器 ID 为"4.4.4.4"
DS_SW4(config-router)#network 10.254.254.12 0.0.0.3 area 0
//属于网络"10.254.254.12/30"的接口参与 OSPF 路由进程，并运行在区域"0"
DS_SW4(config-router)#network 10.0.24.0 0.0.0.255 area 0
//属于网络"10.0.24.0/24"的接口参与 OSPF 路由进程，并运行在区域"0"
DS_SW4(config-router)#network 10.0.25.0 0.0.0.255 area 0
```

```
//属于网络"10.0.25.0/24"的接口参与 OSPF 路由进程,并运行在区域"0"
DS_SW4(config-router)#network 10.0.26.0 0.0.0.255 area 0
//属于网络"10.0.26.0/24"的接口参与 OSPF 路由进程,并运行在区域"0"
DS_SW4(config-router)#passive-interface vlan 2
//指定交换虚接口"VLAN2"为被动接口
DS_SW4(config-router)#passive-interface vlan 3
//指定交换虚接口"VLAN3"为被动接口
DS_SW4(config-router)#passive-interface vlan 90
//指定交换虚接口"VLAN90"为被动接口
```

本 章 习 题

9.1　选择题:

① 交换机端口默认属于哪个 VLAN(　　　　)?

A. VLAN1　　　　B. VLAN90　　　　C. VLAN2　　　　D. VLAN3

② 二层交换机的管理 IP 地址配置在下面哪个 VLAN 的交换虚端口上
(　　　)?

A. 本征 VLAN　　B. VLAN1　　　C. 管理 VLAN　　D. VLAN90

③ 思科 Catalyst 交换机在哪个位置打 VLAN 标签(　　　)?

A. 接入端口　　　　　　　　　B. 主机上

C. 中继链路发送端口　　　　　D. 中继链路接入端口

④ 下面哪种链路通常被配置为接入链路(　　　)?

A. 交换机与交换机之间的链路

B. 单臂路由中路由器与交换机之间的连接链路

C. 交换机连接主机之间的链路

⑤ 如果交换机某个端口配置属于 VLAN10,但管理员不小心将交换机 VLAN
数据库中的 VLAN10 删除了,会出现什么情况(　　　)?

A. 端口仍正常属于 VLAN10,如果交换机重启了,就回到管理 VLAN

B. 端口自动回到默认 VLAN

C. 端口自动回到管理 VLAN

D. 该端口不能与其他端口通信

9.2　请描述 VLAN 的优点。

9.3　如果某台交换机上原来已做过 VLAN 及端口等配置,现在将这台交换机
还原成初厂时状态,应该如何操作。

9.4　某工程师在使用三层交换机实现图 9.17 拓扑中的 VLAN 之间通信时,使
用了"show ip route"命令,其显示结果如图 9.20 所示。请分析可能的原因。

```
SW3#show ip route
Default gateway is not set

Host            Gateway          Last Use    Total Uses
Interface
ICMP redirect cache is empty
```

图 9.20　工程案例拓扑图

9.5　请描述 VLAN 标签工程过程中当一条中继链路两端的本征 VLAN 不一样时产生的网络效果。

第 10 章　交换网络中的链路冗余

在交换网络中经常会采用冗余链路来增强企业网络的可靠性，但二层的冗余链路有可能会导致二层交换环路。STP 协议可以有效阻塞冗余链路，使其形成一个无环的逻辑拓扑，并在主用链路出现故障时，自动地将冗余链路转为活动转发状态，这样既能保证网络链路的冗余性，也能消除二层环路。链路捆绑技术可以将多条物理链路捆绑在一起形成一条逻辑链路以有效提高网络的链路带宽及可靠性。

本章首先介绍交换网络中链路冗余概念，然后详细介绍 STP 消除环路的思想，并对 STP、RSTP、MSTP 等各种生成树协议的工作原理及配置进行详细介绍，最后介绍链路聚合技术的工作原理及配置。

10.1　冗　余　拓　扑

10.1.1　冗余概述

网络中，如果网络设备之间的链路没有冗余，就会出现单点故障。例如，在图 10.1 所示的网络中，如果交换机 SW1 与交换机 SW2 的链路出现故障，则主机 PC1 与主机 PC2 不再具有网络的连通性。

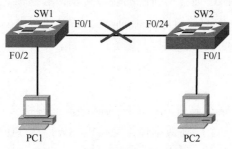

图 10.1　无冗余的网络拓扑示例

为了消除由于单点故障引起的网络中断，可以采用冗余链路来加强网络的可用性，具有冗余路径和冗余设备的网络会拥有更长的网络正常运行时间。在图 10.2 所示具有冗余链路的网络中，当交换机 SW1 的 F0/1 端口与 SW2 的 F0/23 端口相连的链路出现故障时，PC1 到 PC2 的流量仍然会通过如图 10.2 箭头所示的冗余链路通信，从而保证网络的可靠性。

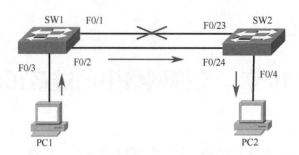

图 10.2　有冗余的网络拓扑示例

10.1.2　链路冗余导致的问题

　　链路冗余是交换网络设计中非常重要的组成部分。通过冗余设计，可以有效地保证网络的可用性，但是，根据交换机的工作原理，当它们从某端口接收到数据帧后，将数据帧的源地址学习到自己的 MAC 表中，并根据数据帧目的 MAC 地址按以下规则做出转发决定。

　　① 如果数据帧为组播或广播帧，则洪泛（Flooding）该帧，即除了接收到该数据帧的源端口之外，向其他所有端口转发该帧。

　　② 如果数据帧为单播帧，但目的 MAC 地址在 MAC 表中不存在，也洪泛该数据帧。

　　③ 如果数据帧为单播帧，且数据帧的目的 MAC 地址与源 MAC 地址对应于相同的端口，则丢弃该帧。

　　④ 如果数据帧为单播帧，且数据帧的目的 MAC 地址与源 MAC 地址对应于不同的端口，则向目的 MAC 地址所对应的端口转发该数据帧。

　　所以，在交换网络中部署链路冗余时，会引发二层环路、广播风暴、数据帧的重传和交换机 MAC 地址表不稳定等问题。

1. 二层环路问题

　　图 10.3 所示的网络为具有冗余链路的网络，该网络会存在二层环路问题。例如，主机 PC1 发出了一个广播数据帧，交换机 SW1 从 F0/3 端口接收到该广播帧后，根据交换机的转发规则，交换机 SW1 向除 F0/3 端口外的其他所有端口（包括了 F0/23 端口与 F0/24 端口）洪泛该广播帧。

　　SW2 从 F0/23 端口接收到从交换机 SW1 洪泛的广播帧后，根据交换机的转发规则，交换机 SW2 向除了 F0/23 端口外的其他所有端口（包括 F0/24 端口）洪泛该广播帧。

　　SW3 从 F0/24 端口接收到从交换机 SW2 洪泛的广播帧后，根据交换机的转发规则，交换机 SW3 向除了 F0/24 端口外的其他所有端口（包括 F0/23 端口）洪泛该广播帧。

SW1 从 F0/23 端口接收到从交换机 SW3 洪泛的广播帧后，根据交换机的转发规则，又会将该广播帧洪泛，交换机 SW2 又会从 F0/23 端口接收到从交换机 SW1 洪泛的该广播帧，交换机 SW2 再继续洪泛该广播帧，依次类推，该广播帧就在交换机 SW1、SW2、SW3 之间形成了交换环路。由于以太网数据帧结构中不含生存时间（TTL）字段，因此，交换网络中的广播帧始终不能正确终止，广播帧会在交换机之间无休止地传输。

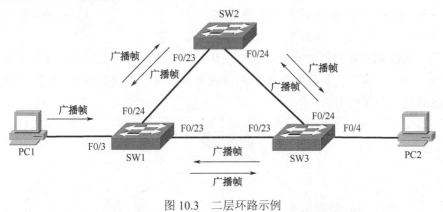

图 10.3　二层环路示例

2. 广播风暴问题

当交换网络中卷入二层环路的广播数据帧过多时，就有可能导致网络中所有链路的可用带宽都被耗尽，形成广播风暴。此时，因链路的带宽都被网络中的广播帧耗尽，网络中没有带宽可供正常的数据流量使用，所以无法支持正常的数据通信。

具有环路的交换网络不可避免地会产生广播风暴，导致网络中断。由于广播流量是从交换机的每一个端口洪泛出去的，因此，所有相连设备都不得不处理环路网络中无休止洪泛的所有广播帧，这样就会导致终端设备因不断地处理大量的流量而造成终端设备出现故障。

3. 重复单播帧问题

具有冗余链路的交换网络还可能造成接收端重复收到多个发送端发送的单播数据帧现象。在如图 10.4 所示的网络中，假设交换机 SW1 不知道主机 PC2 所处的位置，即在交换机 SW1 的 MAC 地址表中没有关于主机 PC2 的条目，而交换机 SW2 和交换机 SW3 的 MAC 地址表中有关于主机 PC2 的条目，在交换机 SW2 的 MAC 地址表中主机 PC2 的 MAC 地址所对应的端口为 F0/4，在交换机 SW3 的 MAC 地址表中主机 PC2 的 MAC 地址所对应的端口为 F0/24。当主机 PC1 向主机 PC2 发送数据帧时，该数据帧在网络中的转发过程如下所述。

① 交换机 SW1 从端口 F0/3 收到该数据帧，由于交换机 SW1 的 MAC 地址

表中没有关于 PC2 的条目，因此交换机 SW1 将该单播帧从除了源端口的其余所有端口（包括 F0/1 与 F0/2 端口）洪泛出去。

② 交换机 SW3 从端口 F0/23 收到该数据帧，交换机 SW3 查找自己的 MAC 地址表，发现有关于主机 PC2 的 MAC 地址条目，所以交换机 SW3 将该数据帧直接从 F0/24 端口转发到交换机 SW2。

③ 当交换机 SW2 从端口 F0/24 收到交换机 SW1 转发的该数据帧后，通过查看自己的 MAC 地址表中，将数据帧直接从 F0/4 端口转发给主机 PC2；但是，交换机 SW2 还从端口 F0/23 收到了交换机 SW3 转发的该数据帧，就会再次将它转发到主机 PC2。最后，主机 PC2 就会收到两个相同的单播帧。

当主机收到重复的单播帧时，会导致其上层协议在处理这些数据帧时不知道该处理哪个帧，大多数上层协议都无法识别或处理重复单播帧的问题，情况严重时有可能导致网络连接的中断。

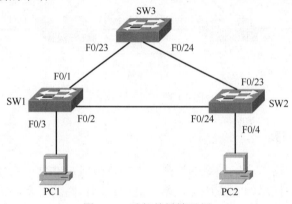

图 10.4　重复单播帧示例

4．交换机 MAC 地址表不稳定问题

具有冗余链路的交换网络还可能导致交换机通过不同端口接收到同一个帧多个副本的情况，这会同导致 MAC 地址表多次被刷新，这种持续的更新、刷新过程会严重耗费内存资源，影响该交换机的交换能力，同时降低整个网络的运行效率。严重时，将耗尽整个网络资源，并最终造成网络瘫痪。

下面以一个示例来说明交换机 MAC 地址表不稳定问题。在如图 10.5 所示的网络中，假设交换机 SW1 与交换机 SW2 的 MAC 地址表均没有关于主机 PC1 的 MAC 地址信息。

当主机 PC1 发出了一个广播帧，交换机 SW1 从 F0/3 端口收到该广播帧，将广播帧中的源地址学习到其 MAC 地址表中，即在 MAC 地址表增加一条关于 PC1 的 MAC 地址及对应端口的记录（MAC_{PC1}，F0/3），并把该广播帧洪泛出去。交换机 SW2 会从 F0/23 与 F0/24 端口收到该广播帧，当交换机 SW2 从 F0/23 端口收到该广播帧后，在其 MAC 地址表增加记录（MAC_{PC1}，F0/23），当交换机 SW2 从 F0/24 端口收到该广播帧后，更新关于主机 PC1 的 MAC 地址记录值为（MAC_{PC1}，F0/24），并把该广播帧洪泛出去。

交换机 SW1 则会从 F0/1 与 F0/2 端口收到交换机 SW2 洪泛的该广播帧，当交换机 SW1 从 F0/1 端口收到该广播帧后，将更新其关于主机 PC1 的 MAC 地址记录值为（MAC_{PC1}，F0/1），而当交换机 SW1 从 F0/2 端口收到该广播帧后，将更新其关于主机 PC1 的 MAC 地址记录值为（MAC_{PC1}，F0/2），并再次把该广播帧洪泛出去。

依次类推，交换机 SW1 与交换 SW2 的 MAC 地址表就会不断刷新，从而消耗交换机的资源，降低网络的运行效率。

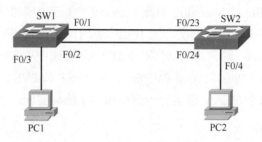

图 10.5 交换机 MAC 地址表不稳定问题示例拓扑

10.2 STP

10.2.1 生成树协议概述

生成树协议（Spanning Tree Protocol，STP，这里是一个广义概念，包括 STP 以及各种在 STP 基础上经过改进的 RSTP 等其他生成树协议）通过阻塞可能导致环路的冗余路径，以确保网络中无逻辑环路。生成树协议只是阻塞某些端口以避免产生二层数据环路，但物理冗余链路依然存在，因此仍然提供了冗余功能。一旦由于网络线缆或交换机故障需要这些阻塞端口处于转发状态时，生成树协议就会重新计算路径，将必要的端口解除阻塞，使冗余链路可以转发数据流量。

生成树协议具有很多类型或变体，主要有 IEEE 标准生成树协议以及 Cisco 私有的生成树协议。生成树协议随着网络的发展而不断发展，岂今为止，生成树协议的发展历程已经经历了以下三代。

1. 第一代生成树

最早的生成树协议是 IEEE 于 1990 年以 IEEE 802.1D 标准形式发布的首个 STP 技术。IEEE 802.1D 标准的 STP 是单生成树协议，即交换网络中所有 VLAN 都共享同一个生成树实例，不能实现二层流量的负载均衡。Cisco 开发了与 IEEE 802.1D 标准的 STP 对应并能实现二层流量负载均衡的生成树协议 PVST（Per-VLAN Spanning

Tree Protocol，每 VLAN 生成树协议）和 PVST+（Per-VLAN Spanning Tree Protocol Plus，增强型每 VLAN 生成树协议），PVST 和 PVST+为交换网络中的每个 VLAN 都运行一个单独的生成树实例，因此不同的 VLAN 有不同的生成树实例。但随着网络中 VLAN 数量的增加，PVST 和 PVST+会使得生成树的管理非常复杂，同时会浪费交换机的大量资源。

2．第二代生成树

第一代生成树协议具有收敛速度较慢，收敛机制不够灵活等缺点，因此 IEEE 后来开发了 RSTP（Rapid Spanning Tree Protocol，快速生成树协议）用作 STP 的升级版本，以提高生成树的收敛速度，同 IEEE 802.1D 标准的 STP 一样，RSTP 也是单生成树协议。Cisco 则发布了针对 RSTP 的快速-PVST+（Rapid Per-VLAN Spanning Tree Protocol Plus，Rapid-PVST+），同 PVST 和 PVST+一样，快速-PVST+也是为交换网络中每个 VLAN 都运行一个单独的生成树实例。

3．第三代生成树

由于 STP/RSTP 都为单生成树协议，具有不能实现二层流量负载均衡的缺点，而 Cisco 私有协议 PVST、PVST+和快速-PVST+都是为交换网络中每个 VLAN 都运行一个单独的生成树实例，具有生成树管理复杂且浪费交换机大量资源的缺点。于是后来产生了多生成树协议，即捆绑多个 VLAN 到一个生成树实例，这样既可以实现二层流量负载均衡，又可以具有较少的生成树实例，从而实现对生成树的有效管理。多生成树协议的 IEEE 标准为 MSTP（Multiple Spanning-Tree Protocol，多生成树协议），Cisco 的多生成树协议方案为 MISTP（Multiple Instances Spanning Tree，多实例生成树）。

由于生成树协议既有 IEEE 公布的各种生成树协议标准，也有 Cisco 开发的私有生成协议，因此当前主流的网络交换机设备厂商所支持的生成树协议也不尽相同。例如，H3C 交换机支持 STP（IEEE 802.1D 标准）、RSTP（IEEE 802.1W 标准）和 MSTP（IEEE 802.1S 标准）三种类型的生成树协议；Cisco Catalyst 交换机支持 PVST、PVST+、Rapid-PVST+和 MST（Multiple Spanning Tree）四种类型的生成树协议，而使用 IOS 12.2 及更新版本的 Cisco Catalyst 交换机只支持 PVST+、快速-PVST+和 MST（Multiple Spanning Tree）三种类型的生成树协议。

10.2.2　STP 的基本概念

1．网桥 ID

网桥 ID（Bridge ID，BID）用于在 STP 中唯一地标识网桥或交换机。网桥 ID 由两部分组成，长度共为 8 字节，其中高 16 位为网桥优先级，低 48 位为网桥的

MAC 地址，如图 10.6 所示。网桥优先级的默认值为 32768，网络管理员可以手工修改网桥的优先级，由于网桥的 MAC 地址唯一，因此网桥 ID 在网络中也是唯一的。

　　STP 在执行生成树算法时，根据网络中网桥 ID 进行生成树树根的选择，网桥 ID 最小的交换机被选择为生成树的根桥。在进行根桥的选择时，先比较 BID 的网桥优先级，优先级值最小的交换机被选择为根桥。如果网桥的优先级相同，则比较 MAC 地址，当具有相同优先级时 MAC 地址最小的交换机被选择为根桥。

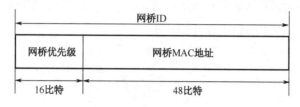

图 10.6　网桥 ID 的组成

2. 路径开销

　　路径开销用于衡量交换机与交换机之间路径的优劣，STP 中每条链路都有开销值，路径开销等于路径上全部链路开销之和。根路径开销（Root Path Cost）是指交换机到根桥的路径上所有链路开销的总和，STP 在确定根桥后，会计算到根桥的最短路径路径开销。

　　默认情况下，端口开销由端口的运行速度决定。表 10.1 给出了 IEEE 802.1D 默认端口开销值。不过，随着网络技术的发展，IEEE 可以更新默认端口开销的值以满足更新网络标准的要求，有些厂商还制定了私有标准。

　　网络管理员可以通过配置交换机端口的端口开销修改其开销值，以便灵活控制到根桥的生成树路径。

表 10.1　IEEE 802.1D 默认端口开销值

链路速度	开销
10 Mbps	100
100 Mbps	19
1 000 Mbps	4
10 Gbps	2

3. 根与端口的角色

　　在生成树中有根桥与指定网桥两种特殊的网桥：根桥是整个生成树的根节点，STP 会指定网络中的一台网桥或交换机成为生成树的根桥，并把根桥作为生成树计算的参考点，来确定网络中哪些交换机的部分端口应该被阻塞，以打破二层环路。生成树中网桥 ID 最小的交换机被选择为生成树的根桥。而指定网桥是一个单独的在物理段上负责数据转发任务的网桥。在生成树工作过程中，网桥 / 交换机端口主要有以下几种端口角色。

（1）根端口

根端口是指非根网桥上离根桥距离最近的端口。每个非根网桥只有一个根端口，在图 10.7 所示的网络中，交换机 SW1 为根桥，交换机 SW2、SW3 与 SW4 是非根交换机。非根交换机 SW3 的根端口为 F0/1 端口，非根交换机 SW2 的根端口为 F0/23 端口，非根交换机 SW4 的根端口为 F0/23 端口，因为在这些非根交换机上，这些端口距离根桥 SW1 的根路径开销最小。

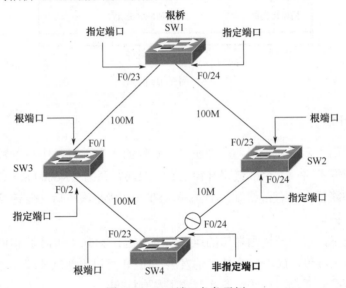

图 10.7　STP 端口角色示例

（2）指定端口

交换网络中每一个网段都需要指定一个端口用于转发该网段的数据，这个端口即为指定端口。指定端口是在 STP 中除了根端口之外可以转发流量的端口。根桥的所有端口均为指定端口。在图 10.7 中，交换机 SW1 为根桥，因此它的所有端口（F0/23 与 F0/24 端口）均为指定端口，它们是根桥与其他交换机所连网段的指定端口。而对于交换机 SW2 与交换机 SW4 相连的网段，交换机 SW2 的 F0/24 端口为指定端口；对于交换机 SW3 与交换机 SW4 相连的网段，交换机 SW3 的 F0/2 端口为指定端口。

（3）非指定端口

由于 STP 防止二层环路的需要而被设置成阻塞状态的端口称为非指定端口。在图 10.7 中，交换机 SW4 的 F/24 端口为非指定端口，该端口因处于阻塞状态而不能转发数据帧。

3. BPDU

网桥协议数据单元（Bridge Protocol Data Unit，BPDU）是运行 STP 在网桥之间交换的消息帧，BPDU 类型分为两类：一类是配置 BPDU（Configuration BPDU），配置 BPDU 主要用于生成树计算与维护生成树拓扑，只有根桥才会生成配置 BPDU，配置 BPDU 典型用于根桥的选举以及端口角色的确定过程；另一类是 TCN BPDU（Topology Change Notification BPDU），其作用是当运行 STP 的交换网络发生拓扑结构变化时，用作通知 STP 交换机网络拓扑发生变化的消息帧。配置 BPDU 数据格式如图 10.8 所示。

配置 BPDU 每个字段的含义如下所述。

字段	字节
协议 ID	2
协议版本	1
消息类型	1
标志位	1
根 ID	8
根路径开销	4
网桥 ID	8
端口 ID	2
消息时间	2
最大时间	2
Hello 时间	2
转发延迟	2

图 10.8　配置 BPDU 数据格式

- 协议 ID（Protocol ID）：长度为 2 字节，其值固定为 0X0000，表示是生成树协议。
- 协议版本（Protocol Vsersion ID）：长度为 1 字节，用于表示使用的生成树协议版本号，STP 协议版本号为 0X00。
- 消息类型（Message Type）：长度为 1 字节，用于说明 BPDU 的类型是配置 BPDU 还是 TCN BPDU，配置 BPDU 类型为 0X00，TCN BPDU 类型为 0X80。
- 标志位（Flag）：长度为 1 字节，共 8 位。最低位为 TC（Topology Change，拓扑改变）标志位，当其置位时表示网络拓扑发生改变；最高位为 TCA（Topology Change Acknowledge，拓扑改变确认）位，当其置位时表示对收到 TCN BPDU 的确认；中间 6 位保留。
- 根 ID（Root ID）：长度为 8 字节，其值为生成树中根桥 ID。
- 根路径开销（Root Path Cost）：长度为 4 字节，其值为发送该配置 BPDU 的网桥到根桥的最小路径开销。
- 网桥 ID（Bridge ID）：长度为 8 字节，是发送该配置 BPDU 的网桥 ID。
- 端口 ID（Port ID）：长度为 2 字节，是发送该配置 BPDU 网桥的发送端口 ID，端口 ID 值由优先级加上端口号组成，默认的端口优先级值为 128。
- 消息时间（Message Age）：长度为 2 字节，表示从根桥生成配置 BPDU 开始到目前配置 BPDU 的存活时间。
- 最大时间（Max Age）：长度为 2 字节，表示配置 BPDU 存活的最大时间。

- Hello 时间（Hello Time）：长度为 2 字节，表示配置 BPDU 消息发送的频率，默认的 Hello 时间为 2 秒。
- 转发延迟（Forward Delay）：长度为 2 字节，表示配置 BPDU 传播到全网的最大延迟。

字段	字节
协议ID	2
协议版本	1
BPDU类型	1

图 10.9　TCN BPDU 数据格式

TCN BPDU 在结构上与配置 BPDU 基本相同，但 TCN BPDU 组成简单，只包含协议 ID、协议版本和 BPDU 类型 3 个字段，其中协议 ID、协议版本字段含义与配置 BPDU 相同，BPDU 类型字段值为 0X80，数据格式如图 10.9 所示。

10.2.3　STP 的工作过程

STP 的工作过程主要包含三个任务：一是选举根桥；二是为所有非根网桥 / 交换机选择根端口；三是为每个网段选择指定端口。在实际的计算过程中，这三个任务是同步计算完成的，但为了便于大家理解，本教材将 STP 工作过程分为逻辑上的三个计算过程分别进行介绍。

1. 选举根桥

在交换机完成启动时或者网络中检测到路径故障时就会触发根桥的选举，网桥 / 交换机通过周期性地发送 BPDU 帧来完成根桥选举，交换机默认的 BPDU 发送时间间隔（即 Hello 时间）为 2 秒。

在初始化状态时，网络中的所有交换机都还没有收到其他交换机发送的配置 BPDU，因此都会先假设自己是网络中的根桥，交换机只要完成启动过程就立即开始发送以自己为根的配置 BPDU。当交换机从邻居交换机收到配置 BPDU 时，将收到 BPDU 中的根 ID 与本交换机的根 ID 进行比较，并将 BPDU 中根 ID 字段的值设置为数值小的根 ID。最终选择出 BID 最小的的交换机成为根桥。

下面以一个具体的网络示例来说明根桥的选举过程。如图 10.10 所示，网络中交换机 SW1 的 BID 为 " 8192.AAAAAAAAAAAA "，SW2 的 BID 为 "32768.BBBBBBBBBBBB"，SW3 的 BID 为 "32768.CCCCCCCCCCCC"。

交换机 SW1、SW2 和 SW3 在启动完成后都立即将以自己为根的配置 BPDU（根 ID 与 BID 均为自己的 BID，根路径开销值为 "0"）从所有端口发送出去。其中交换机 SW1 的配置 BPDU 中根 ID 和 BID 值均为 "8192.AAAAAAAAAAAA"；交换机 SW2 配置 BPDU 中根 ID 与 BID 值为 "32768.BBBBBBBBBBBB"；交换机 SW3 配置 BPDU 中根 ID 与 BID 值均为 "32768.CCCCCCCCCCCC"。

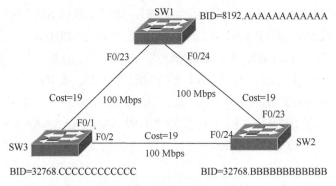

图 10.10　根桥选举示例图

假设，交换机 SW2 首先将其配置 BPDU（根 ID="32768.BBBBBBBBBBBB"；BID="32768.BBBBBBBBBBBB"；根路径开销="0"）从 F0/23 端口与 F0/24 端口发送出去。当交换机 SW1 从 F0/24 端口收到 SW2 发送过来的 BPDU 后，将收到的 BPDU 中的根 ID（值为"32768.BBBBBBBBBBBB"）与自己的根 ID（值为"8192.AAAAAAAAAAAA"）比较，发现自己的根 ID 值更小，因此交换机 SW1 仍认为自己是网络中的根桥；当交换机 SW3 从 F0/2 端口收到 SW2 发送过来的 BPDU 后，将收到的 BPDU 中的根 ID（32768.BBBBBBBBBBBB）与自己的根 ID（32768.CCCCCCCCCCCC）比较，发现 SW2 发送的配置 BPDU 根 ID 值比自己的根 ID 更小，因此交换机 SW3 使用 SW2 发送过来的配置 BPDU 更新 SW3 自身的配置 BPDU，更新后的 BPDU 中的根 ID 值为"32768.BBBBBBBBBBBB"，BID 值为"32768.CCCCCCCCCCCC"，根路径值为"19"，此时交换机 SW3 视交换机 SW2 为根桥。

其次，交换机 SW3 将更新后的配置 BPDU（根 ID="32768.BBBBBBBBBBBB"；BID="32768.CCCCCCCCCCCC"，根路径值="19"）从 F0/1 端口与 F0/2 端口发送出去。当交换机 SW1 从 F0/23 端口收到 SW3 发送过来的 BPDU 后，将收到的 BPDU 中的根 ID（32768.BBBBBBBBBBBB）与自己的根 ID 比较，发现自己的根 ID 值更小，因此交换机 SW1 仍认为自己是网络中的根桥；当交换机 SW2 从 F0/24 端口收到 SW3 发送过来的 BPDU，发现收到的 BPDU 中的根 ID（32768.BBBBBBBBBBBB）与自己的根 ID 相同，因此交换机 SW2 仍认为自己是网络中的根桥。

接着，交换机 SW1 将其配置 BPDU（根 ID="8192.AAAAAAAAAAAA"；BID="8192.AAAAAAAAAAAA"，根路径值为"0"）从 F0/23 端口和 F0/24 端口发送出去。当交换机 SW2 从 F0/23 端口收到 SW1 发送过来的 BPDU 后，将收到的 BPDU 中的根 ID（值为"8192.AAAAAAAAAAAA"）与自己的根 ID（值为"32768.BBBBBBBBBBBB"）比较，发现 SW1 发送的配置 BPDU 根 ID 值比自己的根 ID 更小，因此交换机 SW2 使用 SW1 发送过来的配置 BPDU 更新 SW2 自身的配置 BPDU，更新后的 BPDU 中根 ID 值为"8192.AAAAAAAAAAAA"，BID 值为

"32768.BBBBBBBBBBBB"，根路径值为"19"，此时交换机 SW2 视交换机 SW1 为根桥；当交换机 SW3 从 F0/1 端口收到 SW1 发送过来的 BPDU，将收到的 BPDU 中的根 ID（值为"8192.AAAAAAAAAAAA"）与自己的根 ID（值为"32768.CCCCCCCCCCCC"）比较，发现 SW1 发送的配置 BPDU 根 ID 值比自己的根 ID 更小，因此交换机 SW3 使用 SW1 发送过来的配置 BPDU 更新 SW3 自身的配置 BPDU，更新后的 BPDU 中根 ID 值为"8192.AAAAAAAAAAAA"，BID 值为"32768.CCCCCCCCCCCC"，根路径值为"19"，此时交换机 SW3 视交换机 SW1 为根桥。

依次类推，当网络中交换机 SW1、SW2 和 SW3 全部达成一致，认为交换机 SW1 为网络中的根桥时，根桥选举过程便完成了。在选举根桥过程结束后，交换机仍然以 2 秒的周期转发一次 BPDU 以通告根桥的根 ID。

2. 选择所有非根网桥的根端口

根端口是非根网桥/交换机到达根桥路径开销值最低的端口，每台非根网桥/交换机都需要指定一个根端口，用以指明该网桥/交换机具有从该端口到根桥的最佳路径。根路径开销值是到根桥的所有链路成本之和。根路径开销的计算过程如下所述。

● 根桥发送的配置 BPDU 中其根路径开销值置为 0；

● 邻居交换机从某端口收到根桥发送的配置 BPDU 后，将接收该 BPDU 的端口开销值累加到根路径开销值中；

● 邻居交换机转发更新过的包含新的根路径开销值的 BPDU；

● 下游的每台交换机在收到 BPDU 后，都将接收 BPDU 的端口开销累加到根路径开销中。

下面是以图 10.10 所示的网络说明根路径开销值的计算过程。在图 10.10 所示的网络中，交换机 SW1 被选择为根桥。交换机 SW1 从所有端口发送配置 BPDU（根 ID="8192.AAAAAAAAAAAA"；BID="8192.AAAAAAAAAAAA"；根路径开销值="0"）。

当交换机 SW2 从端口 F0/23 接收到交换机 SW1 所发送的配置 BPDU 后，将 F0/23 端口的端口开销（100 Mbps 以太网默认开销值为 19）累加到根路径开销值中，因此交换机 SW2 从 F0/23 端口到根桥的根路径开销值为 19。交换机 SW2 将更新过的配置 BPDU（根 ID="8192.AAAAAAAAAAAA"；BID="32768.BBBBBBBBBBBB"；根路径开销值="19"）从所有端口转发出去。

当交换机 SW3 从端口 F0/1 接收到交换机 SW1 所发送的配置 BPDU 后，将 F0/1 端口的端口开销（100 Mbps 以太网默认开销值为 19）累加到根路径开销值中，因此交换机 SW3 从 F0/1 端口到根桥的根路径开销值为 19。交换机 SW3 将更新过的配置 BPDU（根 ID="8192.AAAAAAAAAAAA"；BID="32768.CCCCCCCCCCCC"；

根路径开销值＝"19"）从所有端口转发出去。

当交换机 SW2 从端口 F0/24 接收到交换机 SW3 所转发的配置 BPDU（根 ID=8192.AAAAAAAAAAAA；BID=32768.CCCCCCCCCCCC；根路径开销值＝"19"）后，将 F0/24 端口的端口开销（100 Mbps 以太网默认开销值＝"19"）累加到根路径开销值中，因此交换机 SW2 从 F0/24 端口到根桥的根路径开销值为 38。

当交换机 SW3 从端口 F0/2 接收到交换机 SW2 所转发的配置 BPDU（根 ID=8192.AAAAAAAAAAAA；BID=32768.BBBBBBBBBBBB；根路径开销值＝"19"）后，将 F0/2 端口的端口开销（100 Mbps 以太网默认开销值为 19）累加到根路径开销值中，因此交换机 SW3 从 F0/2 端口到根桥的根路径开销值为 38。

一般情况下，选择根端口只需判断根路径开销就可以确定，非根交换机上根路径开销最小的端口被选择为根端口。例在，如图 10.10 所示的网络中，交换机 SW2 的 F0/23 端口被选择为根端口，交换机 SW3 的 F0/1 端口被选择为根端口。不过，当交换机具有两个以上的端口到根桥的根路径开销值同时最小时，则需要根据其他条件来选择出根端口。选择根端口根据最小根路径开销、最小发送者 BID、最小发送者端口 ID 以及最小接收者端口 ID 四个条件进行决策，具体过程如下所述。

① 比较非根交换机上每个端口到根桥的根路径开销，具有最小根路径开销值的端口被选择为根端口。

② 如果非根交换机上有多个端口到根桥的根路径开销值相同并且为最小，则比较收到的配置 BPDU 中的 BID（即发送配置 BPDU 的发送 BID），收到具有最小发送 BID 的 BPDU 的端口为根端口。

③ 如果非根交换机上有多个端口到根桥的根路径开销值相同并且为最小，而且同时具有相同的最小发送 BID，则比较邻居交换机发送该 BPDU 的端口 ID（发送者端口 ID），收到具有最小端口 ID 的本网桥端口被选择为根端口。

④ 如果非根交换机上有多个端口到根桥的根路径开销值相同且最小，并且同时具有相同的最小发送 BID 和最小发送者端口 ID，则比较接收该 BPDU 的端口 ID，具有最小接收端口 ID 的端口被选择为根端口。

在图 10.11 所示的 4 个网络拓扑中，交换机 SW1 的 BID 为 "8192.AAAAAAAAAAAA"，交换机 SW2 的 BID 为 "32768.BBBBBBBBBBBB"，交换机 SW3 的 BID 为 "32768.CCCCCCCCCCCC"，交换机 SW4 的 BID 为 "32768.DDDDDDDDDDDD"，交换机 SW1 被选举成为根桥，路径开销为默认值，所有交换机端口优先级均为默认值。

在图 10.11（a）中，需要为非根交换机 SW2 和 SW3 选择根端口，由于交换机 SW2 从 F0/1 端口到根桥的路径开销值（100 Mbps 链路的默认开销值为 19）最小，因此交换机 SW2 的 F0/1 端口被选择为根端口，同样道理，交换机 SW3 的 F0/1 被选择为根端口。

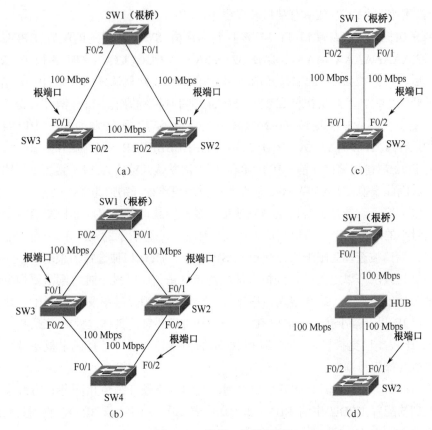

图 10.11　根端口选举示例

在图 10.11（b）中，需要为非根交换机 SW2、SW3 和 SW4 选择根端口。根据根端口判定条件，首先判定交换机端口到根桥的路径开销，具有最小根路径开销的端口被选择为根端口，因此交换机 SW2 的 F0/1 端口被选择为根端口，交换机 SW3 的 F0/1 被选择为根端口。由于交换机 SW4 的 F0/1 端口和 F0/2 端口到根桥的路径开销均为 38，因此需要判断交换机 SW4 所收到的 BPDU 中的 BID，具有最小发送者 BID 的端口为根端口，交换机 SW4 从 F0/2 端口接收到的由交换机 SW2 更新的 BPDU 中 BID（32768.BBBBBBBBBBBB）比从 F0/1 端口接收到的由交换机 SW3 更新的 BPDU 中 BID（32768.CCCCCCCCCCCC）要小，因此交换机 SW4 的 F0/2 端口被选择为根端口。

在图 10.11（c）中，需要为非根交换机 SW2 选择根端口，交换机 SW2 从 F0/1 端口和 F0/2 端口到根桥的路径开销相同（均为 19），并且从这两个端口收到的发送者 BID 也相同（均为 8192.AAAAAAAAAAAA），因此需要判定发送该 BPDU 的端口 ID（即发送者端口 ID），由于交换机 SW2 从 F0/2 端口收到的 BPDU 中的端口 ID（发送者端口 ID 值为 128.1）比从 F0/1 端口收到的 BPDU 中的端口 ID（值为 128.2）小，因此交换机 SW2 的 F0/2 端口被选择为根端口。

在图 10.11（d）中，需要为非根交换机 SW2 选择根端口，交换机 SW2 从 F0/1 端口与 F0/2 端口到根桥的路径开销相同（均为 19），从这两个端口收到的发送者 BID 也相同（均为 8192.AAAAAAAAAAAA），所接收到的 BPDU 中的端口 ID（发送者端口 ID）也相同，因此需要判定接收该 BPDU 的本地端口 ID，交换机 SW2 的 F0/1 端口 ID 比 F0/2 端口 ID 值更小，因此 F0/1 端口被选择为根端口。

3. 为每个网段选择指定端口

STP 会为交换网络中的每个网段选举一个指定端口，并且每个网段只能有一个指定端口用于转发该网段的数据。指定端口的选举与根端口的选举类似，同样根据最小根路径开销、最小发送者 BID、最小发送者端口 ID 以及最小接收者端口 ID 四个条件进行决策。根桥的所有端口均为指定端口。

在如图 10.12 所示的网络中，交换机 SW1 的 BID 为 8192.AAAAAAAAAAAA，交换机 SW2 的 BID 为 32768.BBBBBBBBBBBB，交换机 SW3 的 BID 为 32768.CCCCCCCCCCCC，交换机 SW1 被选举成为根桥，所有链路的路径开销以及交换机的端口优先级均为默认值。

根交换机 SW1 的所有端口均被指定为指定端口，对于交换机 SW2 与交换机 SW3 相连的网段需要选择一个指定端口，在该网段中交换机 SW2 的 F0/2 端口与交换机 SW3 的 F0/2 端口到根桥的根路径开销相同，但交换机 SW2 的 F0/2 端口所发送的 BPDU 中 BID 值比从该端口接收到由交换机 SW3 转发的 BPDU 中的 BID 值小，因此该网段选择的指定端口为交换机 SW2 的 F0/2 端口。

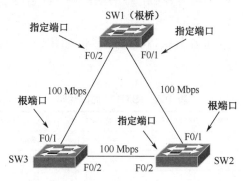

图 10.12　指定端口选举示例

10.2.4　STP 端口状态

交换机在完成启动后，生成树也就立即生成确定，如果网桥／交换机的端口直接从阻塞变为转发状态，可能会由于交换机并不完全了解拓扑信息而导致暂时生成环路。因此，STP 定义了禁用（Disabled）、阻塞（Blocking）、监听（Listening）、学习（Learning）和转发（Forwarding）五种端口状态以确保在创建生成树时没有环路产生。在五种状态中监听与学习状态为中间状态，为了避免临时环路，当端口处在中间状态时它不能接收和发送数据。交换机五种端口状态详细介绍如下所述。

- 禁用状态（Disabled）：当网络管理员使用"shutdown"命令禁用交换机端口后，该端口立即进入禁用状态。处于禁用状态的交换机端口不会收、发BPDU帧，也不会转发数据帧，即它不会参与生成树的过程。

- 阻塞状态（Blocking）：当端口为阻塞状态时，意味着该端口为非指定端口。处于阻塞状态的端口不会转发数据帧，也不会发送BPDU，但会接收从其他交换机发送的BPDU帧以确定根交换机的位置和根ID，以及STP中每个交换机端口的状态角色。端口在阻塞状态会停留20秒的时间。

- 侦听状态（Listening）：当交换机端口为侦听状态时，意味着STP已根据交换机所接收到的BPDU帧判断出该端口应该参与数据转发。处于侦听状态的交换机端口不仅会接收BPDU帧，而且还会发送自己的BPDU帧，以通知邻居交换机此交换机该端口会参与数据帧的转发工作。端口在侦听状态会停留15秒的时间。

- 学习状态（Learning）：处于学习状态的端口准备参与帧转发，并开始把数据帧的源MAC地址学习到MAC地址表中，端口在学习状态会停留15秒的时间。

- 转发状态（Forwarding）：处于转发状态的端口可以正常工作，即它可以学习数据帧的源MAC地址到MAC地址表中，还可以根据数据帧的目的MAC地址做出转发决定并沿相应的端口转发，它也可以发送与接收BPDU帧。

表10.2总结出了交换机5种端口状态的行为。图10.13给出了交换机5种端口状态及可能的转换关系。

表 10.2　STP 各端口状态

端口状态	接收并处理配置 BPDU	发送配置 BPDU	学习 MAC 地址	转发数据帧
禁用	否	不能	不能	不能
阻塞	能	不能	不能	不能
侦听	能	能	不能	不能
学习	能	能	能	不能
转发	能	能	能	能

10.2.5　STP 拓扑改变的处理

在STP网络稳定运行时，只有根桥周期性发送配置BPDU，而非根网桥/交换机通过根端口接收配置BPDU帧，经过更新从指定端口发送更新后的配置BPDU，非根网桥/交换机不会主动生成并向根桥发送配置BPDU。然而，当STP网络中网

桥 / 交换机感知到由于网桥 / 交换机出现故障、网络链路故障、有新的网桥加入到网络中等事件导致网络拓扑发生改变时，网桥 / 交换机产生 TCN BPDU 并从根端口发送出去以通知根桥 STP 网络发生了变化，需要进行生成树的重新收敛。具体处理过程如下所述。

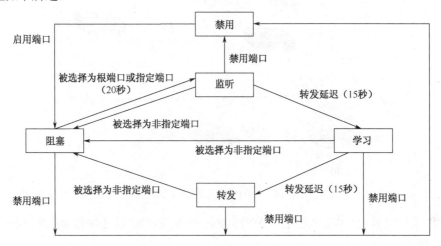

图 10.13　交换机 5 种端口状态及可能的转换关系

① 网桥 / 交换机感知到网络拓扑发生变化，产生 TCN BPDU 并从根端口向上一级网桥 / 交换机发出。

② 如果交换机根端口相连的上行交换机不是根桥，则上行交换机会将下一个要发送的配置 BPDU 中的 TCA 位置位，以作为对收到的 TCN BPDU 的确认。上行交换机从根端口发送 TCN BPDU 以通知根桥网络拓扑发生变化。本步骤会持续到根桥收到 TCN BPDU 为止。

③ 根桥收到 TCN BPDU 后，得知网络中发生了拓扑更改，它会将下一个要发送的配置 BPDU 中的 TCA 位置位，作为对收到的 TCN BPDU 的确认，根桥还会将该配置 BPDU 中的 TC 位置位，以通知网络中所有的交换机网络拓扑发生了变化。

④ 最后，所有交换机都会收到根桥发送的 TC 位置位的配置 BPDU，意识到网络拓扑更改，然后将自身 MAC 地址老化时间缩短为转发延迟时间（15 秒）。

下面以一个示例来说明 STP 当网络拓扑发生变化时的处理过程。在如图 10.14 所示的网络中，交换机 SW3 的 F0/2 端口为交换机 SW3 与 SW4 之间网段的指定端口，处于转发状态，现该端口突然发生故障，STP 拓扑改变的处理如下所述。

① 交换机 SW3 感知端口发生故障，知道网络拓扑发生变化，从而产生 TCN BPDU 并从根端口 F0/1 发出。

② 交换机 SW3 根端口相连的上行交换机 SW2 不是根桥，因此上行交换机 SW2 将下一个要发送的配置 BPDU 中的 TCA 位置位，以作为对收到的 TCN BPDU 的确认。

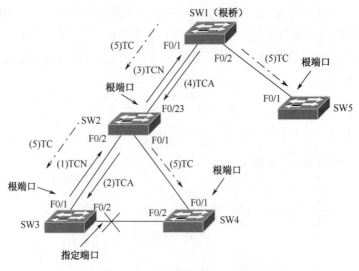

图 10.14　STP 拓扑改变处理示例

③ 上行交换机 SW2 从根端口 F0/23 发送 TCN BPDU 以通知根交换机网络拓扑发生变化。

④ 根交换机 SW1 收到 TCN BPDU，得知网络中发生了拓扑更改，它会将下一个要发送的配置 BPDU 中的 TCA 位置位，作为对收到 TCN BPDU 的确认。

⑤ 根交换机 SW1 还会将该配置 BPDU 中的 TC 位置位，以通知网络中所有的交换机网络拓扑发生了变化，网络中的所有交换机 SW2、SW5、SW3 和 SW4 最终都收到 TC 位置位的配置 BPDU，都意识到网络拓扑已更改，从而将自己的老化时间缩短为转发延迟时间。

10.2.6　PVST 与 PVST+

PVST 与 PVST+是解决在 VLAN 上处理生成树的 Cisco 私有解决方案，它们是 STP 的变体。

PVST 对网络中配置的每个 VLAN 都维护一个生成树实例，它的中继链路可以实现对某些 VLAN 流量转发，而对其他的 VLAN 流量阻塞，因此可以实现流量的负载均衡，常见的实现方法有基于路径开销值和端口权值的流量负载均衡，此外它还具有 BackboneFast、UplinkFast 和 PortFast 特性，PVST 要求在交换机之间的中继链路上运行 Cisco 的私有中继协议 ISL。

由于 PVST 只支持 Cisco 私有中继协议 ISL，后来 Cisco 又开发了可以支持中继协议 IEEE 802.1Q 的 PVST+。PVST+的功能与 PVST 相同，但 PVST+既可支持 Cisco 私有 ISL 中继协议，也可支持 IEEE 802.1Q 中继协议，此外还增加了 BPDU 防护和根防护等功能。目前 Cisco Catalyst 交换机默认的生成树协议是 PVST+。

PVST+要求对每个 VLAN 都运行一颗生成树实例，因此对 STP 中的 BID 字段进行了修改,将原始的 IEEE 802.1D 标准中 BID 的网桥优先级进一步分为两个字段,一个为 4 位的网桥优先级,另一个为 12 位的扩展系统 ID 字段,其修改后的 BID 如图 10.15 所示。

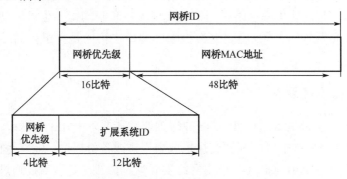

图 10.15 PVST+网桥 ID 的组成

修改后的 BID 字段含义如下所述。

- MAC 地址:长度为 48 位,其值为交换机或网桥的 MAC 地址。
- 扩展系统 ID:长度为 12 位,表示 VLAN ID 值,例如,对 VLAN20 来说,其扩展系统 ID 值为 "20",即该字段 12 位的二进值为 "000000010100"。
- 网桥优先级:长度为 4 位,表示网桥的优先级。由于 PVST+的优先级将原始的 IEEE 802.1D 标准中 BID 的网桥优先级低 12 位作为扩展系统 ID,高 4 位用作优先级,因此优先级的值以增量为 4096 的离散值表示,即 PVST+的优先级值必须为 4096 的倍数,默认优先级是 32768。

10.2.7 STP 的规划与部署要点

STP 具有收敛时间慢的特性,因此常用于网络规模较小的交换网络。STP 除了有 IEEE 802.1D 标准外,还有 Cisco 的私有 STP 协议 PVST 和 PVST+。在目前常见的交换机中,H3C 交换机使用的 STP 为 IEEE 802.1D,而在思科交换机上使用的 STP 为 PVST 和 PVST+,并且在思科 Catalyst IOS 12.2 及以后的版本中,不再支持 PVST,而只支持 PVST+及相应的快速生成树与多生成树协议。由于不同的厂商交换机平台部署实施过程不一样,本教材将以 Cisco Catalyt 交换机上的 PVST+为例,进行 STP 的规划与部署要点讲解。

1. PVST+的规划要点

STP 是用来打破二层环路的协议,它工作在 OSI 模型数据链路层,如果网络设计不好,故障排除就会变得非常困难,因此需要事先对 STP 进行规划。通常 STP 的规划过程为:① 确定所选择的生成树模式。目前主流思科交换机支持 PVST+、Rapid-PVST+和 MST 三种生成树协议,默认使用的 STP 为 PVST+。② 确定每个

VLAN 生成树实例的根桥。根桥的选择最好由网络管理员控制，而不要由 STP 来决定，管理员在选择根桥时一般要选择位于网络中心位置或直接连接到网络服务器与路由器的，并且具有较强 CPU 等性能的交换机为根桥。③ 进行流量负载均衡的设计。PVST+通常可以使用基于路径开销值实现流量负载均衡，也可以使用基于端口权值实现流量负载均衡。④ 确定交换机哪些端口连接的是主机，需要立即进入到快速转发模式。

2. PVST+的配置要点

在 Catalyst 交换机上进行 PVST+的配置通常需要以下几个步骤：① 配置交换机生成树模式为 PVST+；② 配置交换机成为根桥或备份根桥；③ 配置交换机连接主机的端口特性为 PortFast；④ 根据网络实际情况，决定是否需要通过配置路径开销值或端口权值以实现流量的负载均衡。

对应于上述步骤，Cisco Catalyst 交换机给出的配置命令为：

- switch(config)#spanning-tree mode pvst　　　　//配置交换机使用的生成树模式为 pvst+
- switch(config)#spanning-tree vlan *vlan-id* priority *priority-number*　　　　//配置 VLAN 所对应的生成树实例的交换机优先级

> **注释：** 该命令用于配置交换机的优先级，管理员通过配置交换机优先级控制根桥的选举，优先级值最小的交换机被选择为根桥，优先级次低的交换机为备份根桥，Catalyst 交换机默认优先级为 32768。该命令中 "*vlan-id*" 表示 VLAN 的 ID；"*priority-number*" 表示配置的优先级值，配置时优先级的值为必须为 4096 的整数位。

- switch(config)#spanning-tree vlan *vlan-id* root primary　　　　//配置交换机成为 VLAN 对应的生成树实例的根
- switch(config)#spanning-tree portfast edge bpduguard default　　//启用 BPDU 防护
- switch(config-if)#spanning-tree portfast　　//配置端口特性为 portfast
- switch(config-if)#spanning-tree vlan *vlan-id* port-priority *port-priority-number*　//配置交换机端口优先级

其中，"*vlan-id*" 表示 VLAN 的 ID；"*port-priority-number*" 表示配置的相应 VLAN 端口优先级值，优先级值必须为 16 的倍数。

- switch(config-if)#spanning-tree vlan *vlan-id* cost *cost-number*　//配置交换机端口路径开销值

其中，"*vlan-id*" 表示 VLAN 的 ID，"*cost-number*" 表示配置的相应 VLAN 端口路径开销值。

3. PVST+规划与配置实例

某一交换网络拓扑结构如图 10.16 所示，该网络中生成树的要求如下：① 所有 VLAN（VLAN1 到 VLAN10）的生成树实例根桥均为交换机 DS1；② 交换机 DS1 与 AS1 之间的 TRUNK1 链路转发 VLAN1 到 VLAN5 的流量，而交换机 DS1 与 AS1 之间的 TRUNK2 链路转发 VLAN6 到 VLAN10 的流量；③ 交换机 AS1 的 F0/3-24 端口连接到主机，因此需要配置为立即进入到转发状态，并启用 BPDU 防护特性。

在交换机 DS1 上，配置所有 VLAN（VLAN1 到 VLAN10）的优先级为 4096，使交换机 DS1 成为 VLAN1 到 VLAN10 的生成树根桥。

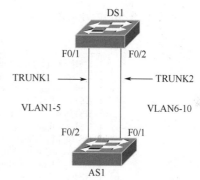

图 10.16　PVST+配置实例的拓扑结构图

要实现流量在 TRUNK1 链路与 TRUNK2 链路的负载均衡，可以采用基于路径开销值或基于端口权值两种方式，这两种方式参数的详细规划如下所述。

- 基于路径开销值负载均衡参数的规划：修改用于转发 VLAN1 到 VLAN5 流量的 TRUNK1 链路连接的交换机 AS1 的 F0/2 端口路径开销值为 "10"，使其 TRUNK1 链路开销值 "10" 小于 TRUNK2 的默认链路开销值 "19"；修改转发 VLAN6 到 VLAN10 流量的 TRUNK2 链路连接的交换机 AS1 的 F0/1 端口路径开销值为 "10"，使其 TRUNK2 链路开销值 "10" 小于 TRUNK1 的默认链路开销值 "19"。

- 基于端口权值负载均衡参数的的规划：修改转发 VLAN1 到 VLAN5 流量的 TRUNK1 链路连接的交换机 DS1 的 F0/1 端口的端口权值为 "32"，使交换机 DS1 的 F0/1 端口的端口权值 "32" 小于链路 TRUNK2 连接的交换机 DS1 的 F0/2 端口的默认值端口权值 "128"；修改转发 VLAN6 到 VLAN10 流量的 TRUNK2 链路连接的交换机 DS1 的 F0/2 端口的端口权值为 "32"，使交换机 DS1 的 F0/2 端口的端口权值 "32" 小于链路 TRUNK1 连接的交换机 DS1 的 F0/1 端口的默认值端口权值 "128"；

- 在交换机 AS1 上配置 F0/3-24 端口特性为 PortFast 使端口可以立即进入转发状态。

图 10.17 与 10.18 分别给出了基于路径开销值与基于端口权值负载均衡的详细配置步骤。

```
DS1(config)#spanning-tree mode pvst
DS1(config)#spanning-tree vlan 1-10 priority 4096
AS1(config)#spanning-tree mode pvst
AS1(config)#interface f0/2
AS1(config-if)#spanning-tree vlan 1-5 cost 10
AS1(config-if)#exit
AS1(config)#interface f0/1
AS1(config-if)#spanning-tree vlan 6-10 cost 10
AS1(config-if)#exit
AS1(config)#spanning-tree portfast edge bpduguard default
AS1(config)#interface range f0/3-24
AS1(config-if-range)#spanning-tree portfast
AS1(config-if-range)#end
AS1#show spanning-tree
```

图 10.17　PVST+配置实例配置步骤——采用路径开销值实现负载均衡

```
DS1(config)#spanning-tree mode pvst
DS1(config)#spanning-tree vlan 1-10 priority 4096
DS1(config)#interface f0/1
DS1(config-if)#spanning-tree vlan 1-5 port-priority 32
DS1(config-if)#exit
DS1(config)#interface f0/2
DS1(config-if)#spanning-tree vlan 6-10 port-priority 32
AS1(config)#spanning-tree mode pvst
AS1(config)#spanning-tree portfast edge bpduguard default
AS1(config)#interface range f0/3-24
AS1(config-if-range)#spanning-tree portfast
AS1(config-if-range)#end
AS1#show spanning-tree
```

图 10.18　PVST+配置实例配置步骤——基于端口权值实现负载均衡

10.3　RSTP

10.3.1　RSTP 概述

STP 协议由于收敛速度较慢，收敛机制不够灵活，所以后来又开发了 RSTP（Rapid Spanning Tree Protocol，快速生成树协议）用作 STP 的升级版本。RSTP 的 IEEE 标准为 802.1W，它打破了二层环路的基本思想，与 STP 一样，它是在 IEEE 802.1D 标准基础上的改进。

RSTP 可以实现 STP 的所有功能，并且与 STP 兼容，当运行 RSTP 网桥的某端口连续 3 次收到 STP 配置 BPDU 时，网桥认为该端口连接的为运行 STP 的网桥，因此该端口返回到 STP 运行，则该端口连接的网段 RSTP 的优势就没有了。

RSTP 在 STP 的实现机制上采取减少端口状态、增加端口角色、改变配置 BPDU 的发送方式等措施，实现当网络拓扑发生变化时，网络可以更为快速的收敛。

10.3.2　端口状态

在 STP 中，交换机 / 网桥端口的状态与端口在活动拓扑结构中的角色是相关的，STP 定义了禁用（Disabled）、阻塞（Blocking）、监听（Listening）、学习（Learning）和转发（Forwarding）五种端口状态。从端口对数据的操作角度看，STP 中处于阻塞与侦听状态的端口没有什么不同，它们都不会学习数据帧的源 MAC 地址并会丢弃数据帧。这两种端口状态实质的区别在于 STP 分配给端口的角色，对于侦听状态的端口其角色不是指定端口就是根端口，该端口最终都会进入转发状态，能够学习数据帧的源 MAC 地址并会转发数据帧。

在 RSTP 中取消了端口状态与与端口角色之间的相关性，将端口状态分为丢弃（Discarding）、学习（Learning）和转发（Forwarding）三种状态。

- 丢弃状态（Discarding）：丢弃端口状态可以存在于网络拓扑稳定的工作状态、网络拓扑同步以及网络拓扑变更的过程中，处于丢弃状态的端口既不会学习数据帧中的源 MAC 地址到 MAC 表中，也不会转发数据帧。
- 学习状态（Learning）：学习端口状态可以存于网络拓扑稳定的工作状态、网络拓扑同步以及网络拓扑变更的过程中，处于学习状态的端口会接收数据帧，并学习数据帧中的源 MAC 地址到 MAC 表中，但不会转发数据帧。
- 转发状态（Forwarding）：转发端口状态只会存在于网络拓扑稳定的工作状态时，处于转发状态的端口会学习数据帧中的源 MAC 地址到 MAC 表中，并进行数据帧的转发。

在进行 RSTP 计算时，交换机 / 网桥的端口在丢弃状态就会完成端口角色的确定，当端口确定为根端口或指定端口后，就会在转发延迟时间过后进入学习状态，而如果端口被确定为替代端口或备份端口后，就会维持在丢弃状态。

10.3.3　端口角色

RSTP 有根端口、指定端口、替代端口（Alternate）与备份端口（Backup）四种角色，其中根端口、指定端口角色的定义与 STP 中根端口、指定端口定义相同。每个非根网桥 / 交换机都选择一个并且只有一个根端口，根端口是非根网桥 / 交换机所有端口中到达根桥路径最优的端口，当 RSTP 网络拓扑稳定时，根端口为转发状态。每一个网段中都会选择一个指定端口，用于负责转发该网段数据帧，当 RSTP 网络拓扑稳定时，指定端口也为转发状态。此外，RSTP 将 STP 中的非指定端口进一步划分为替代端口与备份端口两种。

（1）替代端口

替代端口的作用是提供了一条去往根桥的备用路径，替代端口实际上是根端口的备份端口。当非根网桥上的非指定端口收到更优的 BPDU 来自于其他网桥时，该非指定端口为替代端口。在 RSTP 网络拓扑稳定时，替代端口为丢弃状态。

（2）备份端口

备份端口的作用是为交换机提供到达同一个网段的冗余路径，备份端口实际上是指定端口的一个额外备份。在 RSTP 网络拓扑稳定时，备份端口为丢弃状态。

下面以一个具体的示例来说明替代端口与备份端口。如图 10.19 所示网络中，交换机 SW1 具有最小的 BID，被选择为根桥，其所有的端口均为指定端口，交换机 SW2 的 F0/24 端口具有到根桥的最优路径，被选择为根端口，交换机 SW3 的 F0/1 端口具有到根桥的最优路径，被选择为根端口，交换机 SW2 与 SW3 之间的网段在选择指定端口时，根据发送者 BID→发送者端口 ID 规则，交换机 SW2 的 F0/1 端口被选择为指定端口。

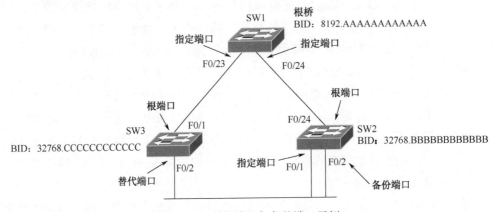

图 10.19　替代端口与备份端口示例

交换机 SW2 的 F0/2 端口收到的更优的 BPDU 来自于交换机 SW2 本身所发送的 BPDU 而不是交换机 SW3，因此交换机 SW2 的 F0/2 端口被选择为备份端口，即作为指定端口 F0/1 的备份。

交换机 SW3 的 F0/2 端口收到的更优的 BPDU 来自于交换机 SW2 所发送的 BPDU，因此，交换机 SW3 的 F0/2 端口被选择为替代端口，即作为根端口 F0/1 的替代端口。

表 11.3 给出了 STP 与 RSTP 端口角色的比较。

表 11.3　STP 与 RSTP 端口角色的比较

RSTP 端口角色	STP 端口角色	RSTP 端口状态	STP 端口状态
根端口	根端口	转发状态	转发状态
指定端口	指定端口	转发状态	转发状态
备份端口	非指定端口	丢弃状态	阻塞状态
替代端口	非指定端口	丢弃状态	阻塞状态

10.3.4 RSTP BPDU

RSTP 使用的 BPDU 与 IEEE 802.1D 非常相似,仅有协议版本(Protocol Vsersion ID)、消息类型(Message Type)和标志位(flag)字段不同。

- 协议版本(Protocol Vsersion ID):RSTP BPDU 中的协议版本字段值被设置为 0X02,表示 RSTP 协议。
- 消息类型(Message Type):RSTP BPDU 中的消息类型字段值被设置为 0X02,表示 RSTP BPDU。
- 标志位(flag):在 RSTP BPDU 中标志位字段使用了全部的 8 位,而 STP 中标志位字段只使用了第 0 位(TC 位)与第 7 位(TCA)。

RSTP BPDU 中的标志位字段每位的具体含义如图 10.20 所示。其中 TC(Topology Change,拓扑改变)位与 TCA(拓扑改变确认)位与 STP 的含义相同。如果最低位 TC 位置位,表示拓扑发生改变;如果最高位 TCA 位置位,表示对收到拓扑改变 BPDU 的确认,其余中间 6 位的含义如下所述。

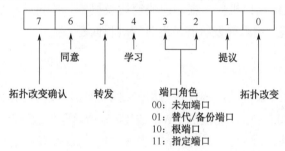

图 10.20 RSTP BPDU 标志位字段具体含义

- 标志位的第 1 位为提议(Proposal)位,该位值为 1 时表示该 BPDU 为"建议同意"快速收敛机制中的提议报文。
- 标志位的第 3、2 位为端口角色(Port Role)位,当其值为 00 时,表示端口的角色未知;当其值为 01 时,表示端口角色是替代端口或者是备份端口;当其值为 10 时,表示端口角色是根端口;当其值为 11 时,表示端口角色是指定端口。
- 标志位的第 4 位为学习(Learning)位,该位值为 1 时表示端口处于学习状态。
- 标志位的第 5 位为转发(Forwarding)位,该位值为 1 时表示端口处于转发状态。
- 标志位的第 6 位为同意(Agreement)位,该位值为 1 时表示该 BPDU 为"建议同意"快速收敛机制中的同意报文。

　　RSTP 引入了新的 BPDU 处理和新的拓扑结构变更机制。每个网桥每个"Hello Time"都会生成 BPDU,即使它不从根网桥接收 BPDU 时也是如此。BPDU 起着网桥间保留信息的作用。如果一个网桥未能从相邻网桥收到 BPDU,它就会认为已与该网桥失去连接,从而实现更快速地故障检测和融合。

　　在 RSTP 中,拓扑结构变更只在非边缘端口转入转发状态时发生。例如,交换机端口转入阻塞状态就不会像 IEEE 802.1D 那样引起拓扑结构变更。IEEE 802.1W 协议的拓扑结构变更通知(TCN)功能不同于 IEEE 802.1dD 协议,它减少了数据的溢流。在 IEEE 802.1D 中,TCN 被单播至根网桥,然后组播至所有网桥。IEEE 802.1D TCN 的接收使交换机 MAC 表中的所有内容快速失效,而无论网桥 / 交换机转发拓扑结构是否受到影响。相比之下,RSTP 则明确地告知网桥 / 交换机溢出除了经由 TCN 接收端口了解到的内容之外的所有内容,优化了该流程。TCN 行为的这一改变极大地降低了拓扑结构变更过程中 MAC 地址的溢出量。

10.3.5　RSTP 快速收敛机制

　　RSTP 采用边缘端口机制、根端口快速切换机制、指定端口等多种快速收敛机制解决了 STP 中端口进入转发状态延迟时间过长问题。

1. 边缘端口

　　RSTP 中的边缘端口是那些直接与用户终端相连,没有连接到其他网桥 / 交换机的端口。在图 10.21 中,交换机 SW2 的 F0/5 端口即为边缘端口。由于边缘端口连接的是用户终端,因此当网络拓扑发生变化时,边缘端口不会产生临时二层环路,RSTP 中的边缘端口只要一启用,不需要任何的延迟,就立即切换到转发状态。但如果 RSTP 边缘端口接收到 BPDU,则该端口立刻丧失边缘端口的属性,而成为普通的生成树端口。

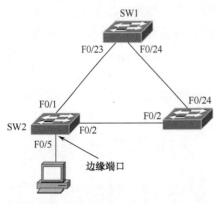

图 10.21　RSTP 边缘端口示例

2. 根端口快速切换机制

　　在 RSTP 中定义了替代端口作为根端口的备份端口,如果非根桥交换机的根端口一旦失效,交换机会选择"最优的"替代端口成为新的根端口,新的根端口不需要任何延迟立即切换到转发状态。

3. 在点到点链路上使用 P/A 机制实现指定端口快速切换

　　对于 RSTP 网络来说,非边缘交换机端口连接的链路类型可分为点到点链路和共享式链路两种类型。如果交换机的非边缘端口工作在全双工模式下，则默认该端口为点到点的链路类型；如果交换机的非边缘端口工作在半双工的工作模式，则认为该端口为共享式的链路类型。

RSTP 网络中每个网段都需要选择一个指定端口用于负责转发该网段数据帧，当网络中新增了一条链路或某条故障链路恢复时，该链路的两端必定有一个端口被选择为指定端口。RSTP 定义了在点到点链路中采用 Proposal/Agreement 机制（提议 / 同意机制，也简称 P/A 机制），使指定端口可以通过与邻接的交换机进行一次握手即可快速的进入转发状态，P/A 机制可以实现网络拓扑链路的逐条收敛。P/A 机制其过程的如下所述。

① 当新增一条链路时，链路两端的端口初始都为指定端口并处于阻塞状态；当指定端口处于丢弃或学习状态时，其所发送的 BPDU 中的提议位置为 "1"，端口角色位置为 "11"，该提议消息建议由交换机该端口作为链路网段的指定端口。

② 链路另一端的端口收到提议位置为 "1" 的提议 BPDU 后，交换机会判断接收端端口是否为根端口，如果是新根端口，交换机启动同步过程，即将交换机所有的非边缘端口置于阻塞状态，以消除环路产生的可能，并通过该新根端口发送一个同意位置为 "1" 的同意 BPDU，该 BPDU 中转发位也置为 "1"，表示同意对方端口立即进入转发状态；端口角色位置为 "10"，表示回应该同意 BPDU 的端口为根端口。

③ 收到同意 BPDU 的指定端口接收到同意 BPDU 后，指定端口立即切换到转发状态。

10.3.6　RSTP 的规划与部署要点

RSTP 是 STP 的改进，RSTP 除了有 IEEE 802.1W 标准外，还有 Cisco 的快速-PVST+等。在目前常见的交换机中，H3C 交换机使用的 RSTP 标准为 IEEE 802.1W 的 RSTP，而在思科交换机 Catalyst IOS 12.2 及以后的版本中上使用的 RSTP 为快速-PVST+。由于不同的厂商交换机平台部署实施过程不一样，本教材将以 Cisco Catalyt 交换机上的快速-PVST+为例，进行快速-PVST+的规划与部署要点的讲解。

1. 快速-PVST+的规划要点

快速-PVST+的规划要点与 PVST+基本一样，通常快速-PVST+的规划过程为：① 确定所选择的生成树模式为快速-PVST+。目前思科交换机支持 PVST+、快速-PVST+和 MST 三种生成树协议。② 确定每个 VLAN 的生成树实例使用哪台交换机作为生成树实例的根桥。根桥的选择最好由网络管理员控制，一般选择位于网络中央位置或直接连接网络服务器与路由器的、具有较强 CPU 等性能的交换机为根桥。③ 进行流量负载均衡的设计。快速-PVST+可以使用基于路径开销值实现流量负载均衡，也可以使用基于端口权值实现流量负载均衡。④ 确定交换机哪些端口连接的为主机，需要立即进入到快速转发模式。

2. 快速-PVST+的配置要点

在 Catalyst 交换机上进行快速-PVST+的配置通常需要以下几个步骤：① 配置交换机生成树模式为快速-PVST+。② 配置交换机成为生成树实例根桥或备份根桥。③ 配置交换机连接主机的端口特性为 PortFast 并启用 BPDU 防护。④ 根据网络实际情况，决定是否需要通过配置路径开销值或端口权值以实现流量的负载均衡。

对应上述步骤，Cisco Catalyst 交换机给出的配置命令为：

- switch(config)#spanning-tree mode rapid-pvst　　//配置交换机使用的生成树模式为快速-pvst+
- switch(config)#spanning-tree vlan *vlan-id* priority *priority-number*　　//配置交换机优先级
- switch(config)#spanning-tree portfast edge bpduguard default　　//启用 BPDU 防护
- switch(config-if)#spanning-tree portfast　　//配置端口特性为 portfast
- switch(config-if)#spanning-tree vlan *vlan-id* port-priority *port-priority-number*　　//配置交换机端口优先级

其中，"*vlan-id*"表示 VLAN 的 ID 或 VLAN 范围；"*port-priority-number*"表示配置的相应 VLAN 端口优先级值，优先级值必须为 16 的倍数。

- switch(config-if)#spanning-tree vlan *vlan-id* cost *cost-number*　　//配置交换机端口路径开销值

其中，"*vlan-id*"表示 VLAN 的 ID 或 VLAN 范围；"*cost-number*"表示配置的相应 VLAN 端口路径开销值。

3. 快速-PVST+规划与配置实例

某一交换网络拓扑结构如图 10.22 所示。该网络中生成树的要求是：① 采用快

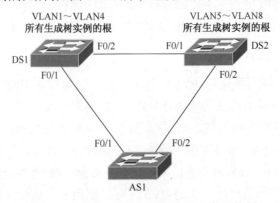

图 10.22　快速-PVST+配置实例的拓扑结构图

速-PVST+实现生成村。② 在 VLAN1～VLAN4 的所有生成树实例中根桥均为交换机 DS1，在 VLAN5～VLAN8 的所有生成树实例中根桥均为交换机 DS2。③ 交换机 AS1 的 F0/3-24 端口连接到主机，需要配置为立即进入到转发状态，并启用 BPDU 防护。

图 10.23 给出了交换机 DS1、DS2 与 AS1 上的详细配置步骤。

```
DS1(config)#spanning-tree mode rapid-pvst
DS1(config)#spanning-tree vlan 1-4 root primary
DS2(config)#spanning-tree mode rapid-pvst
DS2(config)#spanning-tree vlan 5-8 root primary
AS1(config)#spanning-tree mode rapid-pvst
AS1(config)#spanning-tree portfast edge bpduguard default
AS1(config-mst)#interface range f0/3-24
AS1(config-if-range)#spanning-tree portfast
```

图 10.23　快速-PVST+配置实例配置步骤

10.4　MSTP

10.4.1　MSTP 概述

由于生成树概念的提出早于 VLAN 概念的提出，因此在 STP 的实现过程中并没有考虑 VLAN 的因素。RSTP 只是对 STP 的收敛机制进行改进，同样也没有考虑到 VLAN 的因素，所以 STP 与 RSTP 都是属于单生成树协议，即在交换网络中所有 VLAN 共享一棵相同的生成树，这样就可能导致网络宽带的浪费。以如图 10.24 所示的交换网络为例，在网络中划分有 60 个 VLAN，如果采用 STP/RSTP 阻止二层环路，交换机 SW3 的 F0/24 端口会阻塞 VLAN1 到 VLAN60 的所有 VLAN 流量，这样就导致所有 VLAN 的流量均从交换机 SW1 与交换机 SW3 之间的链路进行转发，而交换机 SW2 与 SW3 的链路不会承载任何的流量，造成了交换机 SW2 与 SW3 之间链路带宽的浪费。

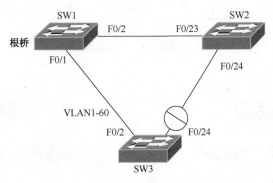

图 10.24　STP/RSTP 导致的网络宽带浪费示意图

Cisco 提出的私有生成树协议 PVST、PVST+以及 Rapid-PVST+虽然可以实现二层的流量负载均衡，但 PVST、PVST+与 Rapid-PVST+为网络中的每个 VLAN 都运行一个单独的生成树实例，当网络中 VLAN 数量较大时，维护生成树的代价就会非常高。

IEEE 提出的 802.1S 标准定义的 MSTP（Multiple Spanning Tree Protocol，多生成树协议）基于生成树实例（Instance）计算出多棵生成树，多个 VLAN 可映射到同一个生成树实例中，但一个 VLAN 只能映射到一个生成树实例中，在交换机上通过对多个生成树实例的配置就可以实现链路的负载均衡。MSTP 是根据 Cisco 私有的 MISTP 协议（Multiple Instances Spanning TreeProtocol）制定的。以图 10.24 所示网络为例，MSTP 可通过维护几个生成树实例就可使得一部分 VLAN 流量由 SW1 与交换机 SW3 之间的链路转发，而另一部分 VLAN 流量由 SW2 与交换机 SW3 之间的链路转发，从而实现负载均衡。MSTP 具有既可以实现生成树的快速收敛，又可以实现链路的负载均衡，并能有效减少交换机 CPU 负担等优点。

10.4.2　MSTP 的基本概念

1. MST 域

MSTP 可以把多个 VLAN 映射到一个生成树实例中，但一个 VLAN 只能映射到一个生成树实例中，并且网络中所有交换机的 VLAN 与生成树实例的映射关系必须完全相同，否则生成树协议计算可能不正确。而在大型网络中，不同的交换机上可能有不同的 VLAN 映射需求，因此需要将网络划分为多个 MST 域，同一 MST 域中所有的网桥/交换机必须具有相同的 VLAN 映射生成树实例关系，MST 域之间运行 RSTP。图 10.25 所示的网络中有三个 MST 域。

MST 域是指网络中具有相同的域名、修订级别与相同的 VLAN 到生成树实例映射表摘要并运行 MSTP 的交换机构成的一个集合。

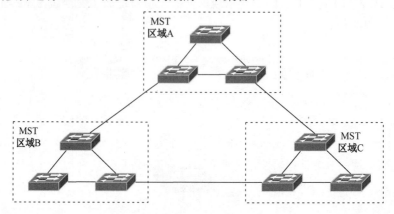

图 10.25　MST 域示例

2. MSTI、IST、CST 与 CIST

MST 需要建立和维护 MSTI、IST、CST 和 CIST 等既具有相对独立性，又有相互关连的多种生成树实例。其中 MSTI 与 IST 仅属于一个 MST 区域内部，CST 是连接 MST 区域间的生成树，CIST 由 IST 和 CST 共同组成。

- MST1（Multiple Spanning Tree Instance，多生成树实例）：每个 MST 区域内可以通过 MSTP 生成多个生成树实例，MST 区域内的每个生成树实例称为 MSTI，每个 MSTI 都拥有一个实例号，实例号值从 1 开始。
- IST（Internal Spanning Tree，内部生成树）：是 MST 区域内的一个特殊的生成树实例，IST 的实例号为 0。MST 域中没有映射到其他 MSTI 的所有 VLAN 默认都映射到 IST 中。
- CST（Common Spanning Tree，公共生成树）：每个 MST 区域可以看作一个逻辑上的"网桥／交换机"，CST（Common Spanning Tree，公共生成树）就是连接 MST 区域（即逻辑上的"网桥／交换机"）的单生成树。
- CIST（Common and Internal Spanning Tree，公共和内部生成树）：是连接一个交换网络内所有设备的单生成树，CIST 由 IST 和 CST 共同构成。

3. 总根、域根、CST 根桥和 Master 桥

由于 MSTP 增加了域的概念，因此 MSTP 中有总根、域根、CST 根桥和 Master 桥等网桥角色。

- 总根：是指整个交换网络中 BID 值最小的网桥／交换机，它是 CIST 的根桥，在一个交换网络中只有一个总根。
- 域根：也称区域根网桥，MST 域内 MSTI 的根桥就是域根。MST 域内各棵生成树的拓扑不同，区域根也可能不同，也称之为"MST 区域根"。
- CST 根桥：总根所在的 MST 域为 CST 的"根桥"。
- Master 桥：IST 中最靠近总根的网桥／交换机称为 Master 桥。

10.4.3　MSTP 的规划与部署要点

MSTP 除了有 IEEE 802.1S 标准外，还有 Cisco 的 MST 等。在目前常见的交换机中，H3C 交换机使用的 MSTP 为标准为 IEEE 802.1S 的 MSTP，而在思科交换机 Catalyst IOS 12.2 及以后的版本中使用的 MSTP 为 MST。由于不同的厂商交换机平台部署实施过程不一样，本教材将以 Cisco Catalyt 交换机上的 MST 为例，进行 MST 的规划与部署要点的讲解。

1. MST 的规划要点

相对于 Rapid-PVST+，MST 最主要的改进是能够将多个 VLAN 映射到同一个生成树实例中，从而减少了交换机维护众多生成树实例的代价，有效减少交换机 CPU 等资源的负担。通常 MST 的规划过程为：① 确定所选择的生成树模式为 MST。② 视网络需求确定是否需要划分 MST 域，并确定每个 MST 域的域名、修订号以及 VLAN 与生成树实例的映射关系。当网络中所有网桥/交换机的 VLAN 与生成树实例的映射关系不完全一致时，需要将网络划分多个 MST 域。③ 确定每个生成树实例使用哪台交换机作为生成树实例的根桥。

2. MST 的配置要点

在 Catalyst 交换机上进行 MST 的配置通常需要以下几个步骤。

① 配置交换机生成树模式为 MST。

② 配置交换机 MST 区域名称与版本号。

③ 将 VLAN 映射到相应的 MSTI 中。

④ 为 MST 实例指定根网桥及备份根网桥。

对应上述步骤，Cisco Catalyst 交换机给出的配置命令为：

- switch(config)#spanning-tree mode mst //配置交换机使用的生成树模式为 MST

- switch(config)#spanning-tree mst configuration //进入 MST 配置子模式

- switch(config-mst)#name *name* //配置 MST 区域名称

> **注释**：MST 区域名由字母数字组成，最多长 32 个字符

- switch(config-mst)#revision *revision_number* //配置 MST 修订号

> **注释**：修订号的范围是 0~65535，在执行新的 MST 配置时，MST 修订号的值不会自动增加，同一个 MST 区域的区域名、修订号以及 VLAN 与实例之间的对应关系必须相同。

- switch(config-mst)#instance *instance_number* vlan *vlan_range* //将 VLAN 映射到 MSTI

- switch(config)#spanning-tree mst *instance_number* root primary|secondery //为 MST 实例指定根网桥或备份根网桥

3. MST 规划与配置实例

某一交换网络拓扑结构如图 10.26 所示。该网络中生成树的要求是：① 所有交换机属于同一个 MST 域，MST 的域名为 "zcr"，修订号为 "1"。② 该 MST 域中 VLAN2 到 VLAN5 需映射到实例 1 中，VLAN6 到 VLAN8 需映射到实例 2 中。③ 将交换机 DS1 设置为实例 1 的根，交换机 DS2 设置为实例 2 的根。

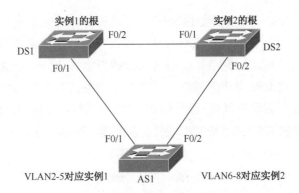

图 10.26　MST 配置实例的拓扑结构图

图 10.27 给出了交换机 DS1、DS2 与 AS1 上的详细配置步骤。

```
DS1(config)#spanning-tree mode mst
DS1(config)#spanning-tree mst configuration
DS1(config-mst)#name zcr
DS1(config-mst)#revision 1
DS1(config-mst)#instance 1 vlan 2-5
DS1(config-mst)#instance 2 vlan 6-8
DS1(config-mst)#exit
DS1(config)#spanning-tree mst 1 root primary
DS2(config)#spanning-tree mode mst
DS2(config)#spanning-tree mst configuration
DS2(config-mst)#name zcr
DS2(config-mst)#revision 1
DS2(config-mst)#instance 1 vlan 2-5
DS2(config-mst)#instance 2 vlan 6-8
DS2(config-mst)#exit
DS2(config)#spanning-tree mst 2 root primary
AS1(config)#spanning-tree mode mst
AS1(config)#spanning-tree mst configuration
AS1(config-mst)#name zcr
AS1(config-mst)#revision 1
AS1(config-mst)#instance 1 vlan 2-5
AS1(config-mst)#instance 2 vlan 6-8
```

图 10.27　MST 配置实例配置步骤

10.5　链路聚合技术

10.5.1　链路聚合技术概述

网络多媒体和视频点播等应用对网络带宽有较高要求，在局域网交换机之间以及从交换机到高需求服务器之间等许多网络连接中常用的 100 Mbps 或 1 Gbps 链路带宽已经无法满足，于是开发出了链路聚合技术来满足高带宽网络应用的需求。

链路聚合技术，也称链路捆绑技术（Bonding）或主干技术（Trunking），它是将两台设备间的多条物理链路捆绑在一起形成一条逻辑链路，也称聚合链路。链路聚合技术正式标准为 IEEE 802 委员会 1999 年制定的 IEEE 802.3ad，它适用于 1 000 Mbps 和 100 Mbps 等以太网技术。链路聚合技术可以实现数据流量在构成聚合链路的所有物理链路之间的分担，以有效提高网络连接的带宽。此外，形成一条聚合链路的各个物理链路之间彼此互为动态备份，只要存在一条正常工作的物理链路，整个逻辑链路就不会失效，因此可以有效地增加网络的可靠性。在图 10.28 中所示的链路聚合示例中，交换机 SW1 与 SW2 之间的 4 条物理链路聚合成了一条逻辑链路。

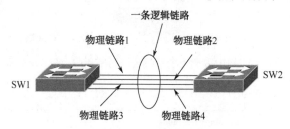

图 10.28　链路聚合技术示例

EtherChannel（以太网通道）是由 Cisco 公司开发用于交换机之间的多链路捆绑技术。它可以将交换机的多个以太网端口捆绑成一条逻辑通道以达到提高链路带宽的目的。以太网通道最多可以将 8 条物理链路捆绑成一条逻辑通道。事实上，EtherChannel 除了具有提高链路带宽的优点外，还具有以下优点。

① EtherChannel 依靠的是已有的交换机端口，因此不需要额外增加交换机模块及端口就可以提高链路带宽，节约了网络成本。

② EtherChannel 可以实现链路的冗余。由于组成 EtherChannel 的多条物理链路被看成一条逻辑连接，且这些物理链路成员间互为动态备份。因此组成 EtherChannel 的任何一条物理链路断开并不会改变网络拓扑结构，生成树协议也没有必要重新计算。也就是说只要组成 EtherChannel 的多条物理链路中只要有一条是正常工作的，EtherChannel 就会正常工作。

③ EtherChannel 可以实现流量的负载均衡。EtherChannel 可以根据源 IP 地址、目的 IP 地址、源 MAC 地址、目的 MAC 地址、源 IP 地址和目的 IP 地址组合以及源 MAC 地址和目的 MAC 地址组合等方式将流量均衡分配到组成 EtherChannel 的各物理链路上，从而起到流量的负载均衡作用。

10.5.2　动态链路聚合管理协议

在 EtherChannel 中，所有组成 EtherChannel 的物理端口的速率、双工模式以及 VLAN 配置信息必须完全一致。可以手工配置创建 EtherChannel，也可以使用动态链路聚合管理协议来自动形成以太网通道。采用动态链路聚合管理协议创建 EtherChannel 可以确保组成 EtherChannel 的所有物理端口具有相同的配置信息。目前，最常见的动态链路聚合管理协议是 LACP（Link Aggregation Control Protocol，链路聚合控制协议）和 PAgP（Port Aggregation Protocol，端口汇聚协议）。以太网通道两端采用的动态链路聚合管理协议必须相同。

1. LACP

LACP 是 IEEE 802.3AD 标准定义的一种标准链路聚合控制方式，是一种实现链路动态聚合与解聚合的协议。采用 LACP 实现链路聚合的双方设备通过 LACPDU（Link Aggregation Control Protocol Data Unit，链路聚合控制协议数据单元）交互聚合信息。在 LACP 协议中，链路的两端分别称为本端（Actor）和对端（Partner）。交换机端口在启用 LACP 协议后，将通过发送 LACPDU 向对端通告自己的系统优先级、系统 MAC、端口优先级、端口号和操作 Key〔注释：操作 Key 是在端口汇聚时，LACP 协议根据端口的配置（即速率、双工、基本配置、管理 Key）生成的一个配置组合〕。对端接收后，会将收到的这些信息与其他端口所保存的信息进行比较，选择能够汇聚的端口，从而自动将匹配的链路聚合成一条逻辑链路以收发数据。LACPDU 的数据格式如图 10.29 所示。

6byte	Destination MAC Address		Partner Information Length	1byte
6byte	Source MAC Address		Partner System Priority	2byte
2byte	Length/Type		Partner System	6byte
1byte	Subtype		Partner Key	2byte
1byte	Version number		Partner Port Priority	2byte
1byte	Actor TLV_type		Partner Port	2byte
1byte	Actor Information Length		Partner State	1byte
2byte	Actor System Priority		Reserved	3byte
6byte	Actor System		Collector TLV_type	1byte
2byte	Actor Key		Collector Information Length	1byte
2byte	Actor Port Priority		Collector MAC Delay	2byte
2byte	Actor Port		Reserved	12byte
1byte	Actor State		Terminator TLV_type	1byte
3byte	Reserved		Terminator Information Length	1byte
1byte	Partner TLV_type		Reserved	

图 10.29 LACPDU 的数据格式

LACPDU 的数据格式的主要字段含义如下所述。

- Destination MAC Address：目的 MAC 地址，为组播地址。
- Source MAC Address：源 MAC 地址，用以表示发送端口的 MAC 地址。
- Length/Type：长度 / 类型，其值为 0X8809。
- Subtype：子类型，其值为 0X01，表示 LACP 协议。
- Version number：版本号，其值为 0X01。
- Actor TLV_type/ Partner TLV_type：Actor 端信息 / Partner 端信息。
- Actor Information Length/Partner Information Length：Actor 端信息长度 / Partner 端信息长度。
- Actor System Priority/Partner System Priority ：Actor 端系统优先级/ Partner

端系统优先级。

- Actor System/Partner System ：Actor 端系统信息 / Partner 端系统信息。
- Actor Key/Partner Key：Actor 端 Key/Partner 端 Key。
- Actor Port Priority /Partner Port Priority：Actor 端端口优先级 / Partner 端端口优先级。
- Actor Port/Partner Port：Actor 端端口信息 / Partner 端端口信息。
- Actor State/Partner State：Actor 端状态 / Partner 端状态。

在采用 LACP 创建 EtherChannel 时，启动 LACP 的端口可以有 Active 和 Passive 两种工作模式。

① Active 模式：也称主动模式，处于 Active 模式下的交换机端口会主动向对端发送 LACPDU 数据包与对端端口进行协商。

② Passive 模式：也称被动模式，处于 Passive 模式下的交换机端口不会主动发送 LACPDU 报文，但会对接收到的 LACP 数据包作出响应。

此外，使用 LACP 建立 EtherChannel 时需要两端的模式能够兼容，图 10.30 给出了 LACP 两端模式兼容示意图。图中的 On 模式是指手工配置创建 EtherChannel，它不需要使用 LACP 或 PAgP，会强制端口形成 EtherChannel，但只有另一端也是设置为 On 模式才会有效。

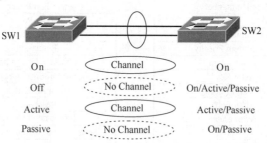

图 10.30　LACP 两端模式兼容示意图

2．PAgP

PAgP 作用与 LACP 类似，它是 Cisco 开发的私有协议，是一种自动创建 EtherChannel 的协议。PAgP 每 30 秒发送一次 PAgP 数据包交换信息以建立 EtherChannel。在采用 PAgP 创建 EtherChannel 时，启动 PAgP 的端口可以有 Auto 和 Desirable 两种工作模式。

① Auto 模式：处于 Auto 模式的端口会进入被动协商状态，即端口不会主动发起协商，但会对 PAgP 数据包作出响应。该模式为默认的模式。

② Desirable 模式。处于 Desirable 模式的口会进入主动协商状态，即端口会主动发送 PAgP 数据包以与其他端口进行协商；

当使用 PAgP 建立 EtherChannel 时需要两端的模式能够兼容，图 10.31 给出了

PAgP 两端模式兼容示意图。同图 10.30 中的 On 一样，On 模式是指手工配置创建
EtherChannel，它不需要使用 LACP 或 PAgP，会强制端口形成 EtherChannel。

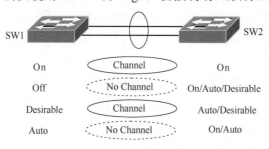

图 10.31 PAgP 两端模式兼容示意图

10.5.3 EtherChannel 的规划与部署要点

EtherChannel 可部署为二层 EtherChannel 与三层 EtherChannel 。如果部署为二
层 EtherChannel，要求遵循如下规则：① 捆绑为同一 EtherChannel 的链路两端所有
物理端口速度、双工等物理参数必须具有相同的设置。② 捆绑为同一 EtherChannel
的链路两端所有物理端口必须具有相同的 VLAN 配置，即接口如果为接入模式，则
所有物理端口必须属于同一个 VLAN；如果接口为中继模式，则所有物理端口均为
中继模式，均配置有相同本征的 VLAN；如果部署为三层 EtherChannel ，则应该为
port-channel 逻辑接口分配三层的地址。

由于不同的厂商交换机平台部署实施过程不一样，本教材将以 Cisco Catalyt 交
换机为例，进行 EtherChannel 的规划与部署要点的讲解。

1. EtherChannel 的规划要点

通常以太网通道的规划过程如下所述。

① 确定 EtherChannel 由交换机的哪些端口组成，并确保相应的连接可用。组
成同一 EtherChannel 的端口不需要位于同一个模块上，它们之间也不需要相互连接。

② 根据网络的需求确定 EtherChannel 为二层 EtherChannel 还是三层 EtherChannel。
如果为二层 EtherChannel，则需要使交换机上组成同一 EtherChannel 的所有端口具
有相同的 VLAN 配置，即它们必须属于相同的 VLAN 或者它们同为 TRUNK，并且
两台交换机所有链路的本征 VLAN 也必须匹配；如果是三层 EtherChannel，则需要
创建一个虚拟接口（Port-channel），并且为 Port-channel 逻辑接口规划相应的 IP 地址。

③ 根据需求确定采用静态模式还是采用动态模式配置 EtherChannel，如果采用
动态模式配置 EtherChannel，需要确定使用的动态链路聚合管理协议，并确定相应
的模式。

2. EtherChannel 的配置要点

在 Catalyst 交换机上进行二层 EtherChannel 的配置通常需要以下几个步骤：

① 指定组成 EtherChannel 组的端口，启用这些端口并对这些端口进行接入模式等配置。

② 选择建立 EtherChannel 的模式为静态模式还是动态模式，如果采用动态模式，指定建立 EtherChannel 的动态链路聚合协议。

③ 创建 port-channel 端口。

④ 配置 port-channel 端口的对应参数。

在 Catalyst 交换机上进行三层 EtherChannel 的配置通常需要以下几个步骤。

① 指定组成 EtherChannel 组的端口，启用这些端口并将这些端口更改为三层接口，组成 EtherChannel 组的物理端口不能分配 IP 地址。

② 选择建立 EtherChannel 模式为静态模式还是动态模式，如果采用动态模式，指定建立 EtherChannel 的动态链路聚合协议。

③ 创建 Port-channel 端口。

④ 将 Port-channel 端口更改为三层接口，并为其进行 IP 地址与子网掩码的配置。

对应于上述步骤，Cisco Catalyst 交换机给出的配置命令为：

- switch(config)#interface range *interface_ range*   //进入组端口子模式

注释：可以使用 interface range 命令对组成 EtherChannel 组的交换机多个端口同时配置，也可以多次使用 interface 命令对每个组成 EtherChannel 组的交换机的多个端口分别进行配置。

- switch(config-if-range)#no switchport   //将端口更改为三层端口
- switch(config-if-range)#channel-protocol *channel-protocol*   // 指定建立 EtherChannel 的动态聚合协议

注释：Catalyst 交换机上支持的动态聚合协议有 LACP 和 PAGP，默认使用的动态聚合协议为 LACP。

- switch(config-if-range)#channel-group *number* mode *mode*   //把交换机的物理接口添加到通道组中，并设置 EtherChannel 模式
- switch(config)#interface port-channel *number*   //创建通道逻辑端口，进入通道逻辑端口子接口模式，进行相关参数的配置

注释：EtherChannel 的接口配置必须与捆绑的交换机物理端口的配置兼容。

3. EtherChannel 规划与配置实例

在如图 10.32 所示网络拓扑结构中，采用手工配置创建 EtherChannel 方式将
Catalyst 2960 交换机 AS1 与 Catalyst 3560 交换
机 DS1 相互连接的 4 条物理链路汇聚成一条
EtherChannel。EtherChannel 要求是：① 交换
机 DS1 与 AS2 需汇聚的 4 条物理链路的端口均
为 F0/1 到 F0/4；② 该 EtherChannel 为二层
EtherChannel；③ 该 EtherChannel 为中继模
式，允许所有 VLAN 通过。

图 10.33 给出了交换机 DS1 与 AS1 上的详
细配置步骤。

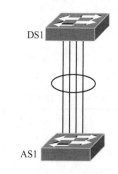

图 10.32　采用手工配置创建二层
EtherChannel 配置实例的拓扑结构图

在如图 10.34 所示网络拓扑结构中，采用
LACP 创建 EtherChannel 方式将 Catalyst 3560 三层交换机 DS1 与 Catalyst 3560 三层交
换机 DS2 相互连接的两条物理链路汇聚成一条 EtherChannel。EtherChannel 要求是：①
该 EtherChannel 为三层 EtherChannel，交换机 DS1 端 IP 地址为 192.168.1.1/30，交换机
DS2 端 IP 地址为 192.168.1.2/30；② 基于数据包的源 IP 地址和目的 IP 地址组合实现
流量的负载均衡。

```
DS1(config)#interface port-channel 1
DS1(config-if)#switchport trunk encapsulation dot1q
DS1(config-if)#switchport mode trunk
DS1(config-if)#exit
DS1(config)#interface range f0/1-4
DS1(config-if-range)#switchport trunk encapsulation dot1q
DS1(config-if-range)#switchport mode trunk
DS1(config-if-range)#channel-group 1 mode on
AS1(config)#interface port-channel 1
AS1(config-if)#switchport mode trunk
AS1(config-if)#exit
AS1(config)#interface range f0/1-4
AS1(config-if-range)#switchport mode trunk
AS1(config-if-range)#channel-group 1 mode on
```

图 10.33　采用手工配置创建二层 EtherChannel 配置实例配置步骤

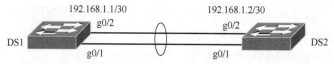

图 10.34　采用 LACP 创建三层 EtherChannel 配置实例的拓扑结构图

图 10.35 给出了交换机 DS1 与 DS2 上的详细配置步骤。

```
DS1(config)#interface port-channel 1
DS1(config-if)#no switchport
DS1(config-if) ip address 192.168.1.1 255.255.255.252
DS1(config)#interface range g0/1-2
DS1(config-if-range)#no switchport
DS1(config-if-range)#channel-protocol lacp
DS1(config-if-range)#channel-group 1 mode on
DS1(config-if-range)#exit
DS1(config)#port-channel load-balance src-dst-ip
DS2(config)#interface port-channel 1
DS2(config-if)#no switchport
DS2(config-if) ip address 192.168.1.2 255.255.255.252
DS2(config)#interface range g0/1-2
DS2(config-if-range)#no switchport
DS2(config-if-range)#channel-protocol lacp
DS2(config-if-range)#channel-group 1 mode on
DS2(config-if-range)#exit
DS2(config)#port-channel load-balance src-dst-ip
```

图 10.35　采用 LACP 创建三层 EtherChannell 配置实例配置步骤

本 章 习 题

10.1　选择题：

① STP 在选择根桥时，下面哪个交换机会被选择成为树根（　　　）？

A. 具有最小 MAC 地址的交换机　　　B. 具有最大 MAC 地址的交换机

C. 具有最小 BID 的交换机　　　　　　D. 具有最大 BID 的交换机

② 下面哪种 STP 状态可把数据帧的源 MAC 地址学习到 MAC 地址表中，但不转发该数据帧（　　　）？

A. 转发状态　　　B. 学习状态　　　C. 阻塞状态　　　D. 侦听状态

③ STP 中哪一种状态的端口不会发送配置 BPDU（　　　）？

A. 转发状态　　　B. 学习状态　　　C. 阻塞状态　　　D. 侦听状态

④ 在交换机使用 "spanning-tree portfast" 命令配置交换机端口的作用是（　　　）？

A. 用来快速消除二层环路

B. 该命令在连接到其他交换机的中继端口上配置以减少 STP 收敛时间

C. 如果该命令配置在接入端口上，接入端口会立即从阻塞状态进入转发状态。

⑤ 下面哪个标准为链路聚合技术正式标准（　　　）？

A. IEEE 802.1Q　　　B. IEEE 802.3AD　　　C. IEEE 802.1W　　　D. IEEE 802.1D

⑥ 下面哪个标准为 MSTP 正式标准（　　　）？

A. IEEE 802.1S　　　B. IEEE 802.3AD　　　C. IEEE 802.1W　　　D. IEEE 802.1D

10.2　试说明 RSTP 采用了哪些机制实现网络的快速收敛？

10.3 在如图 10.36 所示的交换网络中，网络管理员将交换机 SW2 的优先级配置为 8192，其他交换机的优先级为默认值，所有交换机的端口优先级都为默认值。请问：

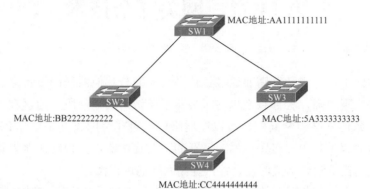

图 10.36 网络拓扑图

① 该网络中哪个交换机被选择为根桥？

② 该网络中哪些端口被选择为根端口？

③ 该网络中哪些端口被选择为指定端口？

④ 在 STP 收敛后，该网络中哪些端口处于阻塞状态？

第11章 网关冗余技术

网络中的主机与服务器需要通过默认网关才能与其他网段的设备进行通信，如果默认网关出现故障，会导致主机与服务器不能访问其他网段。为解决当网关出现故障时而导致的网络中断问题，可以在网络中部署冗余网关并采用 VRRP、HSRP 等网关冗余协议使其中一台路由器为活跃的网关路由器，其他路由器为备份的网关路由器，从而提供默认网关的冗余性，提高网络的可靠性。

本章首先介绍网关冗余的概念，然后详细介绍网关冗余协议 VRRP 和 HSRP 的工作原理，并对 VRRP 和 HSRP 的规划与部署进行详细介绍。

11.1 网关冗余概述

通常情况下，网络中每个网段的主机必须设置了 IP 地址与子网掩码以及默认网关才能与其他不同网段的主机通信。当主机需要发送数据包到其他网段的主机时，数据包首先达到默认网关，默认网关收到数据包后根据选路情况进行数据包的转发。如果默认网关发生故障，数据包就不能到达其他网段，即主机与其他网段主机的通信就会中断。

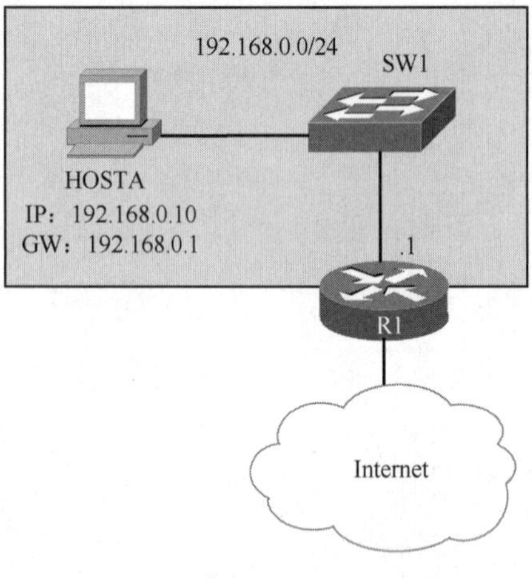

以图 11.1 所示的网络拓扑结构为例，网段 192.168.0.0/24 中的主机 HOSTA 设置的默认网关为路由器 R1。如果网关路由器 R1 发生故障，则主机 HOSTA 不能访问 Internet。

通过部署多个冗余的网关是提高网络可靠性的常见方法。图 11.2 给出了一个部署有静态的冗余网关解决方案。在该方案中，网段 192.168.0.0/24 中的主机 HOSTA 发送到 Internet 的数据包由默认网关路由器 R1 负责路由转发，当路由器 R1 出现故障时，数据包还可以通过路由器 R2 转发到 Internet。

图 11.1 默认网关的单点故障问题

然而，主机等大部分终端设备并不能动态地选择默认网关，主机通常只能配置单一的默认网关 IP 地址，所配置的默认网关地址即使在网络拓扑发生变化时也不会更改。在图 11.2 部署的静态冗余网关示例中，主机 HOSTA 配置的默认网关为路

由器 R1，当路由器 R1 发生故障时，即使部署有冗余的网关路由器 R2，主机
HOSTA 还是不能与 Internet 通信，除非将主机 HOSTA 的 IP 配置信息中的默认网关
手工更改为路由器 R2。

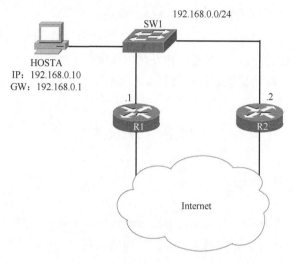

图 11.2　部署静态冗余网关示例

通过部署多个冗余的网关并采用 VRRP（Virtual Router Redundncy Protocol，虚
拟路由器冗余协议）等网关冗余协议，可以不需要对主机进行任何额外的配置就可
提供动态网关的冗余。网关冗余协议通过将多个冗余的网关加入到一个备份组中，
形成一台虚拟路由器，备份组中的一台路由器作为转发路由器，备份组中其他路由
器作为备份路由器。

图 11.3 给出了一个动态冗余网关示例，路由器 R1 与 R2 加入到一个备份组
中，形成了一台虚拟路由器，虚拟路由器的 IP 地址为 192.168.0.1，路由器 R1 是备
份组中实际转发数据流量的转发路由器，路由器 R2 是备份组中的备份路由器。主机

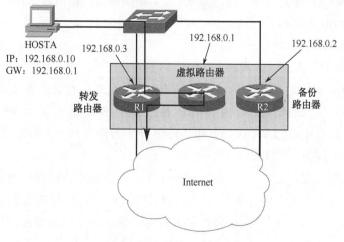

图 11.3　网关冗余示例

HOSTA 配置的默认网关为虚拟路由器的 IP 地址 192.168.0.1。当主机 HOSTA 发送数据包到 Internet 时，其过程如下所述。

① 主机 HOSTA 用 ARP 解析默认网关（192.168.0.1）所对应的 MAC 地址。

② ARP 解析会返回虚拟路由器的 MAC 地址。

③ 主机 HOSTA 构造以虚拟路由器 MAC 地址为目的 MAC 地址的数据帧，该数据帧会由虚拟路由器所在备份组中转发路由器进行处理。

④ 转发路由器将数据包最终转发到 Internet。

11.2　VRRP

11.2.1　VRRP 概述

VRRP 协议是由 IETF（Internet Engineering Task Force，因特网工程任务组）推出的网关冗余协议，用于解决网关可靠性的问题。它于 1998 写入到 RFC2338 中，并于 2005 年在 RFC3768 中更新。

VRRP 将一组路由器组成一个虚拟的路由器，即一个 VRRP 备份组。在一个 VRRP 组中选出一台主用（Master）路由器和若干台备用（Backup）路由器，正常情况下，到虚拟路由器 IP 地址的转发请求由主用路由器负责提供转发服务功能，当主用路由器出现故障时，备用路由器接替主用路由器的工作承担流量的转发。每个 VRRP 备份组可以通过跟踪监视接口状态的对象方式监视接口，当跟踪对象监视的接口出现故障时，通过改变 VRRP 优先级重新选择主用路由器与备用路由器。此外，VRRP 还支持将一台路由设备的真实接口的 IP 地址作为备份组虚拟路由器的 IP 地址。图 11.4 给出了 VRRP 的实现原理，路由器 R1、R2 和 R3 组成一个 VRRP 备份组。在该 VRRP 备份组中，路由器 R1 为主用路由器，路由器 R2 和 R3 为备用路由器。备份组虚拟路由器的 IP 地址为 192.168.1.1，该地址即为局域网段 192.168.1.0/24 的网关地址。

在 VRRP 中会涉及以下术语。

* VRRP 备份组与虚拟路由器号（VRID）：组成一台虚拟路由器的一组运行 VRRP 协议的路由器称为 VRRP 备份组，VRRP 备份组由 VRID 来进行区分，具有相同的 VRID 的一组 VRRP 路由器构成一个 VRRP 备份组，VRID 值的范围为 1～255。

* 主用路由器：在一个 VRRP 备份组中，一台路由器被选择为主用路由器。主用路由器负责转发所有发送到虚拟路由器 MAC 地址的数据包。

* 备用路由器：在一个 VRRP 备份组中，除了主用路由器外，其他路由器均作为备用路由器。当主用路由器出现故障时，备用路由器就会接替主用路

由器的工作承担流量的转发。

- IP 地址拥有者：VRRP 备份组中接口 IP 地址与虚拟路由器 IP 相同的路由器被称为 IP 地址拥有者。在图 11.4 中，VRRP 备份组中路由器 R1 接口的 IP 地址 "192.168.1.1" 与虚拟路由器的 IP 地址相同，因此路由器 R1 即为 IP 地址拥有者。

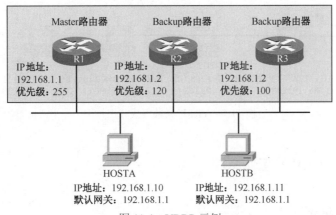

图 11.4　VRRP 示例

- 虚拟 MAC 地址：每个 VRRP 虚拟路由器拥有一个虚拟的 MAC 地址，VRRP 虚拟 MAC 地址的格式为 "00-00-5E-00-01-{VRID}"。例如，如果 VRID 被配置为 1，则备份组的虚拟 MAC 地址为 "00-00-5E-00-01-01"

- 抢占方式与非抢占方式：如果 VRRP 备份组中的路由器工作在抢占方式下，只要它的优先级比主用路由器的优先级高，就会导致 VRRP 备份组内的路由器重新选举而成为主用路由器；如果 VRRP 备份组中的路由器工作在非抢占方式下，则只要主用路由器没有出现故障，即使新的路由器优先级比主用路由器优先级高，也不会被选择为主用路由器。

VRRP 可以在多台路由设备上通过建立两个或者更多的 VRRP 备份组，每一个 VRRP 备份组采用不同的路由器作为主用路由器，实现流量负载分担。图 11.5 中给出了采用 VRRP 实现流量负载分担的示例。图中三层交换机 A 和 B 形成了备份组 1 和备份组 2 两个 VRRP 备份组：备份组 1 的虚拟路由器 IP 地址为 192.168.0.1，它是 192.168.0.0/24 网段上主机的默认网关地址，其中三层交换机 A 为主用路由器，三层交换机 B 为备用路由器；备份组 2 的虚拟路由器 IP 地址为 192.168.1.1，它是 192.168.1.0/24 网段上主机的默认网关地址，其中三层交换机 A 为备用路由器，三层交换机 B 为主用路由器；由于 192.168.0.0/24 网段上的主机在访问 Internet 时流量由三层交换机 A 进行转发，而 192.168.1.0/24 网段上的主机在访问 Internet 时流量由三层交换机 B 进行转发，从而实现网段 192.168.0.0/24 与 192.168.1.0/24 访问 Internet 的流量负载分担功能。

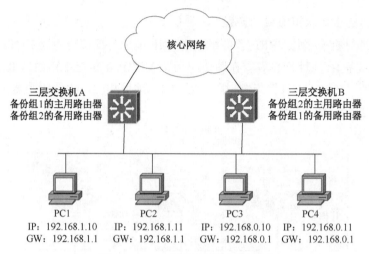

图 11.5　VRRP 流量负载分担示例

11.2.2　VRRP 的工作原理

1. VRRP 报文

VRRP 报文直接封装在 IP 分组中，以组播的方式进行周期性通告，默认的通告周期间隔为 1 秒。封装 VRRP 报文的 IP 分组头部中的源 IP 地址为发送 VRRP 报文的接口地址，目的地址是 IANA 为 VRRP 分配的组播地址 224.0.0.18，协议号字段值为 112，TTL 值为 255。

图 11.6 给出了 RFC3768 所定义的 VRRPv2 报文的具体组成。VRRPV2 报文的每个字段含义如下所述。

0　　3	7	15	23	31
Version	Type	VRID	Priority	Count IP Addrs
Auth Type		Adver Int	Checksum	
IP address(1)				
......				
IP address(n)				
Authentication Data(1)				
Authentication Data(2)				

图 11.6　VRRPv2 报文格式

- Version（版本）：长度为 4 位，用以表示 VRRP 协议版本号，该字段值固定为 2。
- Type（类型）：长度为 4 位，用于表示 VRRP 报文的类型。VRRPv2 报文只有 VRRP 通告报文（Advertisement）一种类型，该字段的值为 1。

- VRID（Virtual Router Identifier，虚拟路由器 ID）：长度为 8 位，用以表示属于哪个备份组，该字段的值的范围为 1～255。
- Priority（优先级）：长度为 8 位，用以表示发送该 VRRP 通告报文的路由设备在备份组中的优先级。优先级的取值范围是 0～255，但可用的范围为 1～254，优先级值越大表示优先级越高。优先级值为 0 表示当前 Master 路由设备停止参与 VRRP 备份组，以触发备份路由设备尽快成为 Master 设备，最常用的情形是，当 Master 路由器出现故障后，它就会立刻发送一个优先级为 0 的 VRRP 通告报文。优先级值为 255 保留给 IP 地址拥有者，VRRP 协议会将 IP 地址拥有者路由器的该字段永远设置为 255。
- Count IP Addrs（虚拟 IP 地址个数）：长度为 8 位，用以表示备份组中 VRRP 虚拟路由器的虚拟 IP 地址个数，也就是一个 VRRP 虚拟路由器所分配的 IP 地址数量。一个备份组可分配一个或多个虚拟 IP 地址。
- Authentication Type（认证类型）：长度为 8 位，用以表示 VRRP 报文的认证类型。认证类型字段值为 0 表示没有认证；值为 1 表示采用简单字符认证；值为 2 表示采用 MD5 认证。
- Adver Int（发送 VRRP 通告报文的时间间隔）：长度为 8 位，其单位为秒，默认值为 1 秒。
- Checksum（校验）：长度为 16 位。用于对整个 VRRP 报文的校验和，以检测 VRRP 报文的数据破坏情况。
- IP Address（虚拟 IP 地址）：用于存放"Count IP Addrs"字段定义的 VRRP 虚拟路由器的虚拟 IP 地址，"Count IP Addrs"字段定义了多少个虚拟 IP 地址，则 VRRP 报文中就有多少个虚拟 IP 地址表项。
- Authentication Data（认证数据）：目前只用于简单字符认证，其他认证方式则该字段值置为 0。

图 11.7 给出了一个 VRRPv2 报文示例，在该 VRRPv2 报文中："Version 2"表示是协议版本号为 VRRPv2；"Packet type 1"表示 VRRP 报文类型为 1，是一个通告报文；"virtual Rtr ID：1"表示虚拟路由器 ID 值为 1，即所属的 VRRP 备份组为 1；"Priority：100"表示优先级值为 100；"Count IP Addrs：3"表示虚拟 IP 地址个

```
⊟ Virtual Router Redundancy Protocol
  ⊞ Version 2, Packet type 1 (Advertisement)
    Virtual Rtr ID: 1
    Priority: 100 (Default priority for a backup VRRP router)
    Count IP Addrs: 3
    Auth Type: No Authentication (0)
    Adver Int: 1
    Checksum: 0x1a64 [correct]
    IP Address: 192.168.10.52 (192.168.10.52)
    IP Address: 192.168.10.51 (192.168.10.51)
    IP Address: 192.168.10.53 (192.168.10.53)
```

图 11.7 VRRPv2 报文示例

数字段值为 3，即 VRRP 备份组 1 的虚拟路由器配置有 3 个虚拟 IP 地址，这三个 IP 地址的值分别为 192.168.10.52、192.168.10.51 和 192.168.10.53；Adver Int 字段值为 1；"Auth Type：No Authentication（0）"表示认证字段值为 0，即没有认证；"adver Int：1"表示发送 VRRP 通告报文的时间间隔为 1 秒。

2. VRRP 的工作过程

当路由器开启 VRRP 功能后，会根据优先级确定自己在备份组中是主用路由器还是备份路由器，其规则如下所述。

- 优先级最高的路由器为主用路由器，路由器默认的优先级为 100，如果路由器接口的 IP 地址与备份组虚拟路由器的 IP 地址相同，则该路由器的 VRRP 优先级为 255，直接被选择为主用路由器，VRRP 备份组中其他路由器则成为备用路由器。
- 如果 VRRP 备份组中所有路由器的优先级相同，则比较启用 VRRP 接口的 IP 地址，IP 地址最大的被选择为主用路由器。
- 在选举好主用路由器后，如果 VRRP 备份组中所有路由器都处于非抢占方式，那么只要主用路由器没有出现故障，则备份组中的路由器主用或备用状态不变，即使备份组中有路由器配置了更高的优先级，它也不会被选举为主用路由器。
- 在选举好主用路由器后，如果 VRRP 备份组中有路由器处于抢占方式，则只要它的优先级配置比主用路由器的优先级更高，则它就会成为新的主用路由器。

VRRP 工作过程可以用状态有限机来描述。参与到 VRRP 备份组的每一台路由器都只有初始化（Initialize）、主用（Master）和备用（Backup）三种状态.

- 初始化（Initialize）状态：参与到 VRRP 备份组的路由器启动后就进入 Initialize 状态，当路由器处在 Initialize 状态时，它不会对 VRRP 报文做任何的处理。
- 主用（Master）状态：当路由器处于 Master 状态时，意味该路由器为主用路由器。处于 Master 状态的路由器会定期发送 VRRP 通告报文；在收到对备份组虚拟 IP 地址的 ARP 请求时，以虚拟 MAC 地址进行响应；对目的 MAC 为虚拟 MAC 地址的 IP 分组做出转发决定并进行转发或丢弃分组。
- 备用（Backup）状态：处于 Backup 状态的路由器会接收主用路由器发送的 VRRP 通告报文以判断主用路由器是否正常；对发给备份组虚拟 IP 地址的 ARP 请求不做响应；丢弃目的 MAC 为虚拟 MAC 地址的 IP 分组。

VRRP 三种状态的转换如图 11.8，具体过程如下所述。

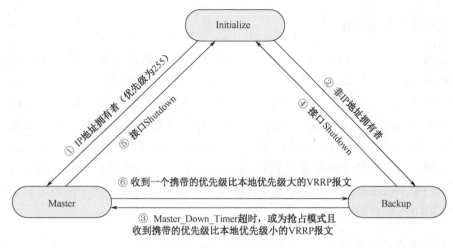

图 11.8　VRRP 状态机的转换

① 参与 VRRP 备份组的路由器启动时进入 Initialize 状态，当收到接口 UP 的消息时，如果它是 IP 地址拥有者，即其优先级为 255，则直接进入 Master 状态。

② 在 Initialize 状态，当收到接口 UP 的消息时，其不是 IP 地址拥有者，即其优先级不为 255，则进入 Backup 状态。

③ 处于 Backup 状态的路由器，当出现以下两种情况时会转为 Master 状态：一种是当收到 Master_Down_Timer 定时器超时的事件时，就认为主用路由器出现故障，它会转为 Master 状态，Master_Down_Timer 时间为"3 个 VRRP 报文间隔时间（Advertisement_Interval，其默认值为 1 秒）+VRRP 抢占延迟时间（Skew_Time）"，VRRP 抢占延迟时间为"(256 - Priority) / 256"；第二种是当收到的 VRRP 报文携带的优先级比本地优先级小，且为抢占模式，则转换为 Master 状态。

④ 处于 Backup 状态的路由器当接口被禁用（Shutdown）时，就会转换到 Initialize 状态。

⑤ 处于 Master 状态的路由器当接口被禁用（Shutdown）时，就会转换到 Initialize 状态。

⑥ 处于 Master 状态的路由器，如果收到一个携带的优先级比本地优先级大的 VRRP 报文，就会转换到 Backup 状态。

11.2.3　VRRP 规划部署要点

VRRP 可以在路由器和三层交换机上部署实施，但需要其操作系统支持 VRRP 协议才行。由于不同的厂商路由器交换机平台部署实施命令不一样，本教材将以 Cisco 路由器与三层交换机为例，进行 VRRP 的规划与部署要点的讲解。

1. VRRP 的规划要点

通常，VRRP 的规划过程是：① 根据需求确定路由设备是需要加入到一个 VRRP 备份组还是需要加入到多个 VRRP 备份组中。如果采用多备份组，可以实现流量的负载分担功能。② 确定 VRRP 备份组的 VRID、虚拟路由器的 IP 地址、加入到 VRRP 备份组中每个路由器接口的 IP 地址（VRRP 允许有一台路由器接口的 IP 地址与虚拟路由器的 IP 地址相同）。③ 确定加到入 VRRP 备份组中每个路由器的优先级，以控制哪个路由器被选择为主用路由器。④ 确定是否需要跟踪路由器的出口，如果需要跟踪，需要定义跟踪的对象，当跟踪对象失效时，确定需要将路由器 VRRP 优先级降低的值。

2. VRRP 的配置要点

在 Cisco 路由器与三层交换机上进行 VRRP 的配置通常需要以下几个步骤：① 创建 VRRP 备份组，配置虚拟路由器的 IP 地址。② 配置路由器在 VRRP 备份组中的优先级。③ 配置 VRRP 备份组中的路由器工作在抢占模式。④ 定义跟踪接口的对象，配置当跟踪对象失效时降低路由器 VRRP 优先级的值。

对应于上述步骤，Cisco 路由器给出的配置命令为：

- router(config)#vrrp *group-number* ip *virtual-gateway-address*　　　//在接口上启用 VRRP，创建 VRRP 备份组，配置虚拟路由器的 IP 地址。

> **注释**：其中 "*group-number*" 表示 VRID，其值为 1～255；"*virtual-gateway-address*" 表示虚拟路由器的 IP 地址。

- router (config-if)#vrrp *group-number* priority *priority-value*　　//配置 VRRP 组中这台路由器的优先级值
- router (config-if)#vrrp *group-number* preempt　　//配置工作在抢占模式
- router (config-if)#vrrp *group-number* track *track-object* decrement *decrement-value*　//配置当跟踪对象失效时降低路由器 VRRP 优先级的值
- router (config)#track *track-object* interface i*nterface-name* line-protocol　　//配置跟踪接口协议的对象

下面以一个示例来说明 VRRP 的规划与部署实施过程。图 11.9 给出了某企业网络拓扑结构。企业内部局域网络段 192.168.0.0/24 为了提高网络的可靠性，采用 VRRP 进行网关的冗余，要求：将路由器 R1 与路由器 R2 加入到一个备份组中，形成一台虚拟路由器，其中路由器 R1 为备份组中的主用路由器，路由器 R2 为备用路由器；对主用路由器的出口线路进行跟踪，当其失效时降低主用路由器的优先级，使原主用路由器 R1 降为备用路由器，而备用路由器 R2 成为主用路由器，其规划如下所述。

① VRRP 的备份组号（VRID）为"1"，虚拟路由器的 IP 地址规划为"192.168.0.1"，路由器 R1 的 F0/0 端口地址为"192.168.0.3"，路由器 R2 的 F0/0 端口的 IP 地址为"192.168.0.2"。

② 路由器 R2 的优先级配置为 100，路由器 R1 的优先级配置为 150。

③ 备份组中所有路由器均配置为抢占模式。

④ 对路由器 R1 的 F0/1 端口协议进行跟踪，跟踪对象为"1"，当跟踪对象失效时，将路由器 R1 的 VRRP 优先级值降低 60，使其降低后的优先级值比路由器 R2 的优先级更小。

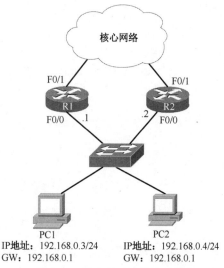

图 11.9　某企业网络拓扑结构

图 11.10 给出了采用 VRRP 实现上述规划部署的详细配置步骤。

```
R1(config)#track 1 interface f0/1 line-protocol
R1(config)#interface f0/0
R1(config-if)#ip address 192.168.0.3 255.255.255.0
R1(config-if)#vrrp 1 ip 192.168.0.1
R1(config-if)#vrrp 1 preempt
R1(config-if)#vrrp 1 priority 150
R1(config-if)#vrrp 1 track 1 decrement 60
R2(config)#interface f0/0
R2(config-if)#ip address 192.168.0.2 255.255.255.0
R2(config-if)#vrrp 1 ip 192.168.0.1
R2(config-if)#vrrp 1 priority 100
R2(config-if)#vrrp 1 preempt
```

图 11.10　单个 VRRP 备份组配置示例

下面以一个示例来说明通过将路由设备加入到多个 VRRP 备份组中实现网关冗余和负载分担的规划与部署实施过程。图 11.11 给出了某企业网络拓扑结构。企业采用 VLAN 及三层交换机的方式实现子网的划分与通信，为提高网络的可靠性，要求对局域网络段"192.168.2.0/24"和"192.168.3.0/24"采用 VRRP 进行网关冗余，具体要求为：对于 VLAN2 "192.168.2.0/24"网段，三层交换机 DS_1 被选择为主用路由器；对于 VLAN3 "192.168.3.0/24"网段，三层交换机 DS_2 被选择为主用路由器；对所有 VRRP 备份组中主用路由器的出口线路进行跟踪，当其失效时降低主用路由器的优先级，使原主用路由器降为备用路由器，而备用路由器升级成主用路由器。

其规划如下所述。

① "192.168.2.0/24"为 VLAN2 所分配的 IP 网段，其加入的 VRRP 备份组的 VRID 为"2"，虚拟路由器的 IP 地址规划为"192.168.2.254"；"192.168.3.0/24"为 VLAN3 所分配的 IP 网段，其加入的 VRRP 备份组的 VRID 为"3"，其 VRRP 的备份组号（VRID）为"3"，虚拟路由器的 IP 地址规划为"192.168.3.254"。

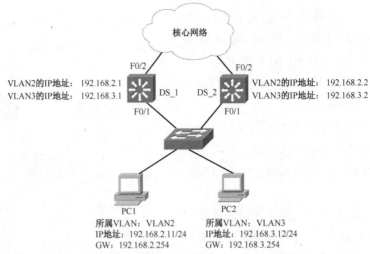

图 11.11　采用加入多个 VRRP 备份组实现网关冗余和负载分担的拓扑结构示例

② 在 VRID 为 "2" 的 VRRP 备份组中，三层交换机 DS_1 的优先级设置为 "120"，三层交换机 DS_2 的优先级设置为 "100"。在 VRID 为 "3" 的 VRRP 备份组中，三层交换机 DS_1 的优先级设置为 "100"，三层交换机 DS_2 的优先级设置为 "120"。

③ 备份组中所有三层交换机均配置为抢占模式。

④ 在 VRID 为 "2" 的备份组中对三层交换机 DS_1 的 F0/2 端口协议进行跟踪，跟踪对象为 "1"，当跟踪对象失效时，将其 VRRP 优先级值降低 30。在 VRID 为 "3" 的备份组中对三层交换机 DS_2 的 F0/2 端口协议进行跟踪，跟踪对象为 "1"，当跟踪对象失效时，将其 VRRP 优先级值降低 30。

图 11.12 给出了采用 VRRP 实现上述规划部署的详细配置步骤。

```
DS_1(config)#track 1 interface f0/2 line-protocol
DS_1(config)#interface vlan 2
DS_1(config-if)#ip address 192.168.2.1 255.255.255.0
DS_1(config-if)#vrrp 2 ip 192.168.2.254
DS_1(config-if)#vrrp 2 priority 120
DS_1(config-if)#vrrp 2 preempt
DS_1(config-if)#vrrp 2 track 1 decrement 30
DS_1(config)#interface vlan 3
DS_1(config-if)#ip address 192.168.3.1 255.255.255.0
DS_1(config-if)#vrrp 3 ip 192.168.3.254
DS_1(config-if)#vrrp 3 priority 100
DS_1(config-if)#vrrp 3 preempt
DS_2(config)#track 1 interface f0/2 line-protocol
DS_2(config)#interface vlan 2
DS_2(config-if)#ip address 192.168.2.2 255.255.255.0
DS_2(config-if)#vrrp 2 ip 192.168.2.254
DS_2(config-if)#vrrp 2 priority 100
DS_2(config-if)#vrrp 2 preempt
DS_2(config)#interface vlan 3
DS_2(config-if)#ip address 192.168.3.2 255.255.255.0
DS_2(config-if)#vrrp 3 ip 192.168.3.254
DS_2(config-if)#vrrp 3 priority 120
DS_2(config-if)#vrrp 3 preempt
DS_2(config-if)#vrrp 3 track 1 decrement 30
```

图 11.12　采用加入多个 VRRP 备份组实现网关冗余和负载分担的配置示例

11.3 HSRP

11.3.1 HSRP 概述

HSRP 提供了与 VRRP 类似的不需要在子网内的终端设备上进行任何额外配置的网关冗余方法，它是 Cisco 公司于 1994 年开发的私有协议，并于 1998 年写入 RFC2281 中。与 VRRP 相同，HSRP 也是由一组路由器组成一个虚拟路由器。在一个 HSRP 热备组中，有一台活跃（Active）路由器负责处理发送到虚拟 IP 地址的所有请求，一台备用（Standby）路由器，可能还会有多台监听路由器。

图 11.13 给出了 HSRP 的示例，在该示例中，路由器 R1 为活跃路由器，负责转发所有发送给虚拟路由器 IP 地址的请求；路由器 R2 为备份路由器，它会监听 Hello 消息，当活跃路由器发生故障后，备份路由器就会接替活跃路由器的角色，在一个 HSRP 热备组中只有一个备份路由器；路由器 R3 为其他路由器，一个 HSRP 热备组中可以有多台其他路由器，其他路由器只有在活跃路由器和备份路由器都发生故障时，才会竞争活跃路由器和备份路由器角色。

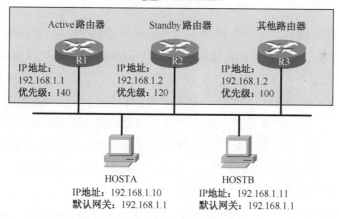

图 11.13 HSRP 示例

HSRP 与 VRRP 类似，也是根据优先级确定路由器在备份组中是活跃路由器、备份路由器、还是其他路由器。优先级最高的路由器被选择为活跃路由器，优先级次高的被选择为备份路由器，其余的路由器为其他路由器。当选举好活跃路由器后，如果 VRRP 备份组中所有路由器都处于非抢占方式，那么只要主用路由器没有出现故障，则备份组中的路由器角色不变，即备份组中即使有路由器配置了更高的优先级，它也不会被选举为活跃路由器。此外，与 VRRP 一样，HSRP 也可以实现流量的负载分担。

　　但 HSRP 与 VRRP 也存在许多差别。例如，在一个 VRRP 备份组中，只有一台主用路由器，但可有若干台备用路由器；而在一个 HSRP 备份组中，只有一台活跃路由器，一台备份路由器，但可有若干台其他路由器。表 11.1 给出了 HSRP 与 VRRP 之间比较的不同。

表 11.1　HSRP 和 VRRP 之间的比较

HSRP	VRRP
是 Cisco 开发的私有协议，只能用于 Cisco 产品上	是 IEEE 标准的开放协议，可用于不同厂商的产品上
最多只支持 16 个备份组	最多支持 255 个备份组
一个 HSRP 组中有一台活跃路由器，一台备份路由器，可有若干台其他路由器	一个 VRRP 组中有一台主用路由器，若干台备份路由器
虚拟路由器 IP 地址与活跃路由器、备份路由器以及其他路由器的 IP 地址必须不同	允许 VRRP 组中一台路由器的 IP 地址与虚拟路由器 IP 地址相同
虚拟 MAC 地址为 00-00-0c-07-ac-备份组号	虚拟 MAC 地址为 00-00-5E-00-01-备份组号
可跟踪接口和对象	在 Cisco 设备上运行 VRRP 时，只可以跟踪对象

11.3.2　HSRP 的工作原理

1. HSRP 状态

　　与 VRRP 路由器只可处于三种状态不同，属于 HSRP 备份组的每一台路由器可以处于初始化（Initialize）、监听（Listen）、宣告（Speak）、备用（Standby）与活跃（Active）五种状态。

- 初始化（Initialize）状态：是最开始的状态，表示路由器还没有运行 HSRP，参与 HSRP 备份组的路由器启动后就进入 Initialize 状态。
- 监听（Listen）状态：处于监听状态的路由器知道虚拟路由器的 IP 地址，它会监听活跃路由器或备用路由器发送的 Hello 消息，但处于监听状态的路由器既不是活跃路由器也不是备用路由器。
- 宣告（Speak）状态：处于宣告状态的路由器周期性地发送 Hello 消息，并积极参与活跃路由器或备用路由器的选举。路由器必须要知道虚拟路由器的 IP 地址才可以进入宣告状态。
- 备用（Standby）状态：处于备用状态的路由器为备用路由器。备用路由器会周期性的地发送 Hello 消息，在一个 HSRP 组中，最多只有一个路由器处于备用状态。
- 活跃（Active）状态：处于活跃状态的路由器为活跃路由器，它负责转发所有发送给虚拟路由器 IP 地址的请求。活跃路由器会周期性地发送 Hello 消息，在一个 HSRP 组中最多只有一个路由器处于活跃状态。

2. HSRP 状态转换

HSRP 路由器在进行状态转换时，不是 HSRP 组中所有路由器都会经过上述所有五个状态的转换。在进行状态转换时，初始状态是 HSRP 最开始的状态，刚开始所有路由器都处于初始状态，此时路由器还没有运行 HSRP。当路由器接口启用 HSRP 或者已配置启用 HSRP 的接口第一次进入 UP 状态时就进入了初始状态。然后路由器会进入到监听状态，监听状态的目的就是为了确认 HSRP 备份组中是否已经存在活跃路由器和备用路由器。接着路由器会进入到宣告状态，处于宣告状态的路由器会积极参与成为活跃路由器、备用路由器的选举。最后，根据优先级、是否为抢占模式最终被选择为活跃路由器、备用路由器或其他路由器。

下面我们以图 11.14 所示的 HSRP 示例为例介绍 HSRP 状态的转换过程。HSRP 备份组 1 中有路由器 R1 与 R2 两台路由器。路由器 R1 先启动 HSRP，由于此时 HSRP 备份组 1 中只有一台路由器，因此它会经过监听、宣告、备用和活跃状态，最终被选择为活跃路由器。路由器 R2 是在路由器 R1 启动 HSRP 之后启动了 HSRP，当它处于监听状态时，路由器 R1 已经承担起备用路由器的角色，并变为活跃角色，由于 R2 监听到 HSRP 备份组 1 中已经有了活跃路由器，并且自己优先级与活跃路由器 R1 相同，因此路由器 R2 就会经过监听、宣告和备用状态，最终担任备用路由器。

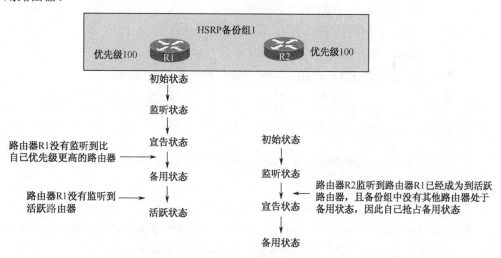

图 11.14　HSRP 状态转换示例

11.3.3　HSRP 规划部署要点

由于 HSRP 是 Cisco 开发的私有协议，因此它只能运行在 Cisco 产品上。它可以在 Cisco 路由器上与 Cisco Catalyst 三层交换机上部署实施。

1. HSRP 的规划要点

与 VRRP 类似，通常 HSRP 的规划过程如下所述。

① 根据需求确定路由设备是需要加入到一个 HSRP 备份组还是需要加入到多个 HSRP 备份组中，如果加入多备份组，可以实现流量的负载分担功能。

② 确定 HSRP 备份组号、虚拟路由器的 IP 地址、加入到 HSRP 备份组中每个路由器接口的 IP 地址（注意：HSRP 备份组中所有路由器接口的 IP 地址与虚拟路由器的 IP 地址不能相同）。

③ 确定加到入 HSRP 备份组中每个路由器的优先级，以控制哪个路由器被选择为活跃路由器、哪个路由器被选择为备用路由器。

④ 确定是否需要跟踪路由器的出口，当跟踪接口失效时，确定需要将路由器 HSRP 优先级降低的值。

2. HSRP 的配置要点

在 Cisco 路由器与三层交换机进行 HSRP 的配置通常需要以下几个步骤：① 创建 HSRP 备份组并配置虚拟路由器的 IP 地址；② 配置路由器在 HSRP 备份组中的优先级；③ 配置 HSRP 备份组中的路由器工作在抢占模式；④ 配置跟踪接口以及当接口失效时降低路由器 HSRP 优先级的值。

对应于上述步骤，Cisco 路由器给出的配置命令为：

- router(config)#standby *group-number* ip　*ip-address*　　　//在接口上启用 HSRP，创建 HSRP 备份组，并配置虚拟路由器的 IP 地址。

> **注释**：备份组号"*group-number*"为可选项，如果没有指定备份组号，其默认值为 0。

- router (config-if)#standby *group-number* priority *priority-value*　//配置 HSRP 组中这台路由器的优先级值
- router (config-if)#standy *group-number* preempt　//配置路由器工作在抢占模式
- router (config-if)#standby *group-number* track *interface-name decrement-value* //跟踪接口，当接口失效时降低路由器 HSRP 优先级的值

下面以前面图 11.11 来说明 HSRP 实现网关冗余和负载分担的规划与部署实施过程。图 11.11 网关冗余的需求参见 11.2.3 节图 11.11 的需求说明，具体要求：对于 VLAN2 "192.168.2.0/24"网段，三层交换机 DS_1 被选择为活跃路由器，三层交换机 DS_2 被选择为备用路由器；对于 VLAN3 "192.168.3.0/24"网段，三层交换机 DS_2 被选择为活跃路由器，三层交换机 DS_1 被选择为备用路由器；对所有 HSRP 备份组中活跃路由器的出口进行跟踪，当其失效时降低活跃路由器的优先级，使原活跃路由器降为备用路由器，而备用路由器升级为活跃路由器。

其规划如下所述。

① "192.168.2.0/24" 为 VLAN2 所分配的 IP 网段，其加入的 HSRP 备份组号为 "2"，虚拟路由器的 IP 地址规划为 "192.168.2.254"。"192.168.3.0/24" 为 VLAN3 所分配的 IP 网段，其加入的 HSRP 备份组号为 "3"，虚拟路由器的 IP 地址规划为 "192.168.3.254"。

② 在备份组号 "2" 的 HSRP 备份组中，三层交换机 DS_1 的优先级设置为 "120"，三层交换机 DS_2 的优先级设置为 "100"；在备份组号为 "3" 的 HSRP 备份组中，三层交换机 DS_1 的优先级设置为 "100"，三层交换机 DS_2 的优先级设置为 "120"。

③ 备份组中所有三层交换机均配置为抢占模式。

④ 在备份组号为 "2" 的备份组中，对三层交换机 DS_1 的 F0/2 端口进行跟踪，当端口失效时，将其 HSRP 优先级值降低 30；在备份组号为 "3" 的备份组中，对三层交换机 DS_2 的 F0/2 端口协议进行跟踪，跟踪对象为 "1"，当跟踪对象失效时，将其优先级值降低 30。

图 11.15 给出了采用 HSRP 实现上述规划部署的详细配置步骤。

```
DS_1(config)#interface vlan 2
DS_1(config-if)#ip address 192.168.2.1 255.255.255.0
DS_1(config-if)#standby 2 ip 192.168.2.254
DS_1(config-if)#standby 2 priority 120
DS_1(config-if)#standby 2 preempt
DS_1(config-if)#standby 2 track f0/2  30
DS_1(config)#interface vlan 3
DS_1(config-if)#ip address 192.168.3.1 255.255.255.0
DS_1(config-if)#standby 3 ip 192.168.3.254
DS_1(config-if)#standby 3 priority 100
DS_1(config-if)#standby 3 preempt
DS_2(config)#track 1 interface f0/2 line-protocol
DS_2(config)#interface vlan 2
DS_2(config-if)#ip address 192.168.2.2 255.255.255.0
DS_2(config-if)#standby 2 ip 192.168.2.254
DS_2(config-if)#standby 2 priority 100
DS_2(config-if)#standby 2 preempt
DS_2(config)#interface vlan 3
DS_2(config-if)#ip address 192.168.3.2 255.255.255.0
DS_2(config-if)#standby 3 ip 192.168.3.254
DS_2(config-if)#standby 3 priority 120
DS_2(config-if)#standby 3 preempt
DS_2(config-if)#standby 3 track 1 decrement 30
```

图 11.15　采用加入多个 HSRP 备份组实现网关冗余和负载分担的配置示例

11.4　工程案例——高可靠园区网的规划与配置

11.4.1　工程案例背景及需求

某企业网拓扑结构如图 11.16 所示,企业中所有设备均为 Cisco 路由器和交换机。企业的 6 个部门和服务器群使用 VLAN 技术划分 IP 子网,每个部门内部除了 VLAN1 之外,都额外再划分了 3 个 VLAN,服务器群内部除了 VLAN1 之外,另外只划分了一个 VLAN。VLAN 之间的通信在部门与服务器群的汇聚层交换机上完成。部门和服务器群汇聚层交换机与核心交换机之间的链路配置为点到点三层链路。为保证企业网络的高可靠性,企业使用了以下高可靠性技术。

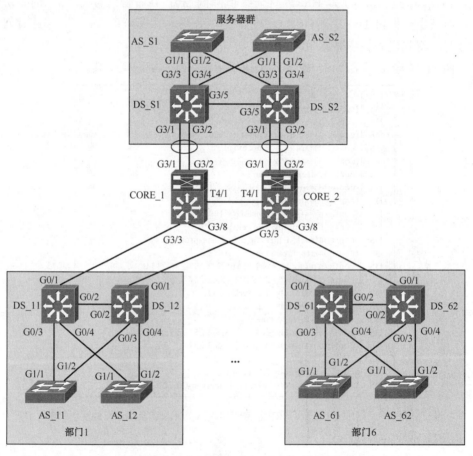

图 11.16　高可靠园区网工程案例拓扑图

① 企业网络采用了双星状冗余网络结构。

② 采用将两条物理链路捆绑为一条逻辑链路的以太网通道技术以提高服务器

群汇聚层交换机到核心层交换机之间链路的速率以及链路的可靠性。

③ 为了避免由于默认网关的单点故障导致主机不能与其他网段主机进行通信的情况发生，在部门与服务器群汇聚层交换机上采用动态链路聚合协议实现网关冗余及流量负载分担。

11.4.2　高可靠园区网的规划与设计

由于该工程案例中的部门 1 到部门 6 这 6 个部门规划设计及部署实施类似，因此本教材仅以核心交换机、服务器群以及部门 1 为例进行可靠性技术的规划及部署实施。

1. 链路捆绑的规划

根据案例需求，需要捆绑成两条逻辑链路：一条是将服务器群的汇聚层交换机 DS_S1 与核心交换机 CORE_1 之间的两条物理链路捆绑为一条逻辑链路；另一条是将服务器群的汇聚层交换机 DS_S2 与核心交换机 CORE_2 之间的两条物理链路捆绑为一条逻辑链路。由于服务器汇聚层交换机与核心层交换机之间的链路为点到点三层链路，因此应部署三层以太网通道技术。

部署三层以太网通道技术时详细规划参数如表 11.2 所示。在实现时，采用目的 IP 地址与源 IP 地址结合的方式实现链路的负载均衡。

表 11.2　链路捆绑规划参数表

设备名	以太网通道端口	以太网通道链路类型	包含的物理端口	使用的管理协议	LACP 工作模式	以太网通道端口 IP 地址
CORE_1	Port-channel 1	三层链路	G3/1，G3/2	LACP	Active	10.254.1.1/30
DS_S1	Port-channel 1	三层链路	G3/1，G3/2	LACP	Active	10.254.1.2/30
CORE_2	Port-channel 1	三层链路	G3/1，G3/2	LACP	Active	10.254.1.5/30
DS_S2	Port-channel 1	三层链路	G3/1，G3/2	LACP	Active	10.254.1.6/30

2. 网关冗余的规划

根据案例需求，由于所有设备都为 Cisco 设备，因此可以采用既可以使用 HSRP 协议，也可以使用 VRRP 协议的方式实现网关冗余并且进行流量负载分担。表 11.3 给出了使用 HSRP 实现服务器群的网关冗余的规划，使用 HSRP 实现部门 1 的详细网关冗余规划如表 11.4 所示。在实现时，汇聚层两台三层交换机之间的链路采用 TRUNK 链路。

表 11.3　服务器群的网关冗余规划表

Vlan ID	默认网关（虚拟路由器 IP）	备份组号	Active 路由器/优先级值	Standby 路由器/优先级值	DS_S1 的 SVI 地址	DS_S2 的 SVI 地址	HSRP 监听接口
1	10.0.1.1	1	DS_S1/120	DS_S2/100	10.0.1.2	10.0.1.3	DS_S1 的 Port-channel 1
2	10.0.2.1	2	DS_S2/120	DS_S1/100	10.0.2.2	10.0.2.3	DS_S2 的 Port-channel 1

表 11.4　部门 1 的网关冗余规划表

Vlan ID	默认网关（虚拟路由器 IP）	备份组号	Active 路由器/优先级值	Standby 路由器/优先级值	DS_S11 的 SVI 地址	DS_S12 的 SVI 地址	HSRP 监听接口
1	10.1.1.1	11	DS_11/120	DS_12/100	10.1.1.2	10.1.1.3	DS_11 的 G0/1
2	10.1.2.1	11	DS_11/120	DS_12/100	10.1.2.2	10.1.2.3	DS_11 的 G0/1
3	10.1.3.1	12	DS_12/120	DS_11/100	10.1.3.2	10.1.3.3	DS_12 的 G0/1
4	10.1.4.1	12	DS_12/120	DS_11/100	10.1.4.2	10.1.4.3	DS_12 的 G0/1

3. MST 的规划

采用 HSRP 协议实现每个部门和服务器群的网关级备份。由于每个部门和服务器群内部有冗余的链路，并且采用划分 VLAN 方式实现 IP 子网划分，因此需要使用生成树协议打破二层的环路。

在使用生成树协议和网关冗余协议结合部署配置时，要求保持各 VLAN 的根桥与各自的 HSRP 主用路由器在同一台路由设备上。由于服务器群与所有部门生成树的规划与配置类似，因此只以部门 1 的生成树为例进行规划与部署。

表 11.5 给出了结合表 11.4 规划的部门 1 网关冗余规划表使用 MST 的规划。在实现时，将所有交换机的接入端口特性配置为 portfast，并启用 BPDU 防护。

表 11.5　部门 1 的 MST 规划表

MST 区域名	修订号	生成树实例	映射到生成树实例的 VLAN	生树树实例的根桥/优先级	生树树实例的次根桥/优先级
Bumen1	1	1	VLAN1、VLAN2	DS_11/4096	DS_12/8192
Bumen1	1	2	VLAN3、VLAN4	DS_12/4096	DS_11/8192

11.4.3　高可靠园区网的部署与实施

高可靠园区网的具体部署与实施步骤如下所述。

1. 链路捆绑的配置

```
DS_S1(config)＃interface range g3/1-2　//进入端口 g3/1 与 g3/2 的组端口配置模式
DS_S1(config-if)＃no switchport　　　//启用三层端口属性
```

DS_S1(config-if)#channel-protocol lacp
//指定建立 EtherChannel 的动态聚合协议为 LACP 协议
DS_S1(config-if)#channel-group 1 mode Active
//把端口添加到通道组 1 中，并设置模式为 Active
DS_S1(config-if)#interface Port-channel1
//创建通道逻辑端口 Port-channel1，并进入接口模式
DS_S1(config-if)#no switchport　　//启用三层端口属性
DS_S1(config-if)#ip address 10.254.1.2 255.255.255.252
//配置通道逻辑端口 IP 地址及子网掩码
CORE_1 (config)#interface range g3/1-2
//进入端口 g3/1 与 g3/2 的组端口配置模式
CORE_1 (config-if)#no switchport　　　　//启用三层端口属性
CORE_1 (config-if)#channel-protocol lacp
//指定建立 EtherChannel 的动态聚合协议为 LACP 协议
CORE_1 (config-if)#channel-group 1 mode active
//把端口添加到通道组 1 中，并设置模式为 Active
CORE_1 1(config-if)#interface Port-channel1
//创建通道逻辑端口 Port-channel1，并进入接口模式
CORE_1 (config-if)#no switchport　　　　//启用三层端口属性
CORE_1 (config-if)#ip address 10.254.1.1 255.255.255.252
//配置通道逻辑端口 IP 地址及子网掩码
DS_S2(config)#interface range g3/1-2
//进入端口 g3/1 与 g3/2 的组端口配置模式
DS_S2(config-if)#no switchport　　　　//启用三层端口属性
DS_S2(config-if)#channel-protocol lacp
//指定建立 EtherChannel 的动态聚合协议为 LACP 协议
DS_S2(config-if)#channel-group 1 mode active
//把端口添加到通道组 1 中，并设置模式为 Active
DS_S2(config-if)#interface Port-channel1
//创建通道逻辑端口 Port-channel1，并进入接口模式
DS_S2(config-if)#no switchport　　　　//启用三层端口属性
DS_S2(config-if)#ip address 10.254.1.6 255.255.255.252
//配置通道逻辑端口 IP 地址及子网掩码
CORE_2 (config)#interface range g3/1-2
//进入端口 g3/1 与 g3/2 的组端口配置模式
CORE_2 (config-if)#no switchport　　　　//启用三层端口属性
CORE_2 (config-if)#channel-protocol lacp
//指定建立 EtherChannel 的动态聚合协议为 LACP 协议
CORE_2 (config-if)#channel-group 1 mode active

//把端口添加到通道组 1 中，并设置模式为 Active

CORE_2(config-if)＃interface Port-channel1

//创建通道逻辑端口 Port-channel1，并进入接口模式

CORE_2 (config-if)＃no switchport　　　　　　　　//启用三层端口属性

CORE_2 (config-if)＃ip address 10.254.1.5 255.255.255.252

//配置通道逻辑端口 IP 地址及子网掩码

2. 使用 VRRP 进行网关冗余的配置

DS_S1(config)#interface Vlan1

DS_S1(config-if)#ip address 10.0.1.2 255.255.255.0

DS_S1(config-if)#standby 1 ip 10.0.1.1

//在接口上启用 HSRP，创建 HSRP 备份组 1，并配置虚拟路由器的 IP 地址为 10.0.1.1

DS_S1(config-if)#standby 1 priority 120　　　　　　//配置备份组 1 的 HSRP 优先级为 120

DS_S1(config-if)#standby 1 preempt　　　　　　　　//工作在抢占模式

DS_S1(config-if)#standby 1 track Port-channel1 30

//跟踪 Port-channel1 接口，当接口失效时将路由器备份组 1 的 HSRP 优先级值降低 30

DS_S1(config)#interface Vlan2

DS_S1(config-if)#ip address 10.0.2.2 255.255.255.0

DS_S1(config-if)#standby 2 ip 10.0.2.1

//在接口上启用 HSRP，创建 HSRP 备份组 2，并配置虚拟路由器的 IP 地址为 10.0.2.1

DS_S1(config-if)#standby 2 priority 100　　　　　　//配置备份组 2 的 HSRP 优先级为 100

DS_S1(config-if)#standby 2 preempt　　　　　　　　//工作在抢占模式

DS_S2(config)#interface Vlan1

DS_S2(config-if)#ip address 10.0.1.3 255.255.255.0

DS_S2(config-if)#standby 1 ip 10.0.1.1

//在接口上启用 HSRP，创建 HSRP 备份组 1，并配置虚拟路由器的 IP 地址为 10.0.1.1

DS_S2(config-if)#standby 1 priority 100　　　　　　//配置备份组 1 的 HSRP 优先级为 100

DS_S2(config-if)#standby 1 preempt　　　　　　　　//工作在抢占模式

DS_S2(config)#interface Vlan2

DS_S2(config-if)#ip address 10.0.2.3 255.255.255.0

DS_S2(config-if)#standby 2 ip 10.0.2.1

//在接口上启用 HSRP，创建 HSRP 备份组 2，并配置虚拟路由器的 IP 地址为 10.0.2.1

DS_S2(config-if)#standby 2 priority 120　　　　　　//配置备份组 2 的 HSRP 优先级为 120

DS_S2(config-if)#standby 2 preempt　　　　　　　　//工作在抢占模式

DS_S2(config-if)#standby 2 track Port-channel1 30

//跟踪 Port-channel1 接口，当接口失效时将路由器备份组 2 的 HSRP 优先级值降低 30

DS_11(config)#interface Vlan1

DS_11(config-if)#ip address 10.1.1.2 255.255.255.0

DS_11(config-if)#standby 1 ip 10.1.1.1

//在接口上启用 HSRP，创建 HSRP 备份组 1，并配置虚拟路由器的 IP 地址为 10.1.1.1

DS_11(config-if)#standby 1 priority 120　　　　//配置备份组 1 的 HSRP 优先级为 120

DS_11(config-if)#standby 1 preempt　　　　　　//工作在抢占模式

DS_11(config-if)#standby 1 track g0/1 30

//跟踪 g0/1 接口，当接口失效时将路由器备份组 1 的 HSRP 优先级值降低 30

DS_11(config)#interface Vlan2

DS_11(config-if)#ip address 10.1.2.2 255.255.255.0

DS_11(config-if)#standby 2 ip 10.1.2.1

//在接口上启用 HSRP，创建 HSRP 备份组 2，并配置虚拟路由器的 IP 地址为 10.1.2.1

DS_11(config-if)#standby 2 priority 120　　　　//配置备份组 2 的 HSRP 优先级为 120

DS_11(config-if)#standby 2 preempt　　　　　　//工作在抢占模式

DS_11(config-if)#standby 2 track g0/1 30

//跟踪 g0/1 接口，当接口失效时将路由器备份组 2 的 HSRP 优先级值降低 30

DS_11(config)#interface Vlan3

DS_11(config-if)#ip address 10.1.3.2 255.255.255.0

DS_11(config-if)#standby 3 ip 10.1.3.1

//在接口上启用 HSRP，创建 HSRP 备份组 3，并配置虚拟路由器的 IP 地址为 10.1.3.1

DS_11(config-if)#standby 3 priority 100　　　　//配置备份组 3 的 HSRP 优先级为 100

DS_11(config-if)#standby 3 preempt　　　　　　//工作在抢占模式

DS_11(config)#interface Vlan4

DS_11(config-if)#ip address 10.1.4.2 255.255.255.0

DS_11(config-if)#standby 4 ip 10.1.4.1

//在接口上启用 HSRP，创建 HSRP 备份组 4，并配置虚拟路由器的 IP 地址为 10.1.4.1

DS_11(config-if)#standby 4 priority 100　　　　//配置备份组 4 的 HSRP 优先级为 100

DS_11(config-if)#standby 4 preempt　　　　　　//工作在抢占模式

DS_12(config)#interface Vlan1

DS_12(config-if)#ip address 10.1.1.3 255.255.255.0

DS_12(config-if)#standby 1 ip 10.1.1.1

//在接口上启用 HSRP，创建 HSRP 备份组 1，并配置虚拟路由器的 IP 地址为 10.1.1.1

DS_12(config-if)#standby 1 priority 100　　　　//配置备份组 1 的 HSRP 优先级为 100

DS_12(config-if)#standby 1 preempt　　　　　　//工作在抢占模式

DS_12(config)#interface Vlan2

DS_12(config-if)#ip address 10.1.2.3 255.255.255.0

DS_12(config-if)#standby 2 ip 10.1.2.1

//在接口上启用 HSRP，创建 HSRP 备份组 2，并配置虚拟路由器的 IP 地址为 10.1.2.1

DS_12(config-if)#standby 2 priority 100　　　　//配置备份组 2 的 HSRP 优先级为 100

```
DS_12(config-if)#standby 2 preempt                  //工作在抢占模式
DS_12(config)#interface Vlan3
DS_12(config-if)#ip address 10.1.3.3 255.255.255.0
DS_12(config-if)#standby 3 ip 10.1.3.1
//在接口上启用 HSRP，创建 HSRP 备份组 3，并配置虚拟路由器的 IP 地址为 10.1.3.1
DS_12(config-if)#standby 3 priority 120             //配置备份组 3 的 HSRP 优先级为 120
DS_12(config-if)#standby 3 preempt                  //工作在抢占模式
DS_12(config-if)#standby 3 track g0/1 30
//跟踪 g0/1 接口，当接口失效时将路由器备份组 3 的 HSRP 优先级值降低 30
DS_12(config)#interface Vlan4
DS_12(config-if)#ip address 10.1.4.3 255.255.255.0
DS_12(config-if)#standby 4 ip 10.1.4.1
//在接口上启用 HSRP，创建 HSRP 备份组 4，并配置虚拟路由器的 IP 地址为 10.1.4.1
DS_12(config-if)#standby 4 priority 120             //配置备份组 4 的 HSRP 优先级为 120
DS_12(config-if)#standby 4 preempt                  //工作在抢占模式
DS_12(config-if)#standby 4 track g0/1 30
//跟踪 g0/1 接口，当接口失效时将路由器备份组 4 的 HSRP 优先级值降低 30
```

3. MST 的配置

```
DS_11(config)#spanning-tree mode mst                    //设置使用的生成树模式为 MST
DS_11(config)#spanning-tree mst configuration          //进入 MST 配置子模式
DS_11(config-mst)#name Bumen1                          //MST 区域名称为 Bumen1
DS_11(config-mst)#revision 1                           //MST 修订号为 1
DS_11(config-mst)#instance 1 vlan 1-2                  //将 VLAN1 与 VLAN2 映射到实例 1
DS_11(config-mst)#instance 2 vlan 3-4                  //将 VLAN3 与 VLAN4 映射到实例 2
DS_11(config-mst)#exit
DS_11(config)#spanning-tree mst 0-1 priority 4096
//指定实例号 0 与 1 的本交换机优先级为 4096
DS_11(config)#sspanning-tree mst 2 priority 8192
//指定实例号 2 的本交换机优先级为 8192

DS_12(config)#spanning-tree mode mst                    //设置使用的生成树模式为 MST
DS_12(config)#spanning-tree mst configuration          //进入 MST 配置子模式
DS_12(config-mst)#name Bumen1                          //MST 区域名称为 Bumen1
DS_12(config-mst)#revision 1                           //MST 修订号为 1
DS_12(config-mst)#instance 1 vlan 1-2                  //将 VLAN1 与 VLAN2 映射到实例 1
DS_12(config-mst)#instance 2 vlan 3-4                  //将 VLAN3 与 VLAN4 映射到实例 2
DS_12(config-mst)#exit
DS_12(config)#spanning-tree mst 0-1 priority 8192
```

```
        //指定实例号 0 与 1 的本交换机优先级为 8192
        DS_12(config)#sspanning-tree mst 2 priority 4096
        //指定实例号 2 的本交换机优先级为 4096


        AS_11(config)#spanning-tree mode mst              //设置使用的生成树模式为 MST
        AS_11(config)#spanning-tree mst configuration     //进入 MST 配置子模式
        AS_11(config-mst)#name Bumen1                     //MST 区域名称为 Bumen1
        AS_11(config-mst)#revision 1                      //MST 修订号为 1
        AS_11(config-mst)#instance 1 vlan 1-2             //将 VLAN1 与 VLAN2 映射到实例 1
        AS_11(config-mst)#instance 2 vlan 3-4             //将 VLAN3 与 VLAN4 映射到实例 2


        AS_12(config)#spanning-tree mode mst              //设置使用的生成树模式为 MST
        AS_12(config)#spanning-tree mst configuration     //进入 MST 配置子模式
        AS_12(config-mst)#name Bumen1                     //MST 区域名称为 Bumen1
        AS_12(config-mst)#revision 1                      //MST 修订号为 1
        AS_12(config-mst)#instance 1 vlan 1-2             //将 VLAN1 与 VLAN2 映射到实例 1
        AS_12(config-mst)#instance 2 vlan 3-4             //将 VLAN3 与 VLAN4 映射到实例 2
```

本 章 习 题

11.1　选择题：

①　在 VRRP 备份组中，下面哪个路由器会被选择主用（Master）路由器（　　　）？

A. 具有最小优先级的路由器　　　　　B. 具有最大优先级的路由器

C. 具有最小 IP 地址的路由器　　　　　D. 具有最大 IP 地址的路由器

②　VRRP 中什么样的路由器被称为 IP 地址拥有者（　　　　）？

A. VRRP 备份组中接口 IP 地址与虚拟路由器 IP 相同的路由器

B. 具有最小优先级的路由器

C. 具有最小 IP 地址的路由器

D. 具有最大 IP 地址的路由器

③　VRRP 的组播地址是下面哪个（　　　　）？

A. 224.0.0.9　　B. 224.0.0.5　　　C. 224.0.0.6　　　D. 224.0.0.18

④　以下关于 HSRP 热备组说法，哪一个是正确的（　　　）？

A. 一个 HSRP 热备组中可以没有活跃路由器

B. 一个 HSRP 热备组中一定有一台备用路由器

C. 一个 HSRP 热备组中一定有多台监听路由器。

D. 一个 HSRP 热备组中一定有一台负责处理发送到虚拟 IP 地址的所有请求的

活跃路由器。

11.2　请描述 VRRP 的工作原理。

11.3　在如图 11.17 所示的交换网络中划分了 10 个 VLAN，现需要部署快速-PVST+和 HSRP 提高网络的可靠性，某个网络管理员给出了以下两种设计方案：

① 对于 VLAN1 到 VLAN5 网段，三层交换机 DS-SW1 为活跃路由器，三层交换机 DS-SW2 被选择为备用路由器，根桥为 DS-SW1，次根桥为 DS-SW2；对于 VLAN6 到 VLAN10 网段，三层交换机 DS-SW2 为活跃路由器，三层交换机 DS-SW1 被选择为备用路由器，根桥为 DS-SW2，次根桥为 DS-SW1。

② 对于 VLAN1 到 VLAN5 网段，三层交换机 DS-SW1 为活跃路由器，三层交换机 DS-SW2 被选择为备用路由器，根桥为 SW1，次根桥为 SW2；对于 VLAN6 到 VLAN10 网段，三层交换机 DS-SW2 为活跃路由器，三层交换机 DS-SW1 被选择为备用路由器，根桥为 SW2，次根桥为 SW1。

请问哪种方案更合理，其原因是什么？

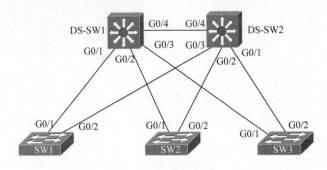

图 11.17　网络拓扑图

第12章 网络地址转换

NAT（Network Address Translation，网络地址转换）也称 IP 地址伪装，它是一种将数据包中的 IP 地址转化替换成其他 IP 地址的转换技术。NAT 主要用于将数据包中的私有地址替换为公有地址，实现私有网络中的主机通过共享少量公有地址访问 Internet 的功能，以解决 IPV4 地址短缺的问题。现在也经常用于网络迁移和融合、服务器负载共享以及创建"虚拟服务器"等应用。

本章首先介绍 NAT 的概念，然后详细介绍各种 NAT 的工作原理，最后对静态 NAT、静态端口 NAT、动态 NAT、动态端口地址转换等各种 NAT 的规划与部署进行详细介绍。

12.1 NAT 概述

12.1.1 NAT 概述

当前的 Internet 主要基于 IPV4 协议，主机能够连接到 Internet 的前题是必须拥有一个唯一的 IP 地址，但由于 Internet 用户的快速增长以及 IPV4 地址分配不均等因素，IPV4 地址出现了耗尽的危机。

为了延长 IPV4 地址空间的生命周期，RFC1918 年专门为私有内部使用留出 3 个 IP 地址块，包括 A 类、B 类、C 类地址范围各一块，以满足不同规模私有网络的需要，表 12.1 给出了私有地址块的范围。

表 12.1 私有 IP 地址

类别	RFC 1918 内部地址范围	CIDR 前缀
A	10.0.0.0～10.255.255.255	10.0.0.0/8
B	172.16.0.0～172.31.255.255	172.16.0.0/12
C	192.168.0.0～192.168.255.255	192.168.0.0/16

当企业采用私有地址进行企业内部网络的组网时，不需要征得 IANA 的同意，只需要主机 IP 地址在私有网中保持唯一就行了。但私有址址仅限于在企业内部网络中使用，所有包含有私有地址的 IP 数据包将不能被路由器路由到 Internet 的主干上，即所有包含有私有地址的 IP 数据包将会被 Internet 路由器丢弃。

如果内部采用了私有地址的企业网络需要访问 Internet，就必须在企业网络的出口处部署 NAT 设备，将 IP 数据包中的私有地址替换为能够被 Internet 上路由器转发的公有地址。

NAT 是一项与私有地址密切关联的技术，RFC2663、RFC3022 和 RFC3027 定义了 NAT 的相关标准。企业或组织机构采用私有地址组建内部 IP 网络减少了对公有 IP 地址资源的消耗。使用 NAT 不仅可以有效地实现私有地址节点与公网节点之间的相互通信，还可以通过将多个私有地址节点共享一个或若干个公有 IP 地址来降低对公有 IP 地址的需求。

12.1.2　NAT 的基本概念

NAT 是一种通过将 IP 数据包中的 IP 地址替换为其他 IP 地址的转换技术，最常见的用途是将 IP 数据包中的私有地址转换为可以在 Internet 上被路由的公有 IP 地址，从而满足内部采用私有地址的网络访问 Internet 的需求。

图 12.1 给出了一个简单 NAT 功能示例图。图 12.1 中内部网络所有主机采用私有地址进行编址，其中主机 PC2 的 IP 地址为 192.168.1.12，位于 Internet 上的某服务器 Server 的 IP 地址为 60.191.124.236。为使内部网络中的主机能够访问 Internet，在内部网络与连接到外部 Internet 的边界上部署一台路由器充当 NAT 设备执行地址转换。

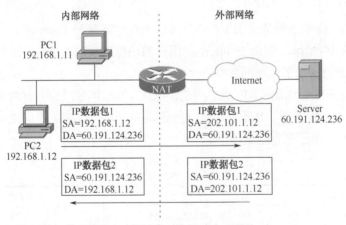

图 12.1　简单 NAT 功能示例图

当图 12.1 中主机 PC2 访问 Internet 上的主机 Server 时，其地址转换过程如下所述。

① 主机 PC2 产生到目的主机 Server 的 IP 数据包，该 IP 数据包中的源地址为分配给主机 PC2 的内部本地地址 192.168.1.12，目的地址为主机 Server 的 IP 地址 60.191.124.236。

②　NAT 路由器收到该 IP 数据包（源地址=192.168.1.12，目的地址 = 60.191.124.236）后，查找路由表，将 IP 数据包转发到连接外部网络的出口。

③　由于 NAT 路由器连接外部网络的出口配置了 NAT，因此，根据所定义的地址转换规则，将 IP 数据包中的源地址 192.168.1.12 替换为内部全局地址 201.101.1.12，并将 IP 数据包（此时 IP 数据包中源 IP 地址=201.101.1.12，目的地址 =60.191.124.236）转发到 Internet 上。

④　Internet 上的主机 Server 收到 IP 数据包后，给主机 PC2 发送应答 IP 数据包，应答 IP 数据包中源地址为主机 Server 的地址 60.191.124.236，目的地址为主机 PC2 转换后的内部全局地址 201.101.1.12。

⑤　NAT 路由器收到该应答 IP 数据包（源地址=60.191.124.236，目的地址= 201.101.1.12）后，发现该数据包的目的地址 201.101.1.12 存在于 NAT 地址池内，根据 NAT 表中相应条目用内部本地地址 192.168.1.12 替换掉应答 IP 数据包中的目的地址，然后将该 IP 数据包（此时 IP 数据包中源 IP 地址=60.191.124.236，目的地址= 192.168.1.12）转发给主机 PC2。

在讲述上面的 NAT 功能示例时使用了 NAT 设备、内部本地地址等术语，这些术语的具体含义如下所述。

- NAT 设备：用于实现网络地址转换的设备，通常由路由器或防火墙来实现。
- 内部本地地址（Inside Local Address）：分配给内部网络设备的地址，内部本地地址对外部网络来说不可见，通常内部本地地址是私有地址。
- 内部全局地址（Inside Global Address）：外部网络中用户所看见的内部网络主机地址，通常内部全局地址为 ISP 分配给内部网络用户使用的公有 IP 地址。
- 外部本地地址：是外部网络设备被内部主机所知晓的地址。
- 外部全局地址：分配给外部网络设备的地址，是外部网络主机的真实地址。

12.1.3　NAT 的应用

NAT 是一项与私有地址相关联的技术，其主要目的是解决 IPV4 地址匮乏的问题。典型的部署为企业内部采用私有地址，在企业内部连接 Internet 的边界上部署一台 NAT 设备，当企业内部的主机访问 Internet 时，NAT 将数据包中的私有地址替换成能够被 Internet 上路由器转发的公有地址，从而实现企业内部网络的所有主机使用一个或少量的公有地址就可以访问 Internet 的需求，同样也有效减缓了 IP 地址消耗的速度。

如图 12.2 所示，企业内部采用私有地址 192.168.0.0/24，NAT 设备与 Internet 相连的接口分配了一个公有地址 202.33.44.1。当内部网络的主机访问 Internet 时，NAT 设备将其数据包中的私有地址转化为 NAT 设备与 Internet 相连的接口所分配的公有地址 202.33.44.1，这样企业内部网络的所有主机只需要一个公有地址就可以访问 Internet，有效地节约了公有地址。

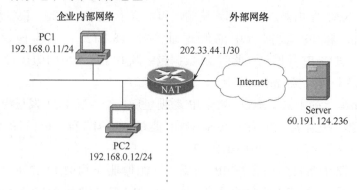

图 12.2　企业内网使用一个公有地址访问 Internet 的示意图

　　此外，NAT 通常还可实现 ISP（Internet Service Provider，互联网服务提供商）迁移、服务器负载均衡、虚拟服务器以及解决重叠网络问题等应用。

1. 使用 NAT 进行网络迁移

　　使用 NAT 可以大大减少企业用户更换 ISP 的难度，为网络迁移提供了便利。如图 12.3 所示，某企业网络原来通过运营商 ISP1 连接到 Internet，企业内部网络编址方式采用私有地址 172.16.0.0/16。运营商 ISP1 分配给企业网络的公有地址为 210.33.44.0/24。通过在企业内部网络与外部网络边界部署 NAT，就可以把企业内部网络主机访问 Internet 数据包中的源私有地址用运营商所分配的公有地址替换，实现企业内部网络的所有主机使用 ISP1 分配的公有地址访问 Internet。当企业根据网络需求要将 Internet 迁移到 ISP2 时，ISP2 为企业网重新分配新的地址空间为 60.191.124.232/29，这时企业不需要为内部网络重新进行 IP 地址的分配，只需要在 NAT 设备上进行相关配置即可。

2. 使用 NAT 实现服务器负载均衡

　　使用 NAT 可以把多台服务器表示成单个地址，以实现服务器的负载均衡。如图 12.4 所示，企业有三台拥有镜像内容的相同服务器 Server1、Server2 与 Server3，这三台服务器所分配的内部本地地址分别是 192.168.0.1、192.168.0.2 和 192.168.0.3。当外部网络上的主机向目的地址为 202.1.14.3 发送访问流量时，可以采用 NAT 技术把来自外部网络上不同主机的数据包中的目的地址（202.1.14.3）采用轮询（Round-robin）方式转换为服务器 Server1、Server2 和 Server3 的内部本地地址，从而把数据包分发给这三台物理服务器。

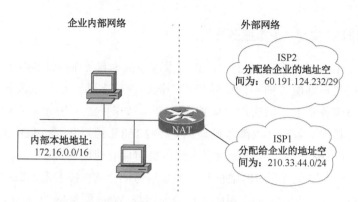

图 12.3　使用 NAT 进行网络迁移示意图

图 12.4 给出使用 NAT 进行服务器负载均衡的转换示例。有三个来自 Internet 上不同主机访问 202.1.14.3 的数据包，由于在 NAT 设备上采用轮询方式将目的地址进行 NAT 转换，因此数据包 1 的目的地址转换为服务器 Server1 的地址 192.168.0.1，数据包 2 的目的地址转换为服务器 Server2 的地址 192.168.0.2，数据包 3 的目的地址转换为服务器 Server3 的地址 192.168.0.3，如果还有数据包 4，则会将目的地址循环转换为服务器 Server1 的地址 192.168.0.1。因为访问目的地址 202.1.14.3 的数据包会循环发给不同的服务器，所以实现了流量的负载均衡。

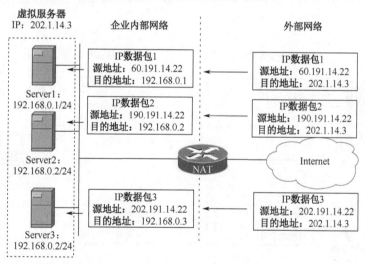

图 12.4　使用 NAT 进行服务器负载均衡示意图

采用 NAT 实现服务器的负载均衡也有可能不稳定，例如，如果实现负载均衡的某台服务器出现了故障，而 NAT 设备并不知道具体哪台构建虚拟服务器的服务器出现故障，因此 NAT 设备仍然会将数据包中的目的地址替换为出现故障的服务器的本地地址，这时就会导致流量出现路由黑洞的情况。

3. 使用 NAT 实现"虚拟服务器"

使用检查 IP 地址与端口号的 NAT 技术可以把来自外部网络的主机访问某个全局地址的数据包根据服务的不同而转换成不同的内部本地地址，从而把数据包分发到不同的内部服务器上，以实现"虚拟服务器"。如图 12.5 所示，企业拥有一台对外提供服务的邮件服务器（内部本地地址为 192.168.0.1）和一台 Web 服务器（内部本地地址为 192.168.0.2）。当外部网络上的主机向目的地址为 202.1.14.3 发送访问流量时，检查数据包中的目的 IP 地址与目的端口号的 NAT 技术根据数据服务类型把数据包中的目的 IP 地址转换为相应邮件服务器与 Web 服务器的内部本地地址，实现了根据服务类型把数据包分发给不同服务器的功能。

在图 12.5 所示的网络中，当 Internet 上的主机 HOSTA（其 IP 地址为 190.191.14.22）发送到目标主机 202.1.14.3 的电子邮件服务数据包（数据包 1，目标端口号为 25）时，NAT 设备将该数据包中的目的地址 202.1.14.3 替换成内部网络中邮件服务器的内部本地地址 192.168.0.1，最终该数据包被转发给内部网络的邮件服务器；而当主机 HOSTA 发送到目标主机 202.1.14.3 HTTP 服务数据包时（数据包 2，目标端口号为 80），NAT 设备将其该数据包中的目的地址 202.1.14.3 替换为内部网络中电子邮件服务器的内部本地地址 192.168.0.2，该数据包被转发到内部网络的 Web 服务器。

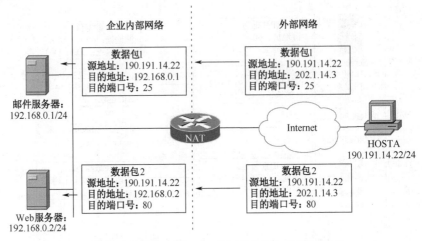

图 12.5　使用 NAT 实现"虚拟服务器"分发示意图

4. 使用 NAT 解决重叠网络问题

采用 NAT 技术可以解决企业内部网（Intranet）网络地址重叠问题。如图 12.6 所示，某企业主机 PC1 所在的网络原来并没有与企业其他网段相连，现在由于企业网络建设的需要，需把企业所有网段都连接起来。但主机 www.test.com 所在网段的 IP 网络号（192.168.20.0/24）与主机 PC1 所在网段的网络号重叠，正常情况下，主机 PC1 不能访问主机 www.test.com。如果采用 NAT 技术，就可以在不重新进行 IP 编址的情况下，实现主机 PC1 所在网段上所有主机访问主机 www.test.com。在采用 NAT 解决重叠网络问题时必须有域名服务的支持，即主机 PC1 所在网段的主机只能采用域名访问主机 www.test.com。

例如，在图 12.6 所示的网络中，在 NAT 设备上采用对内部地址进行转换和对外部地址进行转换的 NAT 技术，可以实现主机 PC1 所在网络对域名为 www.test.com 的服务器的访问。具体替换方式是：把内部网络中主机 PC 发给外部网络主机的数据包中的源地址替换为地址 192.168.10.3，把外部网络中主机 www.test.com 发给内部网络主机的数据包中的源地址替换为地址 192.168.3.2。主机 PC1 访问域名为 www.test.com 的服务器的流程具体如下所述。

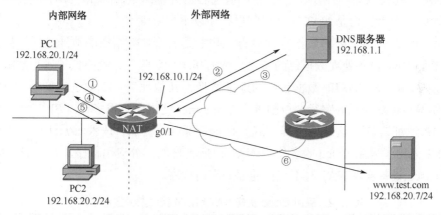

图 12.6　使用 NAT 解决重叠网络问题示意图

① 主机 PC1 向 DNS 服务器发出 DNS 请求，请求解析 www.test.com 域名。该 DNS 请求数据包中的源 IP 地址为 192.168.20.1，目的 IP 地址为 192.168.1.1。

② DNS 请求数据包到达 NAT 设备，NAT 将数据包中的源地址 192.168.20.1 转换为内部全局地址 192.168.10.3，目的 IP 地址仍为 192.168.1.1。

③ DNS 服务器发出 DNS 查询应答，告知域名 www.test.com 所对应的 IP 地址为 192.168.20.7。该应答包中源地址为 192.168.1.1，目的地址为 192.168.10.3。

④ DNS 应答数据包到达 NAT 设备，NAT 设备把 DNS 应答包中目的地址 192.168.10.3 转换为内部本地地址 192.168.20.1，将 DNS 应答中解析出的 192.168.20.7 替换为外部局部地址 192.168.3.2。

⑤ 主机 PC1 向目的地址 192.168.3.2 发出服务请求，该数据包中源地址为 192.168.20.1，目的地址为 192.168.3.2，由于目的地址与源地址网络号不一样，因此主机 PC1 将该数据包发给 NAT 设备。

⑥ NAT 将主机 PC1 发给主机 www.test.com 的数据包的源地址 192.168.20.1 转换为内部全局地址 192.168.10.3，目的 IP 地址替换为 192.168.20.7。最终数据包到达主机 www.test.com。

在解决重叠网络问题时，需要使用内部地址 NAT 转换与外部地址 NAT 转换技术，而且还必须要有 DNS 服务器存在，访问也只能使用域名的方式访问，不能直接使用 IP 地址来访问。此外，NAT 虽然解决了地址重叠问题，但由于需要不断改变数据包的源地址和目的地址，会增加传输延时，因此该技术一般只会作为企业网络在合并过程中的暂时过度性解决方案。

12.1.4　NAT 的局限性

在网络中采用私有地址与 NAT 技术可以减缓公有 IP 地址消耗的速度，解决 ISP 迁移、服务器负载均衡、虚拟服务器以及重叠网络等问题。此外，在采用 NAT 后，NAT 不会将私有网络地址及内部拓扑通告给外部网络，因此，NAT 还提供了一定的网络安全性。但是 NAT 在使用时也存在以下局限性。

① NAT 设备需要对数据进行检查，并根据需求将数据中的地址进行转换，这将会增加 NAT 设备处理数据包的延迟，增大其运行负载，也就降低了运行性能。

② NAT 技术将 IP 数据包中的地址替换为其他地址，隐藏了端到端的 IP 地址，使得跟踪数据包的路径变得困难。在 Internet 网络中有很多 TCP/IP 应用程序都基于 IP 地址实施，这些应用程序就有可能因采用了 NAT 技术而无法正常工作。表 12.2 列出了采用 Cisco 设备实现 NAT 时所支持的部分应用程序，表 12.3 列出了采用 Cisco 设备实现 NAT 时不支持的部分应用程序。

表 12.2　采用 Cisco 实现 NAT 时所支持的部分应用程序

HTTP
TELNET
FTP
ICMP
FTP（包括 PORT 和 PASV 命令）
DNS "A" 和 "PTR" 查询与应答
IP 组播[IOS 12.0(1) T 及更新版本]（仅源地址转换）

表 12.3　采用 Cisco 实现 NAT 时不支持的部分应用程序

DNS 区域传输
SNMP
路由表更新
BOOTP
Talk 和 ntalk

最后，在实施 IPSec 等隧道协议时，由于 NAT 修改了 IP 数据包头部中的 IP 地址，干扰了隧道协议完整性检查的执行，因此会变得更加复杂。所以当同时需要部署实施 IPSec 和 NAT 时，就只能把 NAT 放在受保护的 VPN 内部，而不能放置在被加密的路径上。

12.2　NAT 工作原理

为满足不同应用的地址转换需求，NAT 可以将 IP 数据包中的内部地址进行地址转换，也可以将 IP 数据包中的外部地址进行地址转换，还可以将 IP 数据包中的源地址进行地址转换以及将 IP 数据包中的目的地址进行地址转换。根据实施时地址转换映射关系，NAT 分为静态 NAT、动态 NAT 以及端口复用 NAT 三种类型。

12.2.1　内部地址 NAT 转换

NAT 最常见的用途是把 IP 数据包中的私有地址转换为可以在 Internet 上被路由的公有 IP 地址，实现内部使用私有地址的网络访问 Internet 的需求。为实现该地址转换需求，需要对数据包中的内部地址进行地址转换，即需要定义内部本地地址与内部全局地址之间的转换映射。在 Cisco 路由器上实施 NAT 时，使用 "ip nat inside" 命令定义内部本地地址与内部全局地址之间的转换关系。图 12.1 给出一个只进行内部本地地址转换的示意图。

在图 12.1 中，主机 PC1 与 PC2 所在的网络为内部网络，而 Internet 为外部网络，在内部网络与外部网络之间部署了一台只配置有内部地址 NAT 转换的 NAT 路由器。以主机 PC2 访问外部主机 Server 为例，其地址转换过程如下所述。

① 内部网络主机 PC2 发送访问外部主机 Server 的数据包 1，该数据包在内部网络传输时，数据包中的源 IP 地址（SA=192.168.1.12）为"内部本地地址"，目的 IP 地址（DA=60.191.124.236）为"外部本地地址"。

② NAT 路由器收到主机 PC2 所发送的数据包，由于部署了内部地址 NAT 转换，因此在数据包被转发到外部网络时，把数据包中的内部本地地址（即源地址 192.168.1.12）转换为内部全局地址（202.101.1.12）。

③ 外部网络主机 Server 返回给内部网络主机 PC2 的数据包 2 在外部网络传输时，数据包中的源 IP 地址（SA=60.191.124.236）为"外部本全局地址"，目的 IP 地址（DA=202.101.1.12）为"内部全局地址"。

④ NAT 路由器收到主机 Server 返回给内部网络主机 PC2 的数据包 2，根据内部地址 NAT 转换规则，数据包在被转发到内部网络时，把数据包中的内部全局地址（即目地址 202.101.1.12）转换为内部本地地址（192.168.1.12）。

内部地址 NAT 转换实现的是"内部本地地址"到"内部全局地址"之间的转换。部署内部地址 NAT 后，当内部网络访问外部网络时，转换的是数据包中的源地址，而当外部网络访问内部网络时，转换的则是数据包中的目的地址。

12.2.2　外部地址 NAT 转换

　　除了使用内部地址 NAT 转换实现使用私有地址编址的内部网络访问 Internet 的需求外，有时还需要把外部网络的主机看成内部网络的一部分，以便实现外部网络上的用户对内部网络的访问。这时则需要对数据包中的外部地址进行转换，即需要定义外部全局地址与外部本地地址的转换映射。在 Cisco 路由器上实施 NAT 时，使用"ip nat outside"命令定义外部本地地址与外部全局地址之间的转换关系。图 12.7 给出一个只进行外部地址转换的示意图。

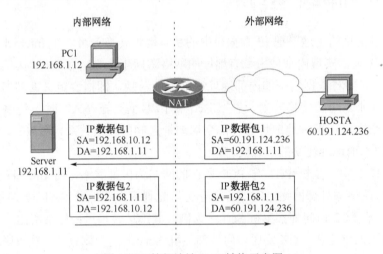

图 12.7　外部地址 NAT 转换示意图

　　在图 12.7 中，主机 PC1 与主机 Server 所在的网络为内部网络，主机 HOSTA 所在网络为外部网络，在内部网络与外部网络之间部署了一台只配置了外部地址 NAT 转换的 NAT 路由器。以主机 HOSTA 访问内部主机 Server 为例，其地址转换过程如下所述。

　　① 外部网络主机 HOSTA 发送访问内部主机 Server 的数据包 1，该数据包在外部网络传输时，数据包中的源 IP 地址（SA=60.191.124.236）为"外部全局地址"，目的 IP 地址（DA=192.168.1.11）为"内部全局地址"。

　　② NAT 路由器收到主机 HOSTA 所发送的数据包，由于部署了外部地址转换 NAT，因此当数据包被转发到内部网络时，把数据包中的外部全局地址（即源地址 60.191.124.236）被转换为外部本地地址（192.168.10.12）。

　　③ 内部网络主机 Server 返回给外部网络主机 HOSTA 的数据包 2 在内部网络传输时，数据包中的目的地址（DA=192.168.10.12）为"外部本地地址"，源地址（SA=192.168.1.11）为"内部本地地址"。

④ NAT 路由器收到主机 Server 返回给外部网络主机 HOSTA 的数据包 2，根据外部地址转换 NAT 规则，在将数据包转发到外部网络时，把数据包中的外部本地地址（即目地址 192.168.10.12）转换为外部全局地址（60.191.124.236）。

外部地址 NAT 转换与 12.1.1 节介绍的内部地址 NAT 转换刚好相反，外部地址 NAT 转换实现的是"外部本地地址"到"外部全局地址"之间的转换。部署外部地址 NAT 后，当由内部网络访问外部网络时，转换的是数据包中的目的地址；而当由外部网络访问内部网络时，转换的则是数据包中的源地址。

12.2.3　静态 NAT

静态 NAT 是指由管理员手工配置生成的固定不变的一对一地址转换映射。除非管理员删除或重新配置，否则该转换映射一直保持不变。静态 NAT 既可以实现由外部网络发起的到内部网络的流量通信，也可以实现由内部网络发起的到外部网络的流量通信。

静态 NAT 通常用于在企业网内部采用私有地址进行寻址，需要对外提供访问服务的服务器，例如，企业对外的 Web、DNS 及 E-mail 服务器等。通过部署实施静态 NAT，使得外部网络的主机可以使用转换后的内部全局本地地址（通常为公有地址）访问这些服务器。图 12.8 给出一个静态 NAT 的工作原理示例。在该示例中，定义了两条静态 NAT 转换映射条目：一条将服务器 Server1 的内部本地地址 192.168.1.1 映射到内部全局地址 210.33.44.1，另一条将服务器 Server2 的内部本地地址 192.168.1.2 映射到内部全局地址 210.33.44.2。实施静态 NAT 后，服务器 Server1 与 Server2 可以发起到外部网络的流量，外部网络上的主机也可以发起到服务器 Server1 与 Server2 的流量，即双向都可以发起流量。例如，当服务器 Server1 发起到外网的流量时，其 IP 数据包中的源地址被转换为 210.33.44.1，外网上的主机则需要使用目标地址为 210.33.44.1 发起到 Server1 的访问流量。

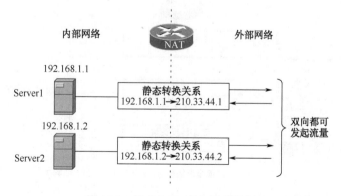

图 12.8　静态 NAT 工作原理示例

12.2.4　动态 NAT

动态 NAT 可以实现将内部本地地址转换到一组全局地址或全局地址池，当内部主机与外部主机进行通信时，在 NAT 设备中建立一个内部本地地址与全局地址的动态映射表。动态 NAT 的地址转换条目是在连接建立时动态建立的，在老化时间（Cisco 路由器上 TCP 会话的 NAT 默认老化时间为 86 400 秒）过期前，所转换的全局地址不能映射到其他内部本地地址，而在老化时间过后，动态转换条目会被删除，所映射的全局地址就会被释放以供其他用户继续使用。

由于动态 NAT 转换后的全局地址是随机从全局地址池中选取的，全局地址池的分配遵循先来先分配的原则，一旦全局地址池中的地址分配完，则内部其余主机没有有效的全局地址，就会产生连接性问题。鉴于转换后的全局地址会发生变化，因此动态 NAT 只能实现单向的流量通信。例如，当采用动态 NAT 实现内部地址NAT 转换时，只能由内部发起到外部的流量通信，而不能实现由外部发起到内部的流量通信。

图 12.9 给出一个动态 NAT 的工作原理示例。该示例只对内部地址进行动态地址转换，其动态转换映射关系为：允许内部本地地址为 192.168.1.0/24 网络中所有主机进行动态地址转换，转换后的内部全局地址池为 210.33.44.1～210.33.44.3。当内部网络中主机 PC1、PC2 与 PC3 同时发起到外部网络的流量时，动态 NAT 从内部全局地址池中随机选择 210.33.44.1 作为主机 PC1（内部本地地址为 192.168.1.1）转换后的内部全局地址，选择 210.33.44.2 作为主机 PC2（内部本地地址为 192.168.1.2）转换后的内部全局地址，选择 210.33.44.3 作为主机 PC3（内部本地地址为 192.168.1.3）转换后的内部全局地址。由于在图 12.9 动态 NAT 工作原理示例中，内部全局地址只有三个地址，因此当内部同时有 4 台或 4 台以上内部主机同时

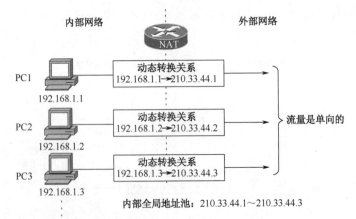

图 12.9　动态地址转换工作原理示例

发起到外部的网络流量时，则只有三台内部主机获得有效的内部全局地址进行内部本地地址转换，而其余内部主机由于没有有效的内部全局地址而不能访问外部网络。

12.2.5　端口复用地址转换

端口复用地址转换也称为 PAT（Port Address Translation，端口地址转换）或 NAT 超载（NAT Overloading）。端口复用地址转换根据地址和端口号进行转换映射，它可以利用 TCP 或 UDP 端口号来唯一标识某台 IP 主机，从而实现多个内部本地地址同时共用一个内部全局地址或一组内部全局地址。端口复用地址转换常见的实施方法有静态端口地址转换和动态端口地址转换。

1. 静态端口地址转换

静态端口地址转换也称为静态 PAT。它与静态 NAT 非常类似，也是由管理员手工配置生成的固定不变的一对一转换映射。除非管理员删除或重新配置，否则静态端口地址转换映射会一直保持不变。与静态地址转换不同的是，静态端口地址转换映射除了定义内部本地地址与内部全局地址外，还需要指定第四层的协议和端口信息。静态端口地址转换既可以实现外部网络发起到内部网络的通信流量，也可以实现内部网络发起到外部网络的通信流量，即双向都可以发起流量。

与静态 NAT 类似，静态端口地址转换通常用于企业网内部采用私有地址进行寻址，需要对外提供访问服务的服务器，如企业对外的 Web 与 E-mail 服务器等。通过静态端口地址转换，使得外部网络的主机可以使用转换后的全局公有地址及对应的协议端口访问这些服务器所提供的相应服务。

图 12.10 给出一个静态端口地址转换的工作原理示例。在该示例中，定义了两条静态端口地址转换映射条目：一条将 Web 服务器的内部本地地址 192.168.1.1 的 TCP 协议 80 端口映射到内部全局地址 210.33.44.1 的 TCP 协议 80 端口；另一条将邮件服务器的内部本地地址 192.168.1.2 的 TCP 协议 25 端口映射到内部全局地址 210.33.44.1 的 TCP 协议 25 端口。

实施图 12.10 所示的静态端口地址转换后，当外部发起到目标地址 210.33.44.1 的流量时，NAT 设备除了要检查数据包中的目的地址外，还要检查数据包中的目的协议端口号。如果数据包中的目的协议端口号为 TCP 协议 80 端口，NAT 设备将数据包的目的地址转换为 192.168.1.1，即流量会被转发给 Web 服务器；而如果数据包中的目的协议端口号为 TCP 协议 25 端口，NAT 设备将数据包的目的地址转换为 192.168.1.2，即流量会被转发给邮件服务器。通过静态端口地址转换，可以实现外部网络通过一个地址将多个服务分发到不同内部本地地址的服务器功能。

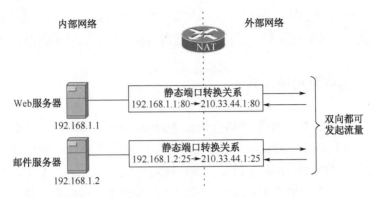

图 12.10　静态端口地址转换工作原理示例

2. 动态端口地址转换

动态端口地址转换是一种特殊的动态 NAT，它可以实现地址超载，即将多个内部本地地址映射到同一个内部全局地址的多个端口上。由于不同的会话源端口号不相同，因此可根据内部本地 IP 地址与源端口号的组合以识别唯一的会话。通常情况下，动态端口地址转换会把内部本地地址的端口号映射到相同的内部全局地址端口号上，但如果内部本地地址的端口号相对应的内部全局地址端口号已被其他映射占用，就会映射到不同的内部全局地址端口号上。理论上，最多可以将 65 535 个内部本地地址转换到一个内部全局地址上。

与动态 NAT 类似，动态端口地址转换产生的转换映射是在连接建立时动态建立的，在老化时间（Cisco 路由器上 TCP 会话的 NAT 默认老化时间为 86 400 秒）过期后该转换映射会被清除。动态端口地址转换只能实现单向的流量通信。例如，在采用动态端口地址转换实现内部本地地址转换时，只能由内部发起到外部的流量通信，而不能实现由外部发起到内部的流量通信。

图 12.10 给出一个动态端口地址转换的工作原理示例。该示例只对内部地址进行动态端口地址转换，其动态端口地址转换映射关系为：将内部 192.168.1.0/24 网络中所有的主机内部本地地址映射到同一个内部全局地址 210.33.44.1 上。当内部网络中主机 PC1、PC2 和 PC3 同时发起到外部网络的流量时，内部本地地址为 192.168.1.1、源端口号为 1025 的会话流量映射到内部全局地址 210.33.44.1、端口号 1025 上；内部本地地址为 192.168.1.2、源端口号为 1026 的会话流量映射为内部全局地址 210.33.44.1、端口号 1026 上；内部本地地址为 192.168.1.3、源端口号为 1027 的会话流量映射为内部全局地址 210.33.44.1、端口号 1027；而返回的流量会根据 IP 地址与端口号识别是哪一个会话到达相应的内部主机上。

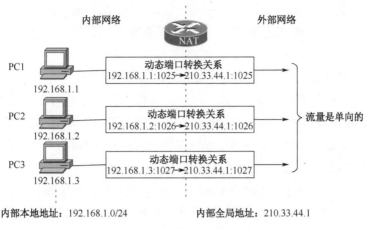

图 12.11　动态端口地址转换转换工作原理示例

12.3　NAT 规划部署

　　NAT 既可以进行内部地址转换也可以进行外部地址的转换，NAT 实现类型有静态 NAT、动态 NAT 与 PAT 三种。但不管是部署哪种 NAT，其规划的一般过程是：① 确定 NAT 的内部网络与外部网络分别是什么，NAT 设备与内部网络相连的端口为内部连接端口，NAT 设备与外部网络相连的端口为外部连接端口；② 根据地址转换应用需求，确定是需要对内部地址进行转换还是需要对外部地址进行转换；③ 根据地址转换的应用需求，确定采用静态 NAT、动态 NAT 还是 PAT 类型实现转换需求；④ 确定 NAT 转换映射关系。

　　在 NAT 的部署实施过程中，由于 NAT 既可以在路由器平台上实施，也可以在防火墙等平台上实施，且不同的厂商不同的实施平台上部署实施过程不一样，本教材将以 Cisco 路由器例，进行各种 NAT 规划部署要点的讲解。

12.3.1　静态 NAT 规划部署要点

　　静态 NAT 可以对内部地址进行 NAT 转换，即将内部本地地址转换为相应的内部全局地址，也可以对外部地址进行 NAT 转换，即把外部全局地址转换为相应的外部本地地址。内部地址的静态 NAT 是目前最常见的实施方式，通常用于把企业网内部中需要对外提供服务的服务器的内部本地地址转换为内部全局地址，实现外部网络的主机可以使用内部服务器所映射的内部全局地址访问这些服务器；外部地址的静态 NAT 可以实现将外部网络的主机看成内部网络的一部分，方便外部网络上的用户对内部网络的访问。

　　静态 NAT 的配置通常需要以下几个步骤：① 根据应用要求选择是对内部地址

进行转换,还是对外部地址进行转换;② 定义充当 NAT 设备的哪些端口为外部连接端口,哪些端口为内部连接端口;③ 根据应用要求配置相应的静态 NAT 映射关系。

对应于上述步骤,Cisco 路由器上给出的配置命令如下:

- router(config-if)#ip nat inside　　　　　//配置端口为 NAT 的内部连接端口
- router(config-if)#ip nat outside　　　　　//配置端口为 NAT 的外部连接端口
- router (config)#ip nat inside source static local-ip global-ip　//建立内部本地地址与内部全局地址之间的静态映射关系
- router (config)#ip nat outside source static global-ip local-ip　//建立外部全局地址与外部本地地址之间的静态映射关系
- router #show ip nat translations　//显示 NAT 转换表中所有转换映射条目

下面以一个示例来说明静态 NAT 的规划与部署实施过程。图 12.12 给出某企业网络拓扑结构。企业内部网络采用私有地址进行编址,服务器 Server1 的内部本地地址为 192.168.1.1,服务器 Server2 的内部本地地址为 192.168.1.2。ISP 分配给该企业的公有地址块为 202.33.43.0/29。采用静态 NAT 实现 Internet 上的主机与服务器 Server1 以及 Server2 之间发起的双向通信,且要求服务器 Server1 转换后的公有地址为 202.33.43.3,服务器 Server2 转换后的公有地址为 202.33.43.4。

采用静态 NAT 完成上述地址转换需求,其部署需要完成两个配置步骤:① 配置 NAT 路由器的 F0/0 与 F0/1 端口为内部连接端口,配置 NAT 路由器的 S0/0/0 端口为外部连接端口;② 采用静态 NAT 对服务器 Server1 和 Server2 的内部本地地址进行转换,即需要配置两条静态地址转换映射条目:一条将服务器 Server1 的内部本地地址 192.168.1.1 映射到内部全局地址 210.33.44.3;一条将服务器 Server1 的内部本地地址 192.168.1.1 映射到内部全局地址 202.33.43.4。

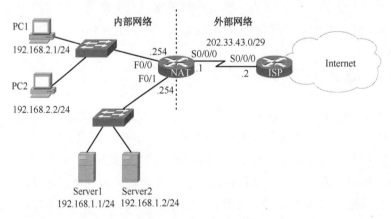

图 12.12　静态 NAT 拓扑结构示例

图 12.12 给出了采用静态 NAT 实现上述规划部署的详细配置步骤。注意:不管

实施哪个类型的 NAT，如果转换后的内部全局地址的网络号不同于 NAT 设备与路由器 ISP 之间网段的网络号，若要实现通信，就必须在路由器 ISP 上配置到转换后的内部全局地址所在网络的路由。

```
NAT(config)#interface f0/0
NAT(config-if)#ip address 192.168.2.254 255.255.255.0
NAT(config-if)#ip nat inside
NAT(config-if)#no shutdown
NAT(config-if)#interface f0/1
NAT(config-if)#ip address 192.168.1.254 255.255.255.0
NAT(config-if)#ip nat inside
NAT(config-if)#no shutdown
NAT(config-if)#interface s0/0/0
NAT(config-if)#ip address 202.33.43.1 255.255.255.248
NAT(config-if)#ip nat outside
NAT(config-if)#no shutdown
NAT(config-if)#exit
NAT(config)#ip nat inside source static 192.168.1.1 202.33.43.3
NAT(config)#ip nat inside source static 192.168.1.2 202.33.43.4
```

图 12.13 静态 NAT 配置示例

12.3.2 动态 NAT 规划部署要点

动态 NAT 的配置通常有以下几个步骤：① 根据应用要求选择是对内部地址进行转换，还是对外部地址进行转换；② 定义充当 NAT 设备的哪些端口为外部连接端口，哪些端口为内部连接端口；③ 确定动态 NAT 允许哪些内部本地地址进行转换；④ 确定动态 NAT 转换后的内部全局地址池；⑤ 配置相应的动态 NAT 映射关系。

对应于上述步骤，Cisco 路由器上给出的配置命令如下：

- router(config-if)#ip nat inside   //配置端口为 NAT 的内部连接端口
- router(config-if)#ip nat outside   //配置端口为 NAT 的外部连接端口
- router(config)#ip nat pool *pool-name start-ip end-ip* netmask *net_mask*   //配置内部全局地址池

注释：*pool-name* 表示内部全局地址池名称；*start-ip* 表示内部全局地址池的起始 IP 地址；*end-ip* 表示内部全局地址池的结束 IP 地址；*net_mask* 表示子网掩码。

- router(config)#access-list *access-list-number* permit *source* [*source-wildcard*] //使用访问控制列表定义哪些内部本地地址被允许使用动态 NAT 转换为内部全局地址
- router (config)#ip nat inside source list *access-list-number* pool *pool-name* //建立动态内部地址转换映射关系

> 注释：*access-list-number* 为所配置的允许被动态 NAT 转换的内部本地地址访问
> 控制列表号；*pool-name* 为所配置的内部全局地址池名称。

- router (config)#ip nat translation timeout *second*　　　//配置动态 NAT 转换超
  时时间，单位为秒
- router (config)#ip nat translation tcp-timeout *second*　　//配置 TCP 流量动态
  NAT 转换超时时间
- router (config)#ip nat translation udp-timeout *second*　　　//配置 UDP 流量动
  态 NAT 转换超时时间
- router #show ip nat translation verbose　　　//显示所有出现转换超时的转换
  映射条目
- router #clear ip nat translation *　　　　　//清除 NAT 转换表中的所有动态
  地址转换映射条目

下面以一个示例来说明动态 NAT 的规划与部署实施过程。图 12.14 给出某企业
网络拓扑结构。企业内部网络采用私有地址 192.168.1.0/24 进行编址，ISP 分配给该
企业的公有地址块为 202.33.43.0/26，企业内部主机同时最多只有 60 台访问
Internet。

采用动态 NAT 完成上述地址转换需求，其部署需要完成三个配置步骤：① 配
置 NAT 路由器的 F0/0 端口为内部连接端口，NAT 路由器的 S0/0/0 端口为外部连接
端口；② 配置允许内部本地地址为 192.168.1.0/24 的数据包使用动态 NAT 将其转
换；③ 配置转换后的内部全局地址池名为 test，内部全局地址池地址范围为
202.33.43.3/26 到 202.33.43.62/26；④ 建立动态内部地址转换映射关系。

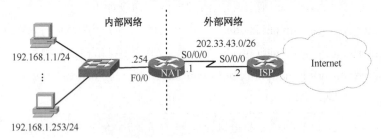

图 12.14　动态 NAT 拓扑结构示例

图 12.15 给出了采用动态 NAT 实现上述规划配置的详细配置步骤。

12.3.3　静态端口地址转换规划部署要点

静态端口地址转换可以通过 IP 地址与相关的端口号来分发连接，常用于创建虚
拟服务器。

```
NAT(config)#interface f0/0
NAT(config-if)#ip address 192.168.1.254 255.255.255.0
NAT(config-if)#ip nat inside
NAT(config-if)#no shutdown
NAT(config-if)#interface s0/0/0
NAT(config-if)#ip address 202.33.43.1 255.255.255.192
NAT(config-if)#ip nat outside
NAT(config-if)#no shutdown
NAT(config-if)#exit
NAT(config)#access-list 1 permit 192.168.1.0 0.0.0.255
NAT(config)#ip nat pool test 202.33.43.3 202.33.43.62 netmask 255.255.255.192
NAT(config)# ip nat inside source list 1 pool test
```

图 12.15 动态 NAT 配置示例

静态端口地址转换的配置通常需要以下几个步骤：① 根据应用要求选择是对内部地址进行转换，还是对外部地址进行转换；② 确定充当 NAT 设备的哪些端口为外部连接端口，哪些端口为内部连接端口；③ 根据应用要求配置相应的静态端口地址映射。

对应于上述步骤，Cisco 路由器上给出的配置命令如下：

- router(config-if)#ip nat inside   //配置端口为 NAT 的内部连接端口
- router(config-if)#ip nat outside   //配置端口为 NAT 的外部连接端口
- router (config)#ip nat inside source static *protocol source-local-ip port inside-global-ip port* extendable   //建立内部本地地址及相关端口号与内部全局地址及相关端口号之间的静态端口映射关系

下面以一个示例来说明静态端口地址转换的规划与部署实施过程。图 12.16 给出某企业的网络拓扑结构。企业内部网络采用私有地址 192.168.1.0/24 进行编址，ISP 分配给该企业的公有地址只有一个 202.33.43.1/30，且该地址已分配给 NAT 路由器的 S0/0/0 端口。需要实现 Internet 上的用户能够访问企业 MAIL 服务器提供的 Mail 服务以及企业 Web 服务器提供的 HTTP 服务。

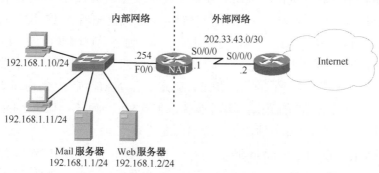

图 12.16 静态端口地址转换拓扑结构示例

采用静态端口地址转换可实现上述访问需求，其部署需要完成三个配置步骤：① 配置 NAT 路由器的 F0/0 端口为内部连接端口，NAT 路由器的 S0/0/0 端口为外部连接端口。② 采用静态端口地址转换对 Mail 服务器与 Web 服务器进行地址替

换，需要配置两条静态地址转换映射条目：一条将 Mail 服务器的内部本地地址
192.168.1.1 的 TCP 协议 25 端口映射到内部全局地址 202.33.43.1 的 TCP 协议 25 端
口；另一条将 Web 服务器的内部本地地址 192.168.1.2 的 TCP 协议 80 端口映射到内
部全局地址 202.33.43.1 的 TCP 协议 80 端口。

图 12.17 给出采用静态端口地址转换实现上述规划配置的详细配置步骤。

```
NAT(config)#interface f0/0
NAT(config-if)#ip address 192.168.1.254 255.255.255.0
NAT(config-if)#ip nat inside
NAT(config-if)#no shutdown
NAT(config-if)#interface s0/0/0
NAT(config-if)#ip address 202.33.43.1 255.255.255.252
NAT(config-if)#ip nat outside
NAT(config-if)#no shutdown
NAT(config-if)#exit
NAT(config)#ip nat inside source static tcp 192.168.1.1 25 202.33.43.1 25 extendable
NAT(config)#ip nat inside source static tcp 192.168.1.2 80 202.33.43.1 80 extendable
```

图 12.17　静态端口地址转换配置示例

12.3.4　动态端口地址转换规划部署要点

动态端口地址转换可以实现地址超载。配置动态端口地址转换的方法主要有两
种：一种是 ISP 给企业只分配了一个公有 IP 地址，该公有 IP 地址通常分配给 NAT
设备连接到 ISP 的外部连接端口上，需要将内部所有主机的多个内部本地地址映射
到 NAT 设备外部连接端口上公有 IP 地址的多个端口；另一种情况是 ISP 给企业分
配了多个公有地址，需要将企业内部所有主机的多个内部本地地址映射到一个内部
全局地址池的多个端口。动态端口地址转换常用于拥有众多内部主机的企业使用一
个内部全局地址或较少数目的内部全局地址连接到 Internet 的情况。

动态端口地址转换的配置通常需要以下几个步骤：① 根据应用要求选择是对
内部地址进行转换，还是对外部地址进行转换；② 确定充当 NAT 设备的哪些端口
为外部连接端口，哪些端口为内部连接端口；③ 确定允许哪些内部本地地址进行
动态端口地址转换；④ 根据是使用一个还是多个内部全局地址确定动态端口地址转
换的配置方法，如果是多个内部全局地址，确定动态 NAT 转换后的内部全局地址池
名称以及内部全局地址池的范围；⑤ 根据需求配置相应的动态端口地址映射关系。

对应于上述步骤，Cisco 路由器上给出的配置命令为：

- router(config-if)#ip nat inside　　　　　　//配置端口为 NAT 的内部连接端口
- router(config-if)#ip nat outside　　　　　　//配置端口为 NAT 的外部连接端口
- router(config)#access-list *access-list-number* permit *source* [*source-wildcard*]
  //使用访问控制列表定义哪些内部本地地址被允许使用动态端口地址转换进
  行地址转换

- router(config)#ip nat pool *pool-name start-ip end-ip* netmask *net_mask*　　//配置内部全局地址池
- router (config)#ip nat inside source list *access-list-number* pool *pool-name* overload　//建立有多个内部全局地址的动态端口地址转换映射关系
- router (config)#ip nat inside source list *access-list-number* interface *interface-number* overload　　//创建使用外部连接端口的 IP 地址作为内部全局地址的动态端口地址转换映射关系，其中 *interface-number* 为外部连接端口标识

对图 12.16 所给的网络拓扑结构及 IP 编址方案，可以采用动态端口地址转换实现。图 12.16 中内部网络所有主机使用 NAT 路由器 serial 0/0/0 端口的公有地址访问 Internet，其部署需要完成三个配置步骤：① 配置 NAT 路由器的 F0/0 端口为内部连接端口，NAT 路由器的 S0/0/0 端口为外部连接端口；② 允许使用动态端口地址转换进行地址转换的内部本地地址为 192.168.1. 0/24；③ 创建使用 NAT 路由器 serial 0/0/0 端口的地址作为内部全局地址的动态端口地址转换映射关系。

图 12.18 给出采用动态端口地址转换实现图 12.16 中所有主机使用 NAT 路由器 serial 0/0/0 端口的地址作为转换后的内部全局地址以实现访问 Internet 的详细配置步骤。

```
NAT(config)#interface f0/0
NAT(config-if)#ip address 192.168.1.254 255.255.255.0
NAT(config-if)#ip nat inside
NAT(config-if)#no shutdown
NAT(config-if)#interface s0/0/0
NAT(config-if)#ip address 202.33.43.1 255.255.255.252
NAT(config-if)#ip nat outside
NAT(config-if)#no shutdown
NAT(config-if)#exit
NAT(config)#access-list 1 permit 192.168.1.0 0.0.0.255
NAT(config)#ip nat inside source list 1 interface serial 0/0/0 overload
```

图 12.18　使用单一内部全局地址进行动态端口地址转换配置示例

对于图 12.16 所给的网络拓扑结构及 IP 编址方案，如果 ISP 分配给企业网络的公有地址为一个地址块 202.33.44.0/29，并已部署实施了两条静态地址转换映射条目：一条将 Mail 服务器的内部本地地址 192.168.1.1 映射到内部全局地址 202.33.44.1；一条将 Web 服务器的内部本地地址 192.168.1.2 映射到内部全局地址 202.33.44.2。现需要采用动态端口地址转换实现图 12.16 中内部网络所有主机使用剩余的 ISP 分配给企业的公有地址访问 Internet。

使用有多个内部全局地址的动态端口地址转换完成上述地址转换需求，其部署需要完成四个配置步骤：① 配置 NAT 路由器的 F0/0 端口为内部连接端口，NAT 路由器的 S0/0/0 端口为外部连接端口；② 配置允许进行动态端口地址转换的内部本地地址为 192.168.1.0/24；③ 配置动态端口地址转换的内部全局地址池名为 wzu，内部全局地址池范围为 202.33.44.3/29 到 202.33.44.6/29；④ 建立动态端口地

址转换映射关系。

图 12.19 给出采用实现动态端口地址转换规划配置的详细配置步骤。注意：在本案例中，由于转换后的内部全局地址的网络号不同于 NAT 设备与路由器 ISP 之间网段的网络号，因此需要在路由器 ISP 上配置到网络 202.33.44.0/29 的路由，其下一跳为 202.33.43.1。

通常情况下，大多数 NAT 的应用都是对内部本地地址进行转换，例如，图 12.3～图 12.9 所示 NAT 配置示例中都是将内部本地地址转换为内部全局地址，但有时也需要将内部全局地址转换为内部本地地址。

```
NAT(config)#interface f0/0
NAT(config-if)#ip address 192.168.1.254 255.255.255.0
NAT(config-if)#ip nat inside
NAT(config-if)#no shutdown
NAT(config-if)#interface s0/0/0
NAT(config-if)#ip address 202.33.43.1 255.255.255.252
NAT(config-if)#ip nat outside
NAT(config-if)#no shutdown
NAT(config-if)#exit
NAT(config)#ip nat pool wzu 202.33.44.3 202.33.44.6 netmask 255.255.255.248
NAT(config)#access-list 1 permit 192.168.1.0 0.0.0.255
NAT(config)#ip nat inside source list 1 pool wzu overload
```

图 12.19　使用多个内部全局地址进行动态端口地址转换配置示例

图 12.20 给出某企业的网络拓扑结构。企业内部采用私有地址进行编址，企业有三台拥有镜像内容的相同服务器 Web1、Web2 与 Web3，这三台服务器所分配的内部本地地址分别是 192.168.0.1、192.168.0.2 和 192.168.0.3。这里需要创建一台对外部网络来说地址为 202.1.14.3 的"虚拟服务器"，即被 Internet 上用户视为 IP 地址为 202.1.14.3 的虚拟服务器。当 Internet 上不同主机发出到虚拟服务器（IP 地址为 202.1.14.3）的访问请求时，NAT 将数据包中的目的地址（202.1.14.3）采用轮询方式

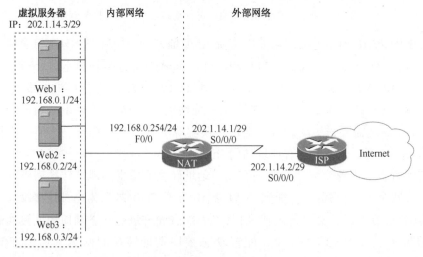

图 12.20　使用 NAT 进行服务器负载均衡拓扑图

转换为服务器 Web1、Web2 与 Web3 的内部本地地址，从而实现服务器负载均衡的功能。

　　采用轮询方式将目的地址进行 NAT 转换可实现上述访问需求，其部署需要完成四个配置步骤：① 配置 NAT 路由器的 F0/0 端口为内部连接端口，NAT 路由器的 S0/0/0 端口为外部连接端口；② 配置转换后的内部本地地址池，地址池的名称为 Webserver，地址池范围为 192.168.0.1/24～192.168.0.3/24，类型为轮询方式；③ 使用访问控制列表配置内部全局地址为 202.1.14.3/29；④ 建立把目的地址转换成内部本地地址的地址转换映射关系。

　　图 12.21 给出采用轮询方式将目的地址进行 NAT 转换规划配置的详细配置步骤。

```
NAT(config)#interface f0/0
NAT(config-if)#ip address 192.168.0.254 255.255.255.0
NAT(config-if)#ip nat inside
NAT(config-if)#no shutdown
NAT(config-if)#interface s0/0/0
NAT(config-if)#ip address 202.1.14.1 255.255.255.248
NAT(config-if)#ip nat outside
NAT(config-if)#no shutdown
NAT(config-if)#exit
NAT(config)#ip nat pool WEBserver 192.168.0.1  192.168.0.3 netmask 255.255.255.0 type rotary
NAT(config)#access-list 1 permit 202.1.14.3
NAT(config)#ip nat inside destination list 1 pool WEBserver
```

图 12.21　采用轮询方式对目的地址进行 NAT 转换实现服务器负载均衡配置示例

12.4　工程案例——NAT 的规划与配置

12.4.1　工程案例背景及需求

　　某学校校园网拓扑结构如图 12.22 所示。校园网连接 Internet 采用教育网 CERNET（The China Education and Research Network，中国教育和科研计算机网）与中国电信双出口方案，以增加校园网出口的冗余，解决校外访问校园网速度过慢的问题。连接到教育网的链路带宽为 2 Mbps，连接到 Chinanet 的链路带宽为 1 000 Mbps。为了提高访问速度以及降低网络的运行费用，校园网已做了如下的路由策略。

　　① 如果用户访问的是教育网上的资源或者是电子邮件的流量，则流量走教育网出口。

　　② 其他的流量则走 Chinanet 出口。

　　校园网的 IP 编址情况为：

　　① 校园网内部采用私有地址 172.16.0.0/16 进行编址，且校园网需要对外提供服务的 Web 服务器的内部本地地址为 172.16.1.253/24，Mail 服务器的内部本地地址为 172.16.1.254/24。

　　② 教育网为校园网分配了一个 C 类地址 210.33.44.0/24，中国电信为校园网分

配了一个 IP 地址 60.191.124.237/30。

　　为了实现校园网用户使用有限的公有 IP 地址接入 Internet，以及 Internet 上的用户可以访问校园网的 Web 与 Mail 服务器，需要在校园网 NAT 设备上部署 NAT。

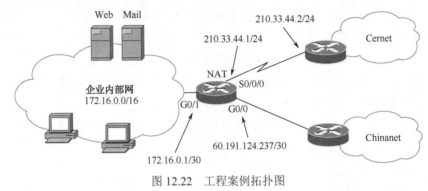

图 12.22　工程案例拓扑图

12.4.2　NAT 的规划与设计

　　根据校园网地址转换需求，NAT 的部署实施在路由器上完成，有关 NAT 的规划为：

　　① NAT 路由器的 S0/0/0 与 G0/0 端口连接的是外部网络，因此这两个端口为 NAT 的外部连接端口（Outside）。NAT 路由器的 G0/1 端口连接的是校园网内部网络，因此该端口为 NAT 的内部连接端口（Inside）。

　　② 由于 Web 服务器与 Mail 服务器需对外提供服务，因此它们的地址转换需要采用静态转换关系。为了满足 Web 服务的流量走 Chinanet 出口，Mail 服务的流量走 Cernet 出口，因此 Web 服务器转换后的全局地址为中国电信分配给校园网的公有 IP 地址，Mail 服务器转换后的全局地址为教育网分配给校园网的公有 IP 地址。

　　③ 对于校网园内其他所有主机，当用户访问的是教育网上的资源或者是电子邮件的流量时，则走教育网出口，即转换后的全局地址为教育网分配给校园网的公有 IP 地址，而其他的流量走中国电信出口，因此转换后的全局地址为中国电信分配给校园网的公有 IP 地址。

　　详细的 NAT 规划如表 12.4 所示。

表 12.4　NAT 规划表

内部接口	外部接口	NAT 类型	内部本地地址/内部本地地址：端口	内部全局地址 / 内部全局地址：端口
G0/1 端口	G0/1 与 S0/0/0 端口	静态 NAT	172.16.1.254	210.33.44.254
		静态端口地址转换	172.16.1.253：80	60.191.124.237：80
		动态端口地址转换（策略 NAT）	满足路由映射策略名为 isp-cernet-map 的内部本地地址（即内部本地地址为 172.16.0.0/16 且从 NAT 路由器 s0/0/0 转发的流量）	210.33.44.3/24～210.33.44.253/24

内部接口	外部接口	NAT 类型	内部本地地址/内部本地地址：端口	内部全局地址 / 内部全局地址：端口
G0/1 端口	G0/1 与 S0/0/0 端口	动态端口地址转换（策略 NAT）	满足路由映射策略名为 isp-china-map 的内部本地地址（即内部本地地址为 172.16.0.0/16 且从 NAT 路由器转发时下一跳为 60.191.124.238 的流量）	NAT 路由器出口 g0/0 的 IP 地址

12.4.3　NAT 的部署与实施

NAT 路由器上关于 NAT 的具体部署与实施步骤如下所述。

1. 配置 NAT 的内部连接端口及外部连接端口

```
NAT＃config t                              //进入到全局配置模式
NAT (config)＃interface g0/1
NAT (config-if)＃ip address 172.16.0.1 255.255.255.252
//配置端口 g0/1 的 IP 地址及子网掩码为 172.16.0.1/30
NAT (config-if)＃ip nat inside             //指定端口 g0/1 为 NAT 的内部连接端口
NAT (config-if)＃no shutdown
NAT (config-if)＃interface s0/0/0
NAT (config-if)＃ip address 210.33.44.1 255.255.255.0
//配置到 Cernet 的出口 s0/0/0 IP 地址及子网掩码为 210.33.44.1 /24
NAT (config-if)＃ip nat outside           //指定端口 s0/0/0 为 NAT 的外部连接端口
NAT (config-if)＃no shutdown
NAT (config-if)＃interface g0/0
NAT (config-if)＃ip address 60.191.124.237 255.255.255.252
//配置到 Chinanet 的出口 g0/0 的 IP 地址及子网掩码为 60.191.124.237/30
NAT (config-if)＃ip nat outside           //指定端口 g0/0 为 NAT 的外部连接端口
NAT (config-if)＃no shutdown
```

2. 为对外提供服务的 Web 与 Mail 服务器配置静态转换关系

```
NAT (config)＃ip nat inside source static 172.16.1.254 210.33.44.254
//建立内部本地地址 172.16.1.254 与内部全局地址 210.33.44.254 之间的静态转换关系
NAT (config)＃ip nat inside source static tcp 172.16.1.253 80 60.191.124.237 80
//建立内部本地地址 172.16.1.253 的 TCP 协议 80 端口到内部全局地址 60.191.124.237
的 TCP 协议 80 端口静态端口地址转换关系
```

3. 使用路由映射配置策略 NAT

```
NAT (config)＃ip nat pool isp-cernet 210.33.44.3 210.33.44.253 netmask 255.255.255.0
//创建名为 "isp-cernet" 的全局地址池，其地址范围为 210.33.44.3/24～210.33.44.253/24
NAT (config)＃access-list 1 permit 172.16.0.0 0.0.255.255
```

```
//创建列表号为 1 的访问控制列表，即允许内网所有主机进行地址转换
NAT (config)＃access-list 2 permit 60.191.124.238
//创建列表号为 2 的访问控制列表，允许主机地址 60.191.124.238
NAT (config)＃route-map isp-cernet-map permit 10
NAT (config-route-map)＃match ip address 1
NAT (config-route-map)＃match interface s0/0/0
NAT (config-route-map)＃exit
```

注释：上面配置作用为创建路由映射名为 isp-cernet-map，匹配条件为数据包的内部本地址为访问控制列表 1 定义的地址，数据包转发出口为端口 s0/0/0。

```
NAT (config)＃route-map isp-china-map permit 10
NAT (config-route-map)＃match ip address 1
NAT (config-route-map)＃  match ip next-hop 2
NAT (config-route-map)＃exit
```

注释：上面配置作用为创建路由映射名为 isp-china-map，匹配条件为数据包的内部本地址为访问控制列表 1 定义的地址，数据包转发下一跳地址为 60.191.124.238。

```
NAT (config)＃ip nat inside source route-map isp-cernet-map pool isp-cernet overload   //将
满足路由映射 isp-cernet-map 定义的数据包在进行动态端口地址转换时，数据包的内部
本地地址转换为地址池 isp-cernet 所定义的全局地址，并进行端口复用
NAT (config)＃ip nat inside source route-map isp-china-map interface g0/0 overload   //将满
足路由映射 isp-china-map 定义的数据包在进行动态端口地址转换时，数据包的内部本
地地址转换后的全局地址为端口 g0/0 的地址，并进行端口复用
```

本章习题

12.1　选择题：

① 为了使企业的内部的 Web 服务器可以被 Internet 上的主机访问，需要部署下面哪种 NAT（　　　　）？

A. 静态 NAT　　　B. 动态 NAT　　　C. PAT　　　　　D. NAT overload

② 下面哪一个命令用于指定 NAT 设备的接口为 NAT 内部接口（　　　　）？

A. ip nat in　　B. ip nat inside　　　C. ip nat out　　D. ip nat outside

③ 如果在内外网之间部署了 NAT，下面哪些应用由于 NAT 技术而无法正常工作。（　　　　）？

A. HTTP　　　　　B. FTP　　　　　C. TELNET　　　D. SNMP

12.2　端口复用地址转换有哪几种类型，请说明每种端口复用地址转换的工作原理。

12.3　网络地址转换有哪些应用，请完成图 12.2、12.4 和 12.5 所示的案例的部署与配置。